Das Kosmos Buch vom Weltraum

Das Kosmos Buch vom Weltraum

PAM SPENCE

Das Kosmos Buch vom Weltraum
Pam Spence (Hrsg.)

Aus dem Englischen übersetzt von Claire Knollmeyer, Bernhard Mackowiak, Carmen Pfeil, Bernhard Wierig.
Titel der Originalausgabe:
„The Universe revealed"
Erschienen 1998 bei Mitchell Beazley, London, unter der ISBN 1-84000-065-1.

Mit 65 vierfarbigen Grafiken, 160 Farbphotos, 10 Schwarzweißgrafiken, 40 Schwarzweißphotos.
Umschlaggestaltung von F. Steinen, Studio eCalamar, Pau, Spanien, unter Verwendung einer Photographie des Hubble-Weltraumteleskops und drei Photographien des Very Large Telescopes (Eso).

Die Deutsche Bibliothek – CIP-Einheitsaufnahme

Das Kosmos-Buch vom Weltraum / Pam Spence (Hrsg.). [Aus dem Engl. übers. von Claire Knollmeyer . . .]. – Stuttgart : Kosmos, 1999
Einheitssacht.: The universe revealed <dt.>
ISBN 3-440-07834-5

Für die deutsche Ausgabe:

ISBN 3-440-07834-5
Lektorat: Dirk Lorenzen, Hamburg, Marion Schulz, Sven Melchert
Herstellung: Siegfried Fischer, Stuttgart
Printed in China / Imprimé en Chine
Satz: Typomedia Satztechnik GmbH, Ostfildern
Druck und Bindung: Toppan Printing Company, China

Was die Photos zeigen:
Vor- und Nachsatz: Sternentstehungsgebiete im Adler-Nebel
Seite 1: Ein Sturm auf Saturn
Seite 2: Sternspuren über dem Keck-I-Teleskop auf Mauna Kea, Hawaii
Seite 3: Der Große Wagen
Seiten 4–5: Die Plejaden
Rechts: Komet Hyakutake im Frühjahr 1996

INHALT

Das Hubble Deep Field ist ein Blick in die äußersten Weiten des beobachtbaren Universums. Jeder Fleck außer dem hellen Stern unterhalb der Mitte ist eine Galaxie, die aus Millionen von Sternen ähnlich unserer Sonne besteht.

EINLEITUNG

Das Weltall ist ein wundersamer und faszinierender Ort. Dieses Buch nimmt Sie mit auf eine Entdeckungsreise durch den Kosmos. Vom heimischen Lehnstuhl aus lernen Sie alle Aspekte des Weltraums kennen – von der ersten Orientierung am Nachthimmel bis hin zum Phänomen der Schwarzen Löcher.

Ohne astronomisches Grundwissen vorauszusetzen, erklären Ihnen führende Wissenschaftler die neuesten Forschungsergebnisse und Theorien in auch für den Laien leicht verständlicher Form. Die ausgiebige Verwendung von Diagrammen und Bildern ermöglicht Ihnen unabhängig von Ihrem Vorwissen eine aufregende Entdeckungsreise.

Zunächst geht es um die Frage ‚Wo sind wir?' Wo ist unser Platz im Universum? Wir glauben nicht mehr, daß wir uns im Mittelpunkt befinden, und es ist schon erstaunlich, wie unbedeutend unsere Position tatsächlich ist. Wir beginnen vor unserer Haustür mit den Planeten und den übrigen Himmelskörpern, die die Sonne, unseren nächsten Stern, umkreisen. Sie erhalten aktuelle Informationen u. a. von den Raumsonden, die die Erde und ihre nächsten Nachbarn erforschen.

Vom Sonnensystem reisen wir weiter hinaus zu den Sternen und nehmen all die seltsamen und wunderbaren Objekte in Augenschein, die uns begegnen: Weiße Zwerge, Rote Riesen, Supernovae, Schwarze Löcher. Und es werden die Geheimnisse all der funkelnden Lichter am Himmel enthüllt.

Noch weiter draußen erblicken wir riesige Ansammlungen von Sternen, Gas und Staub – die Galaxien. Nach den Galaxien beschäftigen wir uns schließlich mit der Kosmologie, also mit dem Universum als Ganzem. Das Buch untersucht so grundlegende Fragen wie ‚Wie entstand das Universum?' und ‚Wie sieht seine Zukunft aus?'

Natürlich wollen wir die Objekte im All auch selbst beobachten. Dazu dienen die speziell angefertigten Sternkarten, mit denen man sich von einem beliebigen Platz auf der Erde aus am Nachthimmel zurechtfindet. Das leicht zu findende Sternbild Orion dient durchgehend als Ausgangspunkt für die Orientierung am Himmel.

Viele Querverweise sowie die Informationskästen mit interessanten Ergänzungen, das Kapitel Astronomische Begriffe (siehe Seite 10) und das Glossar ermöglichen einen leichten Einstieg in die astronomische Fachsprache. So werden fortgeschrittene Leser nicht durch ständig eingestreute Definitionen gestört, während der Neuling mit Hilfe leicht verständlicher Analogien an die astronomischen Zusammenhänge herangeführt wird.

Im ganzen Buch werden Ihnen komplizierte oder komplexe Sachverhalte in leicht verständlicher, anschaulicher Weise nahegebracht. Darüber hinaus enthält das Buch von Spitzenforschern verfaßte Artikel über besonders aufregende und kontrovers diskutierte Themen. Diese Beiträge reichen von der Suche nach außerirdischem Leben und nach fernen Sonnensystemen bis hin zur Bedrohung der Erde durch Asteroiden.

Dieses Buch öffnet Ihnen die Tür zu einem unglaublich faszinierenden Ort: dem Universum.

WIE SIE DIESES BUCH BENUTZEN

Jedes der sechs Hauptkapitel beginnt mit einem Überblick über das Thema und erläutert die zugrundeliegenden Ideen. Das Wesentliche wird im Text und den Bildunterschriften innerhalb jedes Kapitels klar und ohne Fachsprache erklärt. Die Geschichte einzelner Entdeckungen, komplexere Zusammenhänge und Einzelheiten über Satellitenmissionen werden in zusätzlichen Informationskästen behandelt. Eigens angefertigte Bilder und Diagramme verdeutlichen das Gesagte.

Die Farbkodierung der Kapitel und die Querverweise ermöglichen ein einfaches und schnelles Nachschlagen grundlegender Tatsachen und Zusammenhänge.

Das Kapitel Astronomische Begriffe (siehe nächste Seite) erläutert die grundlegenden Bestandteile des Universums und die Maßsysteme, mit denen die Astronomen Entfernungen, Winkel und Temperaturen messen. Ein ausführliches Glossar findet sich auf den Seiten 184–186.

Farbkodierung der Kapitel

- Einleitung
- Das Sonnensystem
- Sterne
- Galaxien
- Kosmologie
- Professionelle Astronomie
- Der Nachthimmel

Die Einleitungsabschnitte der Kapitel führen die Grundideen ein und erläutern die zugrundeliegenden Theorien.

Dieser Farbbalken zeigt den Beginn eines neuen Kapitels an und erscheint das ganze Kapitel hindurch am unteren Seitenrand.

Ausführliche Bildtexte erklären die auf der jeweiligen Doppelseite eingeführten Konzepte.

Klar beschriftete Bilder verdeutlichen Grundlagen und komplexere Zusammenhänge in leicht verständlicher Weise.

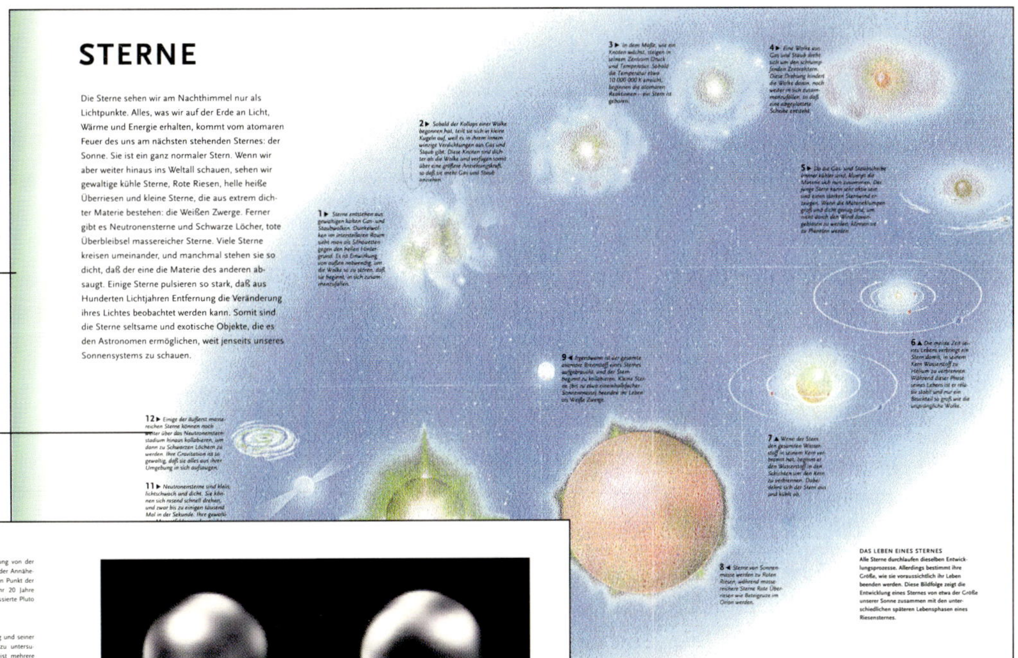

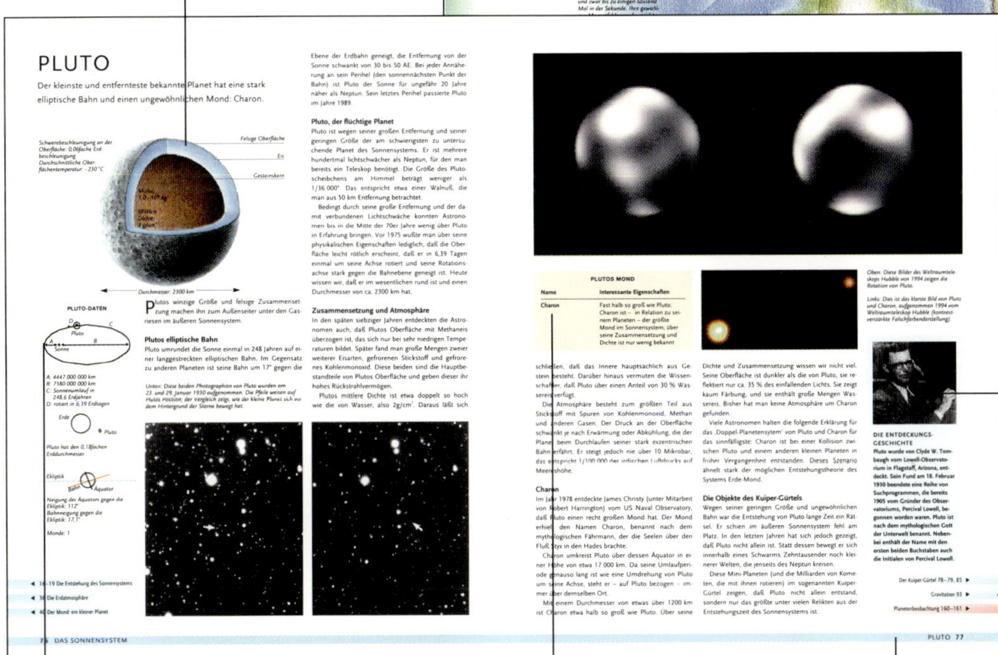

In den Informationskästen werden wichtige Ideen, die Geschichte großer Entdeckungen und die daran beteiligten Personen gesondert behandelt.

Die farbcodierten Querverweise führen schnell zu detaillierteren Erläuterungen und verwandten Themen.

Für jeden Planeten verdeutlicht eine Graphik Einzelheiten über Größe, Bahn und Rotation.

Auf den Planetenseiten sind zum Nachschlagen Informationen über Monde und Raumsonden in Kästen zusammengefaßt.

Die kapitelweise Farbkodierung ermöglicht Ihnen schnelles und einfaches Zurechtfinden.

ASTRONOMISCHE BEGRIFFE

Die Bausteine des Weltalls

Asteroid Ein felsiger Körper mit einem Durchmesser zwischen 1 und 1000 km, der die Sonne umkreist. Die meisten finden sich im Asteroidengürtel zwischen der Mars- und Jupiterbahn.

Komet Ein kleiner eishaltiger Himmelskörper, der sich auf langgestreckten Bahnen um die Sonne bewegt. Kometenkerne haben einige Kilometer Durchmesser, ihre Schweife erstrecken sich über Millionen von Kilometern.

Galaxie Eine Ansammlung von Sternen, Gas und Staub, die durch die Gravitation zusammengehalten wird. Galaxien werden eingeteilt in spiralförmige, elliptische und irreguläre Galaxien.

Meteor Ein Staubkorn oder Gesteinspartikel von einigen Millimetern Durchmesser, das beim Verglühen in der Erdatmosphäre als Leuchtspur zu sehen ist.

Meteorit Ein Meteor größeren Durchmessers, der nicht vollständig in der Atmosphäre verglüht und auf der Erdoberfläche einschlägt.

Meteoroid Kosmische Kleinkörper, die sich im interplanetaren Raum aufhalten

Nebel Eine Wolke aus interstellarem Gas und Staub. Man unterscheidet Emissionsnebel, die selbst leuchten, Reflexionsnebel, die Sternlicht reflektieren, und Dunkelwolken, die das Licht von Sternen oder von Nebeln abschatten.

Planet Ein um die Sonne oder um einen anderen Stern kreisender Himmelskörper.

Satellit Ein kleinerer Himmelskörper, der einen größeren umkreist. Natürliche Satelliten von Planeten heißen Monde.

Stern Eine Kugel aus heißem Gas, die durch Kernreaktionen in ihrem Innern Energie erzeugt und daher selbst leuchtet.

Die Bausteine der Atome

Atom Der kleinste Baustein eines Elements, der an chemischen Reaktionen teilnehmen kann.

Elektron Ein stabiles Elementarteilchen, das den Atomkern umkreist. Die Zahl der Elektronen ist normalerweise gleich der Zahl der Protonen im Kern.

Element Eine Substanz, die aus Atomen mit jeweils derselben Anzahl Protonen im Kern besteht. Sauerstoff ist ein Element, Kohlendioxid nicht.

Ion Ein elektrisch geladenes Atom oder Molekül, das durch Entfernen oder Hinzufügen von Elektronen entsteht.

Kern Ein subatomares „Teilchen", das aus Protonen und meist auch aus Neutronen besteht.

Molekül Der kleinste Baustein einer chemischen Verbindung, bestehend aus zwei oder mehr Atomen, die durch chemische Bindungen zusammengehalten werden.

Neutrino Ein stabiles elektrisch neutrales Elementarteilchen, das sich fast mit Lichtgeschwindigkeit bewegt.

Neutron Ein neutrales Teilchen, das in den meisten Atomkernen (außer beim Wasserstoff) vorhanden ist.

Photon Ein „Lichtteilchen", also das Quant der elektromagnetischen Strahlung.

Plasma Heißes ionisiertes Material, das aus Atomkernen und Elektronen besteht. Die Sonne und die meisten Sterne bestehen aus Plasma.

Proton Ein stabiles, positiv geladenes Teilchen, aus dem (mit den Neutronen) die Atomkerne aufgebaut sind.

Entfernungsmessungen

Immer wieder erstaunlich sind die riesigen Entfernungen, mit denen die Astronomie zu tun hat. Unser nächster Nachbar, der Mond, ist im Mittel 384 400 km entfernt. Der nächste Planet, Mars, ist bei größter Annäherung 56 000 000 km entfernt. Weil die in der Astronomie vorkommenden Entfernungen so schwer vorstellbar sind, haben die Astronomen eigene Entfernungsskalen definiert.

Innerhalb des Sonnensystems benutzt man die **astronomische Einheit** (AE). Eine AE ist die mittlere Entfernung Erde-Sonne und entspricht 149 597 870 km. Anstelle der Angabe, Jupiter sei 778 340 000 km von der Sonne entfernt, gibt man die Entfernung zu 5,2 AE an.

Jenseits des Sonnensystems sind AE zu unhandlich für die riesigen Entfernungen. Selbst der uns nächste Stern, Proxima Centauri, ist 40 429 000 000 000 km oder 270 251 AE entfernt. Daher benutzen die Astronomen für solche Entfernungen eine größere Skala. Diese beruht auf der Strecke, die das Licht in einem Jahr zurücklegt: 9 461 000 000 000 km. Damit ist Proxima Centauri 4,3 **Lichtjahre** entfernt. Für geringere Entfernungen sind auch **Lichtminuten** und **Lichtsekunden** gebräuchlich.

Für noch größere Entfernungen verwendet man in der Astronomie das **Parsec (pc)**. Ein Parsec entspricht 3,26 Lichtjahren. Ein **Kiloparsec (kpc)** sind 1000 Parsec und ein **Megaparsec (Mpc)** sind eine Million Parsec.

Lichtsekunde Die Strecke, die das Licht in einer Sekunde zurücklegt: 299 792,458 km.

Lichtminute Die Strecke, die das Licht in einer Minute zurücklegt: 17 987 547 km.

Lichtjahr Die Strecke, die das Licht in einem Jahr zurücklegt: 9 461 000 000 000 km.

Parsec 1 pc = 3,26 Lichtjahre = 30 856 775 670 000 km.

Koordinatensysteme am Himmel

Schaut man an den Nachthimmel, so erscheinen die Sterne in fester Entfernung an die Innenseite einer riesigen Halbkugel geheftet zu sein. In Wirklichkeit haben die Sterne sehr stark unterschiedliche Entfernungen. Diese Vorstellung wird jedoch beim Konzept der Himmelskugel benutzt, auf der man ein Koordinatensystem für den Sternhimmel definiert.

Himmelskugel Eine riesige imaginäre Kugel, die die Erde umgibt.

Himmelsäquator Die Projektion des Erdäquators auf die Himmelskugel.

Himmelspole Die Projektion der irdischen Pole auf die Himmelskugel.

Ekliptik Die Projektion der Erdbahn auf die Himmelskugel. Sie markiert gleichzeitig die jährliche Bahn, die die Sonne am Himmel vor den Sternen beschreibt.

Rektaszension Himmelskoordinate analog zur geographischen Länge auf der Erde.

Deklination Der nördliche/südliche Winkelabstand eines Himmelskörpers vom Himmelsäquator. Die Deklination entspricht der geographischen Breite auf der Erde.

Die Astronomen nutzen ein weiteres Koordinatensystem, in dem sie die Position eines Objekt bezogen auf den Standort des Beobachters angeben.

Höhe Die Winkelhöhe eines Objekts beträgt 0° am Horizont bis 90° im Zenit.

Azimut Der Winkelabstand eines Objekts von der Nordrichtung. Er wird von Norden (0°) über Osten gezählt.

Meridian Eine imaginäre Linie am Himmel, die von Norden nach Süden durch den Zenit verläuft.

Zenit Der Punkt senkrecht über dem Beobachter.

Winkelmessungen

Die Astronomen benutzen Winkelmessungen, um scheinbare Entfernungen zwischen Objekten am Himmel anzugeben, also die Entfernung, wie sie auf der Himmelskugel erscheint.

Der Himmel ist in 360 Grad (°) eingeteilt. Ein Grad wird in 60 Minuten (') und jede Minute in 60 Sekunden (") unterteilt. Auf der Himmelskugel spricht man von Bogenminuten und Bogensekunden.

Bei Objekten, die der Erde nahe genug sind, benutzt man Winkelmessungen zur Angabe ihrer scheinbaren Größe. So hat z. B. die Sonne einen Winkeldurchmesser von 0,5° oder 30'.

1° = 60 Bogenminuten (')
1' = 60 Bogensekunden (")

Strecke	Grad	Bogen-minuten	Bogen-sekunden
Monddurch-messer	0,5	30	1800
Beteigeuze-Rigel	ca. 20	ca. 1200	ca. 72 000
Orion-Gürtel	ca. 3	ca. 180	ca. 10 800

Wissenschaftliche Schreibweise

Selbst wenn man Entfernungen zwischen Sternen und Galaxien in Lichtjahren angibt, sind die Zahlen so gewaltig, daß man eine abkürzende Schreibweise benutzt:

1 Milliardstel	=	0,000000001	=	10^{-9}
1 Millionstel	=	0,000001	=	10^{-6}
1 Tausendstel	=	0,001	=	10^{-3}
1 Hundertstel	=	0,01	=	10^{-2}
1 Zehntel	=	0,1	=	10^{-1}
1 Hundert	=	100	=	10^{2}
1 Tausend	=	1000	=	10^{3}
1 Million	=	1 000 000	=	10^{6}
1 Milliarde	=	1 000 000 000	=	10^{9}

Auf diese Weise kann man die mittlere Entfernung Erde-Sonne (ca. 149 600 000 km) zu $1{,}496 \cdot 10^{8}$ km angeben.

Temperaturangaben

In diesem Buch werden Temperaturen durchgehend in Grad Celsius (°C) angegeben. Wasser gefriert bei 0 °C und kocht bei 100 °C (auf Meereshöhe bezogen). Die Kelvinskala benutzt die gleiche Einheit wie °C, beginnt jedoch bei einem anderen Nullpunkt: die tiefste mögliche Temperatur ist 0 K oder –273,15 °C. Diese heißt absoluter Nullpunkt.

0 K = –273,15 °C
273,15 K = 0 °C

DURCHSCHNITTLICHE ENTFERNUNGEN DER PLANETEN VON DER SONNE

Planet	AE	Licht	km	Jahre bei 100 km/h
Merkur	0,4	3 m 20 s	59 910 000	68,3
Venus	0,72	6 m 1 s	108 210 000	123,4
Erde	1	8 m 19 s	149 600 000	170,7
Mars	1,52	12 m 40 s	227 940 000	260
Jupiter	5,2	43 m 16 s	778 340 000	887,9
Saturn	9,54	1 h 19 m 20 s	1 427 010 000	1627,9
Uranus	19,18	2 h 39 m 31 s	2 869 600 000	3273,6
Neptun	30,06	4 h 9 m 59 s	4 496 700 000	5129,7
Pluto	39,44	5 h 27 m 59 s	5 900 000 000	6370,6

WO SIND WIR?

Erst 1923 erkannten die Wissenschaftler, daß unsere Galaxis nur eine unter Millionen ist, und daß das Universum viel größer ist, als man geglaubt hatte . . .

Seitdem ermöglichten größere und bessere Teleskope den Astronomen, immer weiter ins Weltall hinauszuschauen.

Das Universum umfaßt den gesamten unserer Beobachtung zugänglichen Raum und die darin enthaltene Materie. Man glaubt, daß es vor etwa 15 Milliarden Jahren im Urknall plötzlich entstanden ist und sich seitdem ständig ausdehnt. Im Moment des Urknalls war das Universum unvorstellbar klein und unglaublich heiß. Während es sich ausdehnte und abkühlte, entstanden innerhalb der ersten Sekunde aus der Urmaterie die heute für uns erkennbaren Kräfte und Teilchen: Gravitation und Elektromagnetismus und die subatomaren Teilchen wie Quarks, Protonen und Neutronen.

Danach ging die Entwicklung langsamer: Die ersten einfachen Atome (Wasserstoff und Helium) entstanden etwa 300 000 Jahre nach dem Urknall, und das bis dahin undurchsichtige Universum begann durchsichtig zu werden. Die Atome fanden sich durch die Gravitation in riesigen Gasfilamenten zusammen, die durch enorme Leerräume (die sogenannten Voids) voneinander getrennt waren. Gebiete, in denen die Dichte etwas höher als in der Umgebung war, begannen mehr Gas anzuziehen, und so entstanden Wolken, die zwei bis vier Milliarden Jahre nach dem Urknall das bildeten, was wir heute als Galaxien wahrnehmen.

Die Existenz von Superhaufen und Voids ist ein wichtiges Indiz für die Urknalltheorie, und in den letzten 30 Jahren wurde ständig an der Kartierung der Galaxien in unserem Teil des Universums gearbeitet. Man fand heraus, daß Galaxien Flächen und Fäden bilden, die riesige Leerräume umschließen. Der größte bisher entdeckte Leerraum hat 300 Millionen Lichtjahre Durchmesser. Er ist umgeben von Wänden und Fäden von Superhaufen, die aus Tausenden von Galaxien bestehen. Die räumliche Struktur gleicht riesigen Seifenblasen.

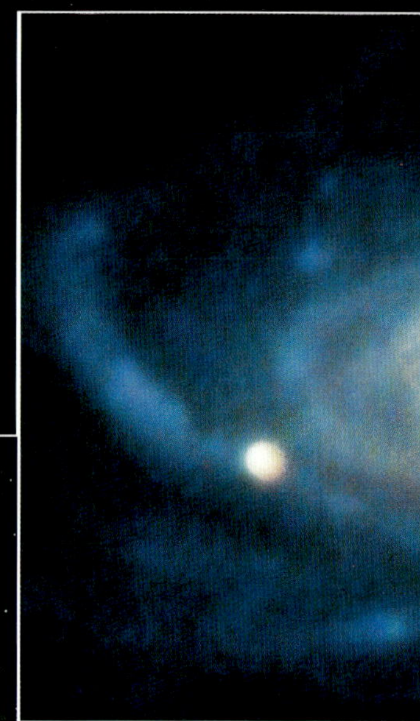

2 ▲ *Die Galaxiensuperhaufen bestehen selbst wiederum aus kleineren Gruppen von Galaxien, den Galaxienhaufen. Man glaubt, daß einige Galaxienhaufen bis zu 1000 Mitglieder haben; die Lokale Gruppe, in der wir uns mit unserer Milchstraße befinden, enthält 30 bis 40 Galaxien.*

1 ◄ *Der größte Teil der leuchtenden Materie wird von Galaxiensuperhaufen gebildet, die in Fäden und Schichten angeordnet sind, die riesige Leerräume (Voids) umgeben.*

4 ◂ *Unser Sonnensystem ist in einen der Spiralarme unserer Milchstraße eingebettet, ungefähr auf zwei Dritteln der Strecke vom Kern bis zum Rand. Das schwache weiße Band von Sternen am Himmel zeigt die Lage der Ebene der Galaxis an. Wir können nicht alle Sterne sehen, da Gas und Staub die Sicht versperren.*

3 ◂ *Unsere Galaxis, die Milchstraße, ist eine Spirale mit einem großen, annähernd kugelförmigen Kern, aus dem die Spiralarme aus Sternen, Gas und Staub strahlenartig hervorgehen und sich dann um den Kern herumkrümmen.*

Es wird geschätzt, daß unsere Galaxis 100 Milliarden Sterne enthält. (Man bräuchte 100 Milliarden Reiskörner, um eine Kathedrale zu füllen.)

5 ▴ *Das Sonnensystem besteht aus einem Stern, der Sonne, und neun Planeten mit ihren Monden: die kleineren, festen inneren Planeten Merkur, Venus, Erde und Mars; die Gasriesen Jupiter, Saturn, Uranus und Neptun; und der kleine felsige und gefrorene Pluto. Außerdem gibt es winzige Asteroiden, Kometen und Meteore.*

Es gibt Hinweise auf die Existenz von Planeten um andere Sterne.

6 ◂ *Unsere Heimat, die Erde, ist der dritte Planet von der Sonne aus gesehen. Sie ist durchschnittlich fast 150 Millionen Kilometer von der Sonne entfernt und benötigt 365 Tage und sechs Stunden, um sie einmal zu umrunden. Die Erde ist der einzige Planet im Sonnensystem, der Leben beherbergen kann: die näher an der Sonne liegenden sind zu heiß, die weiter entfernten zu kalt.*

DAS SONNENSYSTEM

Die Erde ist einer von neun Planeten, die die Sonne umkreisen. Unser Planet ist felsig, mit großen Ozeanen aus Wasser und mit einer Atmosphäre aus Stickstoff, Sauerstoff und Kohlendioxid.

INNERES SONNENSYSTEM
Es besteht aus den vier erdähnlichen Planeten Merkur, Venus, Erde und Mars.

Die anderen Planeten sind unwirtliche Welten, einige mit giftigen Atmosphären, einige ohne feste Oberfläche, einige mit Backofentemperaturen und wieder andere mit Temperaturen weit unter dem Gefrierpunkt. Es gibt Planeten ohne Monde und solche mit Dutzenden von Monden. Zwischen den Planeten fliegen Stücke aus Felsen und Eis herum: Asteroiden und Kometen, Überreste der Entstehung des Sonnensystems. All diese Objekte gehören zum Sonnensystem, unserem astronomischen Vorgarten.

DAS SONNENSYSTEM
Ein Größenvergleich der Sonne und der neun Planeten.

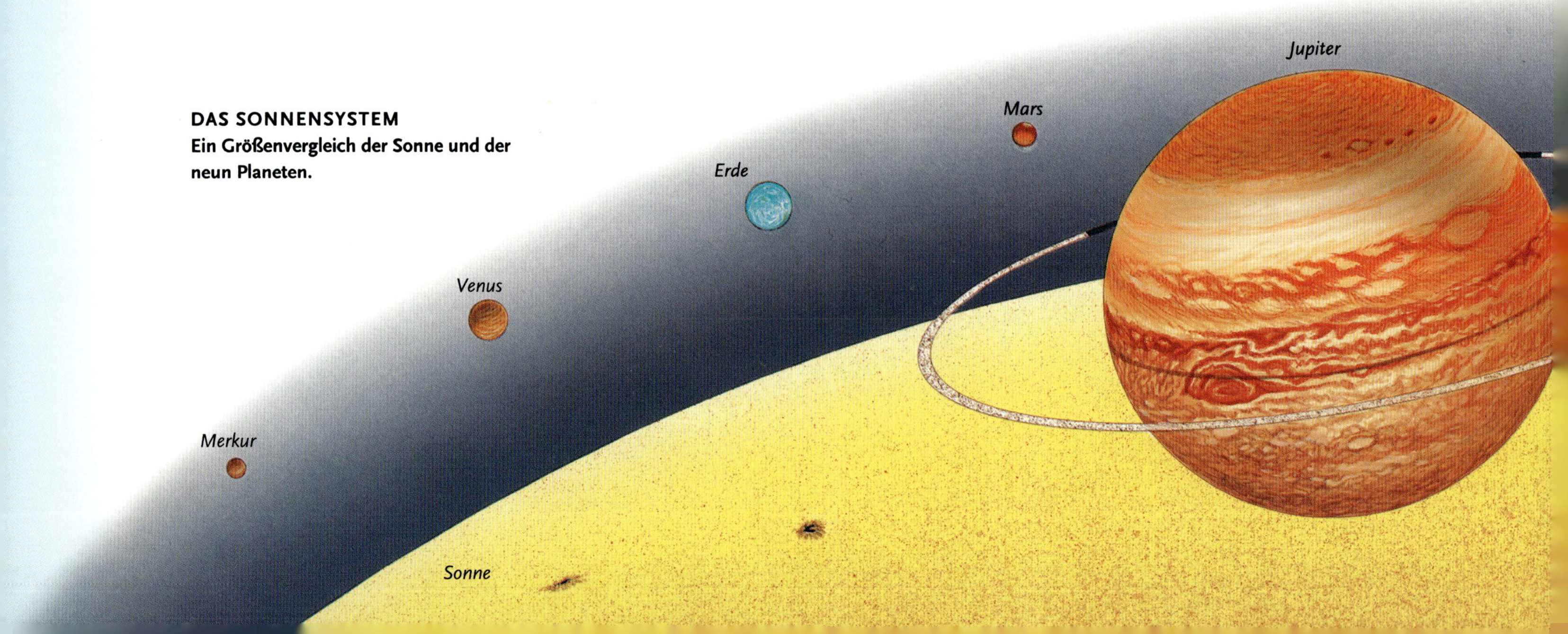

ÄUSSERES SONNENSYSTEM
Das äußere Sonnensystem besteht aus den vier jupiterähnlichen Planeten oder Gasriesen Jupiter, Saturn, Uranus und Neptun sowie dem kleinen Pluto.

DIE ENTSTEHUNG

Viele Theorien über den Ursprung des Sonnensystems sind vorgeschlagen, verworfen und wieder hervorgeholt worden, als neue Erkenntnisse zur Verfügung standen.

Der Raum zwischen den Sternen ist nicht leer, sondern mit dem interstellaren Medium gefüllt – Wolken aus Gas und Staub. Diese Wolken können sehr dünn sein, aber in einigen Gebieten gibt es dichtere Klumpen von mehreren Lichtjahren Durchmesser. Wenn diese riesigen kalten Wolken kollabieren, entstehen Sterne und Planeten.

Die Geburt eines Sterns

Sonne und Sonnensystem haben sich vermutlich gleichzeitig aus einer Gas- und Staubwolke entwickelt, die man den solaren Urnebel nennt. Dieser ist entstanden, als ein Teil des interstellaren Mediums durch eine Störung komprimiert wurde, wahrscheinlich durch die Schockwelle einer nahen Supernova. Er kollabierte unter seiner eigenen Schwerkraft und bildete eine rotierende Scheibe aus Gas und Staub.

Während des Kollapses wurde das Zentrum der Wolke sehr stark verdichtet und aufgeheizt. Die Wärme konnte wegen der Dichte der Wolke nicht entweichen, und schließlich wurde die Temperatur so hoch, daß der Staub im Zentrum verdampfte und der Protostern entstand, der einmal unsere Sonne werden sollte. Der anfängliche Kollaps fand innerhalb von weniger als 100 000 Jahren statt. Als Druck und Temperatur hoch genug waren, setzte die Kernfusion von Wasserstoff zu Helium ein: Die Sonne war geboren.

Eine rotierende Staubwolke

Von oben betrachtet umrunden alle Planeten des Sonnensystems die Sonne entgegen dem Uhrzeigersinn. Die Sonne selbst rotiert ebenfalls in dieser Richtung. Außerdem rotieren die meisten Planeten in diesem Sinn um ihre Achse, und die Mehrzahl der Planetenmonde umkreist so ihren Mutterplaneten. Dies und die Tatsache, daß die Planetenbahnen um die Sonne fast in einer Ebene liegen, läßt stark vermuten, daß der solare Urnebel rotierte. In dieser rotierenden Gas- und Staubscheibe entstanden die Planeten.

Die Scheibe kühlt ab

Gas und Staub in der Scheibe waren um so kühler, je weiter sie vom Protostern entfernt waren. Die Scheibe war zum Rand hin auch weniger dicht.

Während das Scheibenmaterial abkühlte, kondensierten Metalle, Felsbrocken und Eis aus, etwa so wie in einem Kessel Wasser aus dem Wasserdampf kondensiert, wenn er sich abkühlt. Diese Bestandteile bildeten sich je nach Entfernung von der Protosonne in unterschiedlichen Mengen. Die Metalle kondensierten fast unmittelbar, als die Scheibe entstanden war, die Felsbrocken sind einige hundert Millionen Jahre später entstanden und das Eis noch später.

In den Außenbereichen des neugeborenen Sonnensystems gab es wegen der niedrigeren Temperaturen mehr eishaltiges Material. Dort ist auch die Wahrscheinlichkeit größer, feste Partikel aus dem solaren Urnebel zu finden, weil die Temperaturen nie so hoch wurden, daß das ursprüngliche Material verdampfen konnte. Diese Teilchen enthielten wahrscheinlich Material wie Diamanten und Karborundum, von dem man heute in manchen Meteoriten Reste finden kann.

Die jungen Planeten wachsen heran

Staubteilchen haben die Tendenz, bei Zusammenstößen aneinander haftenzubleiben und so größere Partikel zu bilden. So formten sich Felsbrocken und kleine Asteroiden, die schwer genug waren, um sich gegenseitig anzuziehen.

Die großen Objekte fegten alles Material in der Nähe ihrer Bahn zusammen, so daß ihre endgültige Größe durch das in ihrer Umgebung verfügbare Material begrenzt war. Diese Körper heißen Planetesimale. Die Planetesimale im inneren Sonnensystem hatten vielleicht die Größe unseres Mondes, die im äußeren Sonnensystem waren bis zu 15mal so groß wie die Erde. Zu dieser Differenz kam es, da die Temperatur zwischen der Mars- und Jupiterbahn so niedrig wurde, daß sich Eis bildete. Daraus konnten sich leichter Planeten bilden als aus flüssigem Wasser oder aus Wasserdampf.

In größeren Entfernungen von der Sonne gab es wesentlich weniger Stöße, so daß die Entstehung großer Planetesimale im äußeren Sonnensystem mehrere zehn Millionen Jahre dauerte, im Gegensatz zu den wenigen hunderttausend Jahren im Bereich der Erde.

Die T-Tauri-Phase

Modellrechnungen zeigen, daß der solare Urnebel viel schwerer gewesen sein muß als die heutigen Bestandteile des Sonnensystems. In irgendeinem Stadium der Entwicklung muß daher die meiste Masse verlorengegangen sein. In einem Alter von etwa einer Million Jahren erzeugen sonnenähnliche Sterne einen sehr starken Ausfluß geladener Teilchen, ähnlich dem heutigen Sonnenwind. Diese Sterne heißen nach dem ersten im Sternbild Stier (=Taurus) entdeckten Stern dieser Art T-Tauri-Sterne.

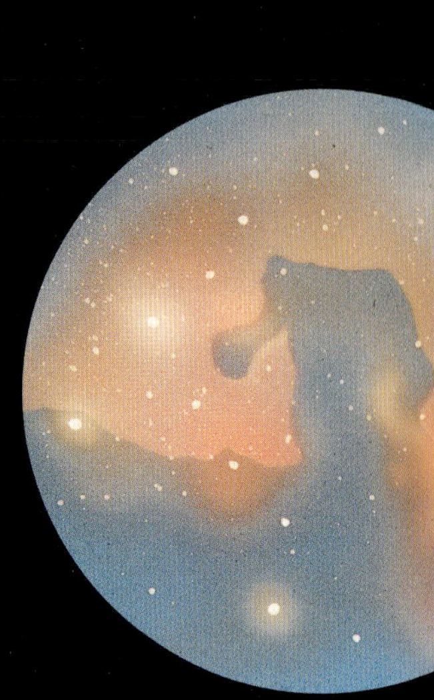

1 ▲ *Im interstellaren Medium liegen riesige Wolken aus Gas und Staub.*

7 ▼ *Heute besteht unser Sonnensystem aus der Sonne, neun Planeten und kleineren Körpern wie Asteroiden und Kometen.*

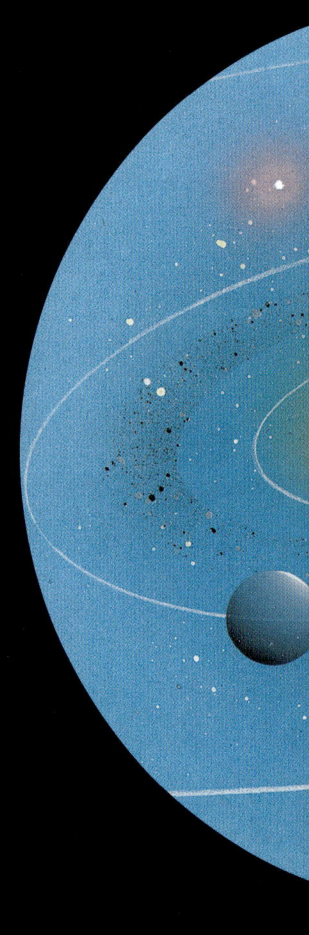

◀ 14–15 Das Sonnensystem

4 ▼ *Die schnelle Rotation der Wolke verhindert einen unbegrenzten Kollaps und bildet Scheiben aus. Druck und Temperatur, die im Zentrum der Wolke am höchsten sind, steigen im Verlauf des Kollapses so weit an, daß die Kernfusion von Wasserstoff zu Helium einsetzt. Damit ist die Sonne geboren.*

2 ▲ *Einige dieser Wolken beginnen zu kollabieren. Der Auslöser könnte die Schwerkraft eines vorbeiziehenden Sterns sein, Dichtewellen, die durch die Ebene der Galaxis laufen oder (wie in unserem Sonnensystem) die Schockwelle einer nahen Supernova.*

3 ▲ *Der Auslöser bewirkt den Gravitationskollaps riesiger Staub- und Gaswolken, die mehrere Lichtjahre Durchmesser haben können. Sie zerfallen dabei in verschiedene Teile und bilden schließlich mehrere Sterne.*

6 ▼ *Das junge Sonnensystem war ein dynamischer Ort mit kollidierenden Planetesimalen und kleineren Partikeln, die auf die größeren aufschlugen. Schließlich gab es weniger, aber größere Körper, die durch ihre Gravitation die kleineren zusammenfegten.*

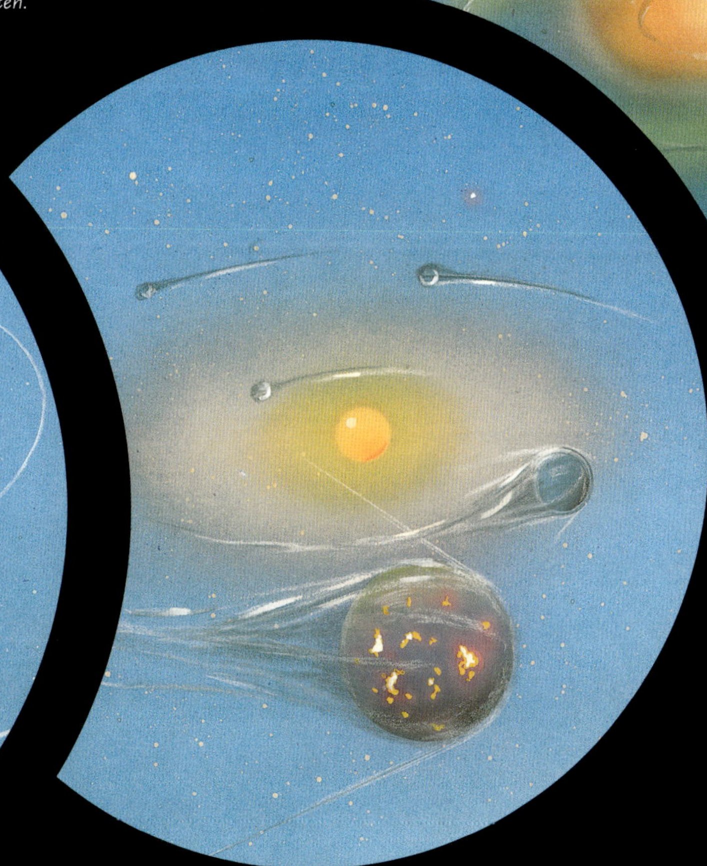

5 ▲ *In unserem Sonnensystem kühlte weiter außen die Gas- und Staubscheibe nach und nach ab. Teilchen lagerten sich zusammen und formten größere Partikel, deren Anziehungskraft wiederum kleinere anzog. So bildeten sich die Vorläufer der Planeten, die Planetesimale.*

Die Entwicklung der Planeten 18 ▶
Sterne 98–99 ▶
Gravitation 90–93 ▶

Während der T-Tauri-Phase der Sonne ist das gesamte übriggebliebene Gas weggefegt worden. Die massiven äußeren Planeten konnten ihre Atmosphären zum größten Teil halten, den leichten inneren dagegen sind sie fortgeblasen worden.

Die Entwicklung der Planeten

Die Planeten und großen Monde können in zwei Klassen eingeteilt werden. Merkur, Venus, Erde und Mars sind die felsigen terrestrischen (erdähnlichen) Planeten. Jupiter, Saturn, Uranus und Neptun sind die jupiterähnlichen Gasplaneten. Pluto kann man mit den großen vereisten Monden der Gasriesen einer dritten Gruppe zuordnen.

Die terrestrischen Planeten sind näher an der Sonne als die Gasplaneten, haben kleinere Massen und Radien sowie höhere Dichten. Die Gasriesen dagegen sind sehr groß, von geringer Dichte und verfügen über ausgedehnte Mondsysteme und Ringe.

Der Unterschied zwischen beiden Gruppen beruht auf Temperaturdifferenzen im solaren Urnebel. Dadurch konnte eishaltiges Material jenseits des Asteroidengürtels kondensieren und massive kalte Protoplaneten bilden, die wiederum große Mengen Gas anzogen. Die inneren Planeten waren zu klein und zu heiß, um ihre ursprünglichen Atmosphären nach den starken Winden aus der T-Tauri-Phase der Sonne halten zu können.

Die Gasriesen

Neuere spektroskopische Untersuchungen und die Daten der Raumsonde Galileo zeigen, daß Jupiter im Vergleich zur Sonne sehr viel Kohlenstoff enthält. Dieses Resultat paßt sehr gut zu der Vorstellung, daß die äußeren Planeten sich aus eishaltigen Planetesimalen bildeten und dann, als sie hinreichend schwer waren (etwa 10 Erdmassen), den gasförmigen Anteil des Urnebels zusammenfegten. Es ist aber auch denkbar, daß sich die jupiterähnlichen Planeten gleich zu Beginn zusammen mit der Sonne aus dem gasförmigen Urnebel bildeten und seitdem ständig zusätzliches eishaltiges Material angesammelt haben.

Die terrestrischen Planeten

Die terrestrischen Planeten unterscheiden sich von den Gasriesen dadurch, daß sie zu heiß waren, um flüchtige Gase in Flüssigkeiten und Festkörper umzuwandeln. Außerdem waren sie zu klein, um die sehr häufigen leichten Elemente Wasserstoff und Helium halten zu können, während in der T-Tauri-Phase der Sonne die gasförmigen Bestandteile des Urnebels weggeblasen wurden.

DIE ENTSTEHUNG DER PLANETEN IM SONNENSYSTEM

1 ▼ *Temperatur und Dichte im solaren Urnebel sind im Zentrum am höchsten, wo sich schließlich die Sonne bildet. Sie sinken mit zunehmender Entfernung von der Sonne.*

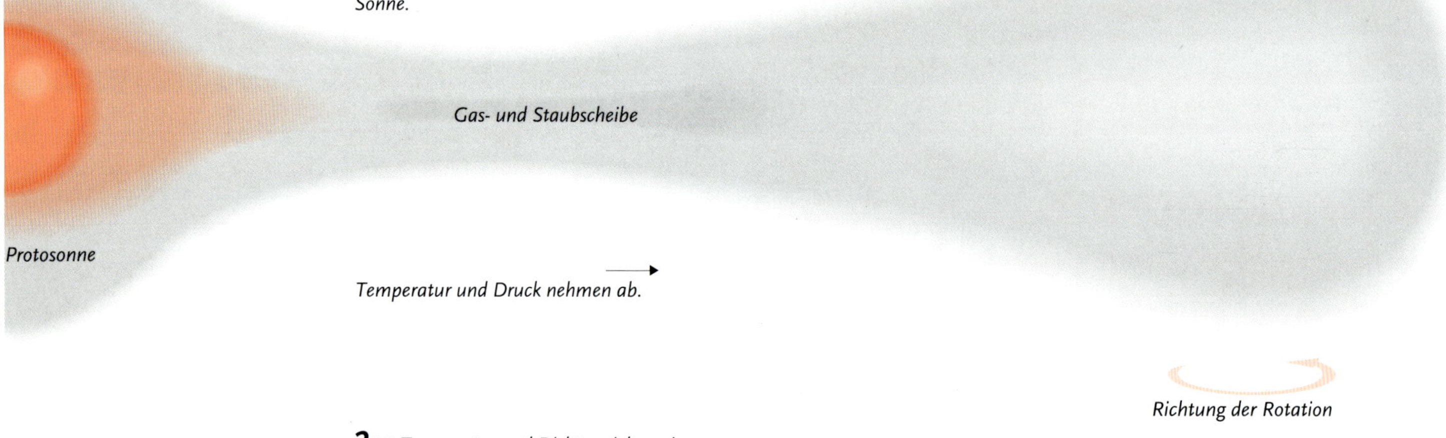

2 ▼ *Temperatur und Dichte spielten eine wichtige Rolle für die endgültige Zusammensetzung der neun Planeten.*

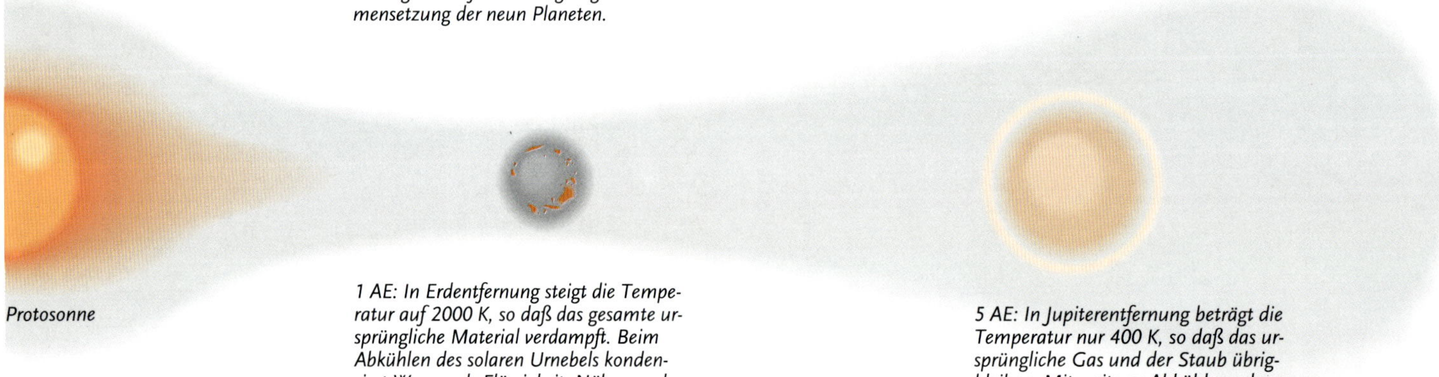

1 AE: In Erdentfernung steigt die Temperatur auf 2000 K, so daß das gesamte ursprüngliche Material verdampft. Beim Abkühlen des solaren Urnebels kondensiert Wasser als Flüssigkeit. Näher an der Sonne verbleibt es als Wasserdampf.

5 AE: In Jupiterentfernung beträgt die Temperatur nur 400 K, so daß das ursprüngliche Gas und der Staub übrigbleiben. Mit weiterer Abkühlung des solaren Nebels erstarrt Wasser zu Eis.

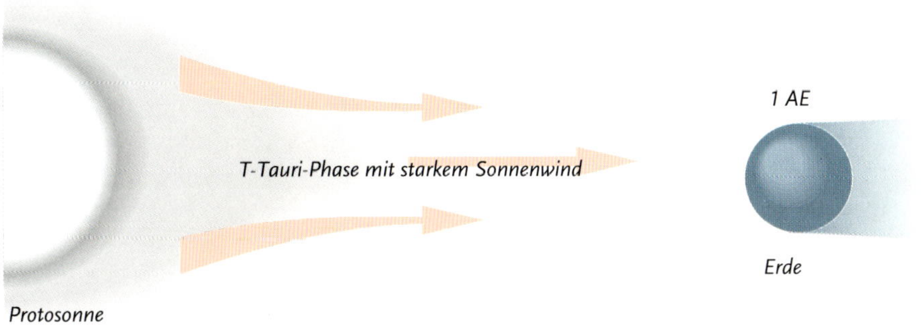

3 ◀ *Die Sonne durchlief das T-Tauri-Stadium, in dem ein starker Sternwind kleinere Körper und Gas fortblies. Die inneren Planeten waren nicht schwer genug, um ihre ursprünglichen Atmosphären halten zu können.*

4 ▼ *Die Bildung der weiter von der Sonne entfernten Planeten dauerte länger. Die äußersten Planeten waren daher kleiner, als die Sonne das T-Tauri-Stadium durchlief. Deshalb wurden die vier Gasriesen mit der steigenden Entfernung von der Sonne zunehmend kleiner: Denn der Sonnenwind blies das Material, aus dem sie entstanden, fort.*

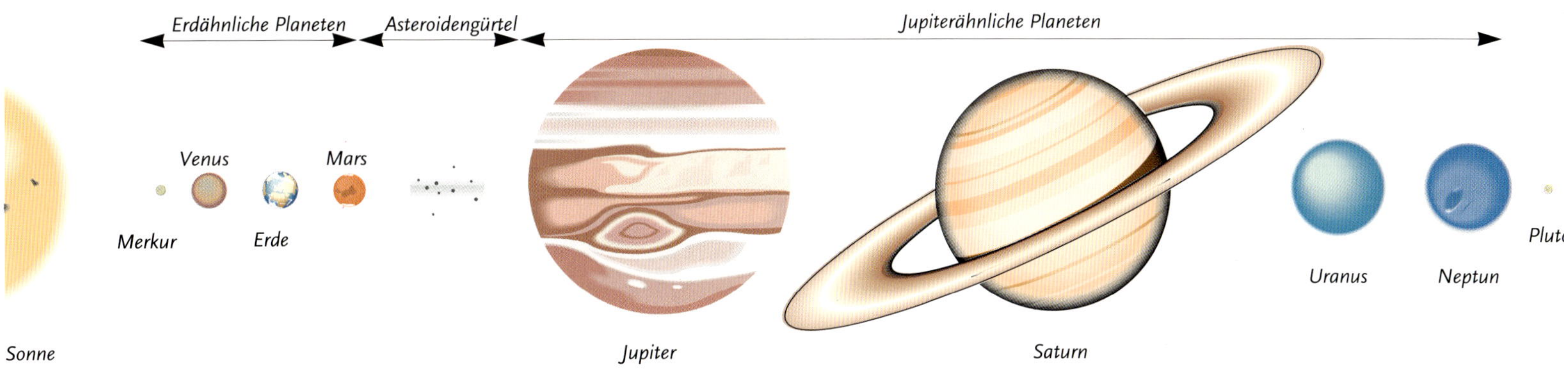

Viel schwieriger ist es jedoch, die Unterschiede in der chemischen Zusammensetzung der vier inneren Planeten untereinander zu erklären.

Die Entstehung des Mondes

Man hat vermutet, der Mond sei ein aus der noch flüssigen, rotierenden Proto-Erde herausgeschleuderter Körper. Die heute bevorzugte Erklärung besagt jedoch, daß der Mond als Planetesimal in der Nähe der Erde entstand und auf die junge Erde aufschlug. Dabei wäre sehr viel Krustenmaterial der noch flüssigen Erde in eine Umlaufbahn befördert worden, wo es erstarrte und den Mond bildete. Diese Theorie erklärt auch, warum der Mond keinen metallischen Kern besitzt, da er sich hauptsächlich aus den leichteren äußeren Schichten der Erde entwickelt hätte.

Die Entstehung der Asteroiden

Früher glaubte man, die Asteroiden im Asteroidengürtel zwischen den Bahnen von Mars und Jupiter seien Trümmer eines Planeten, der irgendwann nach seiner Entstehung durch eine Kollision zerstört wurde. Allerdings besitzt selbst der größte Asteroid weniger als ein Prozent der Masse unseres Mondes, und alle Asteroiden zusammen besitzen weniger als ein Zehntel der Erdmasse.

Heute hält man es für wahrscheinlich, daß sich zwischen Mars und Jupiter wegen Jupiters starker Anziehungskraft nie ein großer Planet gebildet hat. Der größte Teil der in der Entstehungsphase dort vorhandenen Masse rotierte auf elliptischen Bahnen und kollidierte schließlich mit Planeten, deren großen Monden oder der Sonne.

Die Entstehung der Kometen

Jahrelang dachte man, daß alle Kometen aus der Oortschen Wolke stammen, einer kugelförmigen Region in den Außenbereichen des Sonnensystems, etwa 100 000 AE von der Sonne entfernt. Dort könnte es Milliarden eishaltiger Planetesimale geben, die durch die Schwerkraft naher Sterne aus ihren Bahnen geworfen werden und in das innere Sonnensystem gelangen. Diese Störungen sind aber zu gering, um die große Anzahl der beobachteten Kometen zu erklären.

In der letzten Zeit favorisiert man die Idee eines Gürtels von Objekten innerhalb des Sonnensystems, wo stärkere und häufigere Störungen durch die Planeten selbst möglich sind. Die Existenz dieses Kuiper-Gürtels außerhalb der Neptun-Bahn wurde durch die Beobachtung einiger Mitglieder bestätigt, von denen eines einen Durchmesser von 150 km besitzt. Die Bahn dieses Kuiper-Objekts befindet sich nur knapp jenseits von der Neptuns.

Man schätzt, daß es dort bis zu einer Milliarde Kometen gibt, deren Gesamtmasse nur ein Prozent der Erdmasse beträgt. Bei Pluto und seinem Mond Charon könnte es sich statt um ein normales Planet-Mond-System um die größten Mitglieder des Kuiper-Gürtels handeln. Ebenso könnte auch der Neptunmond Triton ein solcher Körper sein.

Zusammensetzung der Sonne 20–23 ▶
Korona und Sonnenwind 21 ▶
Der innere Aufbau der Erde 31 ▶
Im Innern des Mondes 40 ▶
Wesentliche Eigenschaften Jupiters 54 ▶
Jupiters Magnetfeld 54 ▶
Asteroiden 78–79, 80–81 ▶
Kometen 78–79, 82–85 ▶
Objekte im Kuiper-Gürtel 78–79, 85 ▶
Die Oortsche Wolke 85 ▶
Gravitation 90–93 ▶
Spektroskopie 142 ▶

DIE SONNE

Ohne die Sonne gäbe es kein Leben auf der Erde. Sie ist der einzige Stern, den wir detailliert untersuchen können.

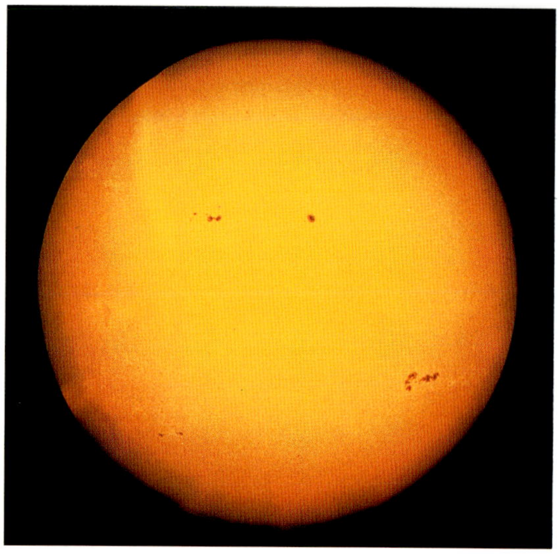

Die Sonne kann im normalen, sichtbaren Licht beobachtet werden, indem man ihr Bild auf weißen Karton projiziert. Oft sieht man dunkle Stellen, die Sonnenflecken.

Wie die meisten Sterne besteht die Sonne hauptsächlich aus Wasserstoff. Sie ist kein wirklich großer Stern, sondern wurde als gelber Zwergstern klassifiziert.

Man unterscheidet verschiedene Teilbereiche der Sonne, in denen sich unterschiedliche Prozesse abspielen: den Kern, wo die Energie erzeugt wird, die Strahlungstransport- und die konvektive Zone, die Photosphäre, die Chromosphäre und die Korona.

Die Energiequelle

Im Kern der Sonne sind Druck und Temperatur so hoch, daß dort die Kernfusion von Wasserstoff zu Helium stattfindet. Dieser Prozeß heißt Wasserstoffbrennen. Er produziert Energie in Form hochenergetischer Photonen mit Wellenlängen im Bereich der Gammastrahlung. Die Energie wird durch das Sonneninnere transportiert, kühlt dabei ab, erreicht schließlich die Oberfläche und wird als Licht in den Weltraum abgestrahlt. Beim Wasserstoffbrennen werden Protonen unter Aussendung von Photonen und Neutrinos in Neutronen umgewandelt. Die Neutrinos sind Teilchen ohne elektrische Ladung und besitzen – wenn überhaupt – nur eine winzige Masse. Sie wechselwirken kaum mit Materie und verlassen die Sonne ungehindert mit einer Rate von etwa 10^{38}/s. Durch jeden Quadratzentimeter unseres Körpers dringen in jeder Sekunde 150 Millionen Neutrinos.

KERNFUSION

Bei der Verschmelzung von vier Wasserstoffkernen zu einem Heliumkern wird ein kleiner Energiebetrag freigesetzt. Die gesamte Strahlungsleistung der Sonne, ihre Leuchtkraft, beträgt $3{,}9 \cdot 10^{26}$ Watt. Der in einer einzelnen Reaktion gewonnene Energiebetrag ist winzig, die Sonne wandelt jedoch in jeder Sekunde 600 Millionen Tonnen Wasserstoff in Helium um.

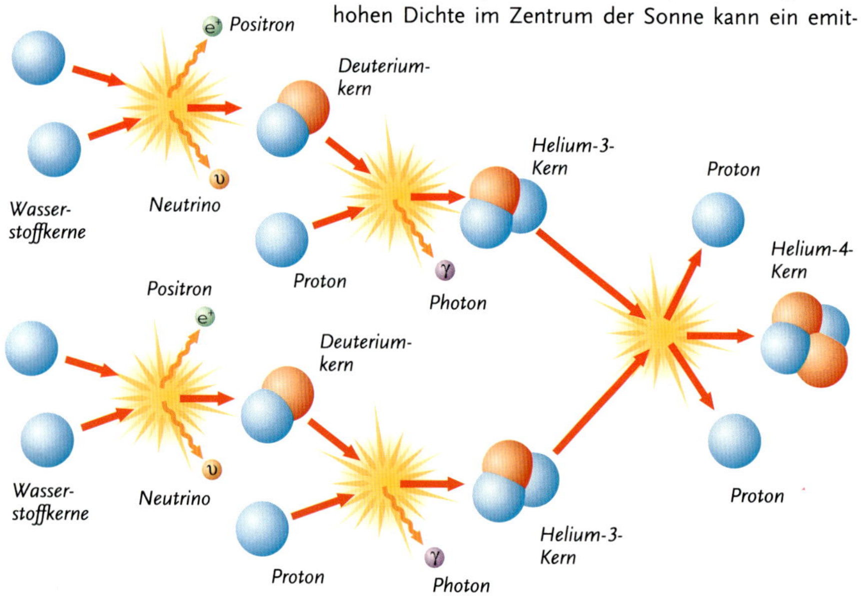

Die Strahlungstransportzone

Die im Kern erzeugte Energie wird hauptsächlich durch Strahlung nach außen transportiert. Wegen der hohen Dichte im Zentrum der Sonne kann ein emittiertes Photon keine lange Strecke zurücklegen, bevor es auf ein anderes Teilchen trifft und wieder absorbiert wird. Es wird in einer beliebigen Richtung wieder abgestrahlt, weil aber Dichte und Temperatur nach außen abnehmen, werden die Photonen allmählich nach außen diffundieren. Bei jeder Wechselwirkung verlieren sie Energie. Wenn sie nicht behindert würden, hätten sie innerhalb von nur zwei Sekunden die Photosphäre erreicht, statt dessen kann es eine Million Jahre dauern.

Die Konvektionszone

In den äußeren Schichten der Sonne ist die Konvektion der hauptsächliche Wärmetransportmechanismus: Aufgeheiztes Material aus tieferen Schichten steigt nach oben. Beim Aufsteigen kühlt es ab, fällt wieder nach unten und wird erneut aufgeheizt. Die Oberseiten der Konvektionszellen sieht man im normalen Licht als Granulation der Sonnenoberfläche, helle heiße Gebiete mit dunklen kühlen Rändern.

Die Photosphäre

Die Sonne besitzt im sichtbaren Licht einen scheinbar klar definierten Rand. Das liegt daran, daß nur eine 500 km dicke Schicht ihrer Atmosphäre die richtige Temperatur besitzt, um Licht im visuellen Bereich auszusenden.

Die Chromosphäre

Oberhalb der Photosphäre steigt die Temperatur in der Chromosphäre stark an. Diese Schicht kann man während einer totalen Sonnenfinsternis oder mit Hilfe eines Spektrohelioskops sehen. Sie ist einige tausend Kilometer dick und erscheint rot, weil die in ihr vorhandenen Wasserstoffatome angeregt sind und rotes Licht ausstrahlen. Helle Plasmastrahlen, Spiculen genannt, erheben sich bis zu 10 000 km über die Chromosphäre. Sie haben eine Lebensdauer von 5 bis 10 Minuten, bevor sie verblassen oder zurückfallen.

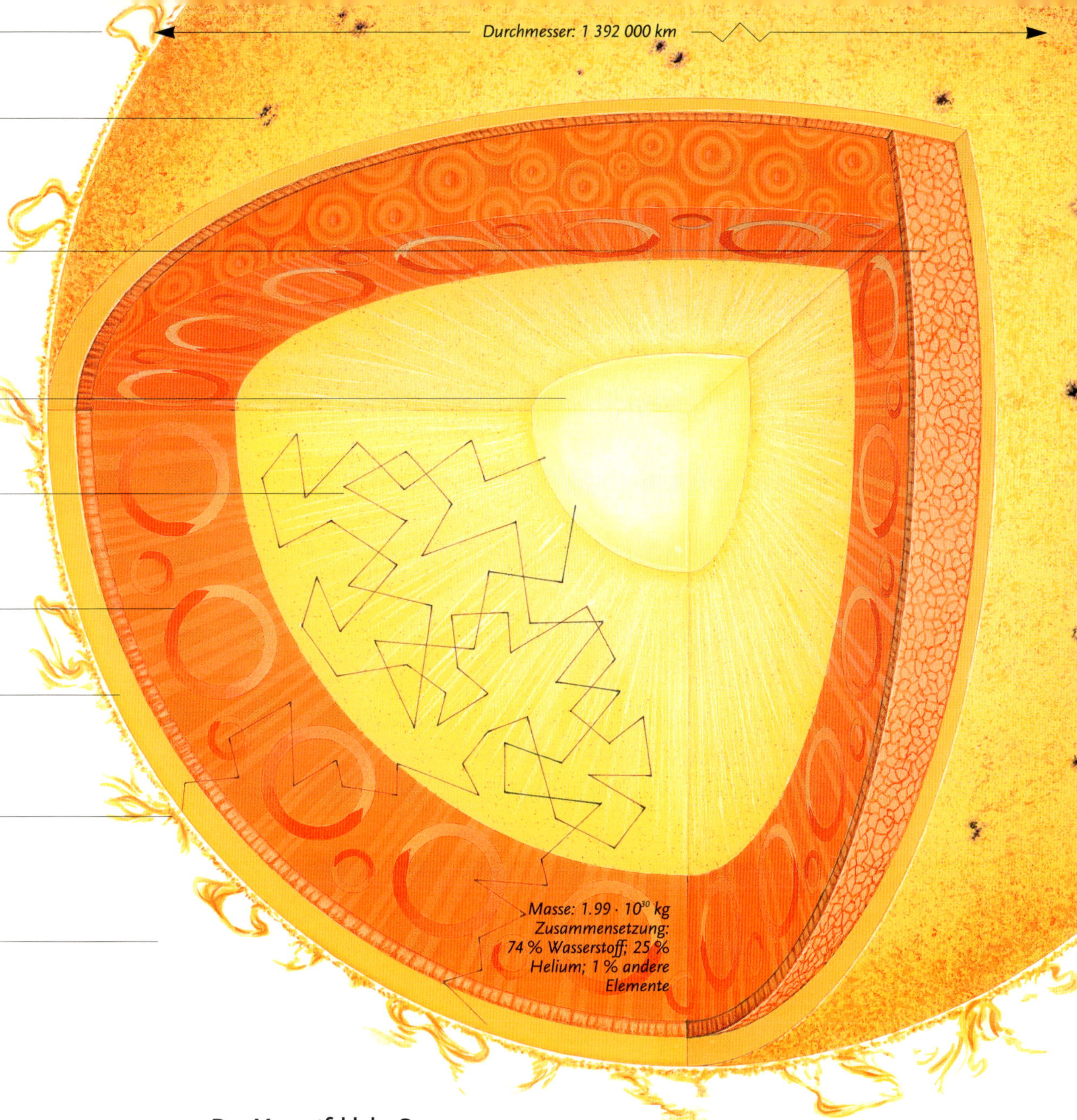

Die Korona

Die äußere Schicht der Sonne, die Korona, sieht man eindrucksvoll während einer totalen Sonnenfinsternis. Sie erscheint grell weiß und erstreckt sich über viele Millionen Kilometer von der Sonne weg.

Man sieht detaillierte Strukturen in Form von Strahlen, Bögen und fadenförmigen Gebilden. Wesen und Form dieser Merkmale variieren mit dem Sonnenfleckenzyklus. Die Korona ist sehr dünn und heiß. Die Temperatur steigt von der Chromosphäre durch eine dünne als Übergangsregion bezeichnete Schicht bis zur Korona an, wo sie schließlich 1 Million °C erreichen kann. Der Grund für diesen Anstieg ist noch nicht völlig verstanden; das Magnetfeld der Sonne muß dabei eine Rolle spielen.

Wo die Magnetfeldlinien der Sonne sich in den interplanetaren Raum erstrecken, statt zurück zur Sonne zu laufen, gibt es weniger dichte Gebiete der Korona, die sogenannten koronalen Löcher. Sie sind die Ursprungsregionen des Sonnenwindes.

Das Magnetfeld der Sonne

Das Magnetfeld der Sonne ist etwa so stark wie das der Erde, der Erzeugungsmechanismus ist jedoch ein ganz anderer. Die Sonne ist kein fester Körper, sondern eine Plasmakugel. Die Wasserstoffatome sind also ionisiert. Magnetfelder können durch die Bewegung elektrisch geladener Teilchen entstehen. So erzeugen Turbulenzen in der Sonne örtlich begrenzte Magnetfelder. Während die Sonne rotiert, werden die Magnetfeldlinien in der Materie „eingefroren“ und be-

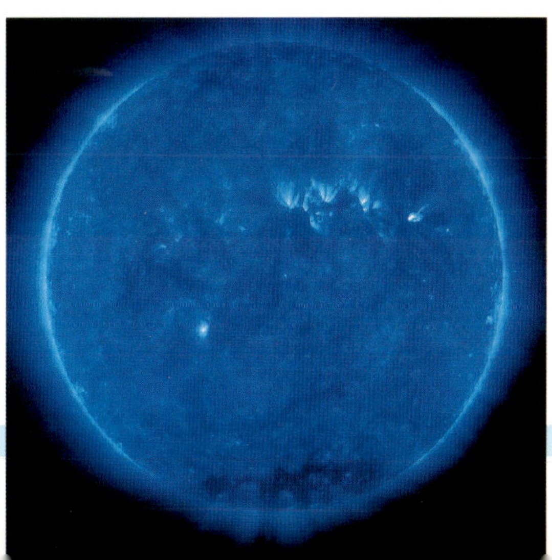

DER AUFBAU DER SONNE

Die Sonne ist ein Stern der unteren Hauptreihe, der in seinem Kern Energie durch Wasserstoffbrennen erzeugt. Diese wird zunächst durch Strahlung, dann durch Konvektion zur Oberfläche transportiert. Die Zonen, in denen diese Prozesse ablaufen, sind nicht scharf getrennt, sondern überlappen sich.

Die äußere Korona im Ultravioletten. In den hellen Gebieten herrschen starke Magnetfelder. Dieser Teil der Korona hat eine Temperatur von 1 Million °C.

Die Magnetosphäre der Erde 32 ▶
Finsternisse 44 ▶
Der Lebenszyklus eines Sterns 100–103 ▶
Nach dem Urknall 126–131 ▶
Elektromagnetisches Spektrum 140–141 ▶

wegen sich mit. Da die obersten Schichten durch die Konvektion brodeln, werden die Feldlinien aufgewickelt und zusammengedrückt. Dabei steigt die Magnetfeldstärke; die so erzeugten „Taschen“ im Magnetfeld sind die Ursache für viele der auf der Sonne beobachteten Phänomene.

Einige Sonnenfleckengruppen können große Gebiete der Photosphäre bedecken und komplizierte Muster bilden, in denen die dunkle, kühle Umbra mit den helleren, heißeren Penumbra-Gebieten verschmilzt.

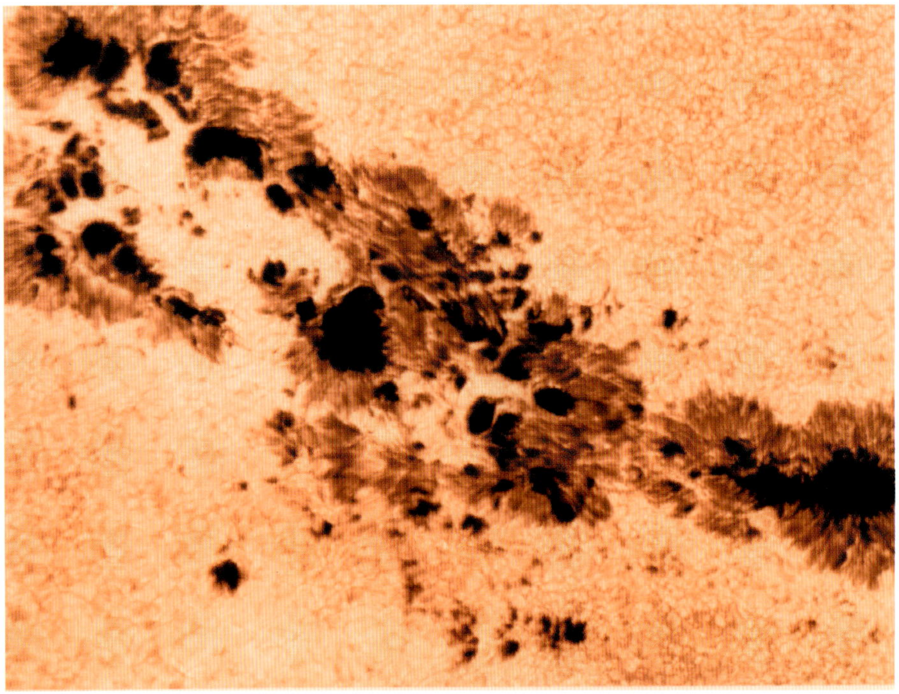

Sonnenflecken

Projiziert man ein Bild der Sonne auf ein weißes Papier, so kann man auf der Sonnenscheibe dunkle Flecken sehen, die Sonnenflecken. Sie wurden zuerst von Galilei und seinen Zeitgenossen im 17. Jahrhundert beschrieben. Größere Sonnenflecken haben einen dunklen Innenbereich, Umbra genannt, der von einer helleren Zone, der Penumbra, umgeben ist. Einige Flecken sind winzig, während andere Hunderttausende von Kilometern lang sein können und mit bloßem Auge sichtbar sind.

Galilei benutzte die Bewegung der Flecken über die Sonnenscheibe, um auszurechnen, daß sich die Sonne in etwa vier Wochen um ihre Achse dreht. Spätere Beobachter fanden, daß verschiedene Gebiete der Sonne mit unterschiedlichen Geschwindigkeiten rotieren: Die Äquatorregion rotiert einmal in 25 Tagen, an den Polen dauert ein Umlauf etwa 35 Tage.

Magnetfeldbündel

Sonnenflecken treten da auf, wo Magnetfeldlinien aus der Photosphäre austreten, sich in Form einer Schleife zurückkrümmen und wieder in sie eintreten. Wir sehen die Flecken, weil sie kühler sind als die umgebende Photosphäre und daher dunkler erscheinen. Obwohl sie mit etwa 4800 °C noch sehr heiß sind, können sie mehr als 1000 °C kühler als ihre Umgebung sein.

Der Sonnenfleckenzyklus

Die Anzahl der Sonnenflecken variiert mit einer etwa elfjährigen Periode, man spricht vom Sonnenfleckenzyklus. Eigentlich ist der Sonnenfleckenzyklus Teil eines 22jährigen Zyklus der Sonne.

Die beiden Flecken eines Paares weisen entgegengesetzte magnetische Polarität auf. Etwa ein Jahr nach

Rechts: Ein Magnetogramm der Sonne zeigt Gebiete mit unterschiedlicher magnetischer Polarität. Dieses Bild zeigt klar die Gebiete hoher Magnetfeldstärke innerhalb der Sonnenflecken. Nordpole sind gelb gefärbt, Südpole blau und rosa.

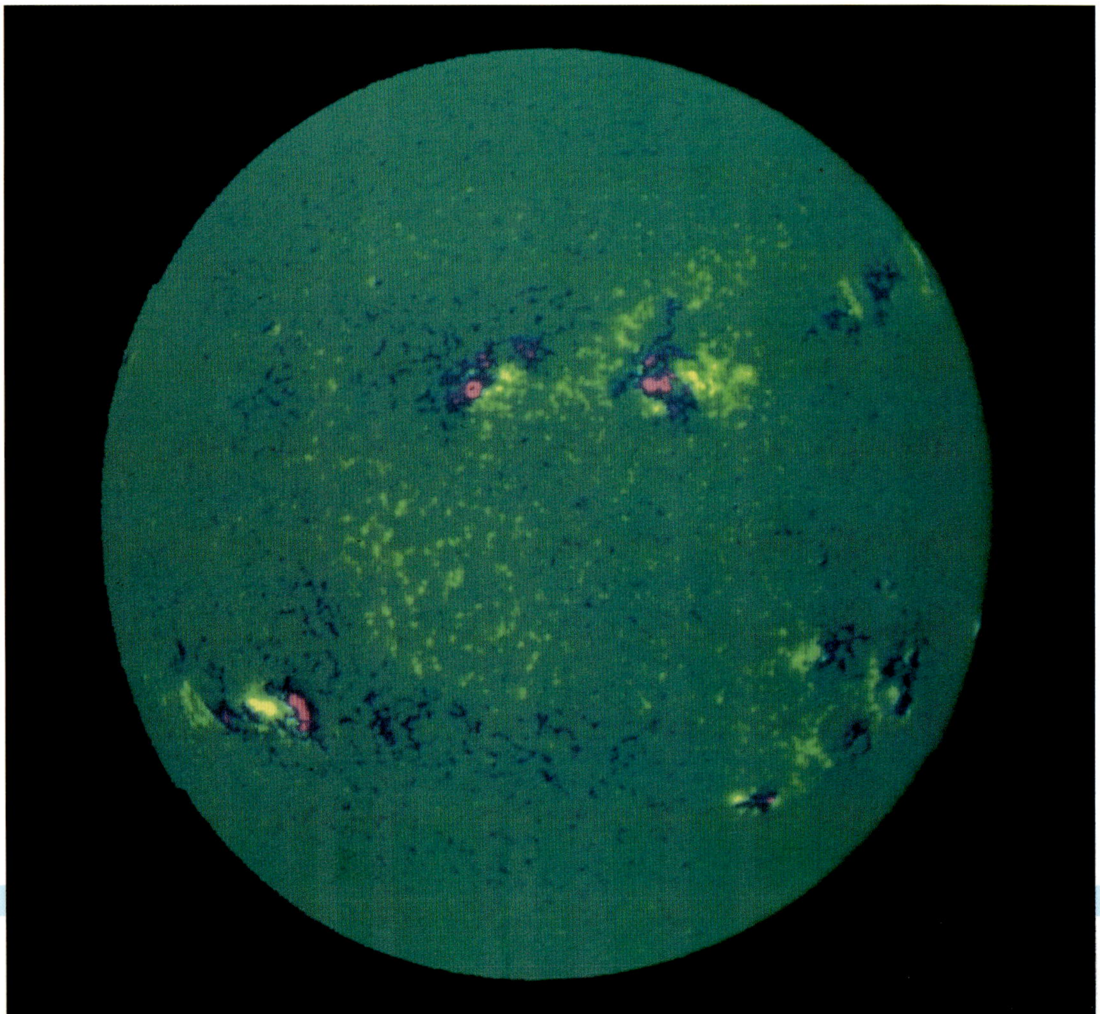

dem Sonnenfleckenmaximum (der Zeit der höchsten Sonnenfleckenaktivität) ändert sich die Polarität. Der magnetische Sonnenzyklus dauert also doppelt so lang wie der Fleckenzyklus.

Andere Phänomene

Am Rand der Sonne zeigen sich Protuberanzen, riesige Bögen hochgeschleuderten Sonnenmaterials. Auf der Sonnenscheibe, vor dem Hintergrund der hellen Photosphäre, heißen sie Filamente. Ebenfalls am Sonnenrand sieht man die Spiculen, schmale Gasstrahlen, die sich mit 20 bis 30 km/s von der unteren Chromosphäre bis in die innere Korona bewegen. Dort fallen sie zurück oder vergehen nach 5 bis 10 Minuten.

Hoch über den Sonnenfleckengebieten finden sich die Fackeln, helle Gebiete heißeren Gases. Fackeln erscheinen im sichtbaren Licht als helle Stellen am Sonnenrand. Sie treten auf der gesamten Sonne auf, die helle Scheibe überstrahlt sie jedoch im Zentrum.

Der Sonnenrand erscheint im sichtbaren Licht dunkler, weil man dort durch eine dickere Schicht der kühleren Photosphäre blickt. Im Radio- oder Röntgenbereich hingegen erscheint der Rand heller, weil diese Wellenlängen aus der heißeren Chromosphäre und inneren Korona stammen.

Die Flares, starke Strahlungsausbrüche, treten normalerweise in komplexen Sonnenfleckengruppen auf. Sie verursachen Schockwellen, die sich durch die Korona ausbreiten und gelegentlich zum Abströmen großer Plasmamengen führen. Dieses Material trägt zum Sonnenwind bei und kann erhöhte Polarlichtaktivität und magnetische Stürme in der Erdatmosphäre hervorrufen.

Rätselhafte Sonne

Trotz intensiver Forschung birgt die Sonne immer noch Geheimnisse. Die Ursache für die Sonnenflecken ist nicht vollständig verstanden, und keine Theorie war bisher in der Lage, ihr Verschwinden zwischen 1645 und 1715 zu erklären.

Es ist ganz offensichtlich, daß die Sonne einen gewaltigen Einfluß auf die Erde hat, aber die fast unmerklichen Veränderungen, die der Sonnenzyklus hervorruft, werden immer noch intensiv erforscht.

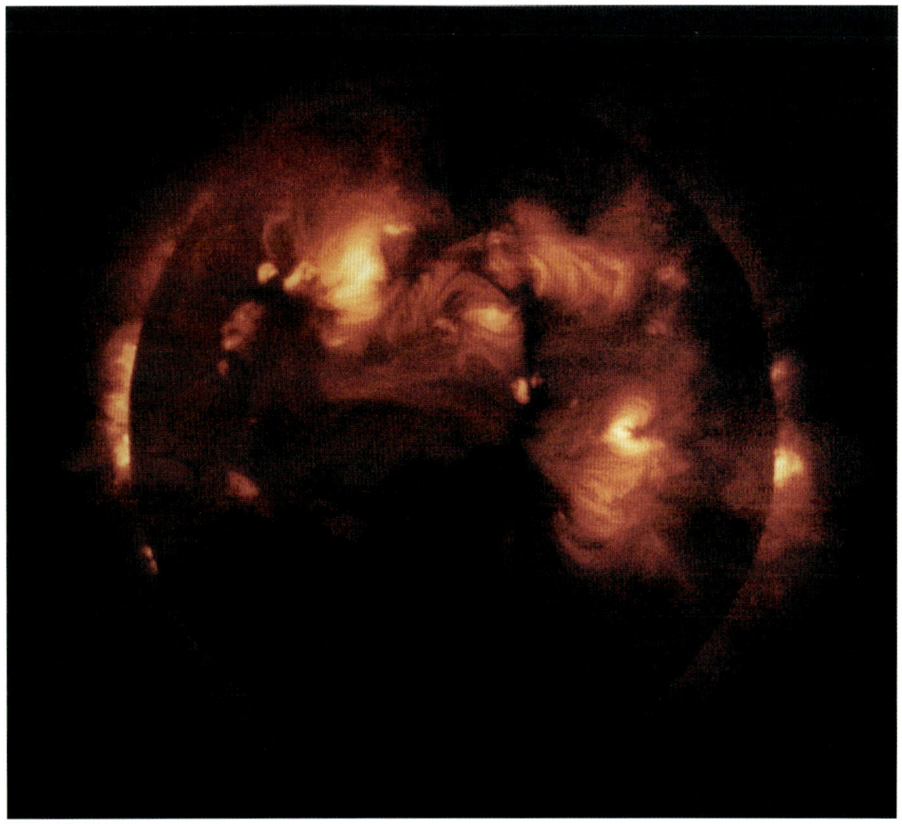

Die Sonnenkorona im Röntgenlicht, aufgenommen vom japanischen Satelliten Yohkoh. Ausbrüche von Flares und Protuberanzen geschehen über „aktiven Gebieten", wo es häufig Sonnenflecken gibt. Die dunkleren Gebiete des Bildes sind etwa 5 000 °C heiß, die hellsten ca. 1 Million °C.

RAUMSONDENMISSIONEN ZUR SONNE

Name	Jahr	Ziele und Ergebnisse
Yohkoh	1991	Beobachtet Hochtemperaturphänomene in den äußeren Schichten der Sonne im Röntgenbereich des elektromagnetischen Spektrums
Ulysses	1994	Mißt Röntgenstrahlung, Radiostrahlung und Plasmawellen der Sonne; hat den Südpol der Sonne überquert und das Magnetfeld vermessen
SOHO	1995	SOHO (Solar and Heliospheric Observatory) erforscht das Sonneninnere und den Sonnenwind

DER SONNENFLECKENZYKLUS

Mehr als 40° vom Sonnenäquator entfernt zeigen sich kaum noch Sonnenflecken. Der Grund dafür ist noch nicht vollständig verstanden. E. W. Maunder (1851–1928) bemerkte, daß die Sonnenflecken zu Beginn eines Sonnenzyklus bei hohen heliographischen Breiten auftauchen und im Verlauf des Zyklus bei immer niedrigeren Breiten erscheinen. Man führt dies auf das „Aufwickeln" des solaren Magnetfeldes im Verlauf des Sonnenzyklus zurück. Maunders Diagramm, das diesen Effekt zeigt, ist als Schmetterlingsdiagramm bekannt.

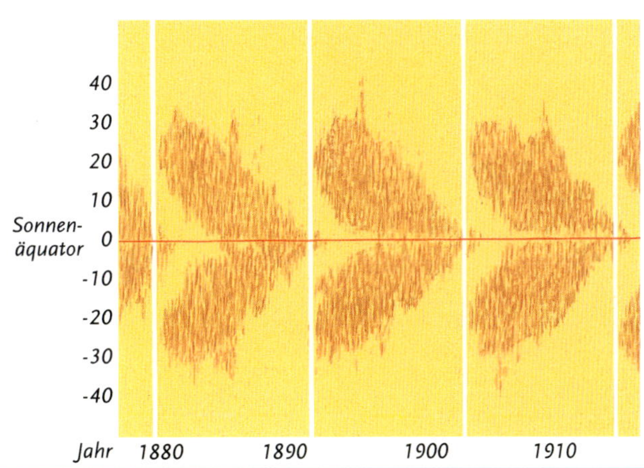

Polarlichter 32 ▶
Das Licht 94–95 ▶
Elektromagnetisches Spektrum 140–141 ▶
Unbemannte Raumsonden 148–149 ▶
Sonnenbeobachtung 162 ▶

MERKUR

Merkur ist der schnellste Planet im Sonnensystem: Er benötigt nur 88 Tage, um einmal seinen großen Nachbarn Sonne zu umrunden.

Schwerebeschleunigung an der Oberfläche: 0,38 fache Erdbeschleunigung
Durchschnittliche Oberflächentemperatur am Tag: 350 °C

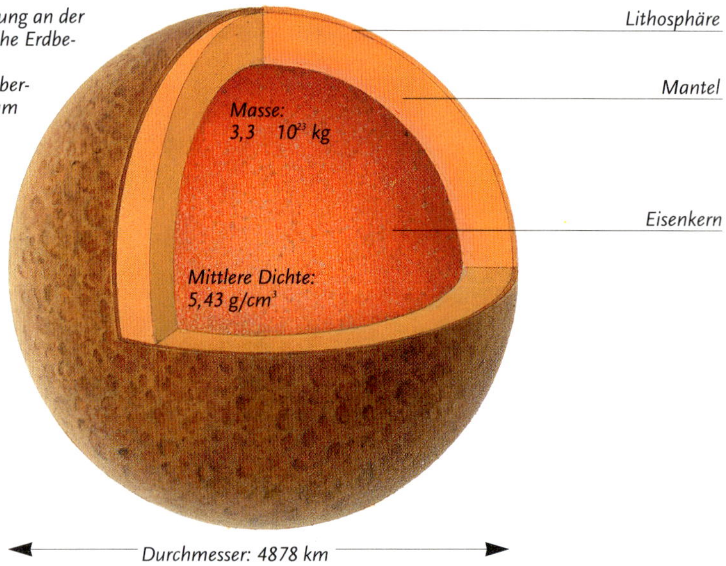

MERKUR-DATEN

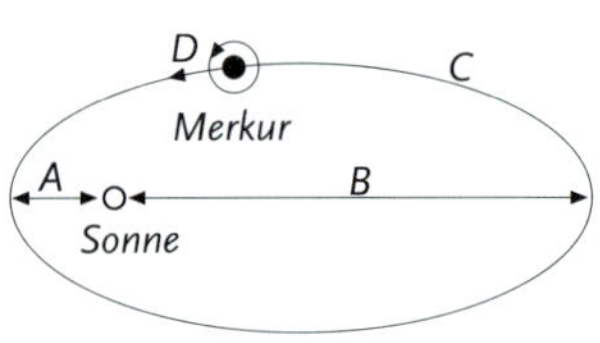

A: 46 000 000 km
B: 69 800 000 km
C: Sonnenumlauf in 87,97 Erdtagen
D: rotiert in 58,65 Erdtagen

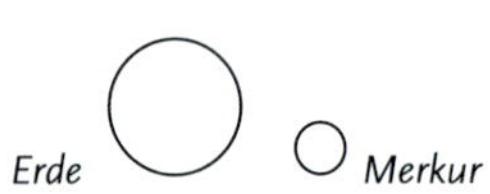

Merkur hat den 0,38fachen Erddurchmesser

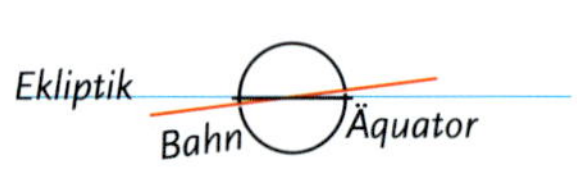

Neigung des Äquators gegen die Ekliptik: 0°
Bahnneigung gegen die Ekliptik: 7°

Monde: keine

◀ 18–19 Die Entstehung der Planeten

◀ 21 Korona und Sonnenwind

Merkur ist der Planet, der der Sonne am nächsten ist. Auf ihm gibt es die größten Temperaturgegensätze: Wenn die Sonne am höchsten steht, kann die Temperatur auf 470 °C steigen, während der Merkurnacht kann sie unter –173 °C absinken.

Bewegung und Rotation

Obwohl Merkur am Himmel heller als der hellste Stern erscheinen kann und man seit Urzeiten von seiner Existenz weiß, ist er schwer zu beobachten; denn der Winkel zwischen Merkur und Sonne am Himmel wird nie größer als 28°. Daher geht Merkur nicht mehr als zwei Stunden nach der Sonne unter und nicht mehr als zwei Stunden vor ihr auf, so daß er meist vom hellen Sonnenlicht überstrahlt wird. Ein- bis zwei mal im Jahr ist es möglich, Merkur zu beobachten. Er steht dann kurz nach Sonnenuntergang am Abendhimmel im Westen oder kurz vor Sonnenaufgang am Morgenhimmel im Osten.

Merkur umkreist die Sonne in nur 88 Tagen und überholt die Erde im Mittel alle 115,88 Tage. Er steht dann zwischen Erde und Sonne, wegen der Neigung seiner Bahn zieht er jedoch von der Erde aus gesehen ober- oder unterhalb der Sonne entlang. Gelegentlich wandert er direkt vor der Sonne entlang und ist als kleiner Punkt zu sehen, der sich langsam über die Sonnenscheibe bewegt. Man spricht dann vom Durchgang des Planeten vor der Sonne. Die Planetenstellungen, bei denen Merkurdurchgänge vor der Sonne stattfinden, treten nur im Mai und im November auf.

Bis in die 60er Jahre glaubte man, daß eine Rotation Merkurs um seine Achse genauso lange dauere wie ein Umlauf um die Sonne. Radarmessungen haben jedoch gezeigt, daß Merkur in 58,65 Tagen einmal um seine Achse rotiert, das sind genau zwei Drittel seiner Umlaufzeit um die Sonne.

Diese im Vergleich zur Bahnumlaufzeit immer noch sehr lange Rotationsperiode hat zur Folge, daß die Sonne sich sehr langsam über den Merkurhimmel bewegt und ein Merkurtag etwa 176 Erdentage oder zwei Merkurjahre dauert.

Besonderheiten der Oberfläche

Als Merkur entstand, wurde durch eine Reihe von Faktoren Wärme erzeugt: massive Einschläge von Meteoriten, Asteroiden und Kometen, die Gezeitenkräfte der Sonne und den Zerfall radioaktiver Elemente. Durch die Hitze schmolz das Innere des Planeten, so daß schwere Elemente wie etwa Eisen zum Zentrum sinken konnten. Als Merkur dann abkühlte, zog er sich etwas zusammen. Dadurch bekam die Oberfläche Falten, und es entstanden gebogene, klippenähnliche Strukturen mit bis zu 4 km Höhe, die sich über Hunderte von Kilometern über die gesamte Planetenoberfläche erstrecken.

Von der Raumsonde Mariner 10 im Jahr 1974 gelieferte Bilder zeigen, daß die Oberfläche des Merkur mit Kratern übersät ist, von denen sehr viele mehr als 200 km breit sind. Die größte von Mariner 10 gese-

Das größte Einschlagbecken auf Merkur ist das Caloris-Becken (hier zur Hälfte sichtbar). Es hat 1300 km Durchmesser, und die Umgebung zeigt die Spuren der Schockwellen, die der Einschlag verursachte. Hier ein aus Bildern von Mariner 10 zusammengesetztes Mosaik.

RAUMSONDENMISSIONEN ZU MERKUR

Name	Jahr	Ziele und Ergebnisse
Mariner 10	1974	Kam der Merkuroberfläche bis auf 703 km nahe; nahm in drei Vorbeiflügen mehr als 12 000 Bilder auf, die über die Hälfte der Oberfläche abdeckten; wies das Magnetfeld und die dünne Atmosphäre nach und maß die Extremwerte der Oberflächentemperatur

hene Struktur ist das Caloris-Becken, ein Einschlagbecken mit ungefähr 1300 km Durchmesser, das von konzentrischen Bergrücken von bis zu 2 km Höhe umgeben ist. Von der Erde aus wurden außerdem mit Hilfe von Radarbeobachtungen drei weitere, große Einschlagbecken gefunden.

Wie auf dem Mond sind einige Krater von heller gefärbtem Material umgeben, das durch den Einschlag, der diese Strukturen formte, herausgeschleudert wurde.

Im Gegensatz dazu gibt es auch leicht wellige Ebenen mit weniger Kratern. Sie sind wohl nach der Zeitspanne, in der die meisten Einschläge stattgefunden hatten, durch Lavaströme entstanden.

Innerer Aufbau und Magnetfeld

Die mittlere Dichte von Merkur ist ähnlich der der Erde. Ein kleiner Planet mit so hoher Dichte muß anteilmäßig doppelt so viel Eisen enthalten wie jeder andere Planet. Die Wissenschaftler vermuten, daß sein Eisenkern sich über drei Viertel seines Radius erstreckt. Er ist umgeben von einem Felsmantel und einer dicken Kruste.

Die Magnetfeldstärke an Merkurs Oberfläche beträgt nur ein Prozent der auf der Erde und ist damit sehr gering. Das Feld ist gerade stark genug, um den größten Teil des Sonnenwindes abzulenken und eine Magnetosphäre um den Planeten zu bilden. Die Entdeckung des Magnetfeldes durch die Raumsonde Mariner 10 war für viele Astronomen eine Überraschung. Nach den gängigen Vorstellungen kann ein Planet nur dann ein Magnetfeld ausbilden, wenn er ein elektrisch leitendes, flüssiges Inneres besitzt und schnell genug rotiert. Obwohl Merkur einen ausgedehnten Eisenkern besitzt, sollte dieser sich inzwischen abgekühlt haben und erstarrt sein. Die Existenz eines Magnetfeldes läßt vermuten, daß zumindest Teile des Innern noch flüssig sind.

Merkurs Atmosphäre

Merkur hat eine sehr flüchtige und dünne Atmosphäre. Der Druck an der Oberfläche beträgt etwa $2 \cdot 10^9$ Millibar, also nur zwei Billionstel des Luftdrucks an der Erdoberfläche.

Die Atmosphäre besteht hauptsächlich aus Atomen und Ionen von Wasserstoff und Helium, die vorübergehend aus dem Sonnenwind eingefangen werden. Sie enthält auch kleinste Mengen Sauerstoff, Natrium und Kalium. Während diese Atome und Ionen wieder in den Weltraum entweichen, werden sie durch andere aus dem Sonnenwind stetig ergänzt.

Merkurs Rätsel wird gelöst

Merkurs Existenz ist seit vielen Jahrhunderten bekannt; es waren die Römer, die den Planeten passend nach dem schnellfüßigen Götterboten benannten. Erst Mitte des 19. Jahrhunderts jedoch fand der französische Astronom Urbain Leverrier heraus, daß Merkur nicht nur die Sonne umkreist, sondern die Bahn selbst sich langsam um die Sonne dreht (präzediert). Während der größte Anteil dieser Präzession durch die Anziehungskraft der anderen Planeten verursacht und durch die Newtonsche Gravitationstheorie erklärt wird, konnte ein kleiner Überschuß nicht erklärt werden. Leverrier schlug vor, die überschüssige Bewegung von der Anziehungskraft eines noch nicht entdeckten, noch sonnennäheren Planeten stammen. Heute wissen wir, daß es diesen Planeten namens Vulkan nicht gibt.

Das Verhalten der Merkurbahn wurde vollständig durch Einsteins Allgemeine Relativitätstheorie erklärt, die im Jahre 1915 veröffentlicht wurde. Sie liefert für alle anderen Planeten fast exakt die gleichen Resultate wie die Newtonsche Theorie und für Merkur aufgrund seiner Nähe zur Sonne genau den Betrag an Bahnbewegung, der die Drehung der Bahn erklärt.

Ein Mosaikbild von Merkur aus Bildern der Sonde Mariner 10.

Innerer Aufbau der Erde 31 ▶
Die Magnetosphäre der Erde 32 ▶
Die Erdatmosphäre 36 ▶
Mondkrater 40–43 ▶
Die Gesetze von Kepler und Newton 90 ▶
Die Krümmung von Raum und Zeit 92 ▶
Merkurs Anomalien 92–93 ▶
Die Allgemeine Relativitätstheorie 126 ▶
Unbemannte Raumsonden 148–149 ▶
Die Beobachtung der Planeten 160–161 ▶

VENUS

Unser Schwesterplanet Venus, einst als tropisches Paradies betrachtet, ist in Wirklichkeit eine tödliche Welt.

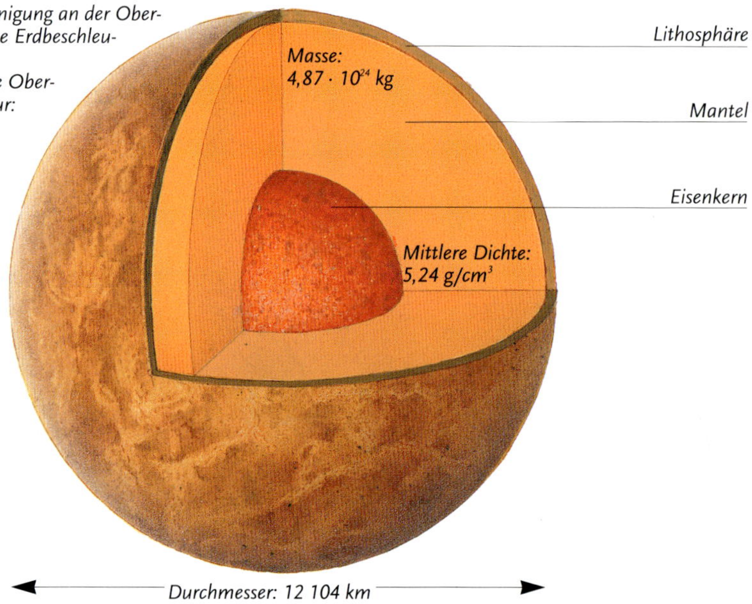

VENUS-DATEN

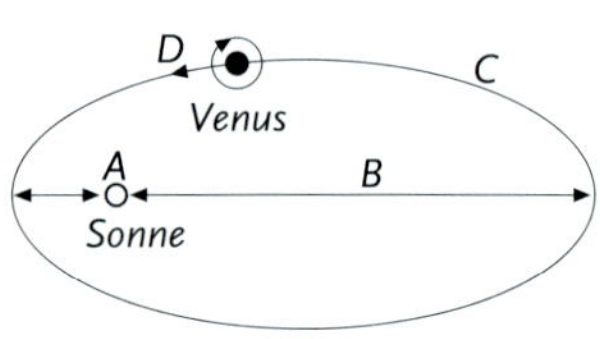

A: 107 500 000 km
B: 108 900 000 km
C: Sonnenumlauf in 224,7 Erdtagen
D: rotiert in 243,01 Erdtagen

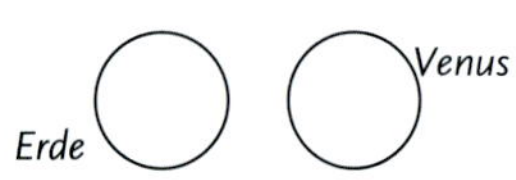

Venus hat den 0,95fachen Erddurchmesser

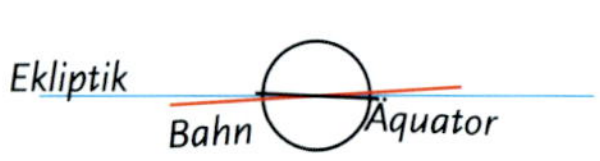

Neigung des Äquators gegen die Ekliptik: 177,4°
Bahnneigung gegen die Ekliptik: 3,4°

Monde: keine

◀ 18–19 Die Entstehung der Planeten

Venus erscheint als Morgen- und Abendstern am Himmel. Bis in die neuere Zeit blieb ihre unter Wolken verborgene Oberfläche ein Geheimnis.

Eine lebensfeindliche Welt

Eine Analyse des von den Venuswolken reflektierten Sonnenlichtes zeigte, daß die Atmosphäre hauptsächlich aus Kohlendioxid bestand. Radiomessungen deuteten auf eine sehr heiße Oberfläche hin. Untersuchungen durch Raumsonden ließen eine Welt ohne jede Form von Wasser mit Oberflächentemperaturen von bis zu 480 °C erkennen.

Die dichte Atmosphäre lastet mit einem Druck auf der Oberfläche, der 90mal so groß ist wie der an der Erdoberfläche, und die Wolken bestehen aus Tröpfchen von Schwefelsäure. Befände sich ein Mensch ungeschützt auf der Oberfläche der Venus, so würde er gleichzeitig geröstet, zerdrückt und erstickt. Von allen Planeten des Sonnensystems kommt die Venus der klassischen Vorstellung einer Hölle am nächsten.

Venus und Erde: ungleiche Schwestern

Bis vor kurzem hat man Venus und Erde für Schwesterplaneten gehalten. Sie haben ähnliche Größen und entstanden im Sonnensystem fast an der gleichen Stelle und aus den gleichen Elementen. Warum also sind sie so verschieden?

Wasser in flüssiger Form ist der grundlegende Bestandteil des Lebens, wie wir es kennen. Es ist daher extrem unwahrscheinlich, daß es auf diesem wasserlosen Planeten jemals Leben gegeben hat. Wegen ihrer Nähe zur Sonne besaß die Venus wahrscheinlich von Anfang an weniger Wasser als die Erde, und es würde dort eher als Wasserdampf denn in flüssiger Form vorliegen.

Die intensivere Sonneneinstrahlung auf der Venus hätte auch etwaige Wasserreste aus der Atmosphäre entfernt, indem die Strahlung das Wasser in dessen Bestandteile Wasserstoff und Sauerstoff zerteilte. Selbst der Strom wasser- bzw. eishaltiger Kometen, der die Venus im Lauf ihrer Geschichte getroffen haben muß, reichte nicht aus, um das Austrocknen des Planeten zu verhindern.

Die Venusatmosphäre und der saure Regen

Als das Innere von Venus und Erde durch Radioaktivität aufgeheizt wurde, wurden beide Planeten vulkanisch aktiv, was wiederum riesige Mengen an Kohlendioxid freisetzte. Auf der Erde wurde ein Teil dieses Gases in den Ozeanen gelöst. Da es auf der Venus keine Ozeane gab, verblieb das Kohlendioxid dort in der Atmosphäre.

Die US-Sonde Pioneer Venus 2 (1978) ermittelte, daß die Schwefelsäurewolken in einer Schicht zwischen 48 und 58 km Höhe konzentriert sind. Die Schwefelsäuretröpfchen entwickeln sich wie Wassertropfen in irdischen Wolken: Sind sie groß genug, fallen sie als saurer Regen. Dieser zerstörerische Regen erreicht nie die Oberfläche. Wegen der Temperaturdifferenz von 13,3 °C an der Wolkenoberseite bis zu backofenähnlichen 220 °C unter den Wolken verdampfen die Tröpfchen etwa 31 km über dem Boden. Unterhalb dieser Höhe ist die Atmosphäre bemerkenswert klar, obwohl die Oberfläche ständig unter einer geschlossenen Wolkendecke liegt.

Die Wolken rotieren 60mal schneller als der Planet selbst und benötigen nur vier Tage, um Venus einmal zu umrunden. Diese schnelle Bewegung wird von der Sonne angetrieben. Im Ultravioletten aufgenommene

RAUMSONDENMISSIONEN ZUR VENUS

Name	Jahr	Ziele und Ergebnisse
Mariner 2	1962	Vorbeiflug, lebensfeindliche Bedingungen auf der Oberfläche bestätigt
Venera 7	1970	Erste kontrollierte Landung auf einem anderen Planeten
Mariner 10	1974	Erste Nahaufnahmen
Venera 9	1975	Erste Bilder der Oberfläche
Pioneer Venus 1	1978	Erste Radar-, Ultraviolett- und Infrarotbeobachtungen aus der Umlaufbahn
Pioneer Venus 2	1978	Erste Untersuchungen der Venusatmosphäre
Magellan	1990	Radarkartierung der gesamten Venusoberfläche; Objekte mit 120m Durchmesser erkennbar

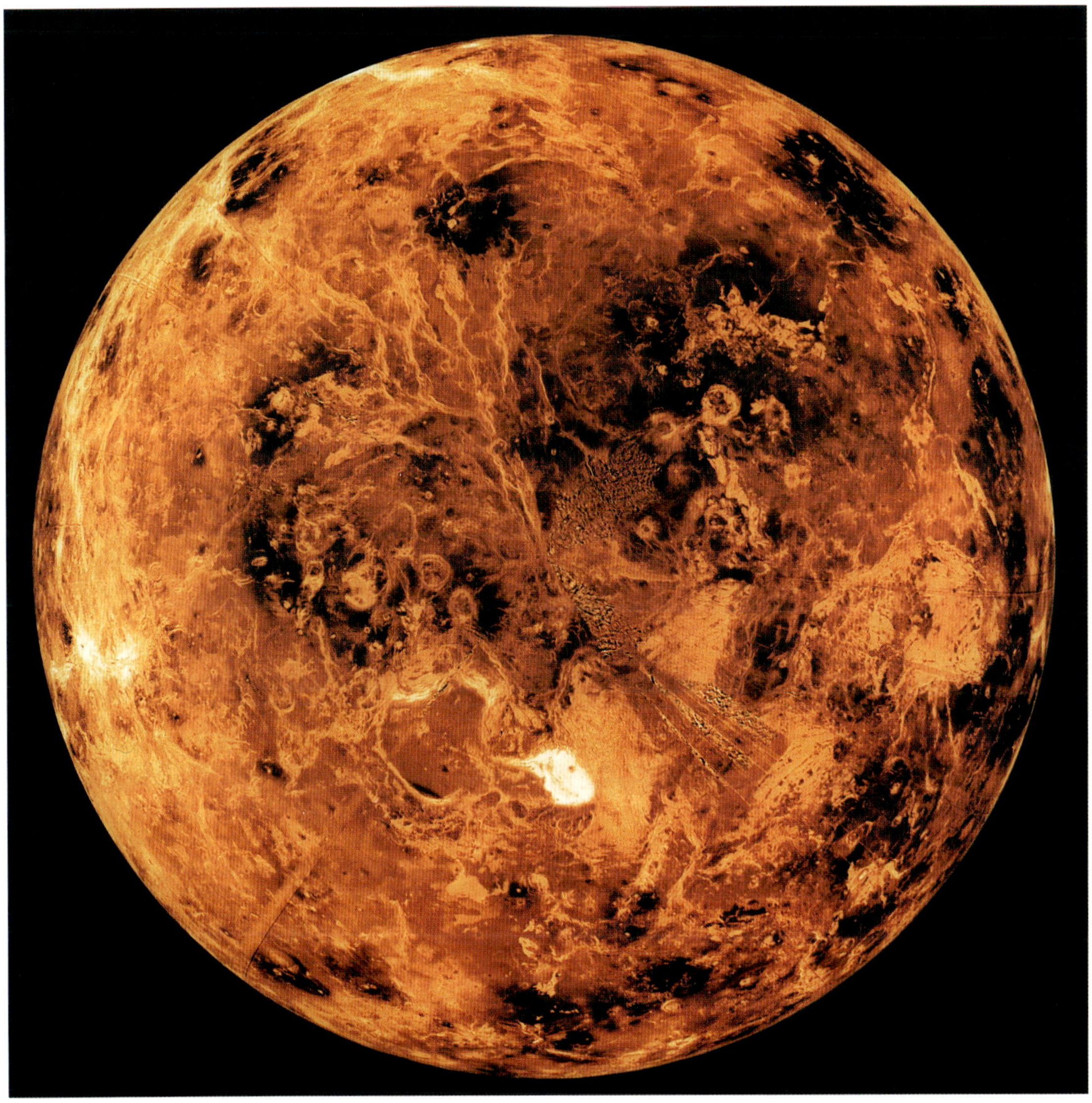

Die Nordhalbkugel der Venus, zusammengesetzt aus Radarbildern der Raumsonde Magellan. Der Nordpol liegt im Zentrum, die helle Struktur darunter ist Maxwell Montes, mit 11 km Höhe der höchste Berg der Venus. Hier eine Falschfarbendarstellung.

Bilder zeigen eine Vielfalt von Wolkenformen, darunter ein den Planeten umspannendes V-förmiges Muster, das durch die Vereinigung zweier großer Wirbelströmungen entstanden ist.

Jahreszeiten und Temperaturen

Da die Rotationsachse der Venus, im Gegensatz zu Erde oder Mars, nicht geneigt ist, gibt es auf ihr keine Jahreszeiten. Die Atmosphäre über dem Äquator erhält das ganze Venusjahr hindurch mehr Wärme zugestrahlt als die über den Polarregionen. Riesige Konvektionsströme transportieren jedoch sehr effizient warme Luft zu den kühleren Polarregionen und verringern die Temperaturdifferenzen zwischen Äquator und Polen auf wenige Grad. Die Oberflächentemperatur wird noch durch den Treibhauseffekt erhöht, so daß Temperaturen bis zu 480 °C erreicht werden.

Innerer Aufbau und Magnetfeld

Der innere Aufbau der Venus ähnelt wahrscheinlich dem der Erde: Sie besitzt einen Eisen-Nickel-Kern, der von einem Silikatmantel umgeben ist. Das Magnetfeld der Venus ist jedoch viel schwächer als das der Erde, was darauf hindeutet, daß sie keinen flüssigen äußeren Kern besitzt.

Das Fehlen eines starken Magnetfeldes könnte auch von der langsamen Rotation herrühren. Venus rotiert im Vergleich zur Erde und den anderen Planeten rückläufig um ihre eigene Achse; ein Grund hierfür konnte noch nicht gefunden werden.

Die Kartierung der Venus

Da wir die Oberfläche nicht sehen können, mußte man zu Radarkartierungen greifen. Dabei werden von Raumsonden in der Umlaufbahn Radiowellen ausgesendet, dringen durch die Wolken und werden von der Oberfläche zurückgeworfen. Die so entstandenen Echos können zu Bildern verarbeitet werden.

Pioneer Venus lieferte die erste globale Reliefkarte der Venus und zeigte, daß die Landschaft gekennzeichnet ist durch gewelltes Flachland (65 %), weniger ausgedehnte Tiefebenen (27 %) und noch kleinere Hochländer (8 %), die sich zwischen 2 und 11 km über das durchschnittliche Oberflächenniveau erheben.

Am auffallendsten ist die nach der griechischen Göttin der Schönheit benannte Hochlandregion

Innerer Aufbau der Erde 31 ▶
Die Magnetosphäre der Erde 32 ▶
Die Erdatmosphäre 36 ▶
Die Erdbahn und die Jahreszeiten 37 ▶
Elektromagnetisches Spektrum 140–141 ▶
Unbemannte Raumsonden 148–149 ▶
Die Beobachtung der Planeten 160–161 ▶

Ein Radarbild des Vulkans Maat Mons, aufgenommen 1990 von der Raumsonde Magellan. Der 5 km hohe Maat Mons liegt am östlichen Rand des Hochlandgebietes Aphrodite Terra auf der Südhalbkugel. (Maßstab in vertikaler Richtung um einen Faktor 10 gestreckt.)

◀ 18–19 Die Entstehung der Planeten

Aphrodite Terra, die sich um den Äquator windet. Östlich davon liegt der Vulkan Maat Mons.

Die Nordhalbkugel wird von Ishtar Terra beherrscht, das mit den Maxwell Montes die höchsten Berge der Venus beherbergt. Sie erheben sich 11 km über das Oberflächenniveau und wurden nach dem Physiker James Clerk Maxwell benannt. Es gibt auch stärker abgegrenzte Hochländer; Beta Regio – ein Beispiel hierfür – weist auf starke vulkanische Aktivität in der Vergangenheit hin.

Eine vulkanische Landschaft

Die Tiefebenen sind samt und sonders vulkanischen Ursprungs und bestehen aus Tausenden von Vulkanen und erstarrten Lavaflüssen. Diese Vulkane haben üblicherweise einige Kilometer Durchmesser und treten häufig in Gruppen auf. Die Lavaflüsse sind viel schwieriger zu erkennen, aber die jüngsten von ihnen findet man gut, da sie starke Radarechos liefern. Sie bedecken große Flächen des Planeten und erstrecken sich über einige zehn bis Hunderte von Quadratkilometern.

Es gibt auch viele größere Vulkane auf Venus, die bis zu einigen hundert Kilometern Durchmesser haben können. Sie sitzen oft rittlings auf Netzen von Verwerfungen und sind durch Hunderte von einzelnen Lavaflüssen charakterisiert, die um zentrale Öffnungen wie die Speichen eines Rades angeordnet sind. Ein großer Teil der Venus-Lava ist wahrscheinlich vom flüssig-basaltischen Typ wie die auf Erde, Mond und Mars. In der Tat wurde durch die Sonden Venera und Vega an verschiedenen Stellen basaltartiges Gestein gefunden. Zusätzlich zeigen Aufnahmen der auf der Venusoberfläche gelandeten Venera-Sonden Lavaflüsse, wie man sie auch auf der Erde gefunden hat.

Koronae

Einzigartig sind die Koronae der Venus: Sonderbare runde „Blasen", die entstanden, als Bereiche aus geschmolzenem Gestein an die Oberfläche stiegen. Die Koronae wurden zum ersten Mal 1983 auf Radarbildern von Venera 15 und 16 gesehen. Sie zeichnen sich durch konzentrische Rücken und Furchen aus, die die Vulkane und Lavaströme umgeben, die man oft im Zentrum dieser Strukturen findet.

Trotz der Fülle vulkanischer Strukturen auf Venus weiß man nicht, ob noch heute dort Vulkane aktiv sind. Im Gegensatz zur Erde, die ein globales System von an den Plattengrenzen aufgereihten Vulkanen aufweist, gibt es auf Venus keine Platten. Sie ist von den sogenannten „hot spots" wie den Koronae geprägt. Das Fehlen von Plattentektonik könnte mit dem Mangel an Wasser zusammenhängen. Dieses senkt auf der Erde die Schmelztemperatur des Gesteins, und es wirkt indirekt als „Schmiermittel" für die Plattenbewegungen.

Verwerfungen, Brüche und Krater

Venus ist kreuz und quer von Tausenden von Verwerfungen und Brüchen durchzogen, von denen sich

DER TREIBHAUSEFFEKT

An einem sonnigen Tag ist die Luft in einem geschlossenen Gewächshaus wärmer als die Außenluft, weil die Sonnenstrahlung durch das Glas dringt und die Objekte im Gewächshaus aufheizt; diese strahlen jedoch Energie bei größeren als den eingestrahlten Wellenlängen wieder ab. Die längerwellige Strahlung kann nicht wieder durch das Glas austreten, so daß die Temperatur im Gewächshaus steigt.

Einige „Treibhausgase“ können wie Glasscheiben wirken und Wärme an der Oberfläche eines Planeten halten. Die Venusatmosphäre enthält mit Kohlendioxid große Mengen eines solchen Gases, das einen sehr starken Treibhauseffekt verursacht.

In den letzten Jahrzehnten haben die Auswirkungen des zunehmenden Gehalts an Kohlendioxid und anderen Treibhausgasen in der Erdatmosphäre auf die globale Erwärmung Anlaß zur Besorgnis gegeben. Die Untersuchung der Venusatmosphäre kann zum Verständnis dieses Effekts einen großen Beitrag liefern.

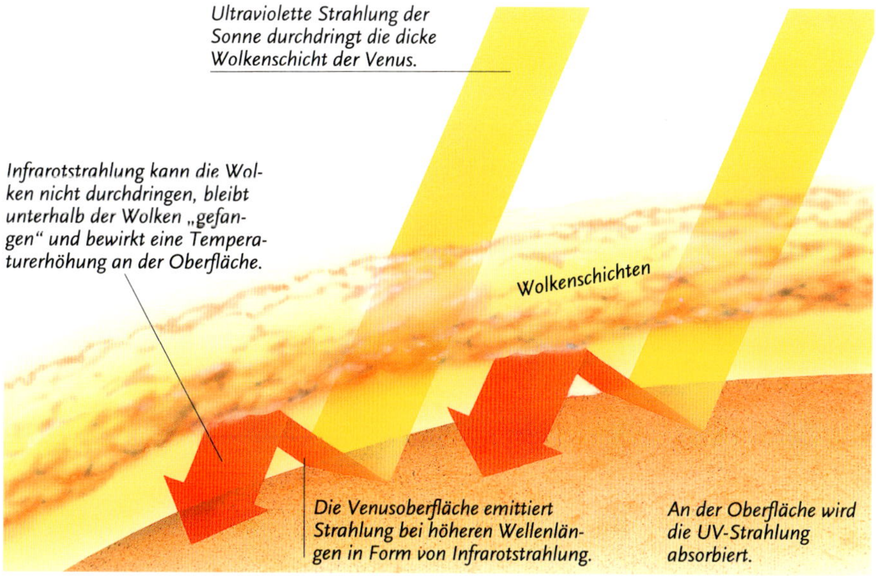

viele über Tausende von Kilometern über die Oberfläche winden. Einige der neueren Brüche finden sich in Aphrodite Terra und Beta Regio.

Es gibt auch ganze Netze von Kammgürteln auf dem Planeten, wo die Kruste zerknittert ist wie ein zusammengedrückter Teppich. Noch stärker zusammengepreßt sind die Berggürtel, die Ishtar Terra im Norden umgeben.

Die Komplexität der Kämme und der Brüche ist am größten in dem von verwickelten Kämmen durchzogenen Gelände. Man spricht von Tesserae. Diese sind häufig in Aphrodite Terra und rund um Ishtar Terra, und sie treten auch an isolierten Stellen wie z. B. Alpha Regio auf. Die Gebiete der Tesserae wurden von Lavaströmen aus den Ebenen überflutet und abgeschlossen. Sie stellen die ältesten ungeschützten Teile der Kruste dar, die sich auf der Venusoberfläche finden lassen. Auf den Bildern der Sonde Magellan hat man über 800 Einschlagkrater gezählt, von denen die meisten bemerkenswert frisch zu sein scheinen. Sie sind von hellen Gebieten umgeben – dem durch die Wucht des Einschlags aus dem Krater geschleuderten Material. So könnten auch die dunklen kometenschweifähnlichen Halos entstanden sein, die sich Hunderte von Kilometern in westlicher Richtung über die Oberfläche erstrecken, wobei der Krater an der Spitze liegt. Wahrscheinlich schleuderten die Einschläge Staub hoch in die Atmosphäre, wo er von den Winden nach Westen getragen wurde, bevor er sich wieder absetzte und so die Halos bildete.

Viele Wissenschaftler glauben, daß die Ebenen in einem globalen Erneuerungsprozeß der Oberfläche vor mehreren hundert Millionen Jahren entstanden sind; andere bevorzugen eine kontinuierliche Erneuerung der Oberfläche. Die geologische Geschichte der Venus bleibt also umstritten.

Venus ist wie ein strahlend heller Stern nach Sonnenuntergang im Westen oder vor Sonnenaufgang im Osten zu sehen. Dieses Foto zeigt Venus rechts vom Mond. Links ist das Sternbild Orion.

Plattentektonik 32–33 ▶
Vulkane auf der Erde 34–35 ▶
Der Mensch und die Ökosphäre 37 ▶
Globale Erwärmung 38–39 ▶

DIE ERDE

Die Erde ist – mit einem Alter von 4,6 Milliarden Jahren – der einzige Planet unseres Sonnensystems, der Leben beherbergen kann. Sie umrundet die Sonne mit etwa 30 km/s.

DATEN DER ERDE

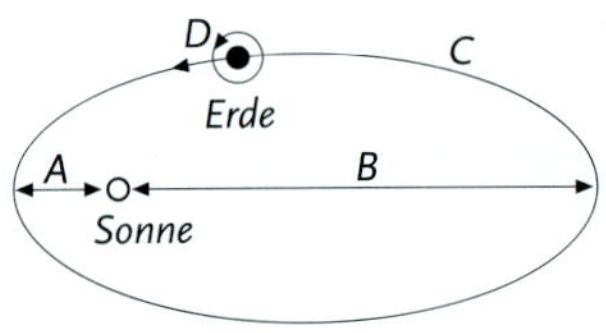

A: 147 100 000 km
B: 151 100 000 km
C: Sonnenumlauf in 365,26 Erdtagen
D: rotiert in 23 h 56 m 4,1 s

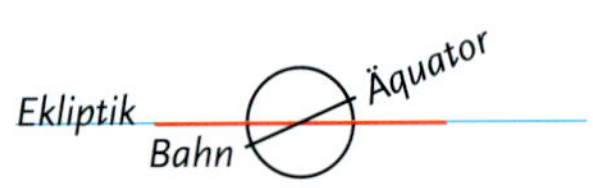

Neigung des Äquators gegen die Ekliptik: 23,5°
Bahnneigung gegen die Ekliptik: 0°

Monde: 1

Die Erde ist einzigartig in unserem Sonnensystem. Die komplexen Prozesse unter der Oberfläche und der reichliche Vorrat an flüssigem Wasser in Form der Ozeane sind die Voraussetzung für Leben. Temperatur, Druck und die Zusammensetzung der Atmosphäre sind perfekt auf Leben abgestimmt.

Die Erde als Planet

Die meisten antiken Kulturen betrachteten die Erde als Zentrum der Schöpfung. Fast alle glaubten an eine unbewegliche Erde mit dem sich um sie drehenden Kosmos. Erst nach den Arbeiten von Nicolaus Copernicus 1543 akzeptierte man, daß die Erde und die anderen Planeten sich um die Sonne bewegen.

Ebenso brauchte es Zeit, bis man erkannte, daß die Erde rund ist. Einfache Beobachtungen, wie die eines unter den Horizont verschwindenden Schiffes, zeigten schon den Griechen und Ägyptern, daß die Erdoberfläche gekrümmt ist, aber erst nach den Weltumsegelungen im 16. Jahrhundert glaubte man, daß die Erde wirklich eine Kugel ist.

Ende des 18. Jahrhunderts fragte man sich, wie alt die Erde sei. Der Geologe James Hutton schätzte, daß man das Erdalter in Millionen Jahren messen müßte. Erst im 20. Jahrhundert konnte man mit Hilfe der Bestimmung der Zerfallsrate radioaktiver Elemente das Alter der Erde zu 4,6 Milliarden Jahren bestimmen.

Der Erdkern

Das Erdinnere ist in Schichten angeordnet. Der äußere Teil ist felsig. Die Dichte der Erde ist jedoch zu groß, als daß sie ganz aus Gestein bestehen könnte. Daher muß der Kern anders aufgebaut sein.

Der Kern ist der dichteste Teil der Erde und enthält ein Drittel ihrer Masse. Er besteht hauptsächlich aus Eisen, einigen Prozent Nickel und 10 % leichteren Elementen (Schwefel, Sauerstoff, Wasserstoff, Kalium). Er kann bis zu 5000 °C heiß sein. Sein innerer Teil steht unter einem Druck, der 3,6 Millionen mal höher ist als der an der Erdoberfläche. Außerdem gibt es einen geschmolzenen äußeren Teil. Strömungen in diesem Teil, die sich mit Geschwindigkeiten von einigen Zentimetern pro Sekunde bewegen, erzeugen das Magnetfeld der Erde. Dieses reicht bis über die Atmosphäre und schützt die Erdoberfläche vor den schädlichen Auswirkungen des Sonnenwindes und der kosmischen Strahlung.

00h 00m 00s: Der Urknall, die Geburt des Universums. Alles, auch die Zeit selbst, entsteht.

16h 38m 24s: Das Sonnensystem bildet sich aus dem solaren Urnebel.

20h 48m 00s: Die ersten Algen und primitiven Lebensformen tauchen in den Ozeanen auf.

23h 17m 57s: Die ersten Landpflanzen erscheinen.

◀ 18–19 Die Entstehung der Planeten

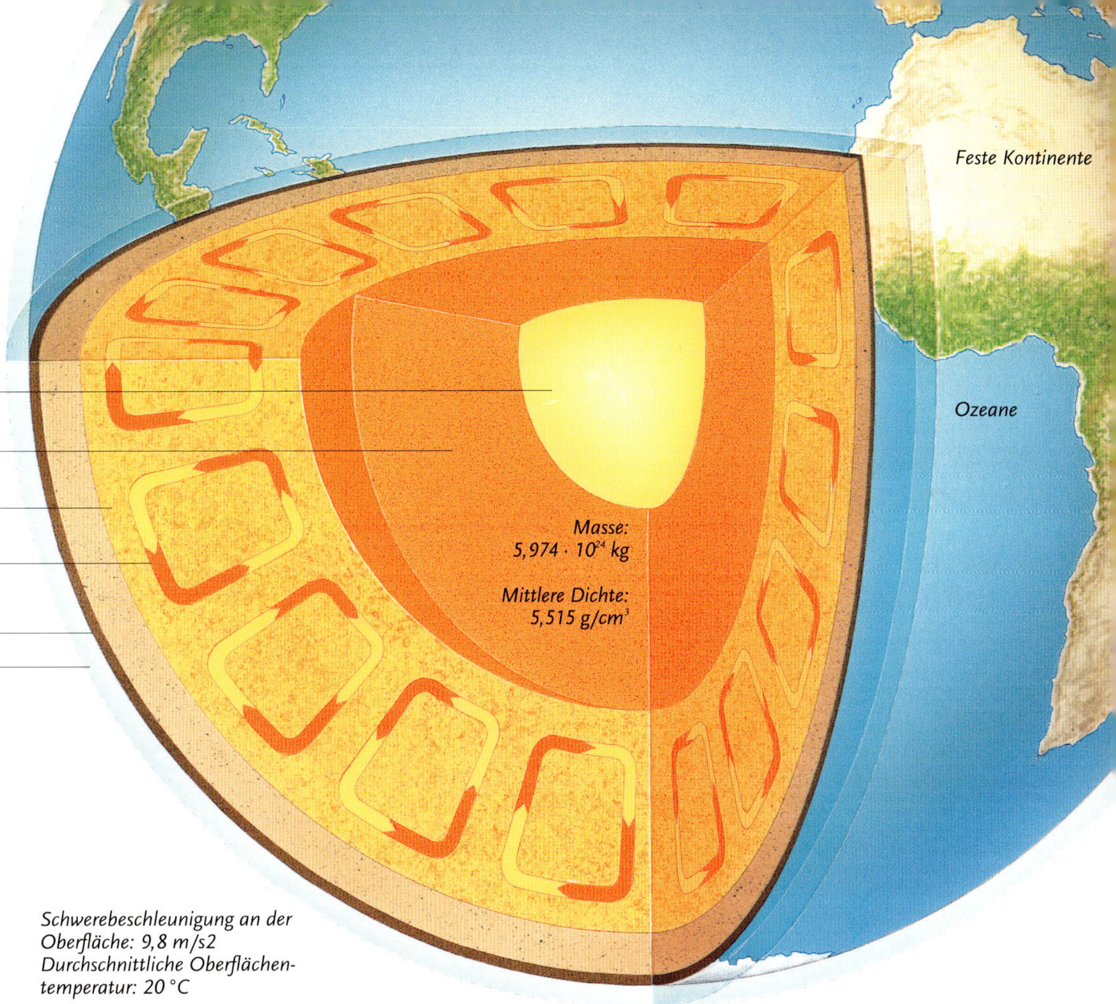

DIE LEBENSDAUER DER ERDE

Das Universum entstand vor etwa 15 Milliarden Jahren, die Erde bildete sich vor ca. 4,6 Milliarden Jahren. Komprimiert man die Geschichte des Universums auf 24 Stunden, so entspricht jede Sekunde 173 611 Jahren.

Die Magnetosphäre der Erde 32 ▶
Plattentektonik 32–33 ▶
Nach dem Urknall 126–131 ▶

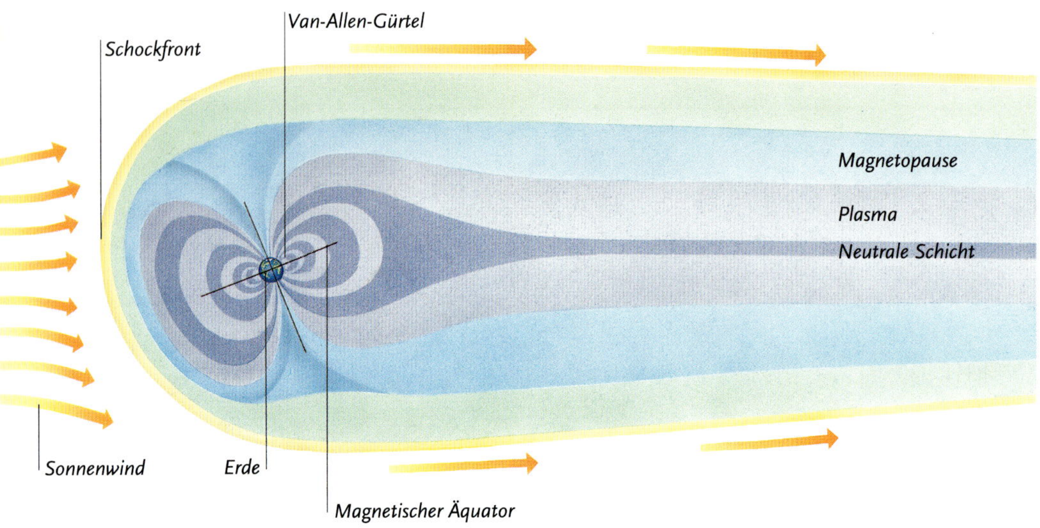

DIE MAGNETOSPHÄRE

Das Erdmagnetfeld wird durch Bewegungen im flüssigen äußeren Kern erzeugt. Nahe an der Erde ist das Magnetfeld symmetrisch. Bei größeren Entfernungen wird es durch den Sonnenwind verformt, einen Strom geladener Teilchen von der Sonne. Unter der Magnetosphäre versteht man das Raumgebiet, in dem das Magnetfeld überwiegt. Am weitesten dehnt es sich „mit dem Wind" (von der Sonne weg) aus, am geringsten in Richtung Sonne.

Mantel und Kruste

Oberhalb des Kerns liegen der Mantel und die darauf schwimmende dünne Kruste. Im Gegensatz zum Kern sind die häufigsten Elemente im Mantel Silicium, Sauerstoff, Magnesium, Eisen, Aluminium und Calcium. Diese Elemente sind die grundlegenden Bestandteile der Silikatmineralien, aus denen die meisten Gesteine aufgebaut sind. Die Gesteine der Kruste unterscheiden sich chemisch wiederum von denen des Mantels. Sie enthalten mehr Silicium, Aluminium, Calcium, Natrium und Kalium.

Vom physikalischen Standpunkt verhalten sich Kruste und oberer Mantel wie eine Einheit, die man Lithosphäre nennt. Es handelt sich um eine feste Schale von 100–200 km Dicke. Der untere Mantel ist nachgiebiger und fließt mit einer Geschwindigkeit von einigen Zentimetern pro Jahr. Dies geschieht in Form von Konvektionsströmungen, die Wärme aus dem Inneren nach außen zu den kühleren Schichten näher an der Oberfläche transportieren.

Die Kruste verdankt ihre Entstehung dem Auskristallisieren geschmolzenen Gesteins, das im Mantel entstanden und nach oben gestiegen ist. Die ozeanische Kruste, die den Meeresboden bildet, unterliegt durch plattentektonische Prozesse einem ständigen Werden und Vergehen. Sie ist weniger als 200 Millionen Jahre alt und etwa 6–11 km dick. Die kontinentale Kruste bildet die Oberfläche des Landes und den Boden einiger flacher Meere. Sie ist wesentlich älter, einige Teile sind fast 4 Milliarden Jahre alt, und ihre Dicke variiert von 25 bis 90 km. Der größte Teil wurde von der Erosion durch Wind, Wasser und Eis sowie durch Aufheizung und Schmelzen bei der Kollision von Kontinenten verändert.

Plattentektonik

Eine Besonderheit der Erde besteht darin, daß die Lithosphäre aus einer Anzahl von Platten besteht, die sich im Vergleich zu ihren Nachbarn um einige Zentimeter pro Jahr bewegen. Diese Bewegung ist die Hauptursache für Erdbeben und Vulkane und hat drei mögliche Folgen:

Erstens können aneinanderliegende Platten voneinander wegdriften (divergierende Plattenbewegung). Dadurch wird aus dem tieferen Mantel Material nach oben gezogen, das die entstandene Lücke ausfüllt. Durch den Druckabfall beim Aufstieg beginnt es zu schmelzen, und das entstehende Magma steigt auf und bildet neue ozeanische Kruste.

Zweitens können Platten sich aufeinander zubewegen (konvergierende Plattenbewegung) und gegeneinanderstoßen. Liegt die ozeanische Kruste auf einer anderen Platte als die angrenzende Kontinentalkruste,

Polarlichter werden bei der Wechselwirkung geladener Teilchen aus dem Sonnenwind mit der Erdatmosphäre erzeugt. Ihr Farbenspiel variiert von weißlichem Grün bis zu tiefem Rot. Hier ein starker grüner Bogen mit Schleier.

◀ 21 Korona und Sonnenwind
◀ 30 Der innere Aufbau der Erde

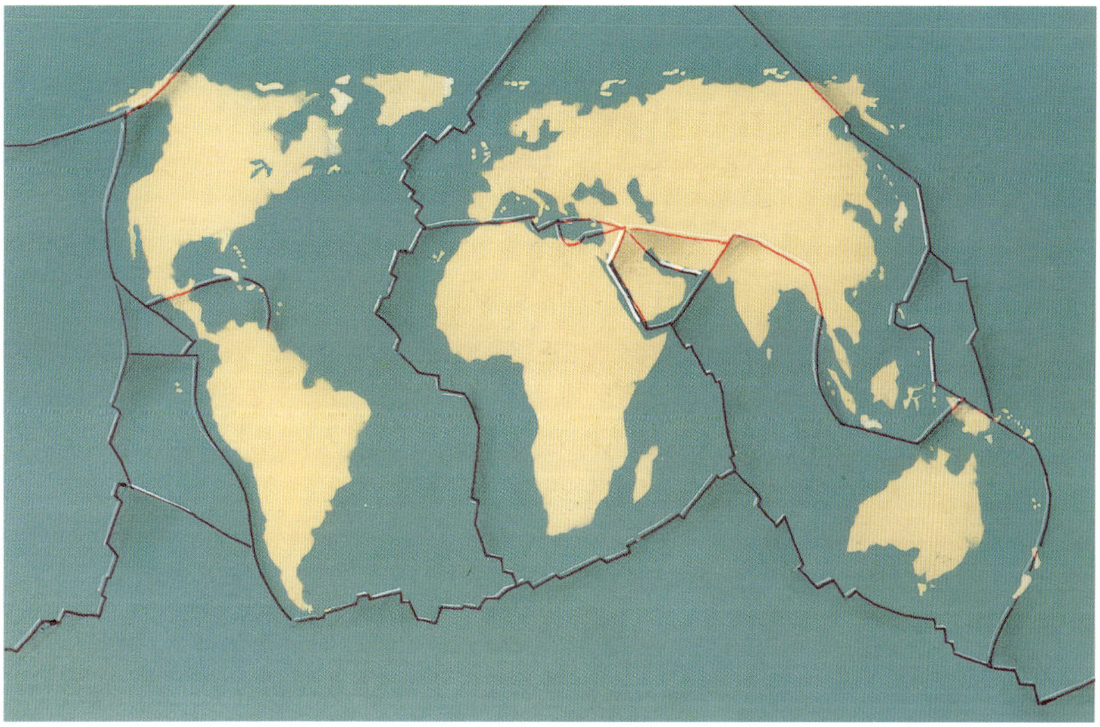

PLATTENTEKTONIK
Die äußere Schale der Erde (die Lithosphäre) besteht aus einer Anzahl getrennter Platten. Hier sind die wichtigsten Platten gezeigt. Sie bewegen sich gegenüber ihren Nachbarn um einige Zentimeter pro Jahr und verursachen dadurch Erdbeben, Vulkanausbrüche und die Entstehung von Gebirgsketten.

Unten: Das Aneinandervorbeiknirschen der pazifischen und der nordamerikanischen Platte verursacht ein Spannungsmuster in der Kruste, das auf diesem Satellitenbild von Kalifornien gezeigt ist. Die Dichte der Farbbänder zeigt die Stärke der Spannung an. Sie sind auf die Verwerfungslinien (hier schwarz) gerichtet.

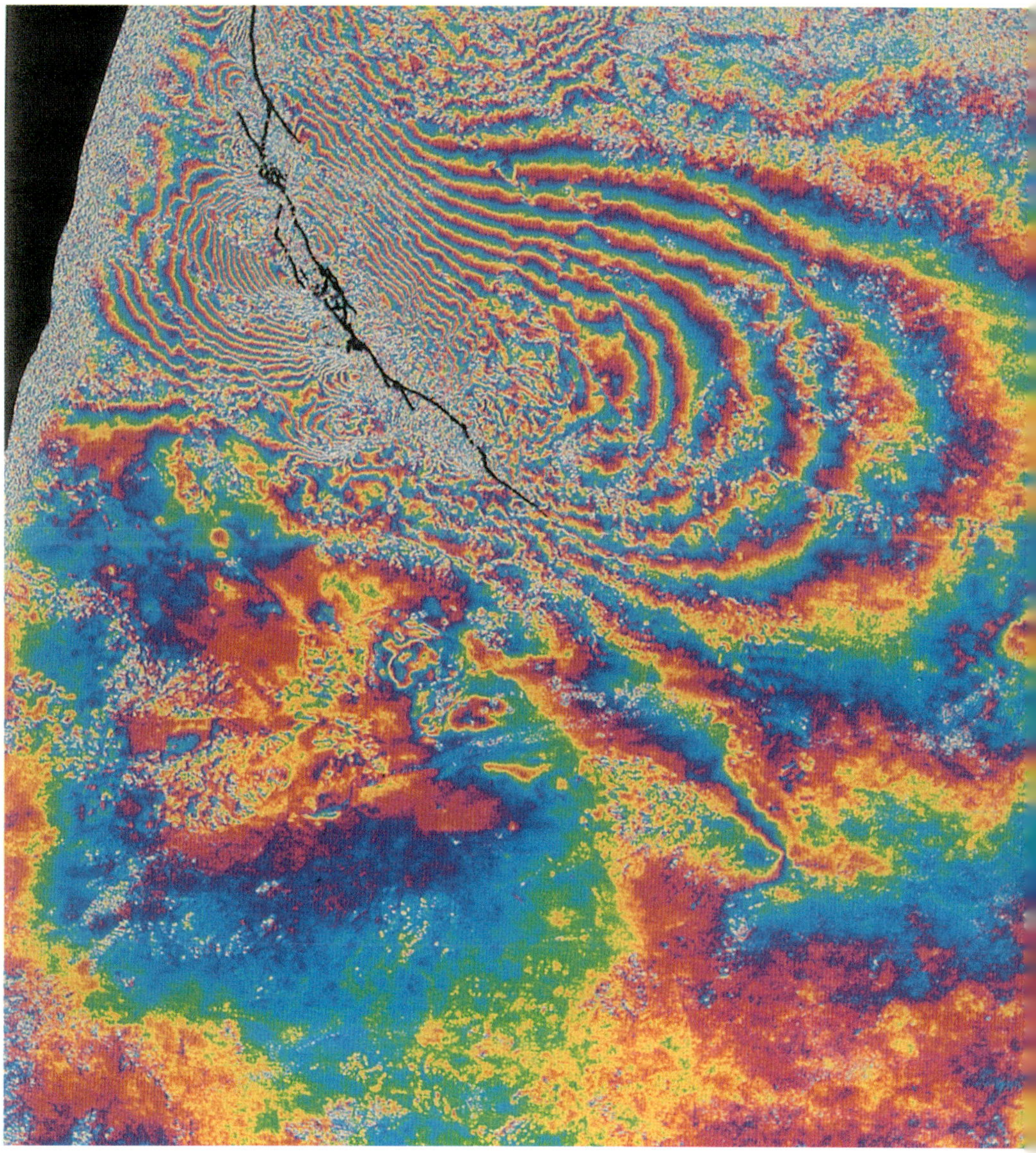

so kann der Ozeanboden sich unter den Kontinent schieben und geht eventuell wieder in tieferes Mantelmaterial über.

Weltweit betrachtet sind diese beiden Prozesse der Zerstörung und Neuentstehung von Ozeanboden genau im Gleichgewicht. Manchmal schließt sich ein Ozeanbecken ganz, so daß zwei Kontinente kollidieren. Die Kontinente werden dabei „verbeult", verdicken sich und verschmelzen eventuell miteinander. So entstehen die meisten Berge, und so erklärt sich die Existenz von Gebirgsketten wie den Alpen oder dem Himalaya. In diesem Stadium wird die zum Stillstand kommende Bewegung an anderen Plattengrenzen zur Wirkung kommen.

Die dritte Art von Plattenbewegung ist das einfache Nebeneinanderherdriften, ohne das Teile der Erdkruste zerstört oder neu geschaffen werden.

Erdbeben

Die meisten Erdbeben ereignen sich nahe den Plattengrenzen, weil die in Kontakt stehenden Gesteinsmassen nicht frei gegeneinander gleiten können. Statt dessen verklemmen sie sich und kommen ruckartig wieder frei, wenn die Spannung groß genug geworden ist, um den Widerstand zu überwinden. Dadurch kommt es zu starken Erschütterungen der Erdoberfläche, besonders wenn der Ausgangspunkt weniger als etwa 10 km tief liegt.

Die stärksten Erdbeben treten hauptsächlich an konvergierenden Plattengrenzen auf, wo eine Platte sich unter die andere schiebt und bei nebeneinander gleitenden Platten. Das berühmteste Beispiel für letzteres ist das System der St.-Andreas-Spalte in Südkalifornien. Relativ zum nordamerikanischen Kontinent schiebt sich mit etwa einem Zentimeter pro Jahr die pazifische Platte unter den Kontinent.

Der Ausbruch des Vulkans Kliuchevskoi wurde von den Astronauten an Bord des Space Shuttle Endeavour 1994 photographiert. Die Eruptionswolke stieg auf über 18 000 m über Meereshöhe, der Wind trug die Asche 1000 km weit.

◀ 32–33 Plattentektonik

Vulkane

Vulkane zeigen Stellen an, an denen geschmolzenes Gestein, Magma genannt, an die Oberfläche steigt. Sie treten hauptsächlich an Plattengrenzen auf.

Die aktivsten vulkanischen Gebiete liegen entlang von divergierenden Plattengrenzen, wo Magma nach oben gezogen und neuer Ozeanboden erzeugt wird. Im zeitlichen Mittel gibt es entlang jedes dieser Ränder mehrere Ausbrüche pro Jahrhundert.

Der junge heiße Ozeanboden schwimmt besser als der ältere kühlere ringsherum, und divergierende Plattengrenzen zeigen vulkanische Rücken. Ein berühmtes Beispiel ist der mittelatlantische Rücken, der die eurasische und afrikanische Platte im Osten von der nord- und südamerikanischen Platte im Westen trennt. Sein Kamm liegt 2–3 km unter Meereshöhe, so daß der größte Teil der vulkanischen Aktivität unbemerkt abläuft. Eine bemerkenswerte Ausnahme ist Island, wo die Anzahl der Ausbrüche in den letzten paar Millionen Jahren hoch genug war, um die Oberfläche bis zur Meereshöhe anzuheben.

Die auffälligsten Vulkane liegen in Ketten angeordnet nahe den Rändern von konvergierenden Plattengrenzen. Die Kruste der nach unten sinkenden Platte

heizt sich mit zunehmender Tiefe auf und beginnt zu schmelzen. Magma steigt in Vulkane auf, die normalerweise ca. 70 km oberhalb der nach unten sinkenden Platte liegen. Die Vulkane entlang der südamerikanischen Westküste in den Anden sowie Vulkaninselgruppen in der Karibik, in Indonesien und im westlichen Pazifik sind gute Beispiele dafür.

Weiterhin werden die in einer Magmasäule enthaltenen Gase entweichen, wenn sie sich der Oberfläche nähern. Wenn das Magma sehr zäh oder der Gasgehalt außergewöhnlich hoch ist, entweicht das Gas oft mit solcher Gewalt, daß der Ausbruch eher eine Explosion ist. Dabei wird das Magma in glasige Fragmente zerlegt, die als vulkanische Asche beschrieben werden. Sie wird in einer Eruptionssäule hochgeschleudert, die bei besonders heftigen Ausbrüchen 40 km oder höher werden kann. Die Asche wird mit dem Wind verteilt und kann Orte in Hunderten von Kilometern Entfernung bedecken, wenn sie zu Boden fällt. Bei anderen Ascheausbrüchen kann eine glühendheiße Wolke mit einer Geschwindigkeit von über 100 km/h über die Erdoberfläche fegen.

Flüssigeres oder weniger kohlensäurehaltiges Magma kann als Flüssigkeit die Oberfläche erreichen und wird dann Lava genannt. Lavaströme sind insofern weniger gefährlich als Aschenströme, als sie sich langsamer bewegen; sie zerstören jedoch alles, was sich ihnen in den Weg stellt.

Nicht alle Vulkane entstehen als Folge von plattentektonischen Vorgängen. Einige isolierte Gruppen von Vulkanen wie auf Hawaii liegen fernab von Plattengrenzen. Sie liegen über Aufstiegsröhren im Mantel, deren Ursprung vielleicht so tief liegt wie die Grenze zwischen Kern und Mantel. Aufsteigendes Magma muß nicht immer einen Vulkan zur Folge haben: Es kann an die umgebende Kruste so viel Hitze abgeben, daß es dort erkaltet.

Ständige Erneuerung der Erde

Die Erdkruste ist Prozessen unterworfen, die auf keinem anderen Planeten in gleichem Ausmaß wirksam sind. Die Erdoberfläche ist also vergleichsweise jung. Die ozeanische Kruste hat normalerweise eine Lebensdauer von 200 Millionen Jahren. Andererseits sind Kontinente sehr alt, weil sie nahezu unbegrenzt existieren können, ohne in den Mantel hinuntergezogen zu werden. Sie weisen weniger Spuren von Einschlagskratern auf als die Oberflächen anderer Planeten, weil der größte Teil der kontinentalen Oberfläche ständig durch Erosion abgetragen oder unter Sedimenten oder Asche und Lava aus Vulkanausbrüchen begraben wird. Der größte bekannte Einschlagskrater der Erde ist der 180 km breite Chicxulub-Krater in Mexiko, der vor 65 Millionen Jahren durch einen größeren Einschlag entstand und unter Sedimentschichten von mehreren hundert Metern Dicke begraben liegt.

Die Erde über der Mondoberfläche aufgenommen von Astronauten an Bord einer Apollo-Kapsel.

Auf Kollisionskurs 88–89 ▶

ATMOSPHÄRE
Die alltäglichen Aktivitäten des Menschen spielen sich in der Troposphäre ab, die sich bis in 10 km Höhe erstreckt. Wetterballons fliegen hinauf in die Stratosphäre, die bis in 50 km Höhe reicht. Meteore, kleine Staubteilchen aus dem interplanetaren Raum, verglühen in der unteren Thermosphäre und der Mesosphäre.

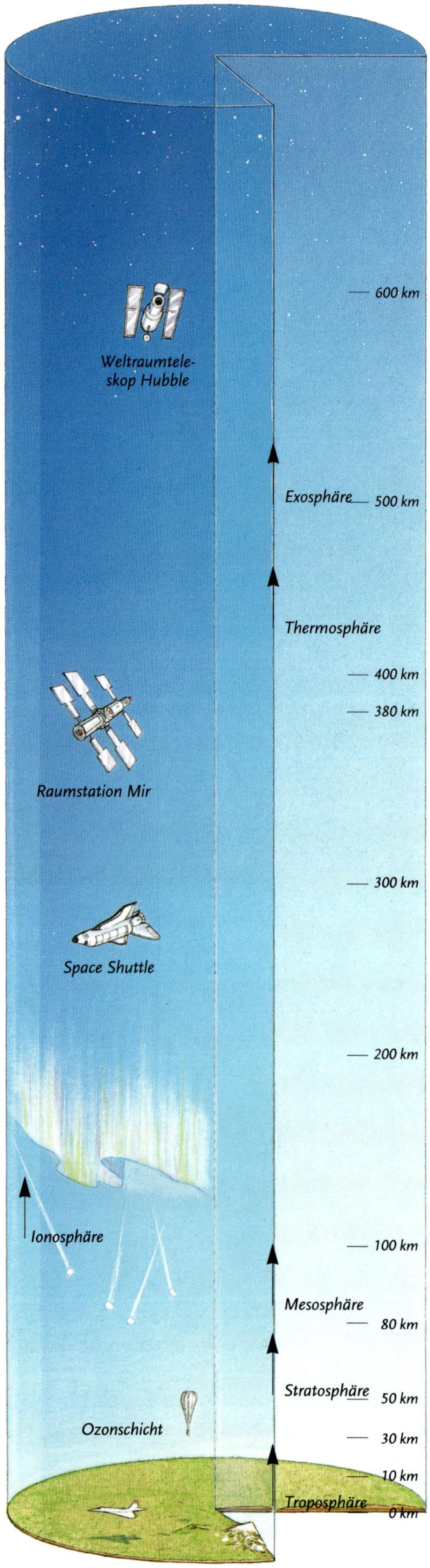

ZUSAMMENSETZUNG DER ATMOSPHÄRE

Gas	Anteil in Prozent
Stickstoff	*78*
Sauerstoff	*21*
Wasserdampf	*variabel (bis zu 4)*
Argon	*0,9*
Kohlendioxid	*0,03*

◀ 16–19 Die Entstehung des Sonnensystems
◀ 26–27 Venusatmosphäre/Saurer Regen
◀ 29 Der Treibhauseffekt
◀ 32–33 Plattentektonik

Die Ozeane

Ein weiterer Grund für die Einzigartigkeit der Erde sind ihre Ozeane aus flüssigem Wasser, die sich über 70 % der Oberfläche erstrecken. Sie bedecken praktisch die gesamte ozeanische Kruste mit einer durchschnittlichen Tiefe von 3,7 km und überfluten auch die Ränder der meisten Gebiete der kontinentalen Kruste. Ozeane gibt es seit fast vier Milliarden Jahren. Das Wasser war wahrscheinlich eine Mischung aus Dampf, der aus dem Innern der jungen Erde hervorquoll, und Eis, das von einschlagenden Kometen geliefert wurde.

Mikroskopische Pflanzen (Algen), die in den sonnenbeschienenen oberen Schichten der heutigen Ozeane schwimmen, bilden die Grundlage der Nahrungskette, die das Leben im Meer erhält. Die Algen geben dem Wasser seine Farbe, und sie ermöglichen die Kartierung von Meeresströmungen, da man in verschiedenen Wassermassen verschiedene Konzentrationen von Algen findet. Viele Meeresströmungen haben einen wichtigen Einfluß auf das Klima der Länder, deren Küsten sie umspülen. So erklärt sich z. B. das relativ milde Klima der Britischen Inseln und Skandinaviens im Vergleich zu Labrador und Grönland (auf derselben geographischen Breite auf der anderen Seite des Atlantik) durch den Golfstrom, der warmes Wasser aus den Gebieten von Florida und Kuba heranführt.

Meeresströmungen werden durch die Erdrotation und Temperaturdifferenzen zwischen Polen und Äquator angetrieben. Es handelt sich um dauerhafte Erscheinungen, die nicht mit den zweimal pro Tag wechselnden Gezeiten zu verwechseln sind.

Die Erdatmosphäre

Die Erdatmosphäre entstand durch Ausgasen aus dem Planeteninnern, wie es z. B. bei Vulkanausbrüchen geschieht. Zu Beginn war es wahrscheinlich eine Mischung aus Wasserdampf, Kohlendioxid, Schwefeldioxid und Stickstoff. Ihre Zusammensetzung wurde dann aber durch die Entwicklung des Lebens beeinflußt. Sauerstoff wurde von einigen der ersten primitiven Organismen als Abfallprodukt erzeugt. Dadurch wurde der Weg bereitet für höhere Organismen, die nicht ohne Sauerstoff leben konnten, und für die Ozonschicht in größerer Höhe, die die Oberfläche gegen die ultraviolette Strahlung abschirmt. Außerdem wäre es ohne die Fähigkeit einiger Gase, Wärme zu speichern (den sogenannten Treibhauseffekt), 30 °C kühler an der Oberfläche.

Verglichen mit der Größe der Erde ist die Atmosphäre nur eine dünne Schicht. Auf den Gipfeln der höchsten Berge (8–9 km über Meereshöhe) kann man bereits kaum noch atmen; die höchsten Wolken treten in etwa 12 km Höhe auf.

Wie das Meer befindet sich auch die Atmosphäre in ständiger Zirkulation, angetrieben durch Temperaturdifferenzen zwischen Äquator und Polen. Diese Luftströme werden durch die Erdrotation beeinflußt und unterliegen auch jahreszeitlichen Schwankungen.

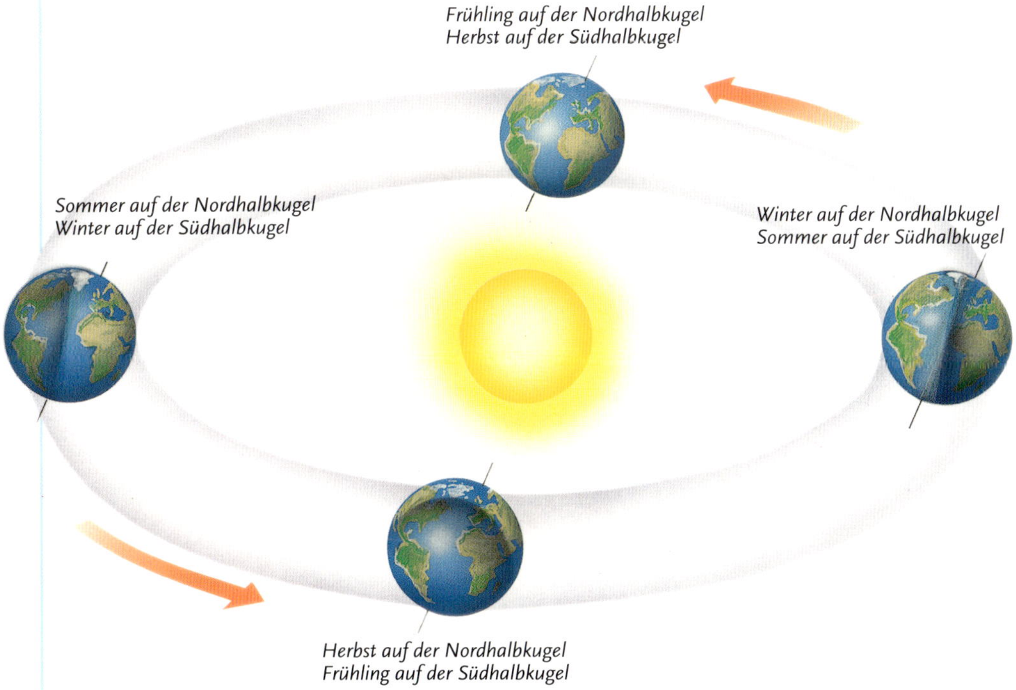

DIE UMLAUFBAHN DER ERDE UND DIE JAHRESZEITEN

Die Rotation der Erde um ihre Achse verursacht Tag und Nacht. Ein Umlauf um die Sonne dauert ein Jahr.

Wenn die Erdachse senkrecht zu ihrer Erdbahnebene stünde, gäbe es keine Jahreszeiten. Sie ist jedoch um etwas über 23° geneigt und zeigt das ganze Jahr über in dieselbe Richtung im Raum. Daher ist in einem Teil der Bahn der Nordpol der Sonne zugeneigt, so daß die Nordhalbkugel mehr Sonnenlicht empfängt und die Tage länger sind als auf der Südhalbkugel. Dann ist Sommer auf der Nordhalbkugel und Winter auf der Südhalbkugel.

Auf der entgegengesetzten Seite der Bahn ist der Nordpol von der Sonne weg geneigt, so daß es Winter auf der Nord- und Sommer auf der Südhalbkugel ist. Zweimal im Jahr (an den Äquinoktien) liegt die geneigte Achse genau seitlich zur Sonne, so daß Tag und Nacht in beiden Hemisphären gleich lang sind.

Obwohl die Drehachse während eines Jahres als raumfest betrachtet werden kann, führt sie in Wirklichkeit eine Kreiselbewegung (Präzession) aus. Sie ist sehr langsam und benötigt 25 800 Jahre für einen Umlauf.

Der Mensch und die Ökosphäre

Die zusammenhängenden Umgebungen, in denen Leben existiert, bilden ein empfindliches System, das man Ökosphäre nennt. Es gibt in den geologischen Aufzeichnungen viele Beispiele für Klimaschwankungen, bei denen die Erde kälter oder wärmer war als heute. In der Vergangenheit wurden solche Schwankungen durch plötzliche Naturereignisse (Asteroideneinschläge, große Vulkanausbrüche) ausgelöst oder nach und nach durch wechselnde Verteilung der Kontinente, Änderungen in der Sonneneinstrahlung oder den Einfluß des Lebens selbst.

Die Aktivitäten des modernen Menschen führen zu schnellen Veränderungen. Durch das Verbrennen fossiler Brennstoffe (Kohle und Öl) stieg der Kohlendioxidgehalt der Atmosphäre in der zweiten Hälfte des 20. Jahrhunderts beträchtlich an. Kohlendioxid ist eines der Gase, die für den Treibhauseffekt verantwortlich sind. Das Ansteigen der Kohlendioxidmenge wird für eine durchschnittliche globale Erwärmung von einem halben Grad in dieser Zeitspanne verantwortlich gemacht. Das Klima könnte in 100 Jahren um 2 °C wärmer sein, wenn der Kohlendioxidausstoß nicht unter Kontrolle gebracht wird. Der Meeresspiegel wird durch das Schmelzen von Eis weltweit um bis zu einen halben Meter ansteigen.

Weitere Auswirkungen menschlicher Aktivitäten sind die Abnahme der Ozonschicht, insbesondere das „Ozonloch" über der Antarktis, hervorgerufen durch die Freisetzung der sogenannten Fluorchlorkohlenwasserstoffe (FCKW) und das Fällen riesiger Gebiete tropischen Regenwaldes, der Kohlendioxid aufnimmt und Sauerstoff abgibt.

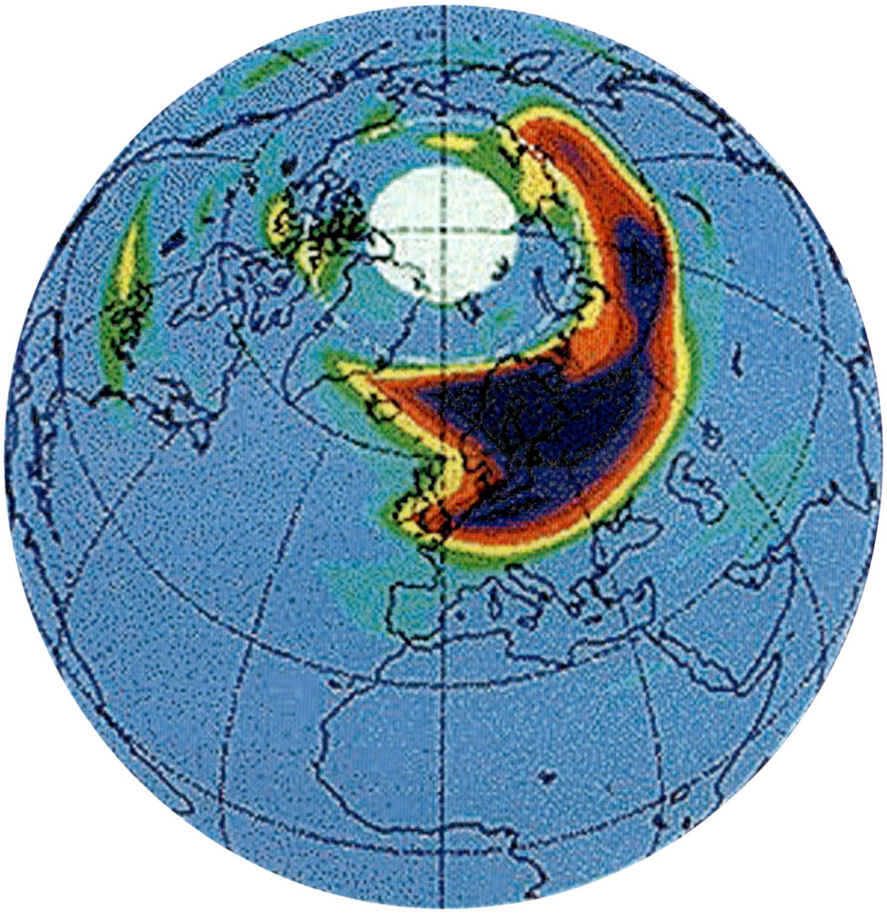

Ozon ist lebenswichtig, da es die schädliche Strahlung der Sonne abhält. Fluorchlorkohlenwasserstoffe (FCKW) zerstören die Ozonschicht. Dieses Bild zeigt das Ozonloch auf der Nordhalbkugel am 11. Januar 1992. Die Falschfarbendarstellung zeigt die Konzentration des stark ozonzerstörenden Moleküls Chlormonoxid. Sie wächst von blau über grün, gelb, rot bis dunkelviolett.

Globale Erwärmung 38–39 ▶
Gezeiten 45 ▶
Auf Kollisionskurs 88–89 ▶

GLOBALE ERWÄRMUNG

Die globale Erwärmung ist ein schneller Klimawandel, der durch die Aktivitäten des Menschen in der Erdatmosphäre hervorgerufen wurde. Als Geologe bin ich daran gewöhnt, über Klimaveränderungen nachzudenken. Und ich bin gewöhnt, Orte mit extremen klimatischen Bedingungen zu studieren, die sich stark verändert haben – aber dies macht mir Angst.

VON DR. DAVID ROTHERY

Oben: Rauch von brennendem Regenwald in Borneo verursachte 1997 eine Dunstglocke über Südostasien, die halb so groß war wie die Fläche von Nordamerika.

„Warum sollten die möglichen Folgen der gegenwärtigen Klimaveränderungen mich mit Angst erfüllen? Es gibt zwei Gründe. Der erste ist die Geschwindigkeit, mit der die Dinge sich abspielen. Das industrielle Wachstum und insbesondere das durch die Verwendung fossiler Brennstoffe produzierte Kohlendioxid bewirkten seit 1860 einen Anstieg der globalen Durchschnittstemperatur um ca. 0,5 °C. Selbst wenn wir den Ausstoß von Kohlendioxid in die Atmosphäre auf dem gegenwärtigen Stand halten, würde sich der Kohlendioxidgehalt bis zum Jahr 2100 auf das Doppelte des vorindustriellen Standes erhöhen. Es scheint also, daß die Temperatur über die nächsten 100 Jahre um 1–3,5 °C weiter steigen wird. Diese Änderung ist schneller als alle anderen in den vergangenen Millionen Jahren, obwohl die Eiskappen entweder zunahmen oder schmolzen, während die Erde wechselnde Perioden von Eiszeiten und Zwischeneiszeiten erlebte. Unser Ökosystem ist an einen beständigen Wandel gewöhnt, und die Vielfalt der Spezies unterliegen einem ständigen Wandel: Manche Arten sterben aus, und neue kommen hinzu. Aber niemand weiß, ob die Erde solch einen tiefgreifenden Wandel, wie wir ihn zur Zeit verursachen, ohne schwerwiegende Auswirkungen aushalten kann.

Niemand weiß, ob die Erde solch einen tiefgreifenden Wandel, wie wir ihn zur Zeit verursachen, ohne schwerwiegende Auswirkungen aushalten kann.

Was ist eigentlich der Treibhauseffekt? Die Erdoberfläche wird vom Sonnenlicht aufgeheizt. Die Oberfläche gibt die Wärme als infrarote Strahlung wieder ab, die in den Weltraum entweichen würde, wenn wir keine Atmosphäre hätten. Wasserdampf und Kohlendioxid verhindern dies jedoch, so daß die globale Temperatur steigt. Dank dieses Effektes ist die Erde ein bequemer Platz zum Leben, denn ohne den Treibhauseffekt wäre es wenigstens 30 °C kälter. Unser Problem heute ist ein gesteigerter Treibhauseffekt. Er tritt auf, weil die Verbrennung fossiler Brennstoffe zusätzliches Kohlendioxid in die Atmosphäre befördert. Verschlimmert wird er noch durch die in der Industrie und der Landwirtschaft produzierten Gase Methan und Stickstoffdioxid. Ein gutes Beispiel für die Auswirkungen einer plötzlichen globalen Klimaveränderung liefert der Einschlag eines großen Asteroiden auf der Erde vor 65 Millionen Jahren. Die lokale Verwüstung war immens; das Wichtigste war jedoch, daß so viel Staub in die Atmosphäre gewirbelt wurde, daß das Sonnenlicht nur stark gedämpft den Boden erreichte und es auf der gesamten Erde viel kühler wurde als normal. Pflanzen gingen ein, und die von ihnen direkt oder indirekt abhängigen Tiere starben. Als nach einigen Jahren die Luft wieder klar war, konnten aus Samen und Sporen wieder Pflanzen heranwachsen, aber etwa die Hälfte der Land- und Meerestiere (darunter die letzten Dinosaurier) starben aus. Wir wissen nicht, ob dieser Effekt ein sofortiges Verhungern zur Folge hatte oder aus einer Störung des Ökosystems über einen Zeitraum von 100 000 Jahren resultierte. Die durch den Menschen verursachte Erwärmung der Erdatmosphäre wird nicht solch zerstörerische Konsequenzen haben, aber die Gefahren derartiger Klimaschwankungen liegen auf der Hand.

Mein anderer Grund zur Beunruhigung ist, daß moderne Gesellschaften und die Weltwirtschaft nicht so schnell auf die Veränderungen reagieren, die auf uns zukommen, wenn die globale Erwärmung weiter fortschreitet. Eiszeitliche Höhlenmenschen dachten sich wahrscheinlich wenig dabei, nach Norden oder Süden zu ziehen, da sie vom Klima abhängig waren. Wir leben in einer Welt mit politischen Grenzen und Besitztümern. Verliert ein armes Land den Großteil seiner landwirtschaftlichen Nutzfläche, werden die Nachbarn wohl kaum Millionen von Flüchtlingen willkommen heißen, vor allem, wenn sie selbst ähnliche Probleme haben.

Steigt die globale Durchschnittstemperatur, so steigt wegen der thermischen Ausdehnung des Wassers und des Abschmelzens der Polkappen auch der Meeresspiegel. Der Meeresspiegel ist in den letzten 100 Jahren um mehr als 10 cm gestiegen, und wahrscheinlich wird er vor dem Jahr 2100 um weitere 50 cm steigen. Die Niederlande können es sich leisten, höhere Dämme zu bauen, aber wie steht es mit Bangladesh?

Manchmal wird die globale Erwärmung mit einem Effekt namens El Niño verwechselt. Dabei handelt es sich um eine lokale Klimaschwankung mit Zentrum im äquatorialen Pazifik, ausgelöst durch eine Richtungsumkehr der Oberflächenströmungen. Während eines El Niño-Ereignisses kann es eine Dürre in Australien und übermäßige Regenfälle an der Westküste Amerikas geben. El Niño hat nichts mit globaler Erwärmung zu tun, obwohl seine Auswirkungen mit steigender Temperatur extremer werden können, und es sind wieder die ärmsten Nationen, die am meisten unter den Nachteilen leiden.

Sie dürfen nicht den Eindruck gewinnen, mir würde die globale Erwärmung den Schlaf rauben. Ich bin einfach daran gewöhnt. Die möglichen Auswirkungen von Klimaschwankungen sind ein Aspekt des modernen Lebens.

Ich freue mich, daß die Staaten hochrangige Delegationen zu den UNO-Konferenzen entsenden, um über die Begrenzung der Treibhausgasemissionen zu verhandeln. Der Zyniker in mir sieht jedoch in den vereinbarten Einschnitten das bloße Minimum, das notwendig war, um kurzfristig politisch Anklang zu finden – unter Preisgabe der mittelfristigen Vorteile, die sich aus größeren Einschränkungen ergeben würden. Das Problem ist darin begründet, daß sich eine Industrienation schnell ökonomisch benachteiligt fühlt, wenn sie sich größeren Einschnitten als ihre Mitbewerber unterzieht. Und Entwicklungsländer beanspruchen für sich das Recht, der Umwelt ebensoviel Schaden zuzufügen, wie es die Industrieländer schon getan haben.

Die Welt besteht aus Individuen. Wenn genug von uns ihren Lebensstil änderten, könnten wir die Rate der globalen Erwärmung deutlich senken, so daß nicht nur die Ökologie, sondern auch die menschlichen Gesellschaften eine bessere Chance hätten, damit fertigzuwerden. “

Die globale Durchschnittstemperatur ist in den letzten 140 Jahren um etwa 0,5 °C gestiegen. Sie könnte in den nächsten 100 Jahren um bis zu 3,5 °C steigen. Die globale Erwärmung wird die Eiskappen zum Schmelzen bringen und den Meeresspiegel ansteigen lassen, so daß in vielen Küstengebieten schwere Überflutungen die Folge sind. Auch das Binnenland wird betroffen sein.

DER MOND

Der Mond, eine vertraute Erscheinung am Nachthimmel, ist ein felsiger Körper, der lediglich das Sonnenlicht reflektiert.

Zunehmende Mondsichel am 3.Tag

Die Mondsichel am 6.Tag

Schwerebeschleunigung an der Oberfläche: 0,17fache Erdbeschleunigung
Durchschnittliche Oberflächentemperatur während des Tages: –130 °C

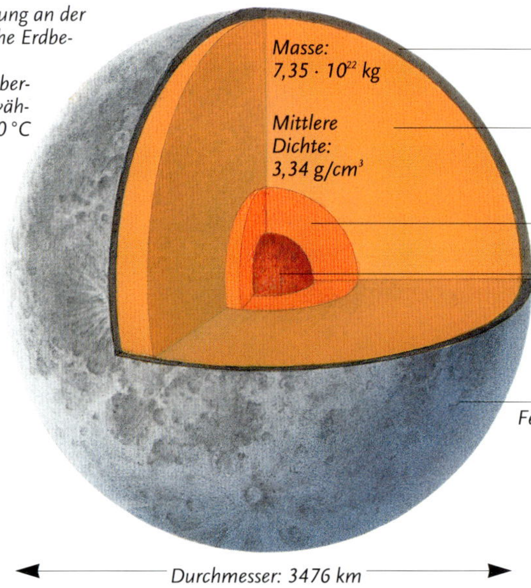

MOND-DATEN

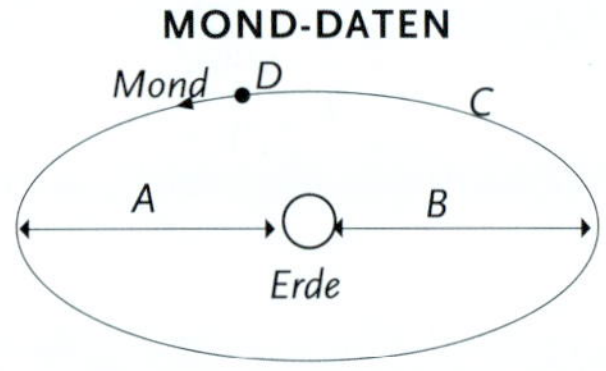

A: 356 410 km
B: 406 700 km
C: umrundet die Erde in 27,3 Erdtagen
D: rotiert in 27,3 Tagen

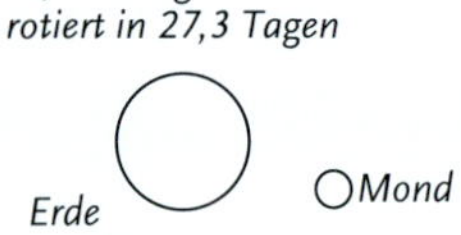

Der Mond hat den 0,27fachen Erddurchmesser

◀ 19 Die Entstehung des Mondes
◀ 31 Der innere Aufbau der Erde
◀ 32 Die Erdmagnetosphäre
◀ 36 Die Erdatmosphäre

Es ist ein seltsamer Zufall, daß Mond und Sonne etwa die gleiche scheinbare Größe am Himmel haben. Der Mond ist ein dunkler Körper, der lediglich scheint, weil er das Sonnenlicht reflektiert. Wenn der Mond der Sonne am Himmel gegenüber steht, sehen wir ihn voll beleuchtet (Vollmond). Steht er nahe bei der Sonne, wendet er uns seine unbeleuchtete Seite zu (Neumond). Zwischen diesen Stellungen sehen wir eine teilweise beleuchtete Mondscheibe.

Der Mond: ein kleiner Planet

In vielerlei Hinsicht kann man den Mond als kleinsten der terrestrischen Planeten betrachten. Ungewöhnlich ist, daß er einen anderen Planeten umkreist, anstatt selbst direkt die Sonne zu umrunden. Als einziger Himmelskörper außer der Erde ist der Mond von Menschen besucht worden. Durch diese Missionen und eine Vielzahl unbemannter Raumsonden konnten insgesamt 382 kg Mondgestein auf die Erde gebracht werden.

Die Analyse der Mondproben legt nahe, daß der Mond als Überrest eines Körpers von der Größe des Mars entstanden ist, der vor etwa 4,5 Milliarden Jahren mit der jungen Erde kollidierte. Ein eisenhaltiger Kern, den dieser Körper vielleicht besessen hat, scheint im Erdkern aufgegangen zu sein, wogegen sich der Mond hauptsächlich aus den steinigen Überresten des Einschlags geformt hat.

Das Innere des Mondes

Das Mondinnere ist in Schichten aufgebaut. Wenn der Mond einen eisenhaltigen Kern besitzt, dann ist der Kern weniger als 360 km dick und macht nur 2 % der Mondmasse aus. Das Fehlen eines großen flüssigen Kerns erklärt die fast völlige Abwesenheit eines Magnetfeldes: Es hat nur ein zehnmillionstel der Stärke des Erdmagnetfeldes.

Über dem Kern liegt ein steiniger Mantel, der wiederum von einer etwas anders zusammengesetzten Kruste überzogen ist. Diese ist auf der erdzugewandten Seite etwa 60 km dick, auf der erdabgewandten dagegen etwa 100 km. Die feste äußere Schale des Mondes (Lithosphäre) ist etwa 1000 km dick. Nur der tiefste Teil des Mantels ist heiß genug, daß dort Konvektionsströmungen fließen.

Die Oberfläche des Mondes ist im Verhältnis zum Volumen viel größer als bei der Erde, so daß mehr Wärme entweichen konnte. So hat sich der Mond seit seiner Entstehung viel stärker abgekühlt als die Erde.

Die Mondoberfläche

Das Muster dunkler Flecken auf der Mondoberfläche ist jedermann vertraut. Einige sehen dort den „Mann im Mond“ oder ein anderes Bild. Wir sehen dort immer dasselbe Bild, weil wir immer auf dieselbe Seite des Mondes blicken. Denn der Mond dreht sich bei einem Umlauf um die Erde auch genau einmal um seine Achse.

Wir wissen heute, daß es sich bei den dunklen Flecken um tief liegende Gebiete handelt, die durch riesige Ströme basaltischer Lava überflutet wurden. Sie heißen Maria (lat. Plural von Mare = Meer). Sie sind, wie Untersuchungen der Bodenproben ergaben, 3 bis 3,9 Milliarden Jahre alt. Die Maria sind keine Meere im herkömmlichen Sinn und haben wahrscheinlich nie Wasser enthalten.

Der Rest der Mondoberfläche ist eine noch ältere Hochlandkruste, die aus einem Gestein namens Anorthosit besteht. Sie ist etwas über 4 Milliarden Jahre alt.

Die kraterbedeckte Oberfläche

Weitere auffallende Strukturen auf der Mondoberfläche sind die Krater. Früher nahm man an, sie seien vulkanischen Ursprungs. Erst durch die Beobachtungen der Apollo-Missionen erkannte man sie als Einschlagskrater, die durch Kometen und Asteroiden verursacht wurden. Diese Einschläge geschehen typischerweise mit Geschwindigkeiten von mehreren zehn Kilometern pro Sekunde. Der einschlagende Körper erzeugt am Aufschlagpunkt eine Schockwelle, die einen 30mal größeren Krater verursacht. Dabei

Zunehmender Halbmond am 7.Tag | Zunehmender Mond am 11.Tag | Vollmond am 15.Tag | Abnehmender Mond am 19.Tag | Abnehmende Mondsichel am 26.Tag

entsteht immer ein runder Krater, außer wenn der Auftreffwinkel extrem flach ist.

Der Mond zeigt Krater verschiedener Größe. Die meisten Krater mit mehreren hundert Kilometern Durchmesser sind von Lava überflutet worden, es gibt jedoch viele mit 100 km Durchmesser. Je mehr Details man auf der Mondoberfläche wahrnimmt, desto mehr Krater entdeckt man auch. Das hat zwei Gründe: Erstens ist die Mondoberfläche wegen des Fehlens einer Atmosphäre gegen Einschläge ungeschützt. Die Atmosphäre eines Planeten läßt die meisten Objekte, die sich der Oberfläche nähern, verglühen. Zweitens gibt es auf dem Mond im Gegensatz zur Erde keinerlei atmosphärische oder aktive geologische Prozesse, die alte Krater mit der Zeit verwischen. Der einzige Prozeß, der einen Mondkrater zerstören kann, ist die Entstehung eines neuen Kraters an derselben Stelle.

Die tief liegenden Maria weisen weniger Krater auf als die Hochländer, weil sie jünger sind. Das bedeutet, daß weniger Zeit zur Verfügung stand, in der Krater entstehen konnten. Die Maria sind zwar nicht so viel jünger – aber die Einschlagsrate hatte vor 4 Milliarden Jahren deutlich abgenommen.

Der südliche Teil des Mare Imbrium mit Blickrichtung nach Süden auf die Karpaten (Aufnahme von Apollo 17). Der Krater Pytheus in der Mitte hat 20 km Durchmesser, einen hügeligen Boden und einen scharfen Rand.

MONDPHASEN

Die Zeitspanne von einem Neumond zum nächsten beträgt 29,53 Tage.

Die Zukunft der Mondforschung 43 ▶
Kometen 82–85 ▶
Auf Kollisionskurs 88–89 ▶
Bahnen und Gravitation 90–93 ▶
Die Raumfahrt 146–147 ▶
Mondbeobachtung 160 ▶

DIE LIBRATION DES MONDES

Innerhalb eines Monats sehen wir etwas über 50 % der Mondoberfläche. Das liegt an der hier erklärten Libration.

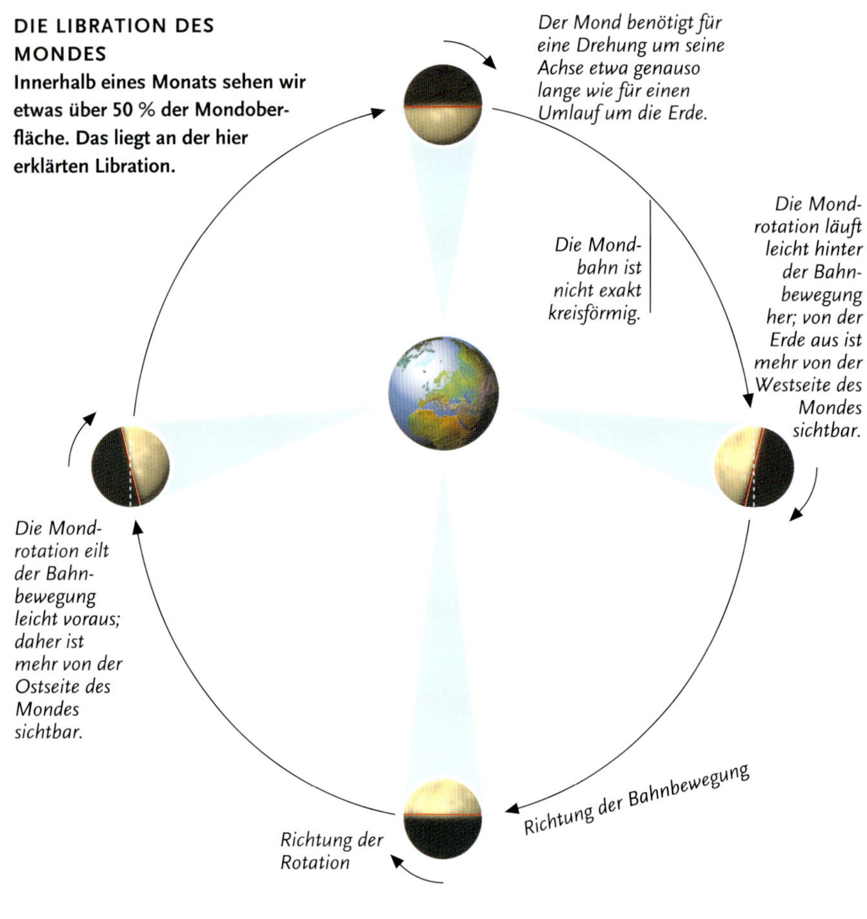

Oben: Der Mond benötigt für eine Drehung um seine Achse etwa genauso lange wie für einen Umlauf um die Erde. Daher wendet er der Erde immer dieselbe Seite zu. Da die Mondbahn nicht exakt kreisförmig und leicht gegen die Erdbahn geneigt ist, kann man innerhalb eines Monats mehr als 50 % der Mondoberfläche sehen. Dieser Effekt heißt Libration. Innerhalb von 30 Jahren sieht man 59 % der Mondoberfläche. Die Mondphasen sind hier nicht gezeigt.

So ist der Mond unsere Hauptinformationsquelle über das, was sich zu dieser Zeit in unserem Teil des Sonnensystems abgespielt hat. Auf der Erde ist jeglicher Hinweis darauf längst durch Erosion und Verwitterung verwischt worden.

Bestimmt man die Krateranzahl in Gebieten des Mondes, deren Alter man anderweitig bestimmen konnte, so findet man die Zeitskala der Kraterbildung. Damit hat man die beste Möglichkeit, das Alter anderer kraterbedeckter Körper des inneren Sonnensystems zu bestimmen. Im Asteroidengürtel und jenseits davon funktioniert das nicht, weil die Art und Anzahl der einschlagenden Körper dort ganz anders waren als im inneren Sonnensystem.

Die Apollo-Astronauten fanden einen sehr staubigen Boden vor. Dieser „Regolith“ entstand durch die vielen Einschläge und enthält auch einige Gesteinstrümmer, die aus den Kratern herausgeschleudert worden sind.

Die Mondbahn

Der Mond umkreist die Erde in solcher Nähe, daß es spürbare Gezeitenkräfte zwischen diesen beiden Körpern gibt. Der Einfluß des Mondes auf die Erde zeigt sich am deutlichsten bei Ebbe und bei Flut. Umgekehrt ist der Einfluß der Erde auf den Mond noch größer: Die Gezeitenkräfte haben die Rotation des Mondes verlangsamt, so daß er jetzt nur noch einmal pro Erdumlauf um seine Achse rotiert und wir von ihm immer dieselbe

Rechts: Da die Mondoberfläche Milliarden Jahre lang Einschläge ausgehalten hat, besteht sie hauptsächlich aus Gesteinstrümmern und großen Blöcken, die aus größeren Kratern geschleudert wurden.

◀ 18–19 Die Entstehung der Planeten

◀ 40–42 Mondkrater

Seite sehen. Dieser Effekt wird gebundene Rotation genannt.

Da der Mond mit konstanter Geschwindigkeit rotiert, sich aber auf einer leicht elliptischen Bahn und daher verschieden schnell bewegt, eilt die Rotation der „durchschnittlichen" Position manchmal voraus und hinkt manchmal hinterher. So scheint der Mond leicht zu eiern, und obwohl der größte Teil der abgewandten Seite immer unsichtbar ist, sehen wir im Lauf der Zeit fast 60 % seiner Oberfläche. Dieser Effekt heißt Libration.

Die Zukunft der Mondforschung

Die geologische Geschichte des Mondes wirft immer noch viele Fragen auf, und es sind mehrere kostengünstige Mondmissionen der amerikanischen, japanischen und europäischen Weltraumorganisationen geplant. Wahrscheinlich wird es um das Jahr 2050 herum bemannte Mondbasen geben. Inwieweit sie sich mit Brennstoff, Nahrung und Mineralien selbst versorgen können, bleibt abzuwarten. Eine Mondbasis würde jedoch sicherlich wertvolle Erfahrungen für das anspruchsvollere Projekt der Kolonisierung des Mars liefern.

Die Lunar Prospector-Mission hat Wassereis nahe den Polen nachgewiesen. Das könnten also geeignete Stellen für die ersten Mondbasen sein. Außerdem wäre die kalte Umgebung dort ein ausgezeichneter Standort für Infrarotteleskope.

RAUMSONDENMISSIONEN ZUM MOND

Name	Jahr	Ziele und Ergebnisse
Lunik 2	1959	Erstes künstliches Raumfahrzeug, das den Mond erreicht
Lunik 3	1959	Erste Bilder der abgewandten Mondseite
Ranger 7, 8	1964–65	Geplante Abstürze auf dem Mond
und 9		Erste Nahaufnahmen mit Felsbrocken und metergroßen Kratern
Luna 9	1966	Erste weiche Landung im Oceanus Procellarum
Luna 10	1966	Erste Sonde in einer Mondumlaufbahn
Lunar	1966–67	Photographien möglicher Landeplätze; Orbiter
Apollo 8	1968	Erste bemannte Mondumkreisungen
Apollo 11	1969	Erste bemannte Mondlandung im Mare Tranquillitatis
Apollo 12	1969	Bemannte Landung und Erkundung im Oceanus Procellarum
Luna 16	1970	Sammlung und Rücktransport von Proben aus dem Mare Faecunditatis
Luna 17	1970	Das Mondauto Lunochod 1 fährt 20 km auf der Mondoberfläche
Apollo 14	1971	Bemannte Landung und Erkundung in Fra Mauro
Apollo 15	1971	Bemannte Landung und Erkundung mit Mondauto nahe der Hadley-Rille
Apollo 16	1972	Bemannte Landung und Erkundung beim Krater Cayley-Descartes
Apollo 17	1972	Letzte Apollo-Landung, Südostrand des Mare Serenitatis
Clementine	1994	Multispektralaufnahmen und Höhenmessung aus der Umlaufbahn
Lunar	1997	Detaillierte Kartierung von Oberfläche, Schwerefeld und Magnetfeld aus einer polaren Umlaufbahn

Die Raumstation Mir, photographiert aus dem Shuttle Atlantis nach der Abkopplung. Es war das erste einer Reihe von Andockmanövern zwischen der Mir und einem Shuttle zwischen 1995 und 1998. Diese gemeinsamen Flüge sollten den Weg bereiten für die Montage der internationalen Raumstation. Eine zukünftige Mondbasis müßte ebenfalls ein internationales Projekt sein, da sie für eine einzelne Nation viel zu teuer wäre.

Gezeiten 45 ▶
Auf Kollisionskurs 88–89 ▶
Bahnen 90 ▶
Die Raumfahrt 146–147 ▶
Unbemannte Raumsonden 148–149 ▶
Mondbeobachtung 160 ▶

Finsternisse

Wenn die Mondbahn genau in der Ebene der Erdbahn läge, würde der Mond sich bei jedem Neumond vor die Sonne schieben und bei jedem Vollmond in den Erdschatten eintreten. Da die Mondbahn aber um 5° geneigt ist, treten diese Ereignisse nur ein, wenn der Mond zur Zeit von Voll- oder Neumond die Erdbahnebene durchquert.

Der Vorübergang des Mondes vor der Sonne ist eine Sonnenfinsternis. Wenn der Mond nahe dem erdnächsten Punkt seiner Bahn ist, erscheint er am Himmel so groß, daß er die Sonnenscheibe komplett abdeckt (totale Sonnenfinsternis). Für die Menschen innerhalb des Kernschattens verdunkelt sich der Himmel, und die Sonnenkorona wird sichtbar. Weil der Mondschatten so schmal ist, sieht man häufiger partielle Sonnenfinsternisse, bei denen nur ein Teil der Sonnenscheibe vom Mond verdeckt ist.

Mondfinsternisse treten scheinbar häufiger auf, weil die Erde einen viel größeren Schatten wirft. Die Erdatmosphäre bricht einen Teil des Sonnenlichtes um die Erde herum in Richtung Mond, der dadurch in einem schwachen rötlichen Glanz erscheint.

Oben: Eine totale Mondfinsternis tritt auf, wenn der Mond bei Vollmond in den Erdschatten eintritt. Wegen des in der Erdatmosphäre gebrochenen Sonnenlichtes sieht der Mond dann kupferrot aus.

Rechts: Der Effekt des Diamantringes während einer totalen Sonnenfinsternis. Da die Mondoberfläche nicht flach ist, sondern aus Bergen und Tälern besteht, kann die Sonne unmittelbar vor und nach der totalen Verfinsterung durch ein Mondtal scheinen. Rechts und unten sind einige Protuberanzen zu sehen.

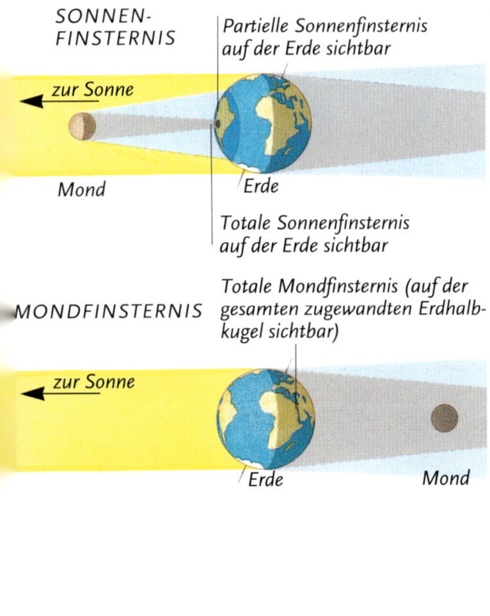

◀ 40–41 Mondphasen

◀ 21 Korona und Sonnenwind

GEZEITEN

Die Gezeiten kommen durch die Anziehungskraft von Sonne und Mond zustande. Obwohl der Mond viel kleiner ist als die Sonne, ist er der Erde doch viel näher, so daß sein Einfluß etwa doppelt so groß ist. Wenn Mond und Sonne etwa in derselben Richtung stehen (um Neumond herum), ziehen sie die Ozeane auf der ihnen näheren Seite der Erde zu sich heran. Ebenso ziehen sie den festen Erdkörper zu sich und weg von den Wassermassen auf der abgewandten Seite.

Dadurch werden zwei Gezeitenberge auf den entgegengesetzten Seiten der Erde erzeugt, die nicht mit der Erde mitrotieren, sondern in einer Linie mit Sonne und Mond bleiben und so zweimal pro Tag Flut führen. Der Effekt ist der gleiche, wenn Mond und Sonne auf entgegengesetzten Seiten der Erde stehen (Vollmond). Bei Vollmond und Neumond ist die Flut am höchsten (Springflut).

Wenn Sonne, Mond und Erde nicht in einer Reihe angeordnet sind, ist die Lage komplizierter. Die Gezeiten sind am schwächsten ausgeprägt, wenn Sonne und Mond am Himmel im rechten Winkel zueinander stehen (bei Halbmond). Auch dann überwiegt der Einfluß des Mondes, aber die Differenz zwischen Ebbe und Flut ist geringer (Nippfluten).

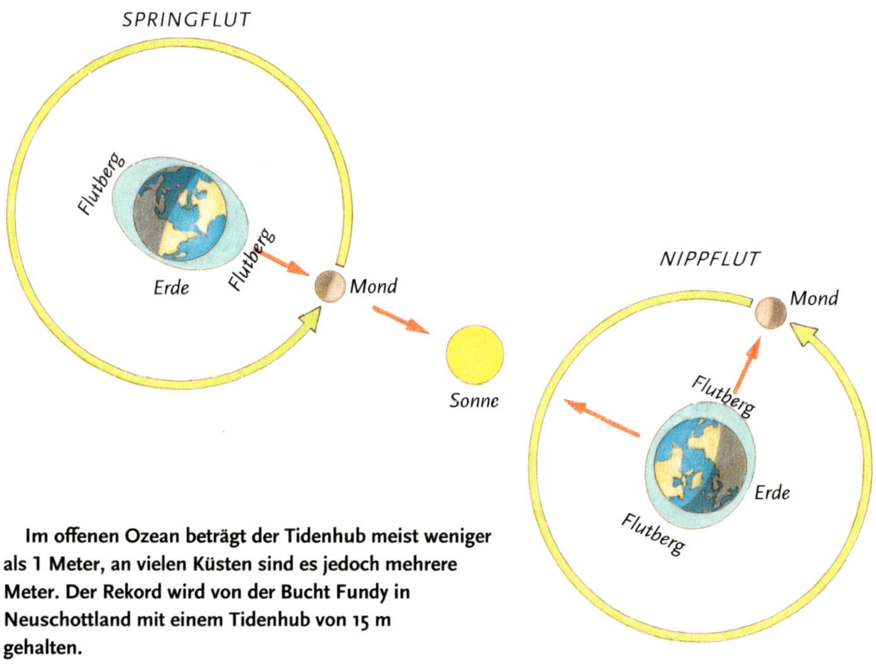

Im offenen Ozean beträgt der Tidenhub meist weniger als 1 Meter, an vielen Küsten sind es jedoch mehrere Meter. Der Rekord wird von der Bucht Fundy in Neuschottland mit einem Tidenhub von 15 m gehalten.

Eine totale Sonnenfinsternis tritt ein, wenn der Mond die Sonne vollständig bedeckt. Wenn die Photosphäre abgedunkelt ist, wird die Korona sichtbar.

Gravitation 90–93 ▶

Licht 94–95 ▶

MARS

Mars zeigt schon in kleinen Teleskopen etliche Details. Bereits mit dem bloßen Auge fällt seine rote Farbe auf.

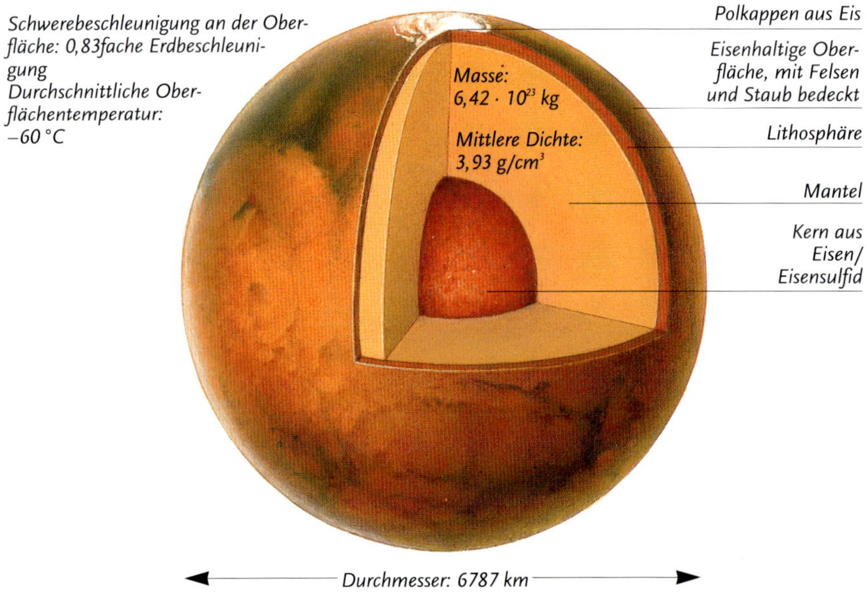

MARS-DATEN

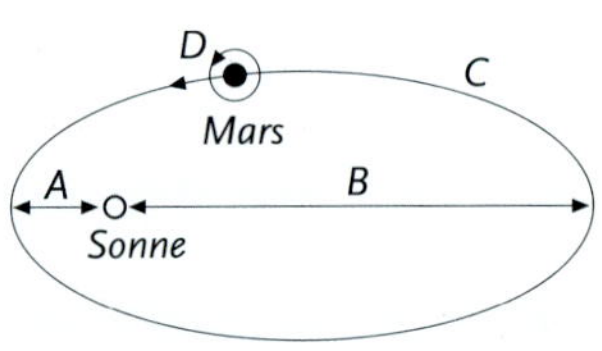

A: 207 000 000 km
B: 249 000 000 km
C: Sonnenumlauf in 686,98 Erdtagen
D: rotiert in 24 h 37 m 23 s

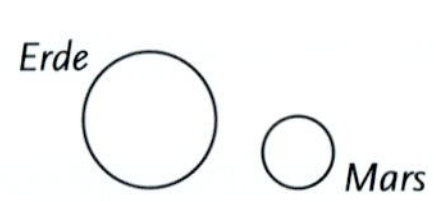

Mars hat den 0,53fachen Erddurchmesser

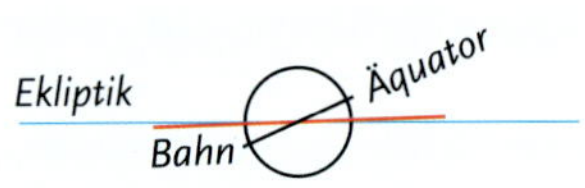

Neigung des Äquators gegen die Ekliptik: 23,98°
Bahnneigung gegen die Ekliptik: 1,85°
Monde: 2

◀ 32 Die Erdmagnetosphäre
◀ 34–35 Vulkane auf der Erde
◀ 36 Die Erdatmosphäre
◀ 37 Erdbahn und Jahreszeiten

Die rote Färbung kommt von den eisenhaltigen Verbindungen in den Steinen und im Staub der Marsoberfläche. Mars ist der Erde nahe genug, daß selbst kleine Teleskope Einzelheiten wie Staubstürme oder die Polkappen zeigen.

Die Zusammensetzung des Mars

Mars hat wahrscheinlich einen eisenhaltigen Kern von ca. 1700 km Durchmesser. Die niedrige Dichte weist darauf hin, daß der Kern außerdem eine beträchtliche Menge Schwefel enthalten könnte. Scheinbar gibt es nicht genügend Konvektion, um ein nennenswertes Magnetfeld zu erzeugen.

Der Kern ist von einem Mantel geschmolzenen Gesteins umgeben, der etwas dichter ist und dreimal mehr Eisenoxid enthält als der der Erde. Über dem Mantel liegt eine dünne Kruste. Aus dem Fehlen von Plattentektonik und vulkanischen Aktivitäten folgt, daß der Mantel ebenfalls nicht konvektiv ist.

Die Marsjahreszeiten

Auf dem Mars gibt es wie auf der Erde Jahreszeiten. Während des südlichen Sommers ist er der Sonne viel näher als während des nördlichen. Daher ist der Südsommer auf Mars wärmer als der Nordsommer. Da der Planet sich aber schneller bewegt, wenn er der Sonne näher ist, sind die Südsommer auch kürzer, und südliche Winter sind länger und kühler als die nördlichen. Eine Folge davon ist, daß die südliche Polkappe neben Wasser einen Anteil gefrorenen Kohlendioxids enthält.

Beide Polkappen bestehen aus einer dauerhaft gefrorenen Schicht von Wassereis. Zusätzlich zeigen sie eine jahreszeitlich schwankende Schicht aus Kohlendioxideis, das im Herbst aus der dünnen Atmosphäre kondensiert und sich im Frühling wieder verflüchtigt.

Staubstürme

Auf Mars gibt es jahreszeitliche Staubstürme, die sich über den gesamten Planeten ausdehnen können. Als Mariner 9 im Jahr 1971 Mars erreichte, war der Planet in einen globalen Staubsturm eingehüllt, und die ersten Bilder zeigten keine Strukturen. Die Staubstürme werden durch den aufheizenden Einfluß der Sonne und die jahreszeitlichen Schwankungen der beiden Polkappen verursacht. Die so erzeugten Konvektionsströme fegen als Winde mit bis zu 90 km/h über die Oberfläche.

Trocken und kalt

Mars ist kleiner und leichter als Erde und Venus und hat daher eine geringere Anziehungskraft an der Oberfläche. So kann Mars keine dichte Atmosphäre halten. Außerdem konnte er wegen seines geringeren Volumens nicht so viel innere Wärme produzieren und speichern wie Venus oder Erde; auch seine vulkanische Aktivität ist deshalb geringer.

Die Kohlendioxidatmosphäre muß mit der Zeit immer dünner geworden sein. Mit abnehmender Temperatur und sinkendem Druck fror Wasser aus und wurde in Form von Eis unter der Oberfläche und in den Polkappen gespeichert.

In den späten sechziger Jahren bestätigten die Sonden Mariner 4, 6 und 7, daß die Oberfläche unter einer nur sehr dünnen Atmosphäre liegt. Der Druck beträgt höchstens ein hundertstel des Luftdrucks auf der Erdoberfläche, an manchen Stellen noch weniger.

Außerdem ist es kalt auf Mars: Die jährlichen Durchschnittstemperaturen bewegen sich zwischen −58 °C am Äquator und −123 °C an den Polen. Bei diesen Temperaturen und den niedrigen Drücken kann flüssiges Wasser nicht existieren, obwohl es früher einmal Wasser gegeben haben muß.

Oberflächenstrukturen

Mars kann man in zwei Regionen einteilen: das kraterübersäte Plateau der südlichen Hochländer und die Tiefebenen der nördlichen Hemisphäre. Diese Regionen werden durch einen sehr unregelmäßigen Streifen erodierten zerklüfteten Landes voneinander getrennt, in dem die Oberfläche um 1–3 km zu den nördlichen Ebenen hin abfällt. Diese deutliche Asymmetrie wird Dichotomie des Mars genannt. Ihre Entstehung ist rätselhaft. Die kraterbedeckten Hochländer zeigen, daß die Einschläge schon vor ca. 3,8 Milliarden Jahren aufhörten. Auf den ersten Blick ähnelt die Oberfläche dort stark der des Mondes, die Marskrater sind jedoch stärker erodiert und später aufgefüllt worden. Die nördlichen Ebenen weisen weniger Krater auf und bestehen hauptsächlich aus Lavaströmen sowie auch von Wasser und Wind abgelagerten Sedimenten. Eine weitere große Struktur ist der Tharsis-Rücken, der sich 10 km über das mittlere Oberflächenniveau erhebt und 4000 km breit ist. Auf ihm sitzen einige große Vulkane, darunter Olympus Mons.

Marsvulkane

Olympus Mons ist der größte Vulkan des Sonnensystems. Er erhebt sich 27 km über die Marsoberfläche und ist damit mehr als dreimal so hoch wie der Mount Everest. Sein Durchmesser beträgt 520 km. Er ist von einer riesigen Klippe von bis zu 6 km Höhe umgeben, deren niedrigere Flanken in einem gigantischen Erdrutsch abgesackt zu sein scheinen. Dadurch könnte das seltsame, von Felsbrocken übersäte Terrain enstanden sein, das man die Aureole des Olympus Mons nennt. Es erstreckt sich vom Fuß der Klippe bis zu 1000 km vom Gipfel des Vulkans entfernt. Der Gipfel von Olympus Mons enthält einige Vulkankrater, deren größter 80 km Durchmesser hat. Jede Caldera entstand, als Magma in den Mantel zurückfloß und die Spitze des Vulkans einstürzte.

Es gib noch drei andere große Vulkane auf Tharsis: Ascraeus, Pavonis und Arsia Mons. Sie haben Durchmesser von mehreren hundert Kilometern, und der höchste von ihnen (Ascraeus Mons) ist 26 km hoch.

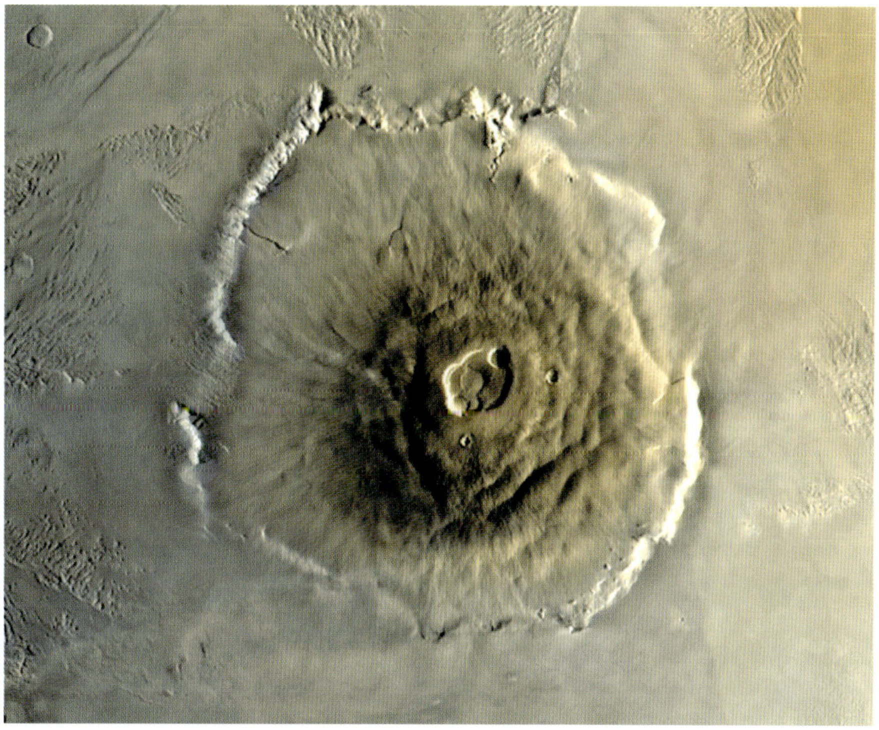

Oben: Ein Mosaikbild des Marsvulkans Olympus Mons aus Bildern der Sonde Viking 1. Olympus Mons ist der größte Vulkan auf Mars und der größte im Sonnensystem. Er ist etwa 27 km breit und 5 km hoch. Wissenschaftler schätzen sein Alter auf ca. 200 Millionen Jahre.

Links: Ein Mosaikbild der Schiaparelli-Hemisphäre, zusammengesetzt aus Bildern der Viking-Sonde. Der große Krater nahe dem Zentrum ist Schiaparelli mit etwa 500 km Durchmesser. Die dunklen Streifen sind durch Erosion und durch dunkleren Staub verursacht, der von den starken Winden abgelagert wird. Die weißen Gebiete im Süden bestehen aus gefrorenem Kohlendioxid.

Wasser auf Mars 49–50 ▶

PERCIVAL LOWELL

Percival Lowell (1855–1916) war ein wohlhabendes Mitglied der Bostoner wissenschaftlichen Kreise mit guten Verbindungen. Der Mars faszinierte ihn, und als der Astronom W. H. Pickering ihn um Hilfe bei der Finanzierung eines Observatoriums in Arizona bat, das zur Beobachtung der Marsopposition im Jahr 1894 dienen sollte, finanzierte er das gesamte Projekt. Er wurde Direktor seines eigenen Observatoriums in Flagstaff und beaufsichtigte die Arbeit als gutmütiger Diktator. Seine Mitarbeiter hatten zu tun, was er anordnete, und Entscheidungen nicht in Frage zu stellen. A. E. Douglass wurde 1901 entlassen, weil er Lowells Schlußfolgerungen über die Existenz der Marskanäle kritisiert hatte. Lowells Faszination für Mars führte zur Veröffentlichung detaillierter Karten mit bis zu 160 Marskanälen. Er veröffentlichte seine Theorien auch in einer Reihe von Büchern.

◀ 32–33 Plattentektonik

◀ 34–35 Vulkane auf der Erde

◀ 46 Mars – trocken und kalt

Ein Mosaikbild der Valles-Marineris-Hemisphäre, zusammengesetzt aus Bildern der Sonde Viking 1. Das Canyon-System des Valles Marineris ist über 4500 km lang und bis zu 7 km tief. Einzelne Canyons sind bis zu 200 km breit. Zwei der drei Tharsis-Vulkane, jeder etwa 25 km hoch, sind in der linken Hälfte zu sehen.

Es handelt sich bei ihnen um Schildvulkane, die durch lang anhaltende Eruptionen großer Mengen flüssiger basaltischer Lava entstanden sind. Diese Vulkane konnten deshalb zu solch enormer Größe anwachsen, weil sie über Hunderte von Millionen Jahren hinweg an derselben Stelle gesessen haben, wo ständig flüssiges Gestein nachgeliefert wurde – auf Mars gibt es keine Plattentektonik wie auf der Erde.

Das Valles Marineris

Eine der spektakulärsten Strukturen des Sonnensystems ist das Canyonsystem Valles Marineris, das seinen Namen zu Ehren der Raumsonde Mariner 9 trägt. Diese tiefe Spalte in der Marskruste erstreckt sich vom Tharsis-Rücken aus über 4500 km nach Osten, fällt bis zu 7 km unter das Niveau der Umgebung ab und ist bis zu 200 km breit. Das Valles Marineris wurde nicht durch fließendes Wasser ausgehöhlt, sondern durch Risse in der Marskruste, als der Planet abkühlte. Wasser könnte jedoch zur nachfolgenden Erosion und Verbreiterung beigetragen haben.

Wasser auf Mars

Der Marsboden ist ständig bis zu Tiefen von mehreren Kilometern gefroren. Eine große Menge Wasser liegt in den Polkappen, große Teile vielleicht auch tief unter der Oberfläche.

Trotz des Fehlens von Oberflächenwasser heute zeigen die Bilder der Viking- und Mariner-Sonden, daß die alten kraterbedeckten Hochländer mit komplizierten Netzen von Tälern überzogen sind. Viele dieser Täler ähneln nur oberflächlich Flußsystemen auf der Erde, und viele könnten durch Einbruch des Bodens entstanden sein, als unterirdisches Eis oder Wasser nach und nach verlorenging. Sollten aber einige dieser Täler durch fließendes Wasser entstanden sein, dann muß Mars vor einigen Milliarden Jahren eine dichtere Atmosphäre und ein wärmeres und feuchteres Klima gehabt haben.

Der zwingendste Hinweis auf fließendes Wasser auf Mars in der Vergangenheit sind die Strukturen, die Ausflußkanälen ähneln. Die größten von ihnen liegen um die Ebene Chryse Planitia, darunter das Ares Vallis, der Landeplatz des Mars Pathfinder. Die

Kanäle können bis zu 200 km breit und 2000 km lang sein.

Die Analyse der Bilder dieser Kanäle regte die Überlegung an, daß sie durch katastrophale Fluten entstanden, die aus dem Boden sprudelten und das Gelände formten. Vielleicht wurden die unterirdischen Wasserreservoire durch Marsbeben oder vulkanische Aktivität plötzlich an die Oberfläche befördert. Das Wasser könnte mit 1 km^3/s geflossen sein. Es scheint, daß im Lauf der Marsgeschichte viele Fluten stattgefunden haben.

Wo ist das Wasser?

Einige Wissenschaftler haben vorgeschlagen, daß die nördlichen Ebenen einst große Seen oder zeitweilig Ozeane waren und das Wasser immer noch in großen Depots unter der Oberfläche liegt. Tatsächlich gibt die Verteilung der Auswurftrümmer um Einschlagskrater indirekte Hinweise auf die unterirdische Existenz von Eis auf Mars.

Viele Einschlagskrater sind von Auswurfmaterial umgeben, das wie Schlammspritzer aussieht. Diese Wallkrater entstanden vielleicht durch Einschläge, die in die unterirdische Eis- oder Wasserschicht eindrangen, so daß Wasser und Auswurfmaterial über die Oberfläche flossen. Weitere Hinweise auf die Existenz von Wasser auf Mars entdeckte man 1998, als der Mars Global Surveyor hohe Gehalte von Hermatit nahe dem Marsäquator feststellte. Anhäufungen dieses Minerals bilden sich typischerweise in eisenhaltigem Wasser, das durch vulkanische Aktivität aufgeheizt worden ist.

Phobos und Deimos

Mars hat zwei kleine Begleiter, Phobos und Deimos, bei denen es sich unzweifelhaft um Asteroiden handelt, die von der Schwerkraft des Mars eingefangen wurden. Wegen ihrer geringen Größe sind sie nicht von ihrer eigenen Schwerkraft in Kugelform gezwungen worden, sondern sie haben eine unregelmäßige

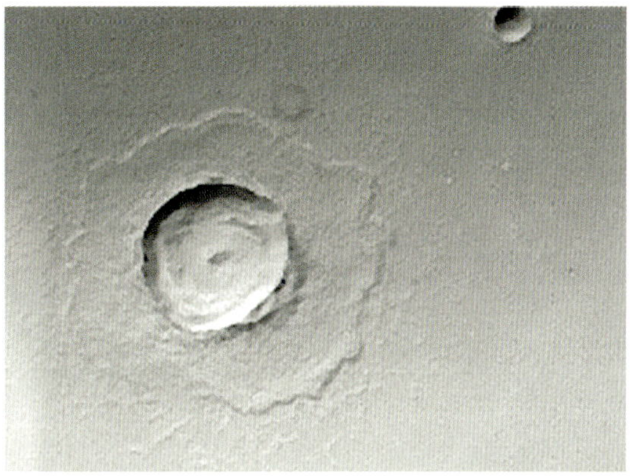

Der Krater Belz in Chryse Planitia nahe dem Marsäquator. Er ist ein typisches Beispiel für einen Wallkrater, der einen erhöhten Rand (Wall) zeigt, der die innere Lage ausgeschleuderten Materials umgibt.

Die Parana Valles, ein Netzwerk von Tälern in der Region Margaritifer Sinus, auf einer Photographie von Viking 1. Diese Geflechte wurden vermutlich irgendwann in der Vergangenheit des Mars durch fließendes Wasser gebildet. Das Bild zeigt ein Gebiet von etwa 250 km Breite.

Der Streit um die Kanäle 50 ▶

Ein Sonnenuntergang auf dem Mars über den Twin Peaks, zwei Hügeln, die ihren Namen von den Wissenschaftlern der Pathfinder-Mission bekamen. Der Himmel bleibt für bis zu zwei Stunden nach Sonnenuntergang hell, weil es bis in große Höhen in der Marsatmosphäre Staubteilchen gibt.

Form angenommen, die eher an Kartoffeln erinnert. Phobos ist 27 km lang und wird von einem großen Einschlagskrater von 10 km Durchmesser namens Stickney geprägt. Neben vielen kleineren Kratern zeigt Phobos auch eine Reihe von Rillen. Sie könnten durch Spannungen entstanden sein, die der Einschlag verursachte, der Stickney erzeugte.

Deimos umkreist Mars in größerer Entfernung als Phobos. Er ist ebenfalls von Kratern übersät, aber glatter, dunkler und kleiner als Phobos: Sein Durchmesser beträgt 11–15 km.

Marsbeobachter

Im letzten Viertel des 17. Jahrhunderts bemerkten Giovanni Cassini, Robert Hooke, Christiaan Huygens und andere, daß Mars helle Polkappen besitzt, die in einem jahreszeitlichen Rhythmus wachsen und wieder schrumpfen. Aus der Beobachtung regelmäßig wiederkehrender permanenter Strukturen leitete Huygens auch ab, daß Mars in etwa einem Erdtag einmal um seine Achse rotiert. Im späten 18. Jahrhundert bemerkte Herschel zeitweise vorhandene helle Flecken, die er korrekt als Wolken interpretierte. Er rechnete aus, daß die Rotationsachse des Mars um ca. 25° gegen die Bahnebene geneigt ist.

1837 bemerkten Wilhelm Beer und Johann Mädler ein dunkles Band um die schrumpfende nördliche Polkappe und schlugen vor, es könne sich um eine feuchte Region handeln. Heute ist bekannt, daß es sich um einen Staubsturm handelte.

Der Streit um die Kanäle

Der italienische Astronom Giovanni Schiaparelli veröffentlichte 1877 seine inzwischen berühmte Marskarte. Sie zeigte viele helle und dunkle Strukturen, darunter ein Netz dunkler Linien, die er canali (ital. für Flußbetten oder Rillen) bezeichnete. Dieser Begriff wurde fehlerhaft als „Kanal" übersetzt, und viele andere Beobachter berichteten von diesen dunklen Linien. Gegen Ende des 19. Jahrhunderts begann eine regelrechte „Kanal-Hysterie" die Astronomen zu erfassen; einige waren überzeugt, die „canali" seien das Werk intelligenter Marsbewohner.

Der reiche Amerikaner Percival Lowell, der sich für Astronomie interessierte, war von den Kanälen so fasziniert, daß er 1894 in Flagstaff, Arizona, sein eigenes Observatorium zum Zweck der Marsbeobachtung gründete. Er zeichnete viele Karten und verfocht die Idee, daß die Marsbewohner die „canali" gebaut hatten, um ihre zunehmend trockene Welt zu bewässern. Schiaparelli war davon nicht überzeugt; er bevorzugte eine natürliche Entstehung.

Die Teleskope wurden immer besser, und bald zogen viele Beobachter die Existenz der Lowell'schen „canali" in Zweifel und hielten sie für optische Täuschungen, verursacht durch schlechte Beobachtungsbedingungen und minderwertige Optik. Man vermutete, die Gehirne der Beobachter versuchten getrennte Strukturen imaginär mit geraden Linien zu verbinden.

Photographien der Mariner- und Viking-Sonden zeigten, daß es die vermeintlichen Kanäle nicht gibt.

Die Erforschung des Mars

Ein Hauptziel der Viking-Lander war die Suche nach Leben. Beide hatten eine Reihe von Experimenten an

Die Marsmonde Phobos (unten) und Deimos (unten rechts) sind eingefangene Asteroiden. Sie wurden 1877 von dem amerikanischen Astronomen Asaph Hall entdeckt.

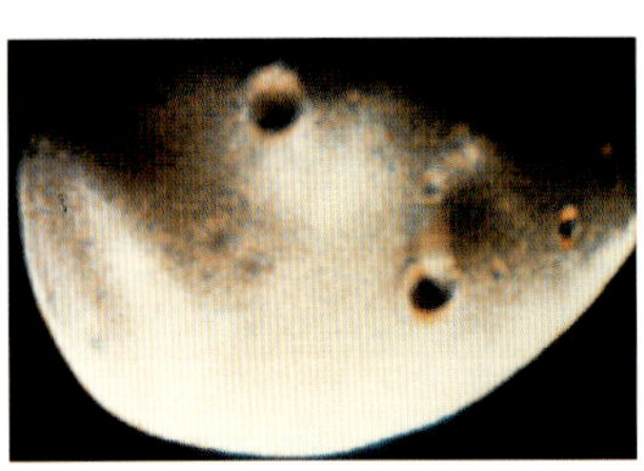

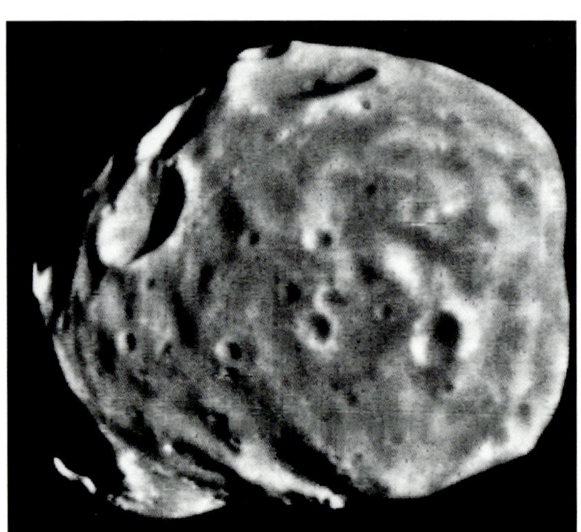

DIE MARSMONDE

Name	Interessante Eigenschaften
Phobos	Phobos ist ein eingefangener Asteroid von 27×22×19 km Größe und zeigt zwei große Einschlagkrater, Hall und Stickney (11 km Durchmesser); von Stickney läuft ein Netz von Rillen mit 100–200 m Breite und 20–30 mTiefe radial nach außen – vermutlich unmittelbar nach dem Meteoriteneinschlag entstanden
Deimos	Deimos ist der kleinere und der weiter von Mars entfernte der beiden Monde; er ist ebenfalls ein eingefangener Asteroid mit einer Größe von 15×12×11 km; die größten Krater (Voltaire, Swift) haben ca. 1,3 km Durchmesser

◀ 37 Erdbahn und Jahreszeiten

◀ 48 Percival Lowell

Bord, um den Marsboden auf Spuren von Leben zu untersuchen. Bodenproben wurden darauf untersucht, ob sie Kohlenstoff (als Indikator für Lebensvorgänge) freisetzten oder ob sie organische Materie (auf Kohlenstoffbasis aufgebaute Stoffe) enthielten, ohne die Leben sich nicht entwickeln kann. Anstelle von lebensähnlichen Vorgängen zeigten sich bei zwei Experimenten chemische Reaktionen, die auf die Gegenwart hochreaktiver Peroxide im Boden hindeuteten. Ein drittes Experiment zeigte eher lebensähnliche Reaktionen, während in einem vierten kein organisches Material im Boden gefunden wurde.

Der Mars Pathfinder setzte ein kleines Fahrzeug namens Sojourner auf Mars ab. Dieses fuhr auf der Oberfläche herum, führte chemische Analysen der Steine durch, mit denen die Landestelle übersät war, und machte Nahaufnahmen von ihnen. Sojourner sammelte auch Proben von einer Reihe von Gesteinstypen. Der Lander selbst trug eine stereoskopische Kamera auf einem ausfahrbaren Mast, die dreidimensionale Farbbilder der Oberfläche lieferte und die lokalen Wetterbedingungen aufzeichnete.

Im September 1997 schwenkte die Sonde Mars Global Surveyor in eine Umlaufbahn um den roten Planeten ein, um zwei Jahre lang die Oberfläche zu erforschen und die globalen Wettervorgänge zu beobachten.

MISSIONEN ZUM MARS

Name	Jahr	Ziele und Ergebnisse
Mariner 4	1965	Vorbeiflug; schickte Bilder und zeigte, daß Mars eine tote Welt ist und Krater aufweist
Mariner 6,7	1969	Vorbeiflüge; Untersuchungen der Atmosphäre
Mariner 9	1971	Erster künstlicher Satellit eines anderen Planeten; Kartierung
Viking 1 und 2	1976	Orbiter: globale Kartierung; Lander: erste erfolgreiche Landungen; biochemische Experimente über die Möglichkeit von Leben; Photographien der Marsoberfläche
Phobos 2	1989	Orbiter: Photographien des Marsmondes Phobos
Mars Pathfinder	1997	Besteht aus einem Lander und dem Fahrzeug Sojourner; erstmals „Landung durch Aufprall"; chemische Analysen verschiedener Gesteinsarten
Mars Global Surveyor	1997	Mineralogische Kartierung und Wetterbeobachtung; Entdeckung des schwachen Magnetfeldes

Dieser Panoramablick auf die Marsoberfläche wurde von der Pathfinder-Kamera 1997 aufgenommen. Das Fahrzeug Sojourner steht neben dem Felsen Barnacle Bill. Ebenfalls zu sehen sind die drei Seitenplatten (wegen ihrer Form auch Blütenblätter genannt) des Landers, die vordere und hintere Rampe und die entleerten Airbags.

Das Fahrzeug Sojourner (Pathfinder-Mission 1997) untersucht den Felsen Barnacle Bill. Der etwas weiter entfernte Felsen rechts ist Yogi.

Leben auf dem Mars? 52–53 ▶

Asteroiden 80–81 ▶

Bahnen 90 ▶

Unbemannte Raumsonden 148–149 ▶

Planetenbeobachtung 160–161 ▶

LEBEN AUF DEM MARS?

Oben: *ALH 84 001 wurde 1984 im Eis der Allan Hills in der Antarktis gefunden. Man glaubt, daß es sich um einen Teil eines Felsens handelt, der vor 16 Millionen Jahren vom Mars gelöst wurde und vor ca. 13 000 Jahren auf die Erde fiel.*

Als ich zum ersten Mal von dem Marsmeteoriten hörte, war mir noch nicht klar, welche Rolle ALH 84 001 in meinem Leben spielen würde. Ich war Mitglied einer Gruppe, die den Meteoriten auf Kohlenstoff untersuchte. Die Indizien, die wir und andere Wissenschaftler fanden, sind nicht schlüssig – aber sie zeigen zumindest, daß es mit sehr großer Wahrscheinlichkeit einmal Leben auf Mars gegeben hat.

VON DR. MONICA GRADY

”Ich erinnere mich, daß ich im Februar 1994 hörte, ein neuer Marsmeteorit sei in der US-Sammlung antarktischer Meteoriten gefunden worden. Man hatte ihn 1984 im Gebiet der Allan Hills entdeckt, aber erst jetzt erkannt, daß er vom Mars stammt. Er war groß (etwa 2 kg schwer) und anders aufgebaut als die bislang gefundenen Marsmeteoriten: Er wies hell orange Flecken von carbonathaltigen Mineralien auf. Für mich als Petrologin war diese Meldung aufregend, wie alle Meldungen über ungewöhnliche Meteoriten.

Der Grund für den Aufstieg von ALH 84 001 zur Berühmtheit war die Veröffentlichung von Bildern, die nahelegten, daß er fossile Überreste von Bakterien enthält. Viele Medien schienen nicht richtig zu verstehen, worum es ging, und stürzten sich auf die wurmähnlichen Strukturen als Bilder von 'Bakterien' und verkündeten lautstark Meldungen wie 'Leben auf Mars entdeckt'. Dabei wurde zum einen die winzige Größe der 'Bakterien' nicht beachtet und zum anderen die wissenschaftliche Diskussion, die um die Natur dieser Strukturen entbrannt war. Die Publicity-Welle erfaßte nicht nur die Wissenschaftler, die die Behauptung aufgestellt hatten, sondern sogar Präsident Clinton und alle, die mit der Untersuchung des Meteoriten zu tun hatten.

> Zwar sind die gegenwärtigen Bedingungen lebensfeindlich, aber in der Vergangenheit könnte es ganz anders gewesen sein.

Dave McKay und seine Mitarbeiter haben eine Anzahl von Indizien vorgelegt, die beweisen sollen, daß in den Carbonaten von ALH 84 001 eine fossile primitive Lebensform existiert. Zur Grundlage ihrer Argumentation wurde die ungewöhnliche Beschaffenheit der Carbonate.

Obwohl allgemein anerkannt ist, daß die ungewöhnlichen Carbonate vom Mars stammen, wird die Art und Weise ihrer Entstehung immer noch diskutiert; denn genau dies ist der entscheidende Punkt für die Frage, ob sie 'biologisches' Material enthalten könnten oder nicht.

Es gibt drei Theorien über die Entstehung der Carbonate, von denen jedoch nur eine für Leben spricht: Die Carbonate wurden bei Temperaturen unter 100 °C nahe der Marsoberfläche aus wasserhaltiger Flüssigkeit gebildet. Die beiden anderen Theorien schlagen eine Umgebung vor, die selbst für die widerstandsfähigsten Bakterien lebensfeindlich wäre.

McKay und Mitarbeiter schlossen aus der Form der Magnetitkörner innerhalb der Carbonate auf einen biologischen Ursprung. Einige Wissenschaftler hielten dagegen, daß die Körner nicht miteinander verbunden sind, wie es der Fall wäre, wenn sie in einem lebenden Organismus produziert worden wären. Außerdem findet man bei ihnen keine Leerräume, die von Zellwandstrukturen umgeben sind, wie es bei fossilen Bakterien auf der Erde der Fall ist. Schließlich wurden drei Möglichkeiten für die Entstehung der Magnetitkörner ohne biologischen Einfluß vorgeschlagen: Sie können durch ein Gas bei hohen Temperaturen entstanden sein, sich aus einer Flüssigkeit bei tiefen Temperaturen abgesondert oder durch die Zersetzung der Carbonate gebildet haben.

Seit Mitte der achtziger Jahre bin ich Mitglied einer Gruppe britischer Wissenschaftler, die Kohlenstoff in Marsmeteoriten untersucht, um herauszufinden, ob es Hinweise auf einen Kohlenstoffkreislauf auf Mars gibt. Organische Moleküle (solche, die hauptsächlich aus Kohlenstoff und Wasserstoff bestehen) sind die Grundlage des Lebens. Ihre Gegenwart auf Mars würde auf die mögliche Existenz von Bakterien oder Pflanzen hinweisen. Wir wurden eingeladen, Proben von ALH 84 001 zu untersuchen, und fanden darin organischen Kohlenstoff zusammen mit dem ungewöhnlichen Carbonat, was nicht einfach als Kontamination des Meteoriten nach seinem Einschlag auf der Erde abgetan werden konnte.

Ein weiteres vorgebrachtes Argument war die Gegenwart von Magnetitkörnern in den Carbonaten. Frisch freigelegte Oberflächen von Carbonatkörnern zeigten im Rasterelektronenmikroskop in der Tat parallele rillenähnliche Strukturen und regten dementsprechend als erstes die Idee von fossilen Bakterien in ALH 84 001 an. Die Strukturen sind jedoch mit 0,0002 mm Länge zu klein für eine chemische

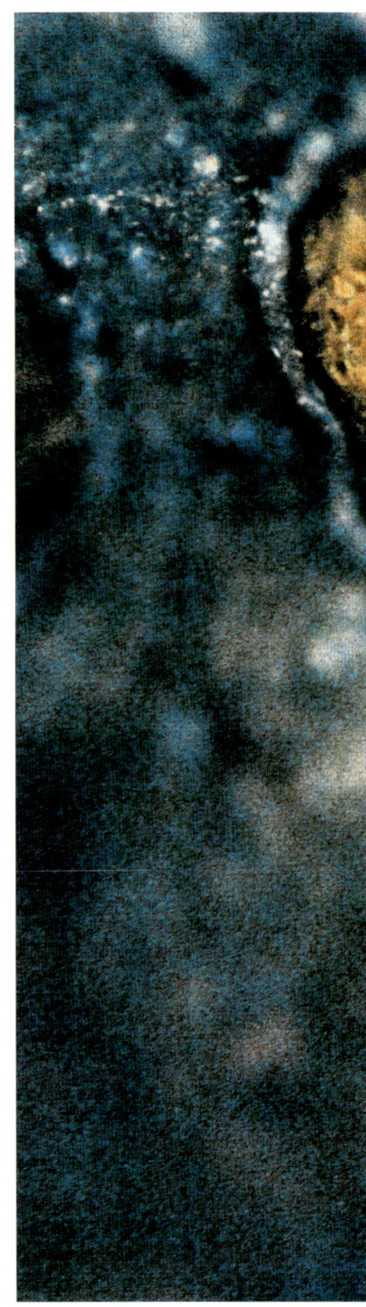

Analyse. Man folgerte aber, daß es sich um weitere Magnetitkörner handelt. Sehr schnell erhob sich Kritik gegen die Gruppe, weil die vermeintlich von Bakterien stammenden Strukturen viel kleiner sind als für gewöhnliche Bakterien üblich. Weitere Untersuchungen haben jedoch gezeigt, daß so kleine Bakterien weniger ungewöhnlich sind, als man es zunächst gedacht hatte.

Sorgen, daß die Strukturen durch das Präparieren der Proben erzeugt worden sein könnten, wurden weitgehend zerstreut. Trotzdem gibt es immer noch Zweifel, ob man allein aus der bakterienähnlichen Form schließen darf, daß es sich auch um Bakterien handelt.

ALH 84 001 hat eine komplexe geologische Geschichte: Er hat mindestens zwei Schockwellen erlitten, wurde erhitzt und hat Flüssigkeiten absorbiert, und all das, bevor er auf der Erde ankam und ungefähr 13 000 Jahre in der Antarktis lag. Dann wurde er in das Licht des öffentlichen Interesses gezerrt. Seit August 1996 wurden so viele Artikel – wissenschaftliche und populäre – über diesen Meteoriten veröffentlicht, daß sie alleine als Brennstoff für eine Marsmission genügen sollten.

Zur Zeit neigen die Wissenschaftler zu der Annahme, daß die bisherigen Hinweise nicht ausreichen, um auf das Vorhandensein von Leben auf Mars schließen zu können. Viele stimmen jedoch überein, daß die gegenwärtigen Bedingungen zwar lebensfeindlich sind, es in der Vergangenheit auf Mars aber ganz anders gewesen sein könnte. Vielleicht war es viel wärmer und feuchter, so daß biologische Vorgänge sehr gut möglich waren. Wir werden die Wahrheit über Leben auf dem Mars nicht herausfinden, bis wir dorthin reisen und vor Ort nachschauen. “

Man glaubt, daß die orangefarbenen Carbonatkörner in ALH 84 001 vor mehr als 3,6 Milliarden Jahren auf Mars entstanden sind. Die Entstehung dieser Carbonate ist ein wichtiger Teil der Diskussion über die Möglichkeit von Leben auf Mars. Dieses Bild zeigt einen Ausschnitt aus dem Meteoriten von etwa 0,5 mm Breite.

JUPITER

Jupiter ist der Riese des Sonnensystems. Er ist doppelt so schwer wie alle anderen Planeten zusammen.

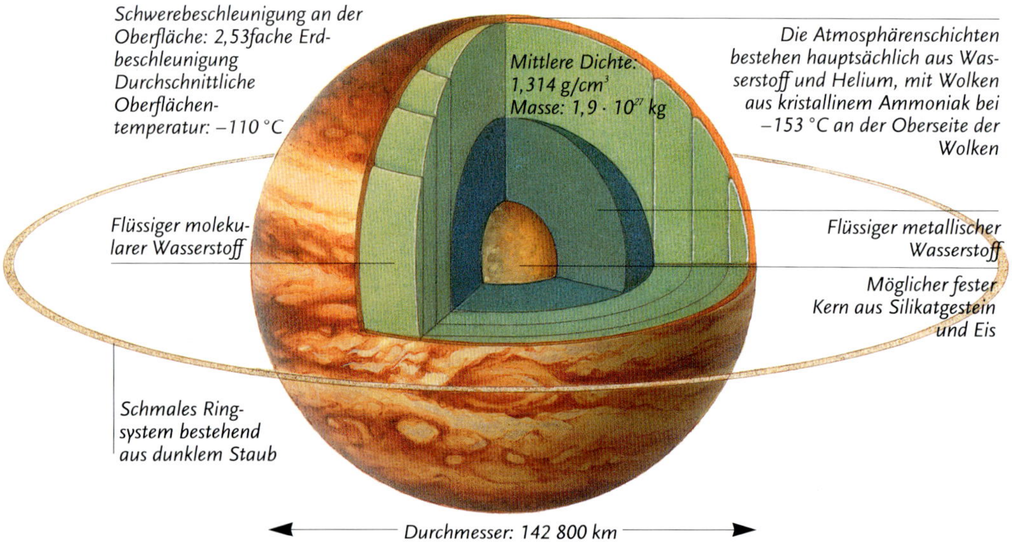

JUPITER-DATEN

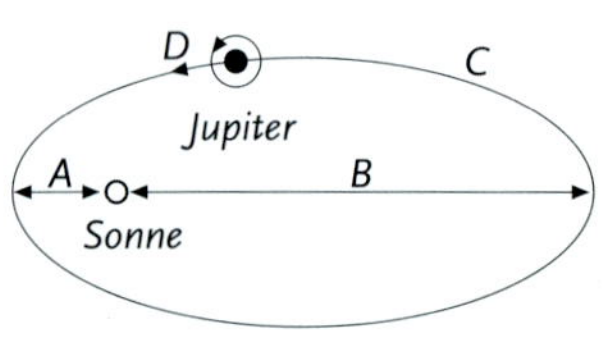

A: 740 900 000 km
B: 815 700 000 km
C: Sonnenumlauf in 4332,71 Erdtagen
D: rotiert in 9 h 50 m 30 s

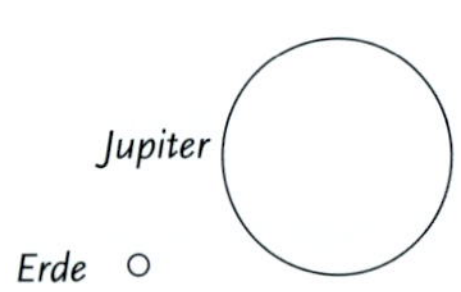

Jupiter hat den 11,19fachen Erddurchmesser

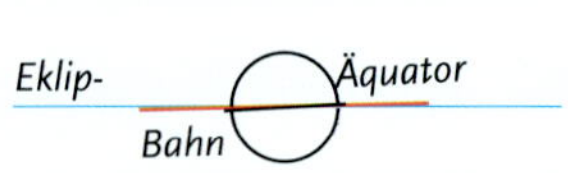

Neigung des Äquators gegen die Ekliptik: 3,13°
Bahnneigung gegen die Ekliptik: 1,31°

Monde: 16

◀ 16–19 Die Entstehung des Sonnensystems
◀ 21 Korona und Sonnenwind
◀ 32 Die Erdmagnetosphäre
◀ 36 Die Erdatmosphäre

Jupiter, der fünfte Planet von der Sonne aus, fällt nicht nur wegen seiner ungeheuren Größe auf, sondern auch aufgrund seiner farbenprächtigen Wolkenbänder, in denen sich dramatische Wettervorgänge abspielen.

Grundlegende Merkmale des Jupiter

Beim Beobachten des Planeten sieht man nur die äußere Schicht seiner tiefen Atmosphäre, die aus mehreren Wolkenschichten verschiedener Farbe und unterschiedlicher Zusammensetzung besteht. Jupiter rotiert so schnell (eine Umdrehung dauert ca. zehn Stunden), daß die Wolken zu Bändern auseinandergezogen sind, in denen verschiedene dynamische Wettersysteme auftreten.

Jupiter zeigt auffällige Streifenmuster mit weißen, gelb-braunen und roten Wolken, die unterschiedlich breite Bänder parallel zum Äquator bilden. Vor allem entlang der Ränder zeigen sich in ihnen wellenförmige Muster. Dazwischen sieht man riesige weiße Flecken, gigantische Wolkenwirbel, ähnlich den Orkanen auf der Erde.

Jupiters Wetter

Die auffälligen Bandmuster treten auf, weil es in Jupiters Atmosphäre Konvektionszellen gibt. Konvektion findet statt, wenn ein Gas oder eine Flüssigkeit erwärmt wird. Man stelle sich einen Kessel vor, in dem Suppe erhitzt wird: Die Wärme der Herdplatte erhitzt die Suppe am Boden des Kessels, die daraufhin aufsteigt. Beim Aufsteigen kühlt die Suppe ab und sinkt wieder zu Boden, wo sie erneut aufgeheizt wird.

Jupiter ist in tieferen Schichten heißer, so daß Konvektionszellen in der Atmosphäre entstehen. Viel Feuchtigkeit enthaltende Gase steigen darin in Höhen auf, in denen die flüchtigen Komponenten (Ammoniak, Wasser usw.) abkühlen und kondensieren. Dabei bilden sie die helleren Gebiete und Streifen, die man Zonen nennt. Die dunkleren, weitgehend wolkenfreien Bänder (auch Gürtel genannt) sind Regionen, in denen die relativ trockene Luft zurückfällt ins Innere des Planeten.

Wegen der schnellen Rotation Jupiters bilden die Zellen schmale symmetrische Ringe um den Planeten. Entlang der Bänder treten abwechselnd Ost- und Westwinde mit Geschwindigkeiten von bis zu 718 km/h relativ zum Innern auf.

Die Atmosphäre von Jupiter

Die Jupiteratmosphäre besteht zu etwa 86 % aus Wasserstoff und 14 % Helium (Volumenanteile). Daneben enthält sie kleine Beimischungen von Methan (0,2 %), Ammoniak (0,02 %), Wasserdampf (ca. 0,2 %, der Anteil schwankt) und vielen anderen Verbindungen in Anteilen von weniger als 1 ppm.

Die Atmosphärenschichten unterscheiden sich in Temperatur und Druck. Die kälteste Schicht, die Tropopause, hat eine Temperatur von –153 °C. Gleich darunter kondensiert Ammoniak und bildet weiße Kristallwolken, die die am tiefsten liegenden von der Erde aus sichtbaren Strukturen in der Jupiteratmosphäre sind.

Weiter unten, bei einem Druck, wie er etwa auf hohen irdischen Berggipfeln herrscht, liegt eine weitere Schicht aus Ammoniak und Schwefelwasserstoff. Verunreinigungen, vielleicht Schwefel, geben dieser Wolke ein bräunliches bis gelbliches Aussehen.

Darunter, bei einem Druck, der ein Mehrfaches des Luftdrucks an der Erdoberfläche beträgt, liegen die Temperaturen über dem Gefrierpunkt von Wasser, so daß man hier dichte Wasserwolken erwartet.

Etwa 1000 km unterhalb der sichtbaren Wolken ist der Druck so hoch, daß Wasserstoff von der Gasphase in die flüssige Form übergeht. Der flüssige Wasserstoff bildet Konvektionsströme, die Wärme von innen nach außen transportieren.

Unter der Schicht flüssigen Wasserstoffs, bei Temperaturen um 10 000 °C und Drücken, die mehrere tausendmal höher sind als der Luftdruck an der Erdoberfläche, ändert der Wasserstoff erneut seine Form und wird zu einer metallischen Flüssigkeit, ähnlich dem Quecksilber. Bei diesen Tiefen sind die Atome ihrer Elektronen beraubt (ionisiert), und die übrigbleibenden geladenen Teilchen werden metallisch leitend.

Jupiters Magnetfeld

Jupiter besitzt ein sehr starkes Magnetfeld. Er kühlt seit seiner Entstehung immer noch ab und zieht sich unter seiner eigenen Schwerkraft ständig zusammen. Die dabei freigesetzte Wärme verursacht Konvektionsstöme im flüssigen metallischen Innern, so daß es zu einem Dynamoeffekt kommt. Dieser sorgt zusammen mit der schnellen Rotation für das starke

und ausgedehnte Magnetfeld Jupiters. Jupiters Magnetosphäre ist riesig: Könnte man sie sehen, so erschiene sie am Himmel so groß wie der Mond. Das Magnetfeld ist ca. 20 000mal stärker als das der Erde und ändert aufgrund von Schwankungen im Sonnenwind ständig seine Größe und Form.

Insgesamt hat Jupiters Magnetosphäre die Form eines Projektils – im Gegensatz zu der eher kugelförmigen Magnetosphäre der Erde. Denn das Feld wird nicht im Kern des Planeten erzeugt, sondern durch Bewegungen in der flüssig-metallischen Hülle. Das Erdmagnetfeld ähnelt einem Dipol, einem Magnetfeld mit zwei entgegengesetzten Polen. Das liegt teilweise daran, daß es näher am Kern erzeugt wird. Beschreibt man Jupiters Magnetfeld in möglichst guter Näherung durch einen Dipol, so findet man, daß dieser um ca. 10° gegen die Rotationsachse geneigt ist.

Das Magnetfeld hält ausgedehnte Strahlungsbänder um den Planeten fest, die wiederum energiereiche geladene Teilchen (aus dem Sonnenwind und den Vulkanen auf Io) festhalten. Daduch werden Polarlichter ähnlich denen auf der Erde erzeugt.

Der Mond Io bewegt sich innerhalb von Jupiters Strahlungsgürteln. Er ist vulkanisch aktiv, und die Lava reagiert mit den Teilchen im Strahlungsgürtel. Die ständig entweichenden Atome und Moleküle werden ionisiert, gelangen in eine Umlaufbahn um Jupiter und bilden dort einen Ring ionisierten Gases (Plasma), der das Magnetfeld des Planeten anzieht und zu einer Scheibe verzerrt.

Jupiter, den größten Planeten des Sonnensystems, kennzeichnen ausgedehnte Wolkenbänder und riesige Wirbel wie der Große Rote Fleck. Dieses Voyager-Bild aus dem Jahr 1979 zeigt den Mond Io vor Jupiter.

Der Große Rote Fleck 56 ▶
Io 57–58 ▶
Planetenbeobachtung 160–161 ▶

Die Größe des Großen Roten Flecks variiert, er kann bis zu 40 000 mal 14 000 km messen. Da er schon in kleinen Teleskopen sichtbar ist, wurde er erstmals im 17. Jahrhundert beobachtet. Es handelt sich um einen riesigen Wirbel, der kühler ist als seine Umgebung. Auf diesem Bild von Voyager 1 aus dem Jahr 1979 erkennt man in den Wolken unterhalb des GRF Strukturen bis hinunter zu einem Durchmesser von 160 km.

◀ 40 Der innere Aufbau des Mondes

◀ 54 Jupiters Wetter

Auf der von der Sonne abgewandten Seite des Planeten wird das Magnetfeld durch den Sonnenwind zu einem langen Schweif gedehnt. Dies ist allen Planeten gemeinsam, bei Jupiter ist der Magnetschweif jedoch besonders lang und erstreckt sich bis jenseits der Saturnbahn.

Der Große Rote Fleck

Der größte Wirbel auf Jupiter, der Große Rote Fleck (GRF), liegt bei etwa 23° südlicher Breite. Es handelt sich um einen gegen den Uhrzeigersinn rotierenden Wolkenwirbel. Er ist größer als die Erde und existiert wenigstens seit der Zeit der ersten Beobachtungen vor mehr als 300 Jahren.

Man glaubt, daß es sich um einen Wirbel handelt, in dem die Bewegung von einem Gebiet hohen Drucks im Innern spiralförmig nach außen verläuft. Auch wenn er wie eine riesige Version eines irdischen Hurrikan aussieht, ist der GRF also ein Hochdruck- und kein Tiefdruckgebiet. Die rötlichen Wolken innerhalb des GRF bilden spiralförmige Bänder mit schmalen, relativ wolkenfreien Lücken dazwischen.

Die neuesten Ergebnisse der Galileo-Mission (1995) zeigen, daß der äußere Rand des GRF bis zu 10 km tiefer liegt als der Rest. Der äußere Teil rotiert mit einer Periode von vier bis sechs Tagen; nahe dem Zentrum finden sich kleinräumige Bewegungen in zufällige Richtungen.

Möglicherweise wird der GRF durch den Drehimpuls kleinerer Stürme, die in ihn geraten, angetrieben.

Andere Erscheinungen

Es gibt noch weitere Flecken auf Jupiter. Sie sind kleiner als der GRF, aber für irdische Verhältnisse immer noch sehr groß. Man unterscheidet verschiedene Typen hauptsächlich nach Farbe und Form, so z. B. weiße ovale Flecken. Fast alle rotieren wie der GRF gegen den Uhrzeigersinn und sind sehr langlebig.

Obgleich nicht sehr langlebig, treten auch Tiefdruckwirbel auf, die durch ihre Rotation im Uhrzeigersinn gekennzeichnet sind. Sie sind auf Jupiter (im Gegensatz zur Erde) relativ instabil.

Eine einzigartige Eigenschaft von Jupiter sind die „brown barges". Man glaubt, daß es sich um Löcher

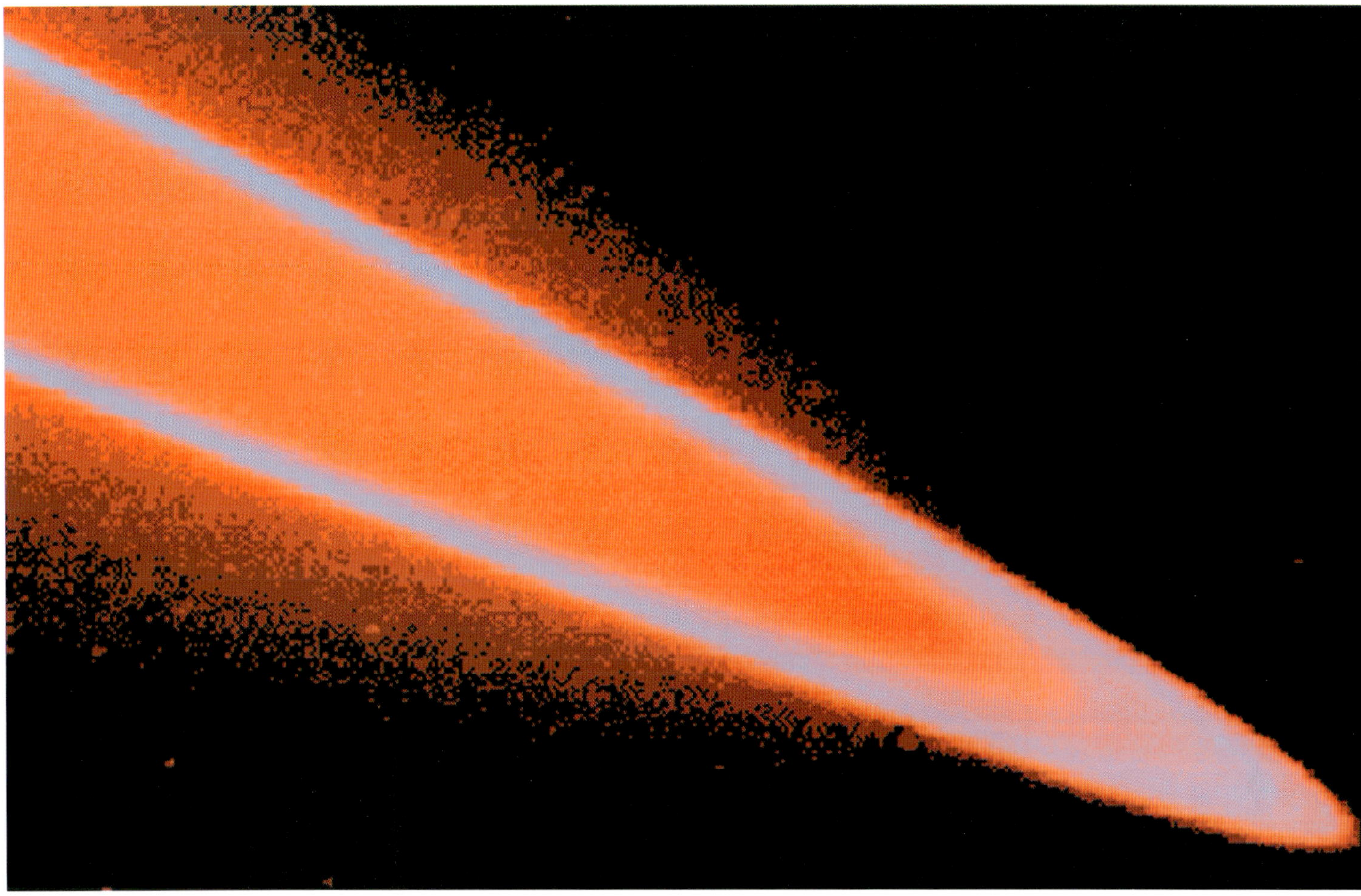

Voyager 1 entdeckte 1979 ein dünnes Ringsystem aus kleinen Gesteinspartikeln. Drei Teilringe sind benannt: der Halo-Ring, der Hauptring und der Gaze-Ring. Hier ein computererzeugtes Falschfarbenbild.

in den Wolken handelt, durch die im Innern des Planeten erzeugte Wärmestrahlung austritt. Sie erscheinen daher dunkler als ihre Umgebung und sind ungewöhnlich langlebig.

Jupiters Atmosphäre zeigt viele Wellenphänomene, wie man es wegen der schnellen Rotation und der starken Winde erwartet. Bilder des Planeten zeigen wellenförmige Ränder von Wolkenbändern, regelmäßige Ketten von Strudeln rund um den Planeten sowie in Größe und Form schwankende Windsysteme. Ein detailliertes Verständnis der Jupiter-Meteorologie steckt jedoch noch in den Kinderschuhen.

Ringe

Das Ringsystem des Jupiter besteht aus drei Komponenten. Der Hauptring ist 7000 km breit und hat einen durchschnittlichen Radius von 126 000 km. An seiner Innenseite geht er allmählich in den Halo über, einen schwachen Ring von etwa 20 000 km Breite, der sich über die Hälfte der Strecke zur sichtbaren Planetenscheibe erstreckt. Direkt außerhalb des Hauptrings liegt der schwache Gaze-Ring, der aus sehr feinem Material besteht und sich bis über die Bahn des Mondes Amalthea erstreckt.

Die Ringe sind viel dünner und dunkler als die des Saturn und bestehen wahrscheinlich aus Staub. Staubkörner haben in der Umgebung Jupiters eine ziemlich kurze Lebensdauer, so daß es eine Quelle geben muß, die ständig Ringmaterial nachliefert. Für den Hauptring könnten das die beiden kleinen Monde Adrastea und Metis sein, die in der Nähe kreisen, sowie weitere kleine bisher noch unentdeckte Körper.

Monde

16 benannte Monde umkreisen Jupiter. Die meisten sind klein, felsig und wahrscheinlich eher eingefangene Asteroiden als ursprüngliche Mitglieder des Jupiter-Systems. Eine Ausnahme bilden die vier größten, nach ihrem Entdecker benannten Galileischen Monde Io, Europa, Ganymed und Kallisto.

Die Galileischen Monde haben – bezogen auf den Durchmesser des Erdmondes – einen Durchmesser von 1,04 (Io), 0,90 (Europa), 1,51 (Ganymed) und 1,38 (Kallisto). Ihre physikalischen Eigenschaften sind recht unterschiedlich, da sie sich in verschiedenen Entfernungen von Jupiter entwickelt haben.

Io

Io ist etwa so groß wie unser Mond, aber schwerer. Mit einer mittleren Dichte von 3,53 g/cm^3 ist er das dichteste große Objekt im äußeren Sonnensystem.

Io ist 421 600 km von Jupiter entfernt und wird so stark von dessen Gezeitenkräften beeinflußt, daß seine Oberfläche bei jeder Rotation um mehrere hundert Meter auf und ab gezogen wird. Dadurch wird genug Wärme erzeugt, um den größten Teil von Io in geschmolzenem Zustand zu halten. Auch Störungen durch den Mond Europa erzeugen Wärme. Die beiden

Europa 58–59 ▶
Ganymed 59–60 ▶
Kallisto 60–61 ▶
Die Ringe des Saturn 64–65 ▶
Unbemannte Raumsonden 148–149 ▶

Die Raumsonde Galileo photographierte 1996 diese blaue Eruptionswolke eines Vulkans auf Io. Die Wolke erstreckt sich bis in 100 km Höhe über Ios Oberfläche. Ihre blaue Farbe führt man auf das Vorhandensein von Schwefeldioxid zurück.

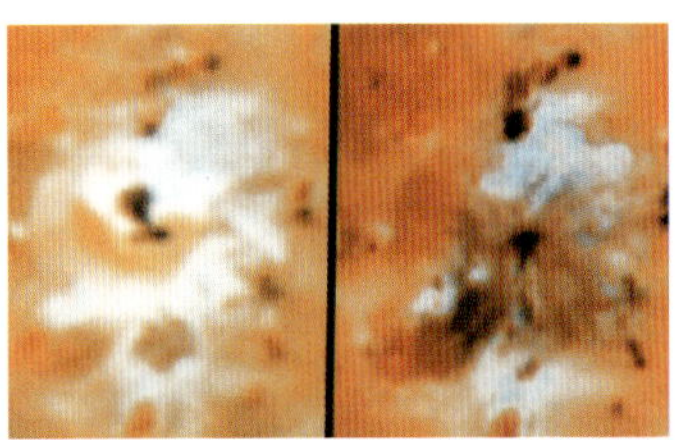

Diese Bilder des Vulkans Ra Patera auf Io zeigen im Vergleich die Unterschiede zwischen Aufnahmen der Raumsonden Voyager 1979 (links) und Galileo 1996 (rechts). Ein 40 000 km² großes Gebiet ist mit neuen vulkanischen Ablagerungen bedeckt. Diese Bilder beweisen also, daß Io vulkanisch aktiv ist.

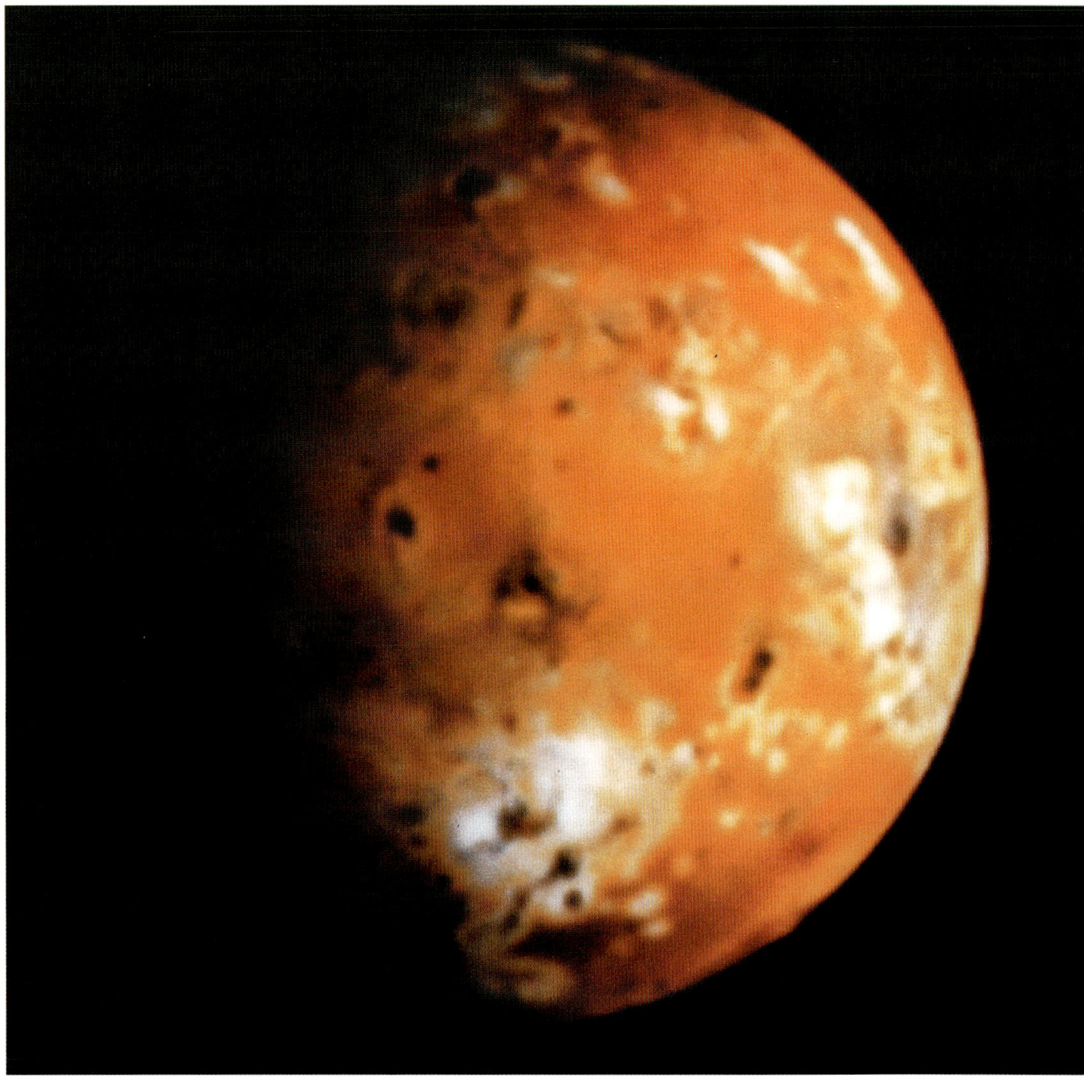

Diese Aufnahme von Io (1996) wurde von der Galileo-Sonde aus einer Entfernung von 2,24 Millionen Kilometern gemacht. Io ist von vulkanischem Auswurfmaterial bedeckt, das aus Sikikat und Schwefelverbindungen besteht; die für Ios typische Farben verantwortlich sind. Dunkle Regionen stammen von jüngeren Vulkanausbrüchen, hellere Gegenden enthalten Schwefeldioxid.

Monde beeinflussen ihre Bahnen gegenseitig und ändern ständig ihre Form.

Io ist im Gegensatz zu den anderen eher eisigen Jupitermonden aus Gestein (z. B. Silikaten) aufgebaut. Sein Inneres ist geschmolzen, wie die spektakulären Vulkane zeigen. Diese Vulkane erzeugen hauptsächlich Schwefel und bilden eine dünne flüchtige Atmosphäre, die wohl größtenteils aus Schwefeldioxid besteht. Außerdem schleudern sie Staub aus Schwefelverbindungen in die Höhe, der die Oberfläche bedeckt und orange, gelb und weiß färbt. Auf der Oberfläche entwickeln sich große Seen aus heißer schwefelhaltiger Lava; Wolken aus Gas und Staub steigen bis zu 300 km hoch.

Die durchschnittliche Tagestemperatur auf Io liegt bei -150 °C. Einige Gegenden mit dünner Kruste sind etwa 30 °C warm, und die Temperatur auf aktiven Vulkanen und in Lavaseen liegt über 330 °C.

Europa

Europa ist der kleinste der Galileischen Monde. Er wird wie auch Io durch Gezeitenkräfte des Jupiter und der anderen Monde aufgeheizt. Wegen seiner größeren Entfernung vom Planeten ist der Effekt jedoch nicht so stark.

Die Astronomen halten es für möglich, daß Europa in einer Tiefe von einigen Kilometern unter dem Oberflächeneis aus Wasser besteht. Die Galileo-Mission fand nämlich Hinweise auf „Kryovulkanismus". Dabei wird Wassereis aus dem Innern herausgespritzt, ähnlich wie Lava aus irdischen Vulkanen. Photographien der Raumsonde Galileo stützen diese Annahme: Sie zeigen verschobene Eisschollen auf der Oberfläche dieses Mondes; und in einigen Gebieten fand man zudem Hinweise auf früher aus Rissen im Eispanzer ausgetretenes Wasser.

Europas Oberfläche besteht hauptsächlich aus Wassereis. Die häufigsten Oberflächenformationen sind verschiedene Arten von Rücken und Furchen, entstanden durch das Zusammenpressen der Kruste oder das Aufsteigen von Eis aus dem Innern. Außerdem zeigt das Eis ähnlich wie auf der Erde Neigungen und Verwerfungen, Hinweise auf das Vorhandensein eines Ozeans.

◀ 31 Der innere Aufbau der Erde
◀ 34–35 Vulkane auf der Erde
◀ 45 Gezeiten
◀ 54–55 Jupiters Magnetfeld

Die in Richtung der Bahnbewegung hintere Seite von Europa ist dunkler und röter als die vordere. Das könnte mit einem asymmetrischen Beschuß mit sehr kleinen Meteoriten und geladenen Teilchen aus der Jupitermagnetosphäre zusammenhängen.

Europa hat eine Albedo von etwa 65 %, der größte Teil des Sonnenlichtes wird also reflektiert und erreicht nicht die Oberfläche. Die maximale Oberflächentemperatur liegt bei –130 °C; an den Polen beträgt sie wahrscheinlich etwa -220 °C – das ist nicht viel wärmer als auf Pluto.

Ganymed

Ganymed ist der größte Mond im Sonnensystem. Mit 5262 km Durchmesser ist er größer als die Planeten

Europa (hier ein Bild von Voyager 2 aus dem Jahr 1979) hat etwa die Größe unseres Mondes. Man glaubt, daß er eine ca. 100 km dicke Kruste aus Wassereis besitzt. Das komplexe Streifenmuster zeigt, daß die Kruste aufgebrochen ist und dann an diesen Stellen mit Material aus dem Innern aufgefüllt wurde.

RAUMSONDENMISSIONEN ZU JUPITER

Name	Jahr	Ziele und Ergebnisse
Pioneer 10	1973	Erster Vorbeiflug in 132 250 km Entfernung
Pioneer 11	1974	Vorbeiflug in 42 900 km Entfernung
Voyager 1	1979	Naher Vorbeiflug an allen vier Galileischen Monden
Voyager 2	1979	Naher Vorbeiflug an Kallisto, Ganymed, Europa, Amalthea
Ulysses	1992	Vorbeiflug über Nord- und Südpol
Galileo	1996	Orbiter und Eintrittssonde; Messung der Zusammensetzung der Atmosphäre; Nahaufnahmen der Galileischen Monde

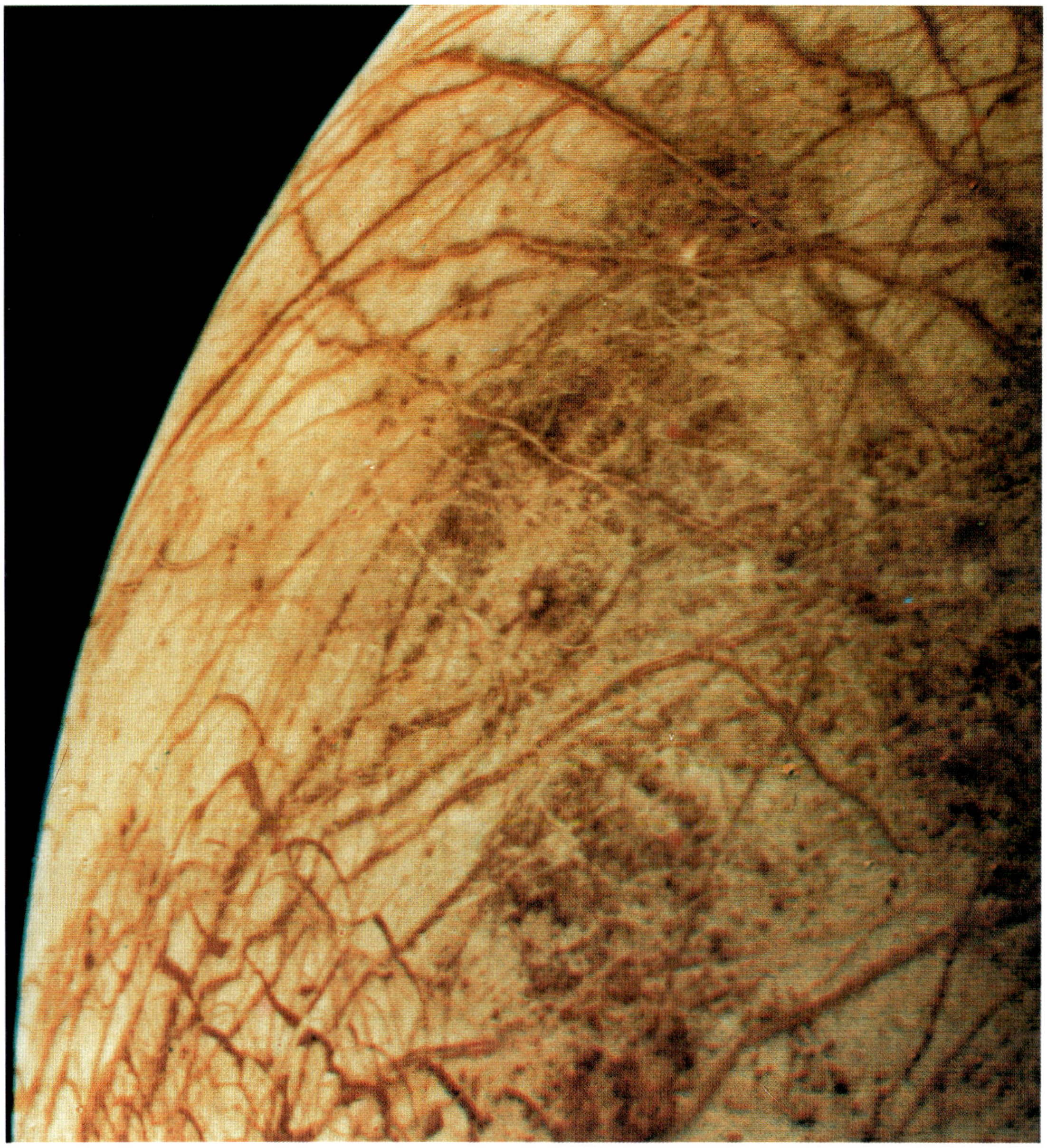

GALILEIS MONDE
Jupiter wurde von den Griechen und Römern der Antike nach dem König der Götter, Beherrscher des Olymp und Patron von Rom benannt. 1610 richtete Galileo Galilei sein Teleskop auf den Riesenplaneten und sah um ihn herum vier kleine Lichtpunkte, die ihre Position am Himmel von Nacht zu Nacht änderten. Aus seinen Beobachtungen leitete er ab, daß sie um Jupiter kreisen. Wenn diese Lichtpunkte Jupiter umkreisten, so argumentierte Galileo, dann könne sich nicht alles im Universum um die Erde drehen, wie man damals allgemein annahm. Er unterstützte das Kopernikanische System, nach dem sich die Planeten um die Sonne drehen. Die vier Lichtpunkte, die Galilei bei Jupiter sah, sind die sogenannten Galileischen Monde: Io, Europa, Ganymed und Kallisto. Heute kann jeder schon mit einem kleinen Fernrohr diese großartige Entdeckung Galileos an einem Abend leicht nachvollziehen.

Der innere Aufbau von Pluto 76 ▶
Unbemannte Raumsonden 148–149 ▶

Ganymed ist etwa anderthalbmal so groß wie der Erdmond und besteht aus einer Mischung aus Gestein und Eis. Die dunklen Gebiete sind alt und zeigen sehr viele Krater, die hellen Gebiete sind jüngere Krater, die strahlenförmig von Eis umgeben sind. Aufnahme von Voyager 1 (1979).

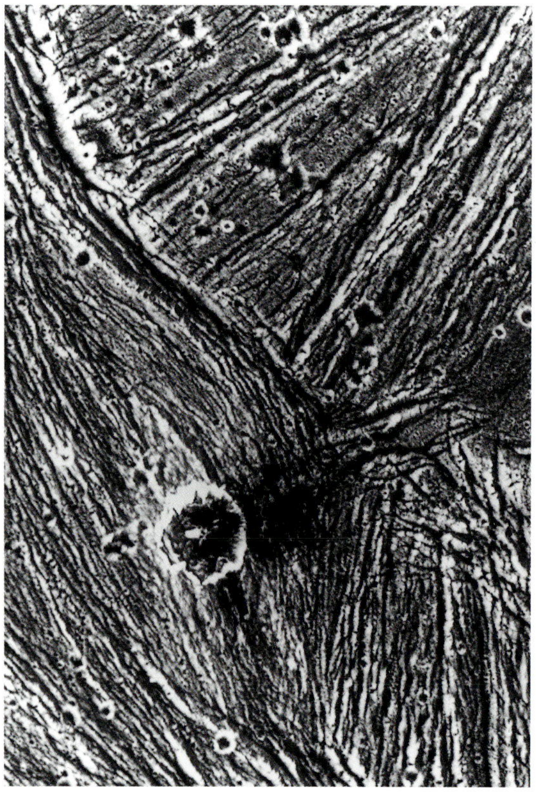

Ein Bild der Region Uruk Sulcus auf Ganymed, aufgenommen von der Raumsonde Galileo (1996). Bei der hellen kreisförmigen Struktur in der unteren Bildhälfte handelt es sich um einen Einschlagskrater. Rechts davon ist dunkles Auswurfmaterial zu sehen.

Merkur und Pluto. Er umkreist Jupiter in einer Entfernung von etwas über 1 Million km.

Ganymed ist stärker gefroren als Europa, weil er weiter von Jupiter entfernt ist und weniger stark durch Gezeitenkräfte aufgeheizt wird.

Seine Oberfläche und die darunterliegende Schicht könnten jedoch ein wenig formbar sein. Plattentektonik und Rillenbildung gab es wohl nur zu einer früheren Epoche, als Ganymed stärkeren Gezeitenkräften unterworfen war.

Seine Dichte ist nicht ganz doppelt so groß wie die von Wasser, was auf eine Zusammensetzung von jeweils zur Hälfte aus Wasser und Gestein schließen läßt. Obwohl Ganymed größtenteils von Eis bedeckt ist, ist er sehr dunkel. Mehr als die Hälfte seiner Oberfläche ist schmutzig-braun gefärbt. Stellenweise zeigt die Kruste dunkle „Kontinente", die durch frischer aussehendes Eis voneinander getrennt sind. Die Astronomen sehen darin einen Hinweis auf frühere tektonische Aktivität.

Die dunklen Gebiete weisen mehr Krater auf und sind daher wahrscheinlich um einige Milliarden Jahre älter als die hellen. Letztere sind jünger, durch tektonische Aktivitäten deformiert und zeigen an vielen Stellen Ansammlungen paralleler Rillen, möglicherweise

◄ 16–19 Die Entstehung des Sonnensystems
◄ 32–33 Plattentektonik
◄ 45 Gezeiten
◄ 57–58 Io

entstanden durch das Aufsteigen weichen oder sogar flüssigen Materials von unten.

Kallisto

Kallisto hat 4800 km Durchmesser und ist etwa 1883 000 km von Jupiter entfernt. Er wird nur schwach von den Gezeitenkräften Jupiters beeinflußt. Die Kruste ist seit ihrer Entstehung gefroren, und für 4,5 Milliarden Jahre ist auf Kallisto außer Meteoriteneinschlägen wenig oder nichts passiert.

Kallisto ist wie Ganymed von einer Kruste aus Wassereis überzogen, zeigt jedoch keine tektonische Aktivität. Er ist mit Kratern übersät, was auf ein sehr hohes Alter seiner Oberfläche hindeutet, die vermutlich von dunklem Meteoritenstaub überzogen ist. Das Walhalla-Becken, ein riesiges Kratergebiet mit 600 km Durchmesser, wurde durch einen großen Meteoriten verursacht.

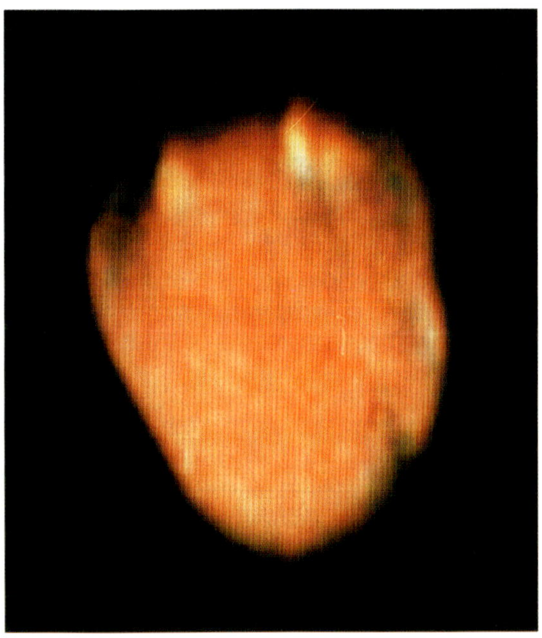

Der innerste Jupitermond Amalthea umkreist Jupiter in einer Entfernung von nur etwa anderthalb Jupiterradien und benötigt dafür ca. zwölf Stunden. Amalthea ist unregelmäßig geformt, etwa 170×130 km groß und mit Kratern übersät.

Weitere Monde

Die übrigen zwölf Jupitermonde sind viel kleiner als die Galileischen Monde. Ihre Durchmesser liegen zwischen 10 und 200 km. Amalthea, einer der innersten Monde, umkreist Jupiter innerhalb der Bahn von Io und ist auffallend rot, was vielleicht auf einen Überzug mit Teilchen aus Ios Vulkanen zurückzuführen ist. Etwa 11 Millionen km von Jupiter entfernt, gibt es eine Familie von felsigen Monden: Leda, Himalia, Lysithea und Elara. Ihre Bahnen kreuzen sich und sind um etwa 28° gegen den Planetenäquator geneigt. Eine weitere Familie (Ananke, Carme, Pasiphae und Sinope) umkreist den Planeten rückläufig in 23 Millionen km Entfernung. Diese ungewöhnlichen Bahnen lassen auf eingefangene Asteroiden schließen.

Kallisto ist stark mit Kratern übersät und zeigt eine Reihe von Strahlensystemen. Der größte Krater, das Walhalla-Becken, mißt 600 km im Durchmesser. Aufnahme von Voyager 2 aus dem Jahr 1979.

DIE MONDE DES JUPITER

Name	Interessante Eigenschaften
Metis	Klein, unregelmäßig geformt
Adrastea	Klein, unregelmäßig geformt
Amalthea	Die rötliche Oberfläche könnte ein Überzug aus Teilchen sein, die aus den Vulkanen auf Io stammen
Thebe	Klein, unregelmäßig geformt
Io	Der vulkanisch aktivste Körper im Sonnensystem
Europa	Eisbedeckt; unter der Eiskruste möglicherweise flüssiges Wasser
Ganymed	Größter Mond im Sonnensystem
Kallisto	Narbige Oberfläche mit Einschlagskratern; geologisch untätig
Ananke, Carme, Pasiphae und Sinope	Sie bewegen sich auf rückläufigen Bahnen; man glaubt, daß es sich um eingefangene Asteroiden handelt
Leda, Himalia, Lysithea und Elara	Von diesen entfernten Monden ist nicht viel bekannt

Asteroiden 80–81 ▶

SATURN

Saturn ist berühmt für sein beeindruckendes Ringsystem. Außerdem hat er die meisten Monde im Sonnensystem.

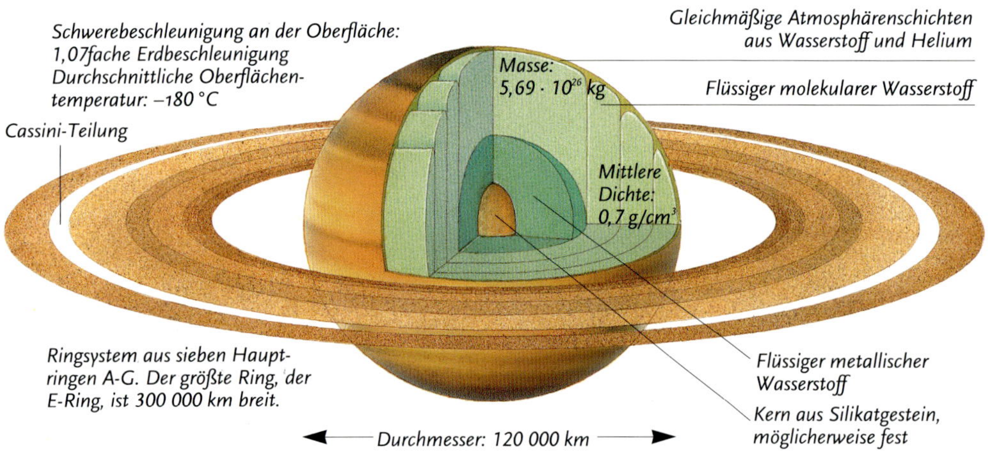

SATURN-DATEN

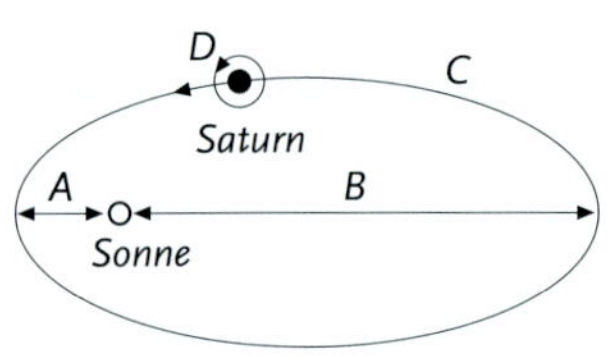

A: 1348 000 000 km
B: 1503 000 000 km
C: Sonnenumlauf in 29,41 Erdjahren
D: rotiert in 10 h 13 m 59 s

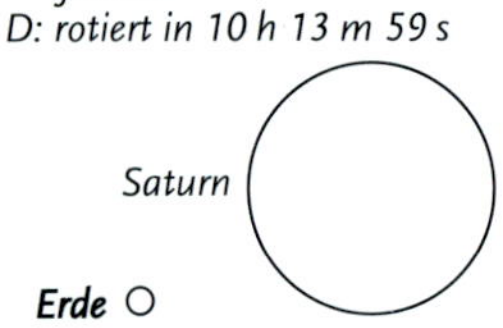

Saturn hat den 9,26fachen Erddurchmesser

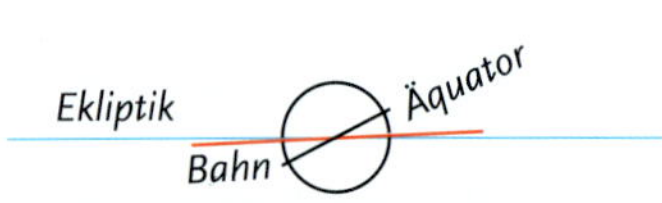

Neigung des Äquators gegen die Ekliptik: 27°
Bahnneigung gegen die Ekliptik: 2,48°

Monde: 18

◀ 32 Polarlichter
◀ 54 Innerer Aufbau von Jupiter
◀ 54 Das Wetter auf Jupiter
◀ 54–55 Das Magnetfeld von Jupiter
◀ 57–58 Io

Saturn beeindruckt durch sein wunderschönes Ringsystem. Wegen der schnellen Rotation um seine Achse ist er an den Polen sichtbar abgeplattet. Mit 18 benannten Monden hat er unter allen Planeten die meisten Begleiter.

Saturns Atmosphäre

Die Atmosphäre Saturns ähnelt der Jupiters. Sie enthält 80–90 % Wasserstoff, 10–20 % Helium und weniger als 1 % Spuren anderer Gase, darunter Methan und Ammoniak. Diese Gase wurden spektroskopisch von der Erde aus und von den Voyager-Sonden nachgewiesen.

Da die Wolkenschichten Saturns kühler sind als die Jupiters, sind sie dichter und gleichmäßiger, und sie bilden sich tiefer in der Atmosphäre. Bänder und Flecken sind weniger stark ausgeprägt. Saturns schmutzig-gelbe Farbe und das tiefere Orange-Gelb des Mondes Titan führt man auf tiefe Dunstschichten aus kondensierten Kohlenwasserstoffen zurück.

Saturns Aufbau und Zusammensetzung

Saturn ist der zweitgrößte Planet im Sonnensystem. Sein Volumen ist 1000mal größer als das der Erde, seine Dichte ist geringer als die von Wasser. Nach gegenwärtigen Modellen macht der Kern aus schweren Elementen etwa ein Drittel der Masse des Planeten aus. Daraus folgt, daß er einen heißen Gesteinskern von etwa drei Erdradien besitzt. Darüber liegen – wie bei Jupiter – je eine Schicht flüssigen metallischen und molekularen Wasserstoffs. Es scheint, daß Saturn aus seiner Entstehungszeit keinen so hohen Anteil leichter Elemente (Wasserstoff und Helium) zurückbehalten hat, da seine Atmosphäre nicht so ausgedehnt ist.

Wie Jupiter und Uranus strahlt Saturn mehr Energie in den Raum ab, als er von der Sonne empfängt. Die überschüssige Energie stammt aus der Kontraktion des Planeten, bei der sich die Oberfläche unter der eigenen Schwerkraft langsam zusammenzieht. So produziert der Planet seit seiner Entstehung Wärme. Man glaubt, daß die Temperatur im Kern über 12 000 K beträgt. Die Atmosphäre muß konvektiv sein, da dies

Voyager 1 besuchte Saturn 1980. Fünf Tage vor der größten Annäherung nahm die Sonde aus 7,5 Millionen km Entfernung dieses Bild der Saturnatmosphäre auf. Auch wenn die Strukturen weniger deutlich hervortreten, so ähnelt sie doch der Jupiteratmosphäre: Bänder, Stürme, Ovale und Wirbel sind zu erkennen.

die einzige Möglichkeit ist, die Hitze aus dem Innern nach außen zu transportieren.

Saturns Wetter

Die konvektive Atmosphäre und die schnelle Rotation Saturns lassen Wolkenbänder wie bei Jupiter entstehen, die jedoch schwächer als beim Nachbarplaneten sind. Außerdem sind die Gürtel in Äquatornähe viel breiter, was auf den Entstehungsprozeß der Bänder hinweist. Die Astronomen wissen aber noch zu wenig, um ein umfassendes Modell der Planetenatmosphären aufstellen zu können.

An der Wolkenobergrenze herrschen sehr hohe Windgeschwindigkeiten: Nahe dem Äquator erreichen sie fast 1800 km/h. Dieser Wert fällt zu höheren Breiten hin ab. Saturn zeigt langlebige Ovale und andere Strukturen, die denen auf Jupiter ähneln. 1990 beobachtete das Weltraumteleskop Hubble eine riesige weiße Wolke nahe dem Saturnäquator, die durch einen planetenweiten Sturm verursacht worden war, den es zur Zeit der Voyager-Vorbeiflüge noch nicht gegeben hat. 1994 wurde ein weiterer, etwas kleinerer Sturm beobachtet.

Magnetfeld und Magnetosphäre

Saturns Magnetosphäre ist zwar kleiner als die Jupiters, erstreckt sich aber dennoch bis über die Bahnen der äußeren Monde hinaus. Sie wird wahrscheinlich durch Ströme in den elektrisch leitenden Schichten nahe dem Kern erzeugt. Das Magnetfeld ist etwa 30mal schwächer als das Jupiters.

Saturn besitzt keinen Torus aus geladenen Teilchen, die mit dem Magnetfeld wechselwirken, so daß seine Magnetosphäre einfacher strukturiert und ruhiger ist als die Jupiters. Die Magnetosphäre verursacht dennoch Polarlichter und starke Radioemissionen und zeigt Wechselwirkungen in ihren inneren Bereichen mit den Ringen und in den äußeren Bereichen mit Titan.

Diese hellen Polarlichter an den Polen des Saturn wurden 1994 vom Weltraumteleskop Hubble im Ultravioletten aufgenommen. Polarlichter entstehen, wenn geladene Teilchen aus dem Sonnenwind an den Magnetfeldlinien entlang in die polnahe Atmosphäre eindringen. Sie wechselwirken mit den Teilchen der Atmosphäre, wobei die ringförmigen Leuchtstrukturen entstehen.

Die Monde des Saturn 65–67 ▶
Titan 66–67 ▶
Spektroskopie 142 ▶
Hubbles Entdeckungen 144–145 ▶

DIE SATURNRINGE
In der Legende wird Saturn in Übereinstimmung mit der langsamen scheinbaren Bewegung des Planeten als alt und träge beschrieben. Saturns Ringsystem forderte die Astronomen heraus. Seine Ringe wurden zuerst von Galilei im Jahr 1610 durch ein kleines Teleskop wahrgenommen. Galilei dachte zunächst, er habe zwei große Monde gesehen, einen auf jeder Seite des Planeten: Erst 1655 fand Christiaan Huygens heraus, daß es sich in Wahrheit um ein Ringsystem handelt. Giovanni Domenico Cassini (oben), erster Direktor des Observatoriums zu Paris, beobachtete eine Lücke in den Ringen, die jetzt seinen Namen trägt. 1785 zeigte Pierre Simon de Laplace, daß die Ringe nicht fest sein konnten. James Clerk Maxwell bewies 1857 theoretisch, daß die Ringe aus einzelnen festen Teilchen bestehen.

Etwa alle 15 Jahre sehen wir die Saturnringe wegen der Bahngeometrie zwischen Saturn und Erde von der Kante. Das im oberen Bild sichtbare dunkle Band ist der Schatten der Ringe. Diese Bilder wurden 1995 vom Hubble-Teleskop aufgenommen.

Die Ringe

Das Ringsystem Saturns besteht aus Hunderten, vielleicht Tausenden von kleinen Ringen, die so angeordnet sind, daß man den Eindruck einiger weniger breiter Ringe gewinnt. Jeder breite Ring wird mit einem Buchstaben bezeichnet.

Die hellen A- und B-Ringe sowie der schwächere C-Ring sind von der Erde aus mit Teleskopen sichtbar. Die Lücke zwischen A- und B-Ring heißt Cassini-Teilung, die schmalere Encke-Teilung liegt im A-Ring. Die Kameras der Voyager-Sonden fanden vier weitere schwache Ringe: D, E, F und G. Außerdem entdeckten sie zwei weitere Teilungen, die Maxwell- und die Keeler-Lücke im A- bzw. C-Ring.

Diese kunstvolle Struktur wird durch die Schwerkraft der Monde verursacht, von denen einige nahe bei oder gar innerhalb des Ringsystems kreisen. Zu den letzteren gehört Pan. Er wurde bei der Suche nach der Ursache der Encke-Teilung entdeckt. Mimas scheint eine entsprechende Rolle für die Cassini-Teilung zu spielen. Andere Monde halten Ringe an ihrem Platz, indem sie direkt an der Innen- oder Außenseite des Rings kreisen. Man spricht daher von Hirten- oder Schäferhundmonden. Die Monde Prometheus und Pandora fokussieren als Hirtenmonde den F-Ring, eine komplexe Struktur aus zwei verflochtenen schmalen hellen Ringen. Entlang des F-Rings sieht man Klumpen von Ringmaterial oder möglicherweise außergewöhnlich große einzelne Ringteilchen.

Voyager photographierte auch sogenannte „Speichen“ zwischen Saturn und dem B-Ring. Diese Erscheinungen gehen wahrscheinlich auf elektrostatische Aufladung von Ringteilchen zurück, die mit Saturns Magnetfeld wechselwirken.

Die Saturnringe sind viel schwerer und viel heller als die Ringsysteme der anderen Riesenplaneten. Sie sind nicht mehr als 1,5 km dick und bestehen aus unzähligen kleinen Partikeln, mit Größen von 1 cm bis zu mehreren Metern. Diese bestehen teilweise aus Wassereis, möglicherweise auch aus mit Eis überzogenen Gesteinspartikeln.

Wie Planetenringe entstehen, ist unbekannt. Eine Theorie besagt, daß sie aus den Überresten eines zerborstenen Mondes bestehen. In diesem Fall hätte der

◀ 16–19 Die Entstehung des Sonnensystems
◀ 63 Die Magnetosphäre von Saturn

Mond nur etwa 100 km Durchmesser haben können. Man glaubt, daß die Ringe entweder nach dem Planeten entstanden sind oder aus einer unbekannten Quelle immer neu gebildet werden.

Monde

Saturn besitzt 18 benannte Monde. Sechs Monde sind Eiskörper und ähneln den äußeren Galileischen Jupitermonden, die übrigen sind kleine Gesteinskörper. Titan fällt mit seiner dichten Atmosphäre aus dem Rahmen. Die Eismonde Mimas, Enceladus, Tethys, Dione, Rhea und Iapetus haben Dichten von weniger als 2 g/cm³, woraus folgt, daß sie aus 30–40 % Gestein und 60–70 % Wassereis bestehen. Die Eismonde reflektieren wenigstens 60 % des einfallenden Lichts, Enceladus sogar fast 100 %.

Detailaufnahmen der Saturnringe zeigen, daß sie aus vielen dünnen Einzelringen bestehen. Diese kontrastverstärkte Falschfarbenaufnahme von Voyager 2 (aus dem Jahr 1981) zeigt mögliche Variationen in der chemischen Zusammensetzung.

Ganz links: Dieses Bild zeigt den Mond Prometheus und einen Teil des F-Rings vor dem Hintergrund des Saturn. Prometheus umkreist Saturn in etwa 139 350 km Abstand und mißt 148×100×68 km. Er könnte ein Hirtenmond des F-Rings sein. Seine Helligkeit läßt darauf schließen, daß er wie die Ringteilchen und die größeren Monde Eis enthält.

Links: Der riesige Krater Herschel hat mit einem Durchmesser von 130 km bereits ein Drittel der Größe des Mondes Mimas. Er ist etwa 10 km tief, sein Zentralberg ist 6 km hoch.

Titan 66–67 ▶

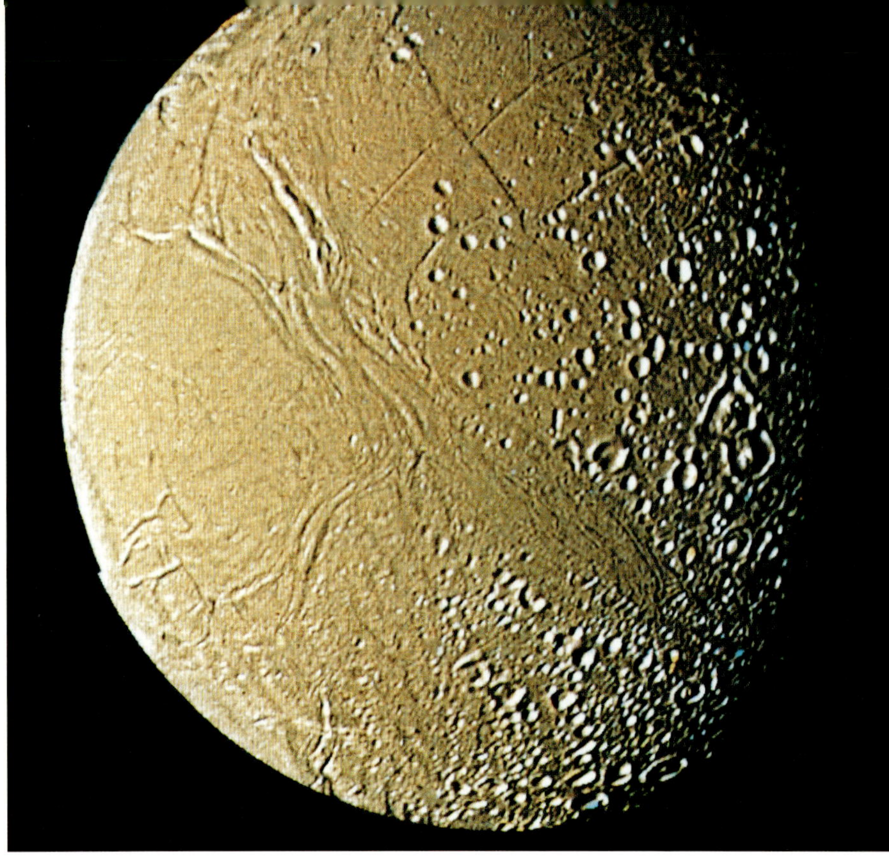

Ein großer Teil der Oberfläche von Enceladus zeigt keine Krater. Das ist ein Hinweis darauf, daß neuere geologische Aktivität ältere Formationen verwischt hat. Die diagonal von links oben nach rechts unten verlaufende Struktur hält man für einen riesigen Strom von Eis. Eine Aufnahme von Voyager 2 aus dem Jahr 1981.

RAUMSONDENMISSIONEN ZU SATURN

Name	Jahr	Ziele und Ergebnisse
Pioneer 11	1979	Vorbeiflug; größte Annäherung von 20 900 km über der Wolkendecke; passierte zweimal die Ringebene; lieferte 440 Bilder
Voyager 1	1980	Vorbeiflug; Annäherung bis auf 125 000 km; nahe Titan
Voyager 2	1981	Vorbeiflug in 101 300 km; nahe an mehreren Monden
Cassini	2004	Orbiter und Titan-Atmosphärensonde Huygens

Die Oberflächen von Enceladus, Rhea, Dione und Tethys zeigen Krater und weiße Streifen. Iapetus hat zwei sehr unterschiedlich helle Seiten. Die – auf den Umlauf um Saturn bezogen – Vorderseite ist sehr dunkel, die Rückseite dagegen zehnmal heller.

Daraus folgert man, daß der Mond entweder irgendwann im Lauf seiner Geschichte dunklen Staub aufgefegt hat oder daß Einschläge kleiner Meteoriten unter der hellen Oberfläche liegendes dunkleres Material freilegten.

Die Größe der Monde nimmt mit zunehmender Entfernung von Saturn zu. Der kleinste noch kugelförmige Mond Mimas hat weniger als 200 km Radius. Er ist stark mit Kratern übersät, von denen einer wirklich riesig ist.

Die meisten Monde laufen auf annähernd kreisförmigen Bahnen synchron (das bedeutet, daß sie Saturn immer dieselbe Seite zuwenden) um den Planeten, wobei die Bahnen in der Äquatorebene liegen. Eine Ausnahme bilden die drei äußersten Monde. Der weit entfernte Phoebe bewegt sich auf einer stark geneigten retrograden Bahn. Er ist wahrscheinlich ein eingefangener Asteroid. Hyperion hat eine unregelmäßige Form. Wegen der Schwerkraftwirkung von Titan „taumelt“ er in chaotischer Weise auf einer exzentrischen Umlaufbahn um Saturn. Epimetheus und Janus laufen gemeinsam in etwa 50 km Abstand voneinander; sie könnten Bruchstücke eines früheren Mondes sein.

Titan

Titan ist nach Jupiters Ganymed der zweitgrößte Mond im Sonnensystem und der einzige mit einer dichten Atmosphäre. Diese besteht zu etwa 90 % aus Stickstoff und zu 10 % aus anderen Molekülen, z. B. Methan. Titan besitzt diese dichte Atmosphäre, weil er so weit von der Sonne entfernt ist. Die protoplanetare Wolke, aus der die Planeten ursprünglich entstanden, war in Saturnnähe kühler als bei Jupiter und eben kalt genug, daß Stickstoff kondensieren konnte. In der Frühphase ihrer Entstehung enthielt Titan wahr-

Die Oberfläche von Tethys ist völlig mit Kratern bedeckt. Der größte Krater heißt Odysseus. Das riesige Tal Ithaca Chasma zieht sich mit mehr als 2000 km Länge zu drei Vierteln um den Mond herum.

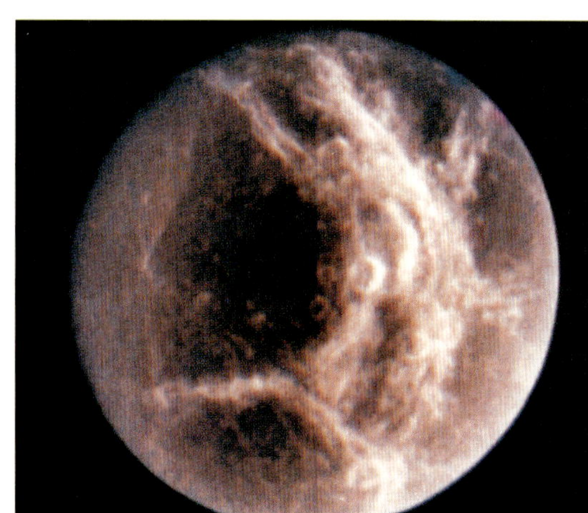

Dione zeigt eine Vielfalt von Strukturen: Verwerfungen, Täler, helle Flecken und Senken. Es gibt auch Brüche, die möglicherweise mit dem Ausgasen von Wasser und vielleicht Methan in Verbindung stehen.

◀ 16–19 Die Entstehung des Sonnensystems
◀ 29 Der Treibhauseffekt
◀ 36 Die Erdatmosphäre

DIE MONDE DES SATURN

Name	Interessante Eigenschaften
Pan	Eishaltiger Körper mit 10 km Radius
Atlas	Hirtenmond für den A-Ring
Prometheus und Pandora	Beide zusammen wirken als Hirtenmonde für den F-Ring
Epimetheus und Janus	Diese Monde kreisen in 50 km Abstand voneinander; es könnten Bruchstücke eines einzigen Mondes sein
Mimas	Hat einen Krater mit einem Drittel seines Durchmessers
Enceladus	Zeigt ein gefurchtes Terrain über einer kraterbedeckten älteren Oberfläche
Tethys	Größter der inneren Monde, stark mit Kratern bedeckt, wahrscheinlich aus Eis aufgebaut
Telesto und Calypso	Monde in der Umlaufbahn von Tethys
Dione	Hat einige Krater von mehr als 150 km Durchmesser
Helene	Mond in der Umlaufbahn von Dione
Rhea	Zweitgrößter Saturnmond
Titan	Zweitgrößter Mond im Sonnensystem; Atmosphäre aus dichten Wolken
Hyperion	Länglicher Mond mit unregelmäßiger Bewegung
Iapetus	Vorangehende Hemisphäre ist dunkler als die nachfolgende eisbedeckte Mondhälfte
Phoebe	Retrograde Bahn; vermutlich ein eingefangener Asteroid

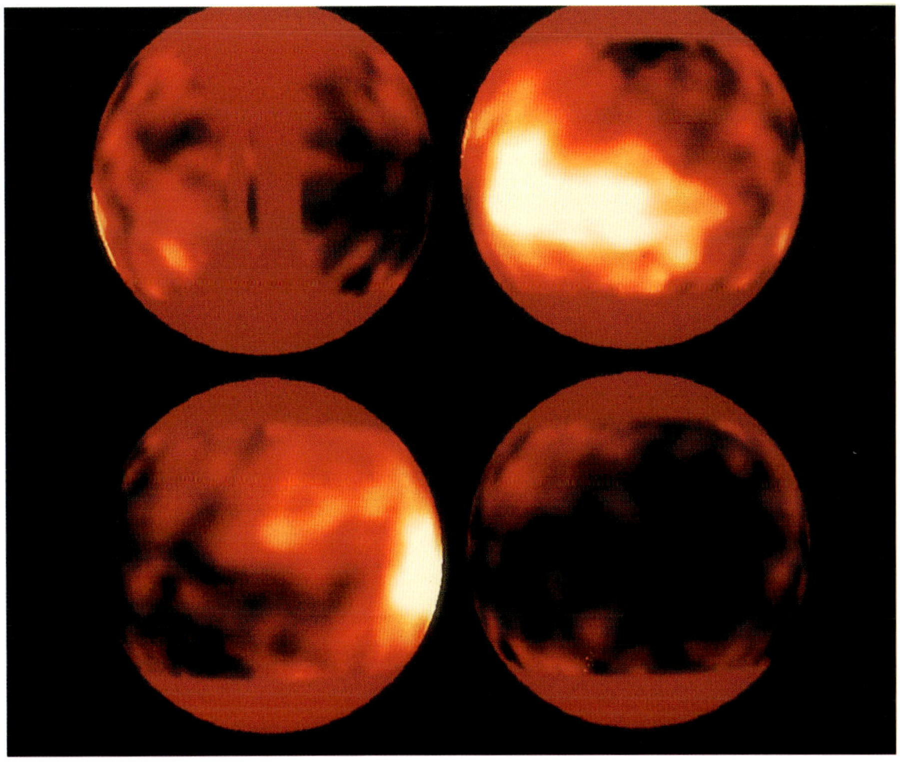

Diese Serie von Bildern des Weltraumteleskops Hubble zeigt den von Wolken verhüllten Mond Titan mit hellen und dunklen Strukturen. Das auffällige helle Gebiet konnte noch nicht gedeutet werden.

scheinlich Stickstoffeis. Jetzt ist er warm genug, daß Stickstoff verdampft und eine Atmosphäre bildet.

Die Temperatur in Titans unterer Atmosphäre liegt zwischen –200 °C nahe der Oberfläche und –180 °C etwas darüber. Damit ist es dort kalt genug, daß Methan und Ethan kondensieren. Einige Modelle sagen daher Wolkenschichten aus beiden Bestandteilen voraus, über denen ein Dunstschleier aus Flüssigkeitstropfen liegt, erzeugt vom auf das Methan treffenden Sonnenlicht. Der äußere Teil des Titankörpers besteht hauptsächlich aus Wasser in verschiedenen Phasen (vielleicht gibt es einen „Ozean" aus flüssigem Wasser unter der Oberfläche). Darunter liegt ähnlich wie bei den anderen Eismonden ein Kern aus Gestein und Metallen, z. B. Silikate und Eisen.

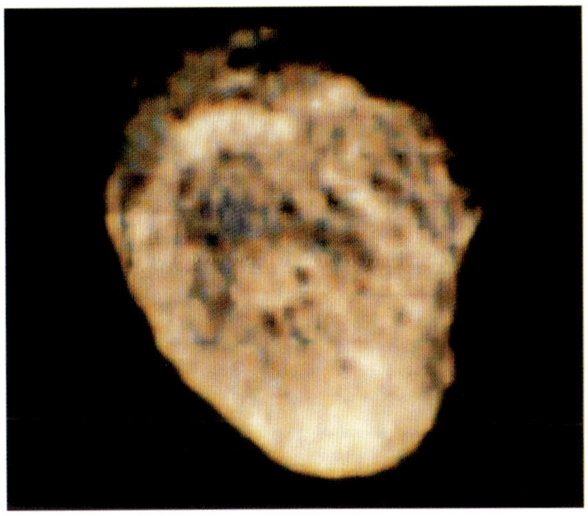

Hyperion ist so groß wie Mimas, aber von unregelmäßiger Form, die von einer früheren Kollision herrühren könnte. Er besteht aus Eis mit einigen felsigen Verunreinigungen.

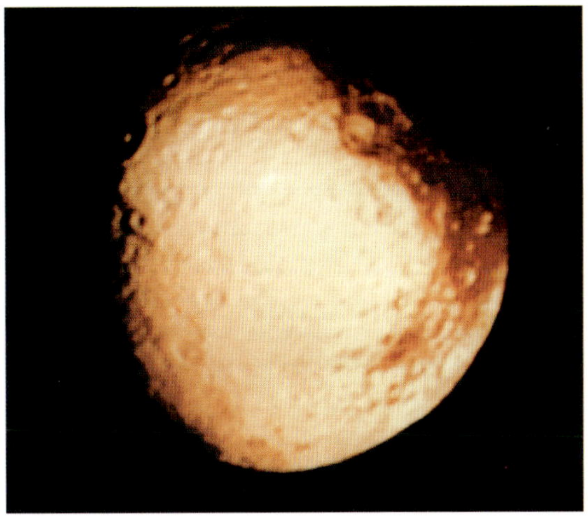

Iapetus zeigt eine helle und eine dunkle Hemisphäre. Oben rechts ist ein Stück dunklen Geländes zu sehen, dessen Entstehung aber immer noch nicht völlig verstanden ist.

Triton 73–74 ▶
Auf Kollisionskurs 88–89 ▶
Bahnen 90 ▶
Unbemannte Raumsonden 148–149 ▶

URANUS

Die Achse des Uranus ist stark geneigt. Er erfährt von allen Planeten des Sonnensystems die extremsten jahreszeitlichen Schwankungen.

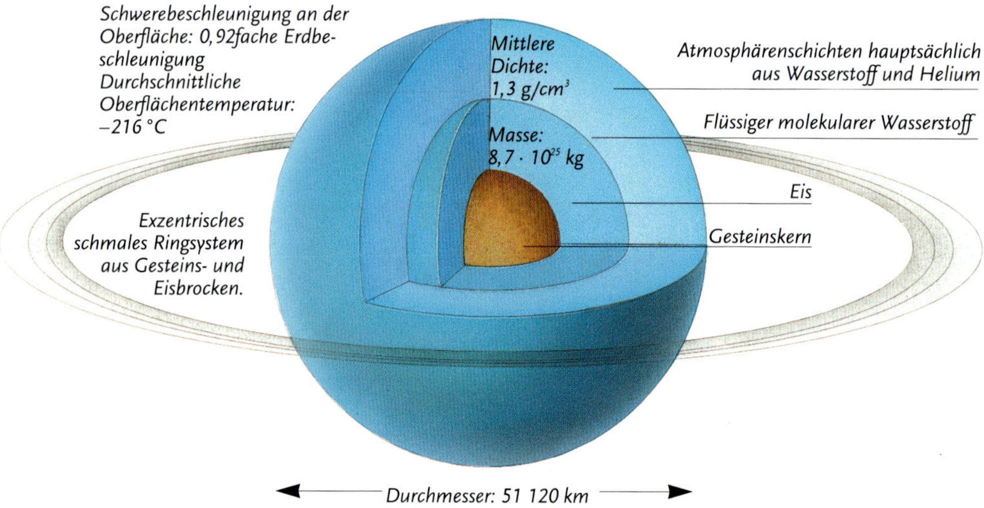

URANUS-DATEN

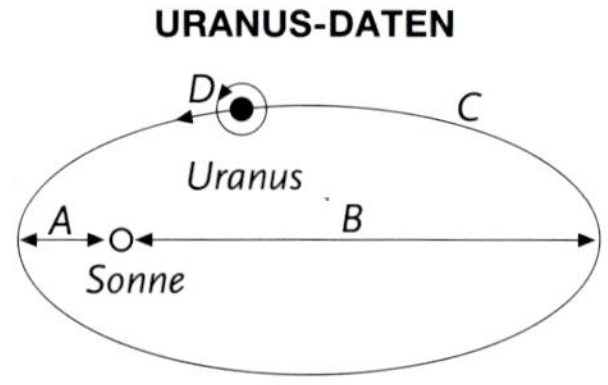

A: 2739 000 000 km
B: 3003 000 000 km
C: Sonnenumlauf in 84,04 Erdjahren
D: rotiert in 17,2 h

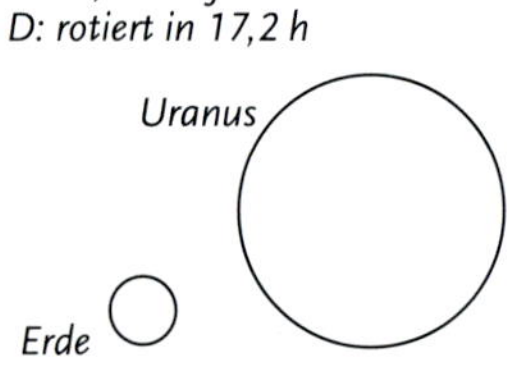

Uranus hat den 4,01fachen Erddurchmesser

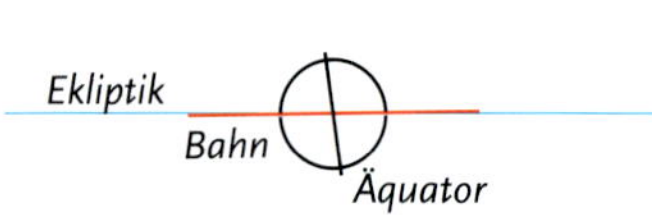

Neigung des Äquators gegen die Ekliptik: 97,9°
Bahnneigung gegen die Ekliptik: 0,77°
Monde: 17

◀ 16–19 Die Entstehung des Sonnensystems
◀ 32 Die Erdmagnetosphäre
◀ 54 Die Atmosphärenschichten des Jupiter
◀ 62 Saturn: Aufbau und Zusammensetzung
◀ 64–65 Die Ringe des Saturn

Eine glatte wasserfarbene Kugel mit zart angedeuteten Bändern – so könnte Uranus sich einem Beobachter auf einem seiner Monde präsentieren. Das ruhige Erscheinungsbild des Planeten zeigt keine Spur einer früheren spektakulären Katastrophe: Irgendwann in der Vergangenheit des Uranus verdrehte eine gewaltige Kollision die Achse des jungen Planeten. Daraufhin kippte der Planet auf die Seite, so daß seine Drehachse fast in seiner Bahnebene liegt. Dadurch erfährt er auffallende jahreszeitliche Veränderungen.

Die Atmosphäre von Uranus

Die Zusammensetzung des Uranus entspricht der der übrigen Riesenplaneten: Er besteht überwiegend aus Wasserstoff (etwa 80 %) und Helium (15 %). Die Reste sind Methan und Kohlenwasserstoffe (organische Moleküle aus Kohlenstoff, Stickstoff, Wasserstoff und Sauerstoff). Die Farbe des Uranus wird durch den kleinen Gehalt an Methan (weniger als 3 %) verursacht, das hauptsächlich rotes Licht absorbiert. Daher ist das reflektierte Sonnenlicht, das wir sehen, grünlich-blau.

Die Zusammensetzung von Uranus

Uranus ist ein Gasplanet. Wir sehen lediglich die äußersten Wolkenschichten, die aus Tröpfchen kondensierten Methans sowie Ethan und Acetylen bestehen. Hier ist es ca. –200 °C kalt. Darunter wird die Atmosphäre dichter und wärmer.

Da Dichte und Temperatur mit der Tiefe zunehmen, gehen Wasserstoff und Helium aus dem gasförmigen in den flüssigen Zustand über. Noch tiefer erfolgt ein Übergang in eine zähflüssige, teilweise erstarrte Schicht von Wasser unter sehr hohem Druck, worin sich Spuren von Methan und Ammoniak befinden können.

Man vermutet im Zentrum des Uranus unter extrem hohem Druck einen Gesteinskern mit etwa fünffacher Erdmasse.

Das Magnetfeld von Uranus

Die Sonde Voyager 2 wies im Jahr 1986 bei Uranus ein Magnetfeld nach, das etwa 50mal stärker ist als das der Erde. Überraschenderweise schien es nicht auf das Zentrum des Kerns, sondern auf dessen Außenrand zentriert zu sein. Außerdem ist die Magnetosphäre um fast 60° gegen die Rotationsachse des Planeten geneigt. Das Magnetfeld ist also versetzt und geneigt.

Das Magnetfeld ist verantwortlich für die Polarlichter: Voyager 2 wies Polarlichter nach, die scheinbar durch sehr energiereiche Elektronen angeregt wurden. Normalerweise werden Polarlichter durch geladene Teilchen aus dem Sonnenwind verursacht, die sich spiralförmig entlang der Magnetfeldlinien bewegen und mit den Gasen der Atmosphäre reagieren. Woher die Elektronen um Uranus kommen, ist jedoch nach wie vor ein Rätsel.

Aus Schwankungen der Magnetfeldstärke bestimmte man die interne Rotationsperiode des Planeten (die des inneren Gesteinskerns) zu 17,2 Stunden. Die Wolken zeigen abhängig von der Breite Rotationsperioden von 16 bis 18 Stunden, woraus für einige Gebiete Windgeschwindigkeiten von bis zu 720 km/h folgen.

Die fehlende Wärme

Eines der größten Rätsel von Uranus ist das Fehlen überschüssiger Wärmestrahlung aus dem Innern. Obwohl das Innere warm ist, läßt sich diese Wärme durch das natürliche Gleichgewicht der Atmosphäre erklären. Die drei anderen Riesenplaneten strahlen im Gegensatz dazu viel mehr Wärme ab, als man im Gleichgewicht erwartet.

Möglicherweise besitzt auch Uranus diese Wärme, die jedoch durch die Atmosphärenschichten festgehalten wird. Vielleicht verursachte auch das Ereignis, das Uranus in seiner frühen Geschichte auf die Seite gekippt hat, irgendwie einen Wärmeverlust.

Die Ringe von Uranus

Im Jahr 1977 beobachteten Astronomen den Vorübergang von Uranus vor einem schwachen Stern (man spricht von einer Sternbedeckung). Sie hofften aus Helligkeitsmessungen des Sterns beim Verschwinden hinter Uranus Temperatur, Druck und Zusammensetzung der äußersten Wolkenschichten bestimmen zu können.

Sie waren sehr überrascht, als das Sternlicht bei Annäherung des Planeten an den Stern mehrmals schwächer wurde und wieder aufblinkte. Als Uranus sich nach der Bedeckung vom Stern entfernte, wiederholte sich der Vorgang. Die Forscher hatten entdeckt, daß Uranus ein Ringsystem besitzt.

Uranus hat neun klar definierte Ringe, sowie einen schwächeren und einen breiteren etwas verschmierten Ring. Die Hauptringe sind im Gegensatz zu den Saturnringen schmal. Man glaubt, daß die Anziehungskraft kleiner Monde das Ringmaterial eingeschlossen hält.

Die Ringe sind nicht vollkommen kreisförmig. Insbesondere der Epsilon-Ring ist sehr exzentrisch, und seine Breite variiert beträchtlich (20–100 km). Man glaubt, daß die Uranusringe hauptsächlich aus Gesteinsbrocken (von Staubkörnern bis zu Brocken von der Größe eines Hauses) bestehen, die mit kleinen Mengen Eis vermischt sind.

Voyager 2 hat die Ringe im Gegenlicht der Sonne beobachtet und wies so Staub zwischen den schmalen Ringen nach. Mit Hilfe neuer Infrarotkameras am Boden und des Weltraumteleskops Hubble können wir die Ringe jetzt auch direkt von der Erde aus (bzw. aus der Erdumlaufbahn) sehen.

RAUMSONDENMISSIONEN ZU URANUS

Name	Jahr	Ziele und Ergebnisse
Voyager 2	1986	Vorbeiflug; entdeckte viele kleine Monde, darunter Juliet, Portia und Bianca

Oben: Die Ringe des Uranus bestehen aus winzigen dunklen Partikeln. Dieses Bild von Voyager 2 (1986) zeigt einen Teil des Ringsystems. Die kurzen hellen Striche sind Spuren von Hintergrundsternen.

Links: Ein farbgetreues Bild von Uranus, aufgenommen von Voyager 2 im Jahr 1986. Uranus erscheint blau, weil das Methan in seiner Atmosphäre rotes Licht absorbiert.

Elektromagnetisches Spektrum 140–141 ▶
Photos des Sonnensystems 142 ▶
Hubbles Entdeckungen 144–145 ▶
Unbemannte Raumsonden 148–148 ▶

Rechts: Dieses Bild von Oberon zeigt einige große Krater mit hellen Strahlen, die aus ihnen hervorgehen, sowie dunkle Flecken im Kraterboden.

Ganz rechts: Titania zeigt eine Eisoberfläche mit vielen kleinen Kratern, einige Einschlagbecken und ein ausgedehntes Netzwerk von Verwerfungen von bis zu 5 km Tiefe.

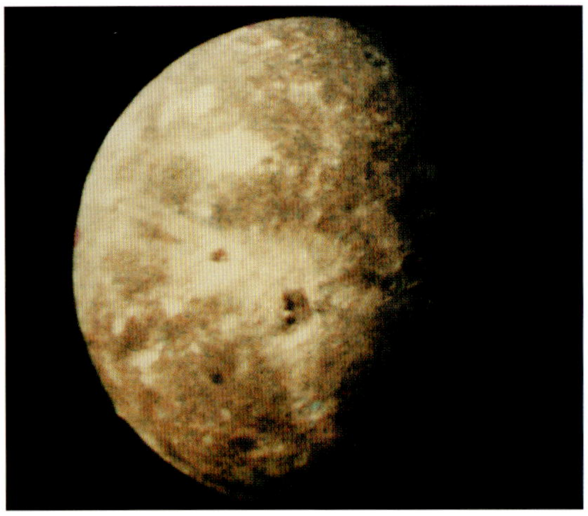

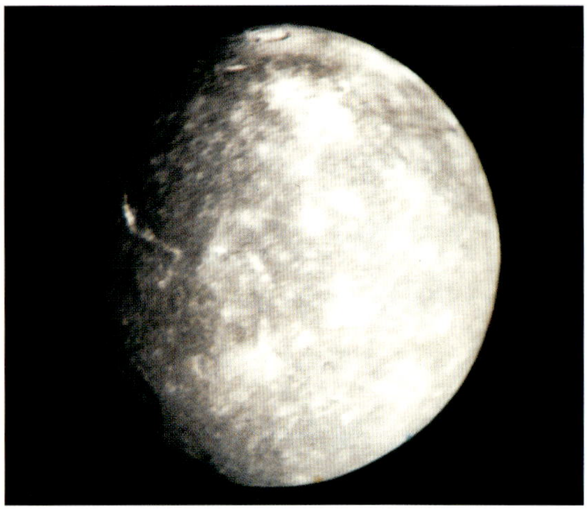

DIE ENTDECKUNGS-GESCHICHTE

Uranus war der erste entdeckte Planet, der nicht schon seit der Antike bekannt war. Obwohl er gerade hell genug ist, um ihn mit bloßem Auge zu sehen, und er bereits in einigen frühen Sternkarten als unbekannter Stern aufgetaucht war, war William Herschel 1781 der erste, der ihn als Planet erkannte. Er baute seine eigenen Teleskope und schliff die Spiegel selbst. Zwar konnte er den Planeten nicht nach dem damaligen König Englands, George III., benennen, aber seine Entdeckung brachte ihm eine königliche Pension.

◀ 32–33 Plattentektonik

◀ 37 Erdbahn und Jahreszeiten

◀ 45 Gezeiten

◀ 57–58 Io

Myriaden von Monden

In den Jahren nach der Entdeckung des Uranus wurden zwei Monde entdeckt, später Titania und Oberon genannt. Danach suchten Astronomen über 60 Jahre lang erfolglos nach weiteren Monden. Erst 1851 fand man zwei weitere, Ariel und Umbriel. Mit der Entdeckung von Miranda 1948 waren nunmehr fünf Uranusmonde bekannt. 1986 entdeckte Voyager 2 zehn kleinere Monde.

Zwei 1997 auf dem Mount Palomar mit dem 5-m-Teleskop entdeckte kleine Monde (vorläufig S/1997 U1 und S/1997 U2 bezeichnet) bewegen sich auf exzentrischen, geneigten Bahnen.

Man vermutet, daß die Uranusmonde hauptsächlich aus Gestein mit Beimischungen aus Eis bestehen. Die größten sind in ihrem Inneren dicht und heiß genug, um zu schmelzen und tektonische Aktivität hervorzurufen. Man spricht von Kryovulkanismus (d. h. man hat Eisströme anstelle heißer Lavaströme). Die Monde sind jedoch alle relativ klein, grau und erscheinen recht dunkel, da sie nur wenig Licht von der Sonne reflektieren.

Miranda

Riesige geologische Strukturen beherrschen die Landschaften dieses kleinen Mondes und zeigen, daß in der Vergangenheit eine immense Erwärmung stattgefunden haben muß. Rücken und Furchen, Risse und Klippen ballen sich zusammen und bilden eine zerklüftete Oberfläche. Es ist noch nicht klar, ob der kleine Mond eine gewaltige Kollision erlitten hat oder ob in der Vergangenheit Gezeitenwechselwirkungen mit anderen Monden die zum Schmelzen und Umformen der Oberfläche nötige Wärme produzierten, wie es etwa beim Jupitermond Io der Fall ist.

Titania und Oberon

Titania und Oberon sind die größten Uranusmonde und bilden wie auch Ariel und Umbriel ein Paar von ähnlicher Größe und Dichte. Oberon, der äußerste der größeren Monde, zeigt eine Anzahl von Kratern, die von hell gefärbtem Auswurfmaterial umgeben sind. Er hat viele große Krater, teilweise mit alten vulkanischen Strömen auf ihren Böden.

Titania hat weniger große Krater, was darauf hindeutet, daß Vulkanausbrüche die Oberfläche des Mondes in der Vergangenheit „sauber gefegt" und neu geformt haben. Die Oberfläche ist von Brüchen durchzogen – ein weiterer Hinweis auf vulkanische Aktivität.

Ariel und Umbriel

Von den größeren Monden hat Ariel die jüngste Oberfläche, wie Kraterzählungen ergeben. Es gibt Hinweise auf frühere geologische Aktivität, darunter Brüche, gerade Rillen und glatte Flächen.

Umbriel ist Ariels Zwilling, was Größe und Dichte angeht, ist jedoch viel dunkler und glatter. Auf ihm gab es daher keine tektonische Aktivität. Seine kraterzernarbte Oberfläche ist wahrscheinlich die älteste aller Uranusmonde.

Der winzige Puck und die kleineren Monde

Voyager 2 konnte fast 50 Bilder des winzigen Mondes Puck aufnehmen; diese zeigen einen unregelmäßig geformten Körper mit gesprenkelter Oberfläche.

An neun weitere kleine Monde kam die Sonde jedoch nicht nahe genug heran, um Oberflächenstrukturen auflösen zu können. Außer ihren Größen und Bahnen ist wenig über diese neuentdeckten Monde bekannt.

Atemberaubende Jahreszeiten

In der frühen Entwicklung des Uranus gab es eine katastrophale Kollision mit einem großen Körper. Dabei wurde so viel Energie freigesetzt, daß der Planet, der ursprünglich – wie die anderen Planeten auch – gegen den Uhrzeigersinn in der Ebene des Sonnensystems rotierte, um mehr als 90° gekippt wurde. Darauf ist der kuriose Umstand zurückzuführen, daß der Nordpol des Planeten heute knapp unterhalb der Ekliptikebene liegt, also im Süden. Die Bahnen der Monde und das Ringsystem sind ebenfalls um diesen extremen Winkel gekippt.

Als Folge der stark gekippten Rotationsachse gibt es extreme Jahreszeiten: Während der südlichen Sonnenwende schmort der Südpol fast 20 Jahre lang im Sonnenlicht, der Nordpol verliert ständig Wärme. Nur

Links: Ariel zeigt viele Krater und breite glatte und verzweigte Täler.

Ganz links: Dieses Falschfarbenbild von Umbriel zeigt dessen kraterzernarbte Oberfläche. Die auffallendste Struktur ist ein Einschlagskrater mit 100 km Durchmesser und einem hellen Zentralberg (in der rechten oberen Ecke des Bildes sichtbar).

DIE MONDE DES URANUS

Name	Interessante Eigenschaften
Puck	Irregulär geformt; gesprenkelte Oberfläche
Miranda	Die Oberfläche zeigt Anzeichen von wiederholten Phasen von Zerstörung und Wiederaufbau
Ariel	Hat von den größeren Monden die jüngste Oberfläche
Umbriel	Die kraterzernarbte Oberfläche ist alt, verglichen mit den anderen großen Monden
Titania	Zeigt vorspringende Eisklippen und Verwerfungslinien; könnte daher geologisch aktiv sein
Oberon	Kraterübersät; offenbar mit „vulkanischen" Flüssen auf den Böden einiger großer Krater
Cordelia und Orphelia	Kleine Monde; „Hirtenmonde" für den äußersten Uranusring
Juliet, Portia, Bianca, Cressida, Desdemona, Rosalind und Belinda	Über diese Monde ist außer ihren Größen nicht viel bekannt; 1986 von Voyager 2 entdeckt.
S/1997 U1 und S/1997 U2	1997 entdeckt; wahrscheinlich eingefangene Asteroiden

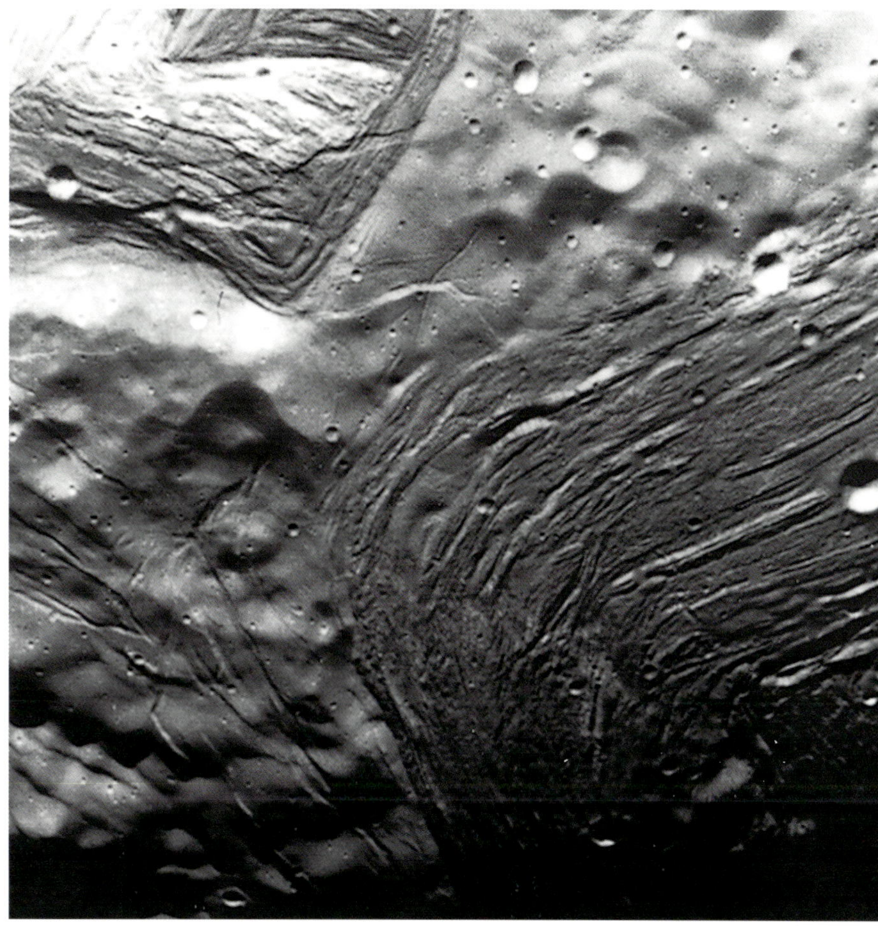

Diese Nahaufnahme der Oberfläche von Miranda zeigt helle und dunkle Rillen mit scharfen Begrenzungen. Das hier gezeigte Gebiet hat etwa 150 km Durchmesser. Es sind Einzelheiten bis hinunter zu einer Größe von 600 m sichtbar.

zur Zeit der Äquinoktien, wenn wir den Planeten von der Seite sehen, fällt das Sonnenlicht so auf Uranus wie auf die anderen großen Planeten. Aufzeichnungen zeigen, daß Uranus zur Zeit der Sonnenwenden strukturlos erscheint, während er zu den Äquinoktien Wolken und Bänder zeigte.

Schlechtes Timing

Unglücklicherweise fand die Begegnung der Raumsonde Voyager 2 mit Uranus zur Zeit der südlichen Sonnenwende statt. Die besten Bilder zeigen lediglich zarte Bänder und einige wenige Wolken. Im Zuge seiner 84 Jahre lang dauernden Wanderung um die Sonne werden nun wieder die Äquatorregionen von der Sonne bestrahlt, und Teile der Nordhalbkugel sind zum erstenmal seit Jahrzehnten in Sonnenlicht getaucht.

Bilder des Weltraumteleskops Hubble enthüllen uns helle Wolken und Bänderstrukturen auf Uranus. Diese Merkmale sind besonders im infraroten Licht auffällig zu sehen, aber einige wurden sogar im optischen Spektrum nachgewiesen. Es ist faszinierend zu spekulieren, wie Uranus im Jahr 2007 aussehen mag, wenn er sein Äquinoktium erreicht. Eines steht jedenfalls jetzt schon fest: Uranus wird nie wieder als langweiliger Planet gelten.

Die Jagd nach größerer Öffnung 136 ▶
Elektromagnetisches Spektrum 140–141 ▶
Hubbles Entdeckungen 144–145 ▶
Sternkarten 172–181 ▶

NEPTUN

Neptun ist eine blaue Gaskugel in den Außenbereichen unseres Sonnensystems.

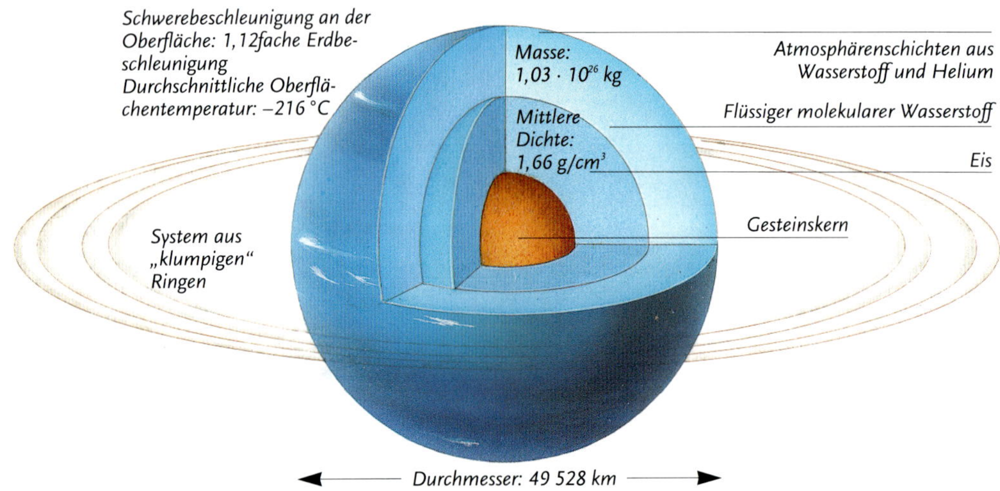

NEPTUN-DATEN

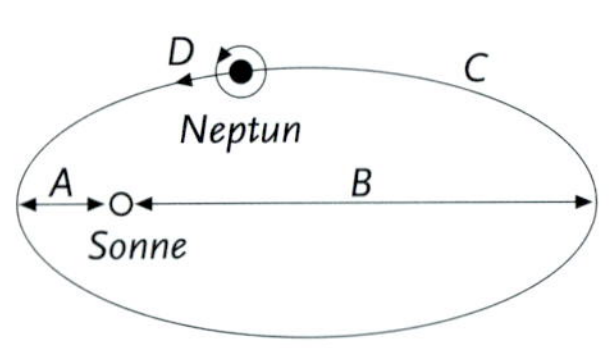

A: 4456 000 000 km
B: 4546 000 000 km
C: Sonnenumlauf in 164,8 Erdjahren
D: rotiert in 16,11 h

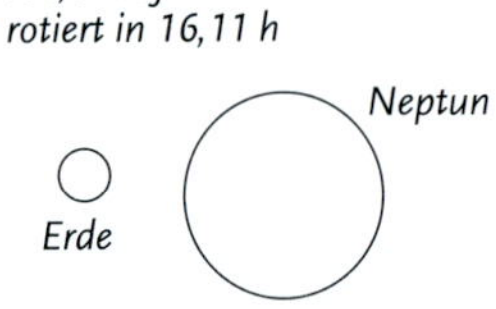

Neptun hat den 3,88fachen Erddurchmesser

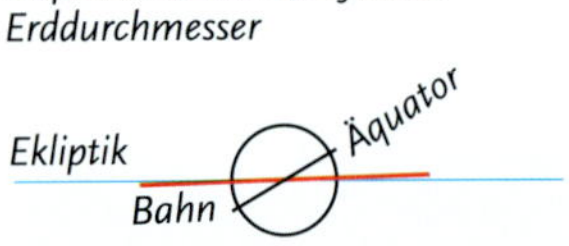

Neigung des Äquators gegen die Ekliptik: 1,77°
Bahnneigung gegen die Ekliptik: 29,6°

Monde: 8

◀ 16–19 Die Entstehung des Sonnensystems
◀ 54 Das Wetter auf Jupiter
◀ 63 Das Wetter auf Saturn
◀ 68 Der Aufbau des Uranus
◀ 68 Die fehlende Wärme bei Uranus
◀ 68 Das Magnetfeld des Uranus

Vor Voyager 2 wußten wir sehr wenig über diesen fernen blauen Planeten. Jetzt wissen wir, daß er ein riesiger Gasplanet mit einem klumpigen Ring und acht Monden ist. Seine unglaublich dynamische Atmosphäre verändert sich dauernd: Einige von Voyager 2 beobachtete Strukturen sind jetzt auf geheimnisvolle Weise verschwunden. Neptun gibt uns immer noch viele Rätsel auf.

Der letzte Riese

Neptun ist der letzte der Riesenplaneten. Bezüglich seiner Größe ist er ein Zwilling von Uranus und hat eine ähnlich zusammengesetzte Atmosphäre (etwa 80 % Wasserstoff, 15 % Helium, 3 % Methan und andere Spurengase). Auch der innere Aufbau ist ähnlich (über einem Gesteinskern liegt ein wäßriger Mantel, der reich an Methan und Ammoniak ist, darüber eine dichte Atmosphäre).

Wie bei Uranus ist auch das Magnetfeld von Neptun gegenüber dem Zentrum des Planeten versetzt und deutlich gegen die Rotationsachse geneigt. Heutige Theorien postulieren eine dünne, elektrisch leitende Schale um den Kern, die das Feld speist. Das Magnetfeld von Neptun ist etwa 60 % schwächer als das von Uranus.

Die Eispartikel in den obersten Wolkenschichten Neptuns sind etwas anders zusammengesetzt als die bei Uranus; ihre bläuliche Farbe gibt Neptun zusammen mit dem Methan, das rotes Licht absorbiert, einen tieferen Blauton im Vergleich zu dem eher grünlichen Uranus.

Neptun hat von allen Riesenplaneten die stärkste innere Wärmequelle. Er strahlt fast dreimal so viel Wärme ab wie erwartet. Jupiter und Saturn strahlen jeweils etwa doppelt so viel ab wie erwartet. Neptun enthält wohl überschüssige Wärme aus der Zeit seiner Entstehung. Außerdem wird Wärme beim allmählichen Schrumpfen des Planeten unter seiner eigenen Schwerkraft frei. Auch andere bisher nicht erkannte Quellen könnten zur Wärmeproduktion beitragen.

Neptuns dynamische Atmosphäre

Die Haupterscheinungen in Neptuns Atmosphäre sind Wolken und Stürme, obgleich die Entfernung von der Erde eine Beobachtung sehr schwierig macht. Bevor Voyager 2 Neptun erreichte, wußten wir nur, daß es helle und stark veränderliche Wolken gibt.

Die beherrschende Struktur ist der Große Dunkle Fleck (GDF), ein hurrikanartiger Sturm auf der Südhalbkugel, etwa halb so groß wie die Erde. Dann entdeckte man einen kleinen weißen Fleck, der verglichen mit dem GDF schnell um den Planeten zu rasen schien – so bekam er den Namen „Scooter". Zudem entdeckten die Forscher viele weitere Flecken.

Eines der atemberaubendsten Bilder zeigt nahe am Rand des Planeten einige Streifen von weißen Wolken in großer Höhe, die ihre Schatten auf eine weit unter ihnen liegende Wolkendecke werfen. Dies war der erste direkte Nachweis einer Schichtung in der Atmosphäre eines äußeren Planeten.

Das Wetter auf Neptun entwickelt sich sehr schnell. Der GDF ändert seine Form von Bild zu Bild. Ausgefranste weiße Wolken erscheinen und vergehen wieder bei jeder Umdrehung des Planeten. Ein kleiner dunkler Fleck mit der Bezeichnung D2 entwickelte einen hellen Kern, während ein heller Klumpen nahe dem Südpol aus sich schnell bewegenden hellen Flecken bestand.

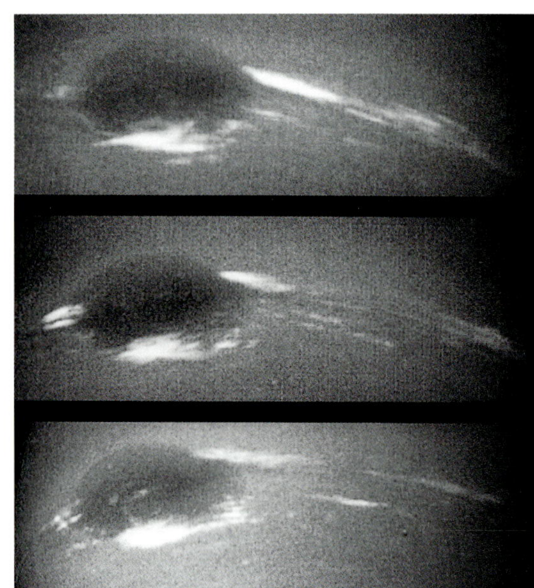

Die hellen Wolken in Neptuns dynamischer Atmosphäre verändern sich sehr schnell, oft innerhalb weniger Stunden. Voyager 2 nahm um den Großen Dunklen Fleck diese Bildsequenz über 36 h auf (ca. zwei Rotationsperioden des Neptun). Die überraschend schnellen Wechsel, die in den 18 h zwischen zwei Aufnahmen auftraten, zeigen, daß in dieser Region das Wetter auf Neptun vielleicht ebenso dynamisch und veränderlich ist wie das auf der Erde. Die Bühne dieses Schauspiels ist aber im Vergleich zu irdischen Verhältnissen gewaltig: Die Erde nimmt nur die Größe des Großen Dunklen Flecks ein.

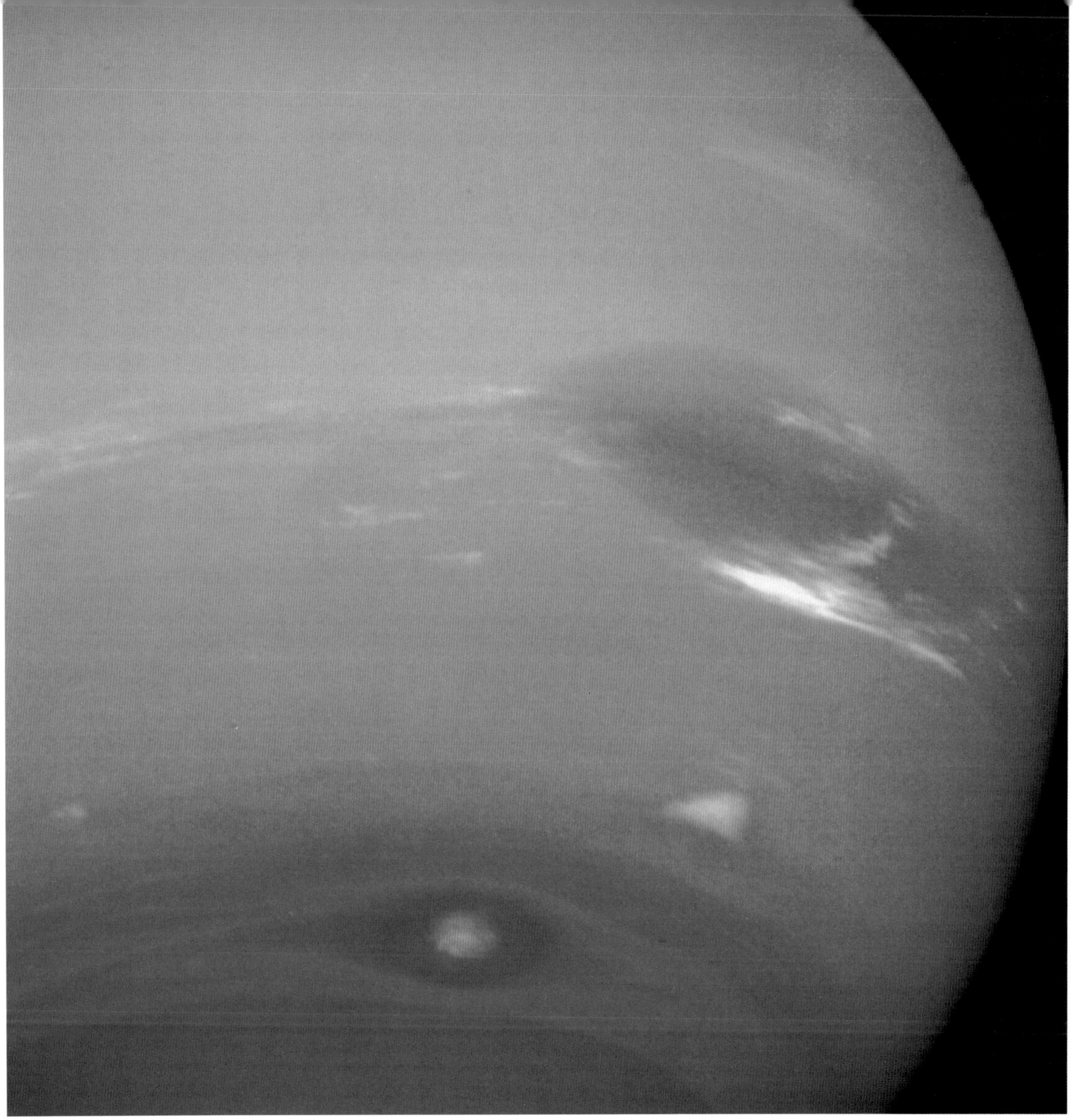

Starke Winde

Voyager 2 hat die interne Rotationsperiode (bei den Gasriesen: die Rotation des Gesteinskerns) von Neptun durch Ausmessen des Magnetfeldes zu 16,11 Stunden bestimmt. Sorgfältige Untersuchungen zeigten, daß die Atmosphäre mit Perioden von über 18 Stunden nahe dem Äquator bis zu weniger als 13 Stunden in Polnähe rotiert. Die Winde auf Neptun gehören mit Geschwindigkeiten bis zu 2500 km/h zu den schnellsten im Sonnensystem und werden nur von den äquatorialen Jetstreams Saturns übertroffen. Der Grund für Neptuns dynamisches Wettergeschehen könnte die Neigung seiner Achse sein. Mit nur 29° ist sie der des Jupiter näher als der des Uranus.

Triton

Der größte Neptunmond ist Triton. Wegen seiner retrograden, stark geneigten Bahn glaubt man, daß er durch die Schwerkraft des Neptun eingefangen wurde und nicht an Ort und Stelle entstanden ist. Was Größe und Entfernung von der Sonne angeht, ist er ein Zwilling von Pluto. Tritons Südhalbkugel wird von der polaren Eiskappe beherrscht, die vermutlich aus Stickstoff besteht. Auf den Bildern von Voyager 2 sieht man aktive Geysire und Eisvulkane, die Säulen von Material viele Kilometer hoch in die Atmosphäre schleudern. Diese Säulen sehen aus, als seien sie in 8 km Höhe abgeschnitten, was auf stärkere Winde in dieser Höhe hindeutet.

Dieses Bild zeigt zwei ovale Wolkenstrukturen, die um Neptun rotieren. Das große dunkle Oval nahe dem rechten Rand läuft in 18 Stunden einmal um den Planeten. Aufnahme von Voyager 2 aus dem Jahr 1989.

Pluto 76–77 ▶

Gravitation 90–93 ▶

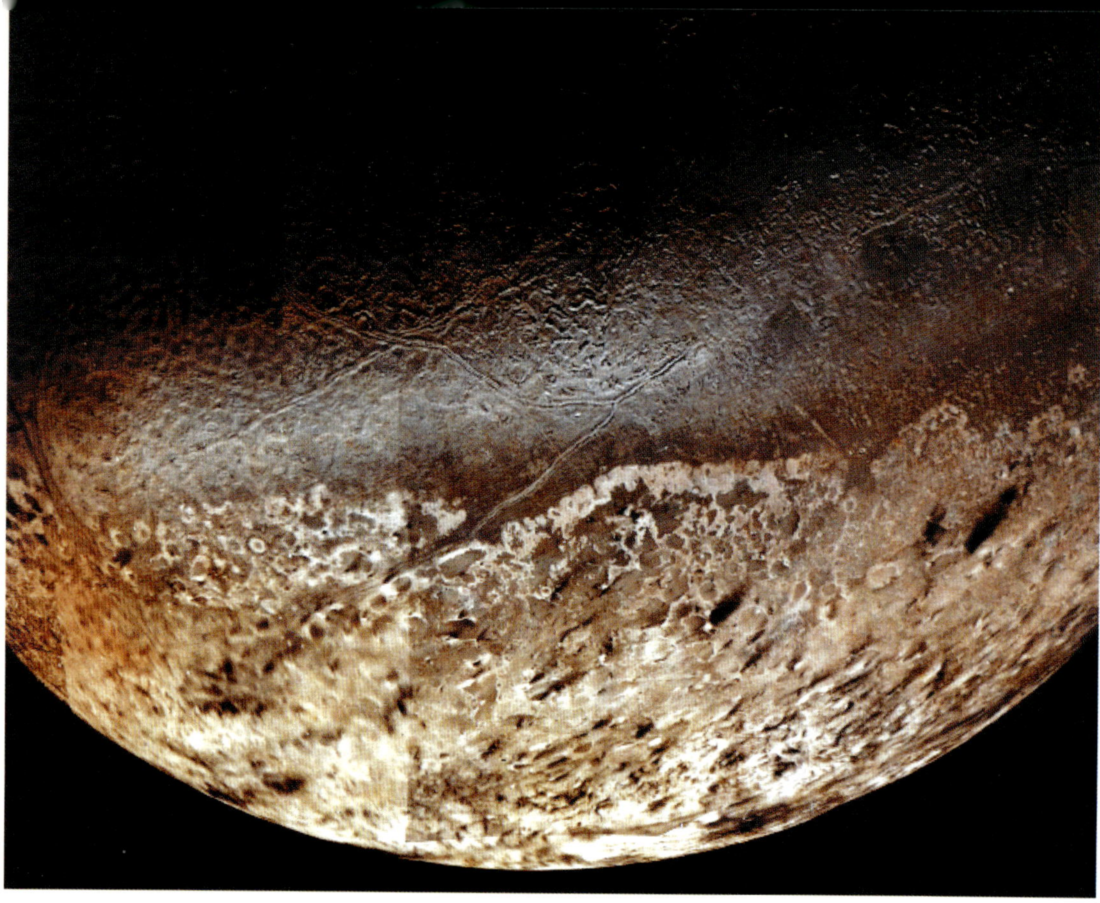

Diese Bild zeigt die Südhalbkugel des größten Neptunmondes Triton. Die große rosafarbene südliche Polkappe liegt am unteren Bildrand. Nördlich von ihr ist die Oberfläche allgemein dunkler und rötlicher gefärbt. Das Gebiet zeigt eine Fülle ungewöhnlicher Strukturen, z. B. die langen Linien nahe dem Zentrum des Bildes. Eine Aufnahme von Voyager 2 aus dem Jahr 1989.

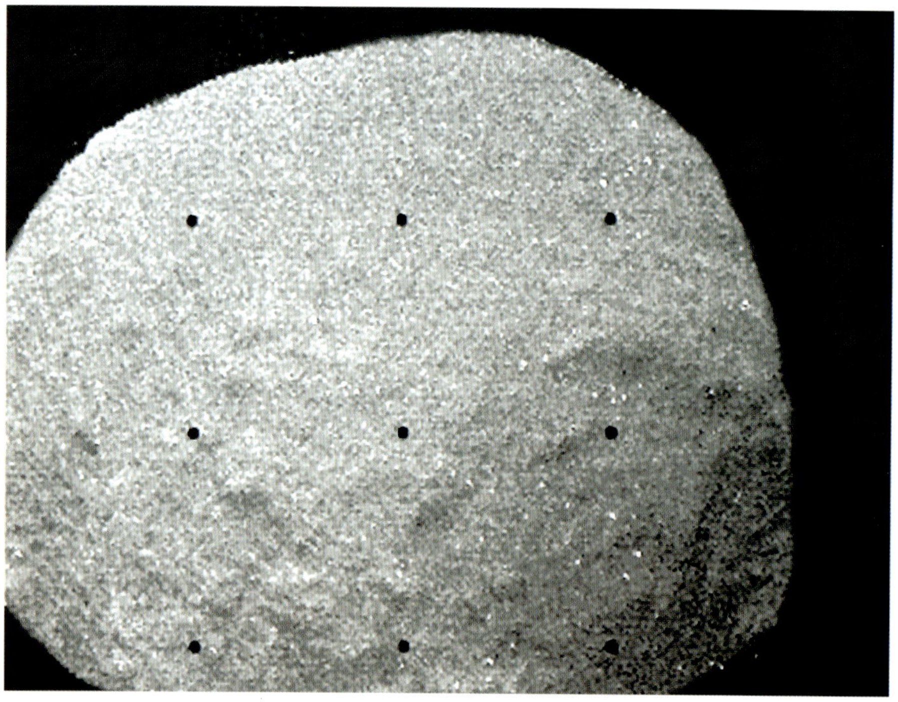

Neptuns zweitgrößter Mond Proteus hat auf seiner Südhalbkugel eine große Senke von 250 km Breite und 15 km Tiefe.

◀ 16–19 Die Entstehung des Sonnensystems

◀ 37 Erdbahn und Jahreszeiten

◀ 56 Jupiters Großer Roter Fleck

◀ 68–69 Die Ringe des Uranus

Tritons Oberfläche zeigt nur relativ wenige Krater. Sie ist daher vermutlich jung und durch Schmelzprozesse oder Überflutung verändert worden. Die Nordhalbkugel zeigt ein großes Gebiet voller Falten, das an die Oberfläche einer Netzmelone erinnert.

Triton hat eine dünne dunstige Atmosphäre. Seit Voyager 2 sind Sternbedeckungen die einzige Möglichkeit, sie nachzuweisen. Man glaubt, daß sie hauptsächlich aus Stickstoff besteht, der im Dampfdruckgleichgewicht mit dem Stickstoffeis an der Oberfläche ist. Daher bleiben deren jeweilige Mengen etwa gleich. Die wegen der stark geneigten Bahn extremen Jahreszeiten könnten jedoch Veränderungen herbeiführen. Sternbedeckungen scheinen das zu bestätigen; die Beobachtungen seit dem Vorbeiflug von Voyager 2 zeigen, daß die Größe der Atmosphäre sich seitdem verdoppelt haben könnte. Vermutlich ist zusätzlicher Stickstoff aus dem Eis auf der Oberfläche verdampft.

Kleinere Monde

Der winzige Nereide war vor der Voyager-Mission der einzige weitere bekannte Neptunmond. Er hat ebenfalls eine ungewöhnliche, stark elliptische Bahn, die um fast 30° geneigt ist, so daß auch er vielleicht eingefangen wurde. Außer der rauhen unregelmäßigen Form ist nicht viel bekannt.

Voyager 2 entdeckte sechs weitere Neptunmonde. Sie bewegen sich alle auf kreisförmigen prograden Bahnen nahe der Äquatorebene von Neptun. Wahrscheinlich sind sie an Ort und Stelle entstanden, als sich auch die anderen Planeten bildeten.

Überraschenderweise ist einer von ihnen, Proteus, größer als Nereide. Er ist unregelmäßig geformt und hat eine narbige Oberfläche. Ein besonders großer Einschlagskrater läßt vermuten, daß er bei einer früheren Kollision nur knapp der Zerstörung entging.

RAUMSONDENMISSION ZU NEPTUN

Name	Jahr	Ziele und Ergebnisse
Voyager 2	1989	Vorbeiflug; größte Annäherung 5 000 km; lieferte Bilder von Neptun und seinen Monden

Die Objekte des Kuiper-Gürtels

Man hält Triton (und vielleicht Nereide) heute für Objekte des Kuiper-Gürtels. Dabei handelt es sich um Überreste der frühen Entstehungsphase des Sonnensystems: Große Brocken aus Fels und Eis, die nie miteinander verschmolzen oder mit den urzeitlichen Planeten kollidierten.

Die meisten der fast 60 bis heute entdeckten Objekte des Kuiper-Gürtels sind klein (weniger als 100 km). Auch Pluto hält man fur ein Mitglied dieser Gruppe. Wenn auch Triton ein Objekt des Kuiper-Gürtels ist, dann geben die Daten von Voyager 2 uns Einsicht in die Eigenschaften dieser Körper, über die wir sehr wenig wissen.

Klumpige Ringe

Nach der Entdeckung der Uranusringe während einer Sternbedeckung benutzten Astronomen dieselbe Technik, um eifrig nach Ringen um Neptun Ausschau zu halten. Die Ergebnisse waren verwirrend: Einige Bedeckungen schienen klar auf Ringe hinzuweisen, andere nicht.

Erst die Bilder von Voyager 2 zeigten drei vollständige Ringe, die jedoch in Dicke und Dichte nicht gleichmäßig sind. Die dicksten Teile, die Ringbögen, waren bei Sternbedeckungen gelegentlich beobachtet worden. Der Rest war zu dünn, um ihn nachzuweisen.

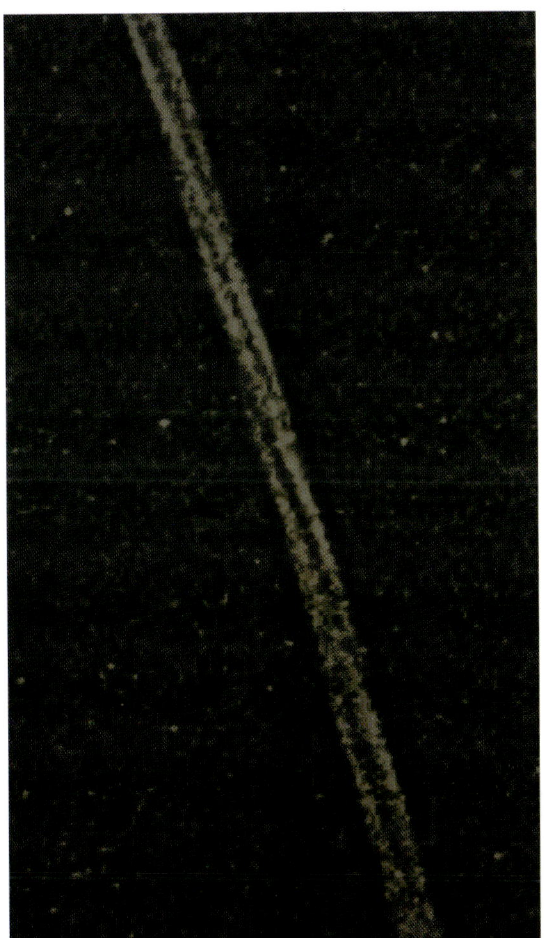

Der Adams-Ring von Neptun scheint verdreht zu sein, weil das ursprüngliche Material in den Ringen in Form von Klumpen vorlag, die beim Umkreisen des Planeten zu Streifen auseinandergezogen wurden.

DIE MONDE DES NEPTUN

Name	Interessante Eigenschaften
Triton	Geologisch sehr aktiv; hat eine retrograde Bahn; wahrscheinlich ein eingefangener Asteroid; dünne Atmosphäre, die hauptsächlich aus Stickstoff besteht
Proteus	Hat eine 15 km tiefe Senke, die den größten Teil seiner Südhalbkugel bedeckt
Nereide	Wahrscheinlich ein eingefangener Asteroid mit rauher unregelmäßiger Form; stark elliptische Bahn
Naiad, Thalassa, Despina, Galatea und Larissa	1989 von Voyager 2 entdeckt; über sie ist wenig bekannt

Einige der kleinsten Monde scheinen als Hirtenmonde für die inneren Ränder zweier Ringe zu wirken. Es sind jedoch keine Monde an den entsprechenden Positionen entdeckt worden. Vermutlich halten Resonanzen zwischen Monden den Staub in den Bereichen der Bögen fest.

Ungeachtet ihrer klumpigen Struktur sind die Neptunringe kreisförmig und nicht exzentrisch wie die Uranusringe. Die drei unterscheidbaren Ringe (zwei relativ schmal, einer etwas breiter) wurden nach den an der etwas strittigen Entdeckung Neptuns beteiligten Astronomen Adams, Leverrier und Galle benannt. Es gibt auch eine flache breite Staubscheibe, die vom Leverrier-Ring bis zur Hälfte der Strecke zum Adams-Ring reicht.

Die Neptunringe bestehen aus Gestein und enthalten deutlich mehr Staub als die des Uranus.

Neptun heute

Die neuesten Bilder des Weltraumteleskops Hubble zeigen weiterhin bemerkenswerte Veränderungen in Neptuns Atmosphäre: Der 1989 durch Voyager 2 entdeckte GDF war 1994 verschwunden. Statt dessen hatte sich auf der Nordhalbkugel ein neuer Großer Dunkler Fleck gebildet.

Die Bänderstruktur, die parallelen Schichten in der äußeren Atmosphäre und die Positionen der Wolken haben sich merklich verändert: Das dunkle Band auf der Südhalbkugel ist deutlich schmaler; einige Breiten, bei denen es vorher keine Wolken gab, sind jetzt von hellen Strukturen durchlöchert.

Eine Langzeitstudie der Neptunhelligkeit über die letzten 20 Jahre hat gezeigt, daß der Planet jetzt heller ist als je zuvor. Der genaue Mechanismus dafür ist unklar.

Es gibt also noch viele interessante Rätsel im Neptunsystem zu lösen.

DIE ENTDECKUNGSGESCHICHTE

Die Entdeckung des Neptun war ein Triumph der Mathematik, aber ein politischer Alptraum.

Nach der Entdeckung des Uranus beobachteten die Astronomen sorgfältig seine Bahn und fanden kleine Abweichungen, die sich nur durch die Existenz eines weiteren Planeten erklären ließen. In England führte John Adams genaue Berechnungen der Position des unbekannten Planeten durch. Er konnte den königlichen Hofastronomen nicht überzeugen, Beobachtungen zur Suche des Planeten durchzuführen.

Unterdessen hatte Urbain Leverrier in Frankreich unabhängig die Bahn des neuen Planeten bestimmt, obwohl noch keine Beobachtungsprogramme zur Suche begonnen worden waren.

Nach der Veröffentlichung von Leverriers Arbeit wurde dem königlichen Hofastronomen klar, daß Adams' Arbeit eine ernsthafte Prüfung verdiente. Der französische Astronom hatte seine Vorhersage bereits nach Berlin gesandt, wo der Astronom Johann Galle Neptun fast sofort an der vorhergesagten Position entdeckte. Jahrelang wurden Diskussionen darüber geführt, wem die Ehre der Entdeckung gebührte. Heute würdigen wir Leverrier und Adams für die Vorhersage und Galle für die Beobachtung.

Pluto 76–77 ▶
Asteroiden 78–79, 80–81 ▶
Der Kuiper-Gürtel 78–79, 85 ▶
Gravitation 90–93 ▶
Hubbles Entdeckungen 144–145 ▶
Die Raumfahrt 146–147 ▶

PLUTO

Der kleinste und entfernteste bekannte Planet hat eine stark elliptische Bahn und einen ungewöhnlichen Mond: Charon.

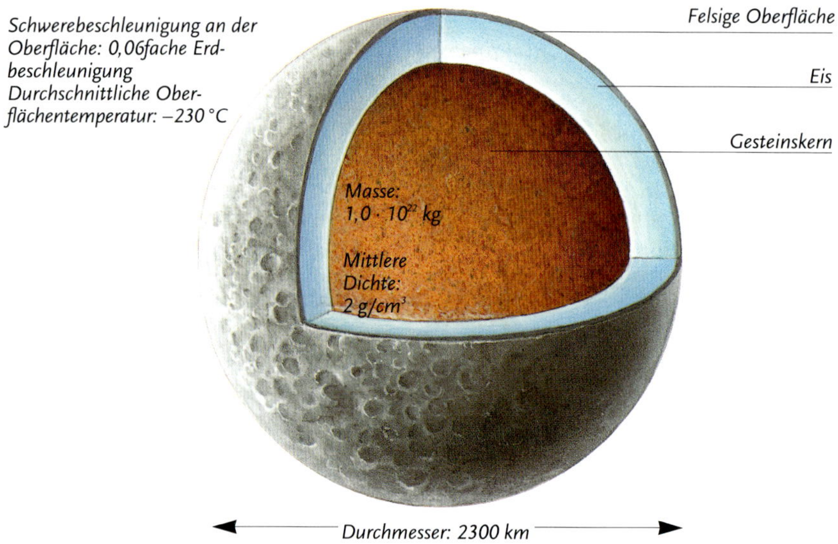

PLUTO-DATEN

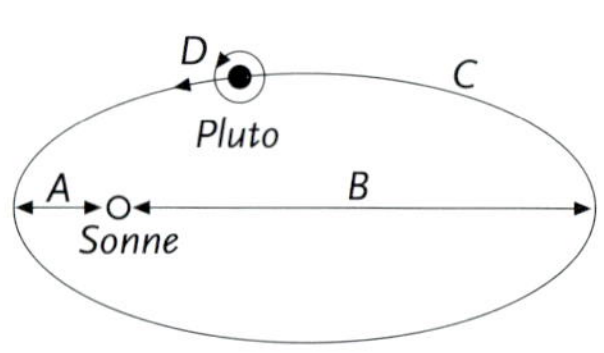

A: 4447 000 000 km
B: 7380 000 000 km
C: Sonnenumlauf in 248,6 Erdjahren
D: rotiert in 6,39 Erdtagen

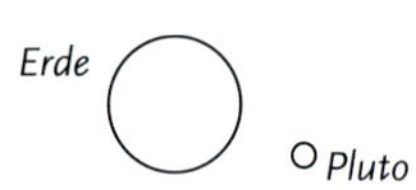

Pluto hat den 0,18fachen Erddurchmesser

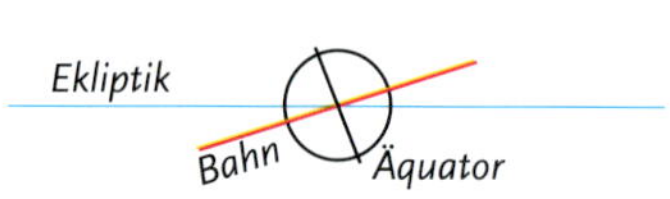

Neigung des Äquators gegen die Ekliptik: 112°
Bahnneigung gegen die Ekliptik: 17,1°

Monde: 1

◀ 16–19 Die Entstehung des Sonnensystems
◀ 36 Die Erdatmosphäre
◀ 40 Der Mond: ein kleiner Planet

Plutos winzige Größe und felsige Zusammensetzung machen ihn zum Außenseiter unter den Gasriesen im äußeren Sonnensystem.

Plutos elliptische Bahn

Pluto umrundet die Sonne einmal in 248 Jahren auf einer langgestreckten elliptischen Bahn. Im Gegensatz zu anderen Planeten ist seine Bahn um 17° gegen die Ebene der Erdbahn geneigt, die Entfernung von der Sonne schwankt von 30 bis 50 AE. Bei jeder Annäherung an sein Perihel (den sonnennächsten Punkt der Bahn) ist Pluto der Sonne für ungefähr 20 Jahre näher als Neptun. Sein letztes Perihel passierte Pluto im Jahre 1989.

Pluto, der flüchtige Planet

Pluto ist wegen seiner großen Entfernung und seiner geringen Größe der am schwierigsten zu untersuchende Planet des Sonnensystems. Er ist mehrere hundertmal lichtschwächer als Neptun, für den man bereits ein Teleskop benötigt. Die Größe des Plutoscheibchens am Himmel beträgt weniger als 1/36 000°. Das entspricht etwa einer Walnuß, die man aus 50 km Entfernung betrachtet.

Bedingt durch seine große Entfernung und der damit verbundenen Lichtschwäche konnten Astronomen bis in die Mitte der 70er Jahre wenig über Pluto in Erfahrung bringen. Vor 1975 wußte man über seine physikalischen Eigenschaften lediglich, daß die Oberfläche leicht rötlich erscheint, daß er in 6,39 Tagen einmal um seine Achse rotiert und seine Rotationsachse stark gegen die Bahnebene geneigt ist. Heute wissen wir, daß er im wesentlichen rund ist und einen Durchmesser von ca. 2300 km hat.

Zusammensetzung und Atmosphäre

In den späten siebziger Jahren entdeckten die Astronomen auch, daß Plutos Oberfläche mit Methaneis überzogen ist, das sich nur bei sehr niedrigen Temperaturen bildet. Später fand man große Mengen zweier weiterer Eisarten, gefrorenen Stickstoff und gefrorenes Kohlenmonoxid. Diese beiden sind die Hauptbestandteile von Plutos Oberfläche und geben dieser ihr hohes Rückstrahlvermögen.

Plutos mittlere Dichte ist etwa doppelt so hoch wie die von Wasser, also 2g/cm³. Daraus läßt sich

Unten: Diese beiden Photographien von Pluto wurden am 23. und 29. Januar 1930 aufgenommen. Die Pfeile weisen auf Plutos Position; der Vergleich zeigt, wie der kleine Planet sich vor dem Hintergrund der Sterne bewegt hat.

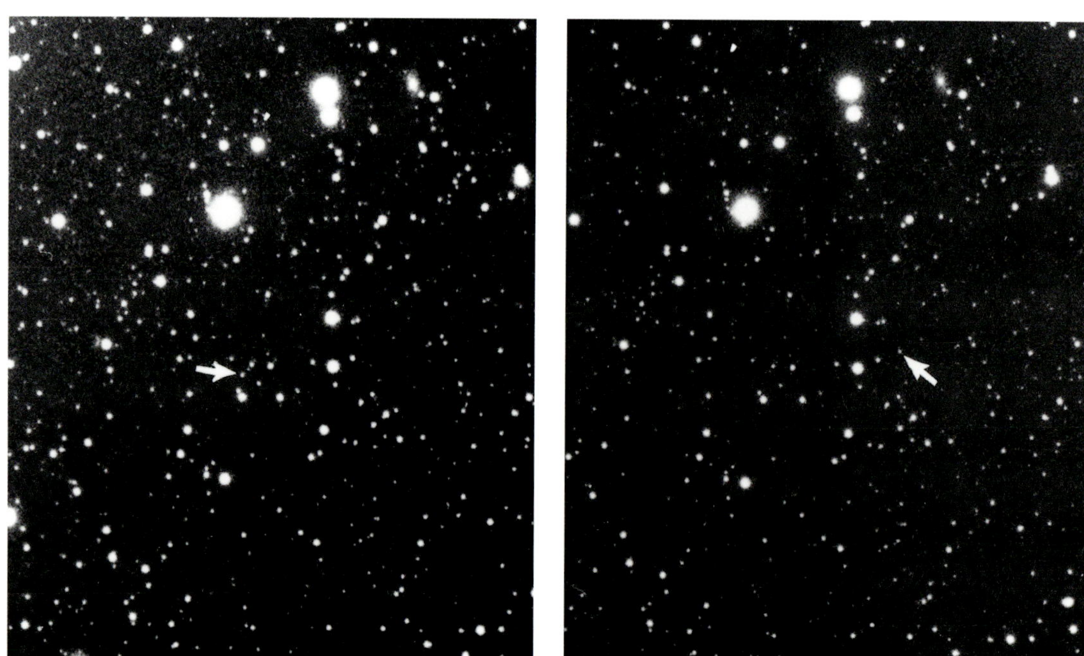

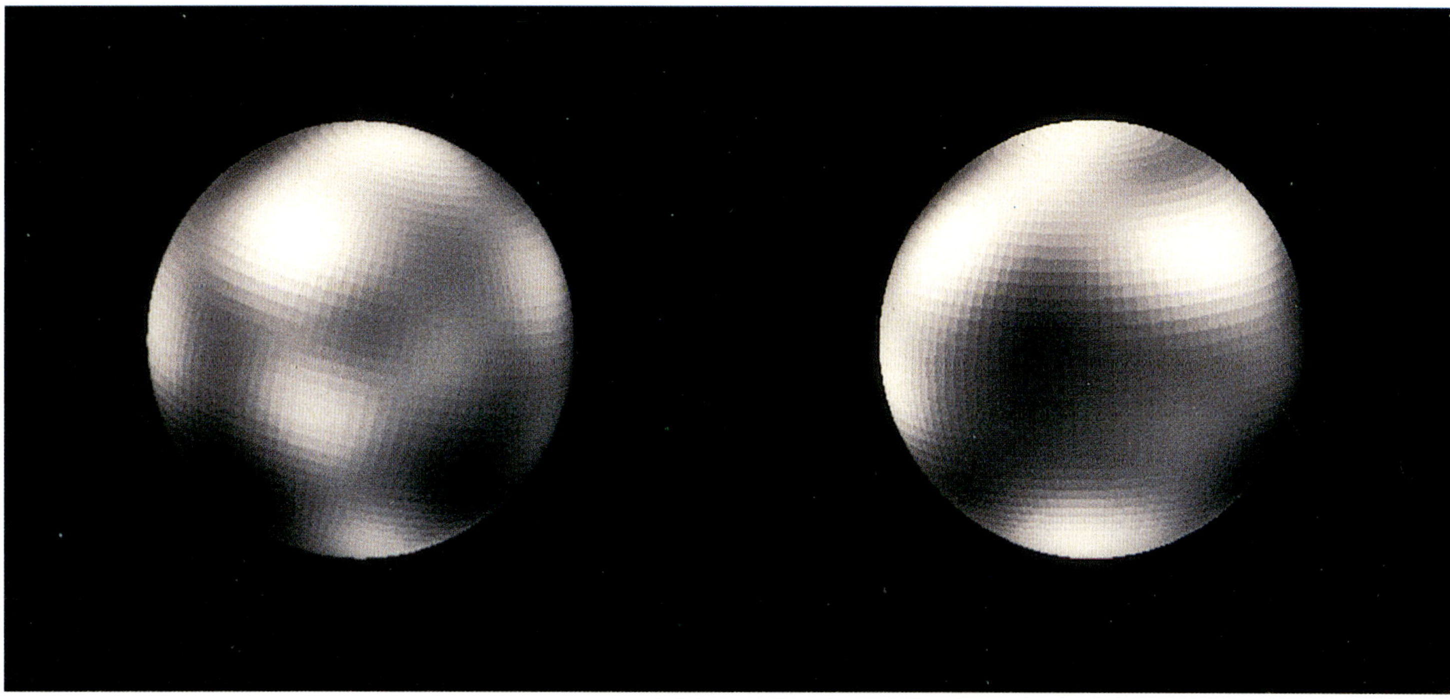

PLUTOS MOND	
Name	**Interessante Eigenschaften**
Charon	Fast halb so groß wie Pluto; Charon ist – in Relation zu seinem Planeten – der größte Mond im Sonnensystem; über seine Zusammensetzung und Dichte ist nur wenig bekannt

Oben: Diese Bilder des Weltraumteleskops Hubble von 1994 zeigen die Rotation von Pluto.

Links: Dies ist das klarste Bild von Pluto und Charon, aufgenommen 1994 vom Weltraumteleskop Hubble (kontrastverstärkte Falschfarbendarstellung).

schließen, daß das Innere hauptsächlich aus Gestein besteht. Darüber hinaus vermuten die Wissenschaftler, daß Pluto über einen Anteil von 30 % Wassereis verfügt.

Die Atmosphäre besteht zum größten Teil aus Stickstoff mit Spuren von Kohlenmonoxid, Methan und anderen Gasen. Der Druck an der Oberfläche schwankt je nach Erwärmung oder Abkühlung, die der Planet beim Durchlaufen seiner stark exzentrischen Bahn erfährt. Er steigt jedoch nie über 10 Mikrobar, das entspricht 1/100 000 des irdischen Luftdrucks auf Meereshöhe.

Charon

Im Jahr 1978 entdeckte James Christy (unter Mitarbeit von Robert Harrington) vom US Naval Observatory, daß Pluto einen recht großen Mond hat. Der Mond erhielt den Namen Charon, benannt nach dem mythologischen Fährmann, der die Seelen über den Fluß Styx in den Hades brachte.

Charon umkreist Pluto über dessen Äquator in einer Höhe von etwa 17 000 km. Da seine Umlaufperiode genauso lang ist wie eine Umdrehung von Pluto um seine Achse, steht er – auf Pluto bezogen – immer über demselben Ort.

Mit einem Durchmesser von etwas über 1200 km ist Charon etwa halb so groß wie Pluto. Über seine Dichte und Zusammensetzung wissen wir nicht viel. Seine Oberfläche ist dunkler als die von Pluto, sie reflektiert nur ca. 35 % des einfallenden Lichts. Sie zeigt kaum Färbung, und sie enthält große Mengen Wassereis. Bisher hat man keine Atmosphäre um Charon gefunden.

Viele Astronomen halten die folgende Erklärung für das ‚Doppel-Planetensytem' von Pluto und Charon für das sinnfälligste: Charon ist bei einer Kollision zwischen Pluto und einem anderen kleinen Planeten in früher Vergangenheit entstanden. Dieses Szenario ähnelt stark der möglichen Entstehungstheorie des Systems Erde-Mond.

Die Objekte des Kuiper-Gürtels

Wegen seiner geringen Größe und ungewöhnlichen Bahn war die Entstehung von Pluto lange Zeit ein Rätsel. Er schien im äußeren Sonnensystem fehl am Platz. In den letzten Jahren hat sich jedoch gezeigt, daß Pluto nicht allein ist. Statt dessen bewegt er sich innerhalb eines Schwarms Zehntausender noch kleinerer Welten, die jenseits des Neptun kreisen.

Diese Mini-Planeten (und die Milliarden von Kometen, die mit ihnen rotieren) im sogenannten Kuiper-Gürtel zeigen, daß Pluto nicht allein entstand, sondern nur das größte unter vielen Relikten aus der Entstehungszeit des Sonnensystems ist.

DIE ENTDECKUNGS-GESCHICHTE

Pluto wurde von Clyde W. Tombaugh vom Lowell-Observatorium in Flagstaff, Arizona, entdeckt. Sein Fund am 18. Februar 1930 beendete eine Reihe von Suchprogrammen, die bereits 1905 vom Gründer des Observatoriums, Percival Lowell, begonnen worden waren. Pluto ist nach dem mythologischen Gott der Unterwelt benannt. Nebenbei enthält der Name mit den ersten beiden Buchstaben auch die Initialen von Percival Lowell.

Der Kuiper-Gürtel 78–79, 85 ▶
Gravitation 93 ▶
Planetenbeobachtung 160–161 ▶

ÜBERBLEIBSEL

Das Sonnensystem entstand vor etwa 4,6 Milliarden Jahren aus einer riesigen Gas- und Staubwolke. Noch immer finden sich Überreste aus dieser Zeit.

So wie der Aufbau eines Planeten von seiner Lage im Sonnensystem abhängt, bestimmt auch die Lage eines Trümmerstücks, woraus es besteht.

Asteroiden

Asteroiden sind unregelmäßig geformte felsige Körper, die aus Material des solaren Urnebels bestehen. Der größte Asteroid, Ceres, hat einen Durchmesser von 933 km; die kleinsten sind weniger als 1 km groß.

Die Asteroiden liegen hauptsächlich im inneren Sonnensystem; 95 % von ihnen befinden sich im Asteroidengürtel zwischen den Bahnen von Mars und Jupiter.

Kometen

Kometen sind Körper aus Gestein und Eis, die prachtvolle Schweife aus Staub und Gas hervorbringen, wenn sie sich der Sonne nähern. Der Kern hat einen Durchmesser von einigen Kilometern, die Schweife können sich über mehr als 10 Millionen km erstrecken.

Man glaubt, daß Kometen aus dem äußeren Sonnensystem stammen: Einige aus dem Kuiper-Gürtel jenseits der Neptunbahn und einige aus der Oortschen Wolke, einem großen Reservoir von „schmutzigen Schneebällen", das das ganze Sonnensystem in einem Abstand von 30 000 bis 100 000 AE umgibt.

Staub und Trümmer

Zusätzlich zu den größeren Trümmerstücken wie Asteroiden und Kometen ist das ganze Sonnensystem von Myriaden winziger Bruchstücke erfüllt. Einen Teil davon sehen wir als Sternschnuppen (Meteore), kurze Lichtblitze am Nachthimmel, die das Verglühen eines solchen Staubkorns in der Atmosphäre anzeigen. Wenn das Teilchen so groß ist, daß es nicht vollständig verglüht, kann es auf die Erdoberfläche treffen. Dann spricht man von einem Meteoriten.

Andere Staubteilchen können vor Sonnenaufgang oder nach Sonnenuntergang über der Sonne als Zodiakallicht oder Gegenschein gesehen werden

Der Komet Hale-Bopp war 1997 bei seiner größten Annäherung an die Sonne eindrucksvoll mit bloßem Auge zu sehen. Er ist ein langperiodischer Komet, der wahrscheinlich aus der Oortschen Wolke stammt.

Das äußere Sonnensystem umfaßt die vier Gasriesen sowie Pluto, der schlicht ein großes Objekt des Kuiper-Gürtels sein könnte.

Gaspra ist ein Objekt im Asteroidengürtel zwischen den Bahnen von Mars und Jupiter.

◄ 16–19 Die Entstehung des Sonnensystems

KOSMISCHE TRÜMMERFELDER

Das Sonnensystem entstand aus einer riesigen Staub- und Gaswolke. Als sie sich zusammenzog und Sonne und Planeten bildete, wurde nicht das gesamte Material verbraucht, sondern es blieben Regionen mit Trümmern übrig: die Oortsche Wolke, der Kuiper-Gürtel und der Asteroidengürtel.

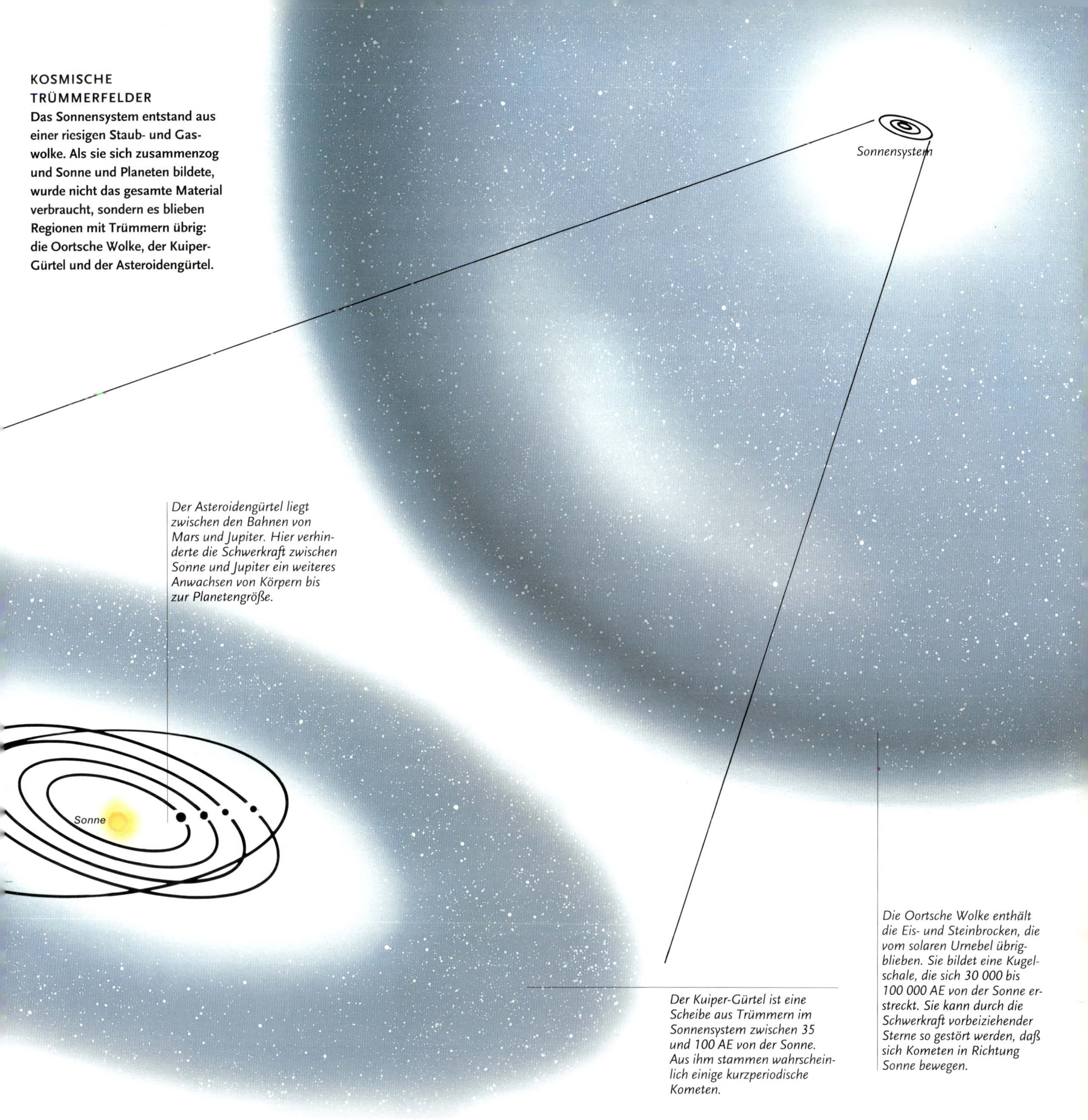

Der Asteroidengürtel liegt zwischen den Bahnen von Mars und Jupiter. Hier verhinderte die Schwerkraft zwischen Sonne und Jupiter ein weiteres Anwachsen von Körpern bis zur Planetengröße.

Der Kuiper-Gürtel ist eine Scheibe aus Trümmern im Sonnensystem zwischen 35 und 100 AE von der Sonne. Aus ihm stammen wahrscheinlich einige kurzperiodische Kometen.

Die Oortsche Wolke enthält die Eis- und Steinbrocken, die vom solaren Urnebel übrigblieben. Sie bildet eine Kugelschale, die sich 30 000 bis 100 000 AE von der Sonne erstreckt. Sie kann durch die Schwerkraft vorbeiziehender Sterne so gestört werden, daß sich Kometen in Richtung Sonne bewegen.

Auf ihrer Bahn um die Sonne trifft die Erde auf Staub und kleine Trümmer, die in die Atmosphäre eindringen und dort als Meteorspur verglühen.

Asteroiden 80–81 ▶

Kometen 82–85 ▶

Die Objekte des Kuiper-Gürtels 85 ▶

Staub und Trümmer 86–87 ▶

Das Zodiakallicht 87 ▶

ASTEROIDEN

Seit Beginn des 19. Jahrhunderts haben die Astronomen mehr als 8000 Asteroiden katalogisiert.

NAMENSGEBUNG
Ist ein Asteroid gefunden worden, wird zunächst über Monate und Jahre hinweg seine Position verfolgt, um seine Bahn zu berechnen. Dann bekommt er eine Nummer und wird vom Entdecker benannt. Viele haben mythologische Namen, einige aber sind nach Astronomen oder gar nach der Katze des Observatoriums benannt! Asteroiden sind die einzigen Himmelsobjekte, die von Amateurastronomen benannt werden können.

Der größte bekannte Asteroid, Ceres, hat zwei Fünftel der Größe von Pluto. Daher werden Asteroiden auch als Kleinplaneten bezeichnet. Ceres war auch der erste entdeckte Asteroid. Der italienische Astronom Giuseppe Pazzi fand ihn im Jahr 1801.

Die Bahnen der Asteroiden

Die Mitglieder des Asteroidengürtels sind nicht gleichmäßig verteilt: Es gibt Lücken, die nach ihrem Entdecker Kirkwood-Lücken genannt werden. Wo sie liegen, ist die Umlaufzeit ein einfacher Bruchteil der Umlaufzeit von Jupiter. So würde z. B. ein Asteroid, der die Sonne in 375 Millionen km Entfernung umkreist, drei Umläufe vollenden, während Jupiter genau einmal um die Sonne läuft. Daher würde er bei jedem Umlauf durch Jupiters Schwerkraft von der Sonne weggezogen und schnell aus seiner Bahn entfernt.

An einigen Stellen sieht man jedoch mehr Asteroiden als erwartet, z. B. in der Jupiterbahn. Etwa 60° vor und hinter Jupiter findet man auf seiner Bahn einen Schwarm von einigen hundert Asteroiden, die sogenannten Trojaner. Da sie mit derselben Geschwindigkeit wie Jupiter kreisen, kommen sie dem Planeten kaum jemals nahe genug, daß ihre Bahnen gestört werden könnten.

Innerhalb des Asteroidengürtels können einzelne Schwärme unterschieden werden. Diese Asteroidenfamilien entstehen bei der Kollision zweier großer Asteroiden. Die verbleibenden Bruchstücke sind dann viele kleinere Asteroiden auf ähnlichen Bahnen.

Zusammensetzung der Asteroiden

Bei keinem Asteroiden hat man je eine Atmosphäre gefunden, daher muß das Licht, das wir von ihnen empfangen, schlicht reflektiertes Sonnenlicht sein. Dieses wird spektroskopisch untersucht, um die Zusammensetzung der Asteroiden herauszufinden. Überraschenderweise hängt diese von der Entfernung von der Sonne ab.

Im inneren Asteroidengürtel nahe bei Mars bestehen die Asteroiden aus Silikatgestein (Mineralien, die Silizium und Sauerstoff enthalten). In der Mitte des Gürtels findet man meist solche, die – ähnlich einigen Meteoritenarten auf der Erde – Kohlenstoff enthalten.

Die Asteroiden im äußeren Gürtel reflektieren nur 5 % des einfallenden Sonnenlichts und erscheinen sehr rötlich. Man vermutet, daß es auf ihnen große Mengen Wassereis und gefrorenes Kohlenmonoxid gibt. Auftreffende geladene Teilchen aus dem Sonnenwind verursachen chemische Reaktionen, die die dunkelrote Färbung bewirken.

Diese Veränderungen im Aufbau lassen sich erklären, wenn man annimmt, daß sich die Asteroiden gleich zu Beginn der Entstehung des Sonnensystems gebildet haben. Außerdem sind die sonnennäheren Asteroiden seit ihrer Entstehung stärker erwärmt worden, so daß mehr Eis geschmolzen und als Gas entwichen ist. Weiter außen konnte wegen der niedrigeren Temperaturen weniger Eis schmelzen.

Gestalt und Rotation der Asteroiden

Der Anteil des von Asteroiden reflektierten Lichts schwankt in Abhängigkeit von der Größe des uns zugewandten Teils der Oberfläche. Diese Schwankung zeigt zum einen, daß Asteroiden rotieren, zum anderen, daß sie länglich und klumpig und eben nicht kugelförmig sind. Die durchschnittliche Rotationsdauer eines Asteroiden beträgt acht Stunden, Florentina benötigt nur drei Stunden, Mathilde dagegen 17 Tage.

Es gibt mehrere Möglichkeiten, die Form eines Asteroiden zu bestimmen. Erstens: Man mißt bei einer Sternbedeckung, wie lange der Stern hinter dem Asteroiden verschwindet, und kennt so seine Größe in einer Richtung. Wiederholt man dies mehrere Male,

Oben: Die Raumsonde Galileo photographierte auf ihrem Weg zu Jupiter den Asteroiden Ida. 1993 entdeckte Galileo einen kleinen Mond, der Ida umkreist (rechts von Ida zu sehen).

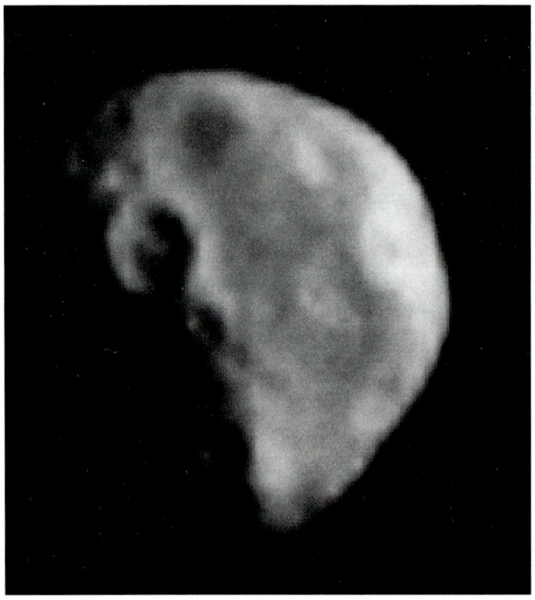

Rechts: Der Mond Dactyl ist unregelmäßig geformt. Er mißt 1,2×1,4×1 km und umkreist Ida in einer Entfernung von etwa 100 km.

◀ 19 Die Entstehung eines Asteroiden
◀ 30–32 Die Zusammensetzung der Erde
◀ 76–77 Pluto

WIE FINDET MAN ASTEROIDEN?

Selbst die größten Asteroiden sieht man in erdgebundenen Teleskopen nur als sternähnliche Lichtpunkte. Wie die Planeten bewegen sie sich vor dem Hintergrund der Fixsterne. Die einfachste Methode zum Auffinden von Asteroiden ist daher die Aufnahme eines Himmelsausschnitts mit Nachführung, so daß sich ein Asteroid als Strichspur bemerkbar macht, während die Sterne lediglich als Punkte abgebildet werden.

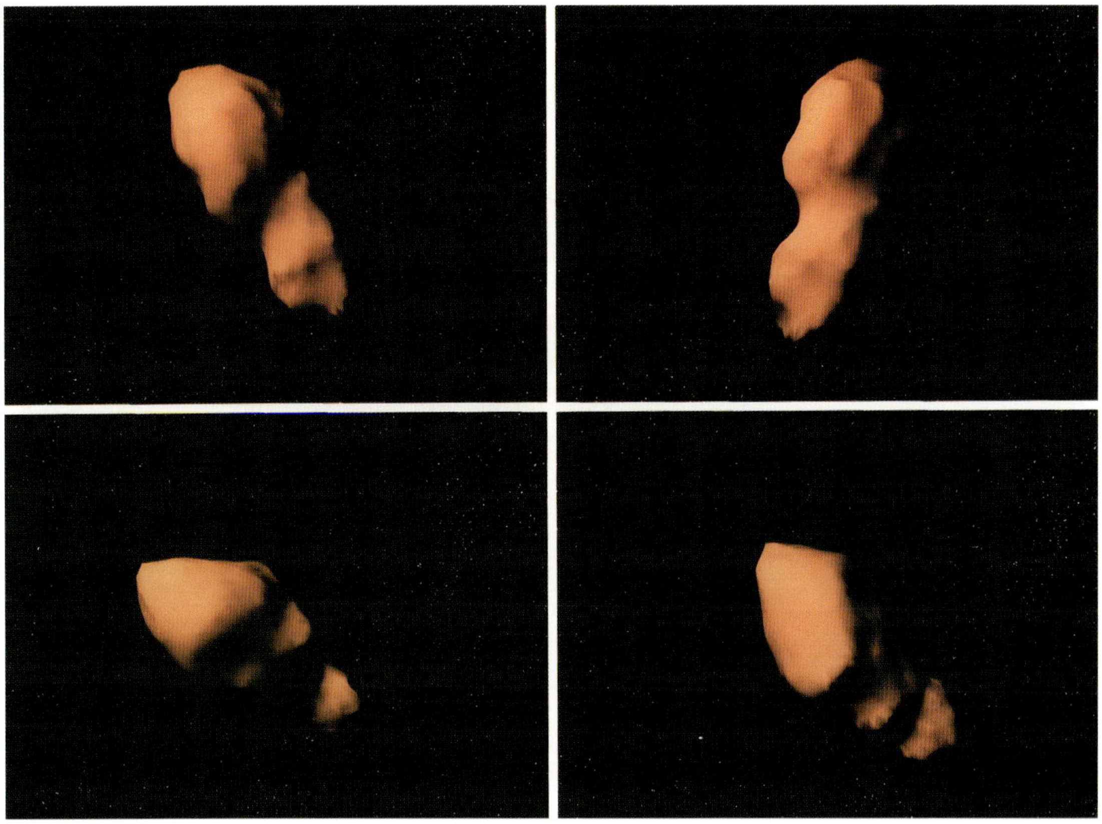

Toutatis hat flache Krater und gerade Rücken, wie dieses aus Radarbildern erzeugte Computerbild zeigt. Seine Bahn kreuzt die Erdbahn in einer ungewöhnlich taumelnden Bewegung (siehe unten).

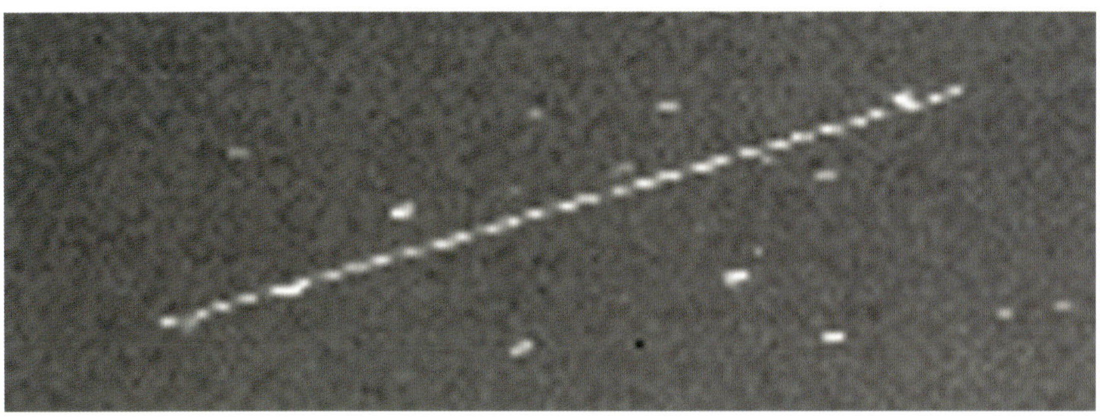

Dieses 1989 mit einem 0,9-m-Schmidt-Teleskop aufgenommene Bild zeigt die Bewegung von Toutatis vor den Hintergrundsternen. Die Helligkeitsschwankungen werden durch die taumelnde Bewegung verursacht, in deren Verlauf verschiedene Seiten des Asteroiden das Sonnenlicht reflektieren.

erhält man ein genaueres Bild des Asteroiden. Zweitens: Radioastronomen können Radarbilder von Asteroiden gewinnen, die der Erde nahe kommen. Auch das Weltraumteleskop Hubble hat Bilder der größten Asteroiden gewonnen und hat dabei einen riesigen Krater auf Vesta entdeckt.

Die beste Art, Asteroiden zu beobachten, ist freilich, ihnen mit einer Raumsonde nahe zu kommen. Die Sonde Galileo passierte auf ihrem Weg zu Jupiter zwei Asteroiden. Wir haben derzeit Nahaufnahmen der Asteroiden Gaspra, Ida und Mathilde. Wie erwartet erschien Gaspra mit Kratern übersäht, die von kleinen Asteroiden und Meteoriden verursacht wurden. Ida überraschte die Wissenschaftler mit einem kleinen Mond, Dactyl genannt. Auf dem Kleinplaneten Mathilde fällt besonders der etwa 10 km große Krater auf. Es sind weitere Missionen zu Kleinplaneten geplant, deren Bilder uns sicher wieder überraschen werden.

Dieses Mosaikbild des Asteroiden Mathilde ist aus Aufnahmen der Raumsonde NEAR aus dem Jahr 1997 zusammengesetzt. Es sind mehrere Krater zu sehen; der nahe dem Zentrum im Schatten liegende ist etwa 10 km tief.

Gravitation 90–93 ▶
Spektroskopie 142 ▶
Hubbles Entdeckungen 144–145 ▶

KOMETEN

Helle Kometen haben zu allen Zeiten mit ihrem ehrfurchtgebietenden Anblick Schrecken und Staunen hervorgerufen.

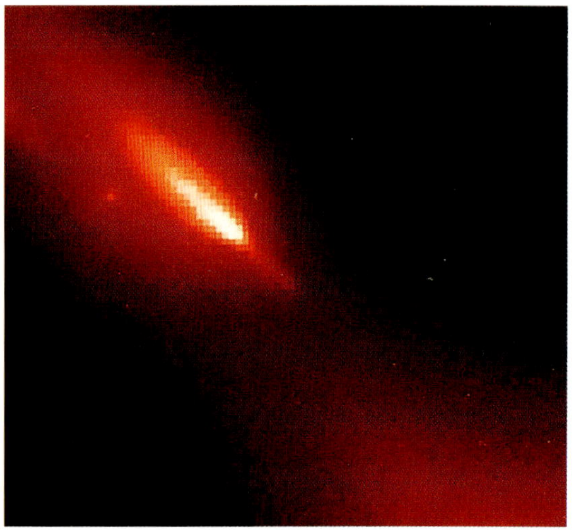

Dieses Bild des Weltraumteleskops Hubble von 1996 zeigt den Kern des Kometen Hyakutake, als dieser 15 Millionen km von der Erde entfernt war. Das Bild wurde mit einem Rotfilter aufgenommen, und es zeigt das helle Gebiet auf der sonnenzugewandten Seite.

DIE ENTDECKUNG UND BENENNUNG VON KOMETEN

Edmond Halley (1656–1742) berechnete als erster die Bahnen mehrerer Kometen. Er fand insbesondere einen, der alle 75 oder 76 Jahre in die Nähe der Sonne gelangte. Dieser wurde später als Halleyscher Komet bekannt. Seitdem haben die Astronomen über 600 Kometen gefunden.

Im Gegensatz zu den Asteroiden, denen beliebige Namen gegeben werden können, werden Kometen immer nach ihrem Entdecker benannt.

Im 20. Jahrhundert haben die Astronomen viele Geheimnisse der Kometen enthüllt. Die ersten Schritte zu ihrem Verständnis wurden jedoch bereits vor über 300 Jahren getan.

Der Kern

Das Herzstück jedes Kometen ist der Kern, eine feste Masse aus Eis, die auch kleine feste als „Staub" bezeichnete Partikel enthält. Es handelt sich dabei nicht um Staub im alltäglichen Sinn, sondern um Gesteinspartikel, deren Größe von einigen hundert Atomen bis zu Brocken von mehreren Metern Durchmesser reicht. Die meisten Kometenkerne haben Durchmesser von 1 bis 10 km, sie können jedoch bis zu 100 km erreichen.

Fast alle Kerne sind von einer dünnen Kruste eisigen Staubes umgeben. Sie reflektieren nur 4 % des einfallenden Sonnenlichtes, so daß sie in großer Entfernung von der Sonne nur sehr schwer nachzuweisen sind. Daher benötigt man sehr leistungsfähige Teleskope, um Kometenkerne zu studieren.

Die Koma

Nähert sich ein Komet der Sonne, so steigt die Temperatur. Da der Kern sich im Vakuum befindet, geht das Eis direkt in die Gasphase über.

Das Gas strömt auf der sonnenbeschienenen Seite des Kometen aus und reißt kleinere Staubpartikel mit. Gas und Staub dehnen sich aus und bilden die Atmosphäre des Kometen, seine Koma. Diese kann 1 Million km Durchmesser oder mehr erreichen. Da die Gase der Koma aus dem Innern des Kerns stammen, kann man durch ihre Untersuchung herausfinden, woraus der Kern aufgebaut ist. Spektroskopische Untersuchungen der Koma zeigen, welche Gase dort vorhanden sind; beim Kometen Hale-Bopp fand man 38 verschiedene Gase.

Das Eis eines Kometen besteht zu über 80 % aus normalem Wassereis. Der Kern des Halleyschen Kometen enthält etwa 300 000 Millionen Tonnen Wassereis. Weitere 10 % sind gefrorenes Kohlendioxid und Kohlenmonoxid. Alle anderen Gase liegen in kleineren Mengen vor.

Kometenschweife

Der faszinierendste Aspekt eines hellen Kometen sind seine unterschiedlichen Schweife, die man am besten erkennen kann, wenn der Komet sich seitlich zu uns bewegt. Gelangt Staub in die Koma eines Kometen,

Diese optische Aufnahme zeigt Komet Hyakutake, einen der hellsten Kometen der letzten Jahre. Sein Ionenschweif strömt direkt hinter ihm aus und erscheint oft bläulich, während der Staubschweif gekrümmt ist und gelblich erscheint.

◀ 19 Die Entstehung eines Kometen

◀ 21 Korona und Sonnenwind

so „pustet“ das Sonnenlicht mit seinem Strahlungsdruck die Staubkörner von der Sonne weg. Dadurch entsteht der Staubschweif, der Längen von 10 Millionen km erreichen kann. Er erscheint weiß oder gelblich, da der Staub lediglich das Sonnenlicht reflektiert.

Der Gas- oder Ionenschweif

Wenn die Gasatome und -moleküle in der Koma Elektronen verlieren, sind sie elektrisch geladen (Ionen) und werden vom Sonnenwind mitgerissen, der mit Geschwindigkeiten von 400 km/s von der Sonne wegströmt. Die Ionen werden von der Koma fortbeschleunigt und bilden den Gas- oder Ionenschweif, der sich über 100 Millionen km erstrecken kann. Auf Photographien erscheint dieser Schweif oft blau, weil die ionisierten Kohlenmonoxidmoleküle stark im Blaubereich leuchten.

Hale-Bopp: ein neuer Schweif

1997 fanden Astronomen beim Kometen Hale-Bopp einen dritten Schweif: einen langen geraden Schweif aus Natriumatomen, der 10 Millionen km lang war. Die Natriumatome verhalten sich gegen Strahlungsdruck wie Staubteilchen: Wegen ihrer geringen Masse werden sie schnell auf Geschwindigkeiten von 200 km/s beschleunigt.

Kometenbahnen

Kometenbahnen lassen sich in zwei Hauptgruppen einteilen. Etwa die Hälfte der bekannten Kometen bewegen sich fast gänzlich innerhalb der Bahnen von Jupiter und Saturn. Sie benötigen 20 Jahre oder weniger für einen Umlauf um die Sonne und heißen kurzperiodische Kometen. Der Komet Encke hat mit 3,3 Jahren die kürzeste bekannte Periode.

DAS INNERE EINES KOMETEN

Der Kern eines Kometen ist unregelmäßig geformt und besteht aus Gestein und Eis. Bei Annäherung an die Sonne bildet sich durch Verdampfen des Eises die Koma, die den Kern unseren Blicken entzieht. Oft sieht man bei Kometen zwei Schweife: den Staubschweif und den Gas- oder Ionenschweif. Beim Kometen Hale-Bopp entdeckten die Astronomen eine neue Schweifart, den Natriumschweif.

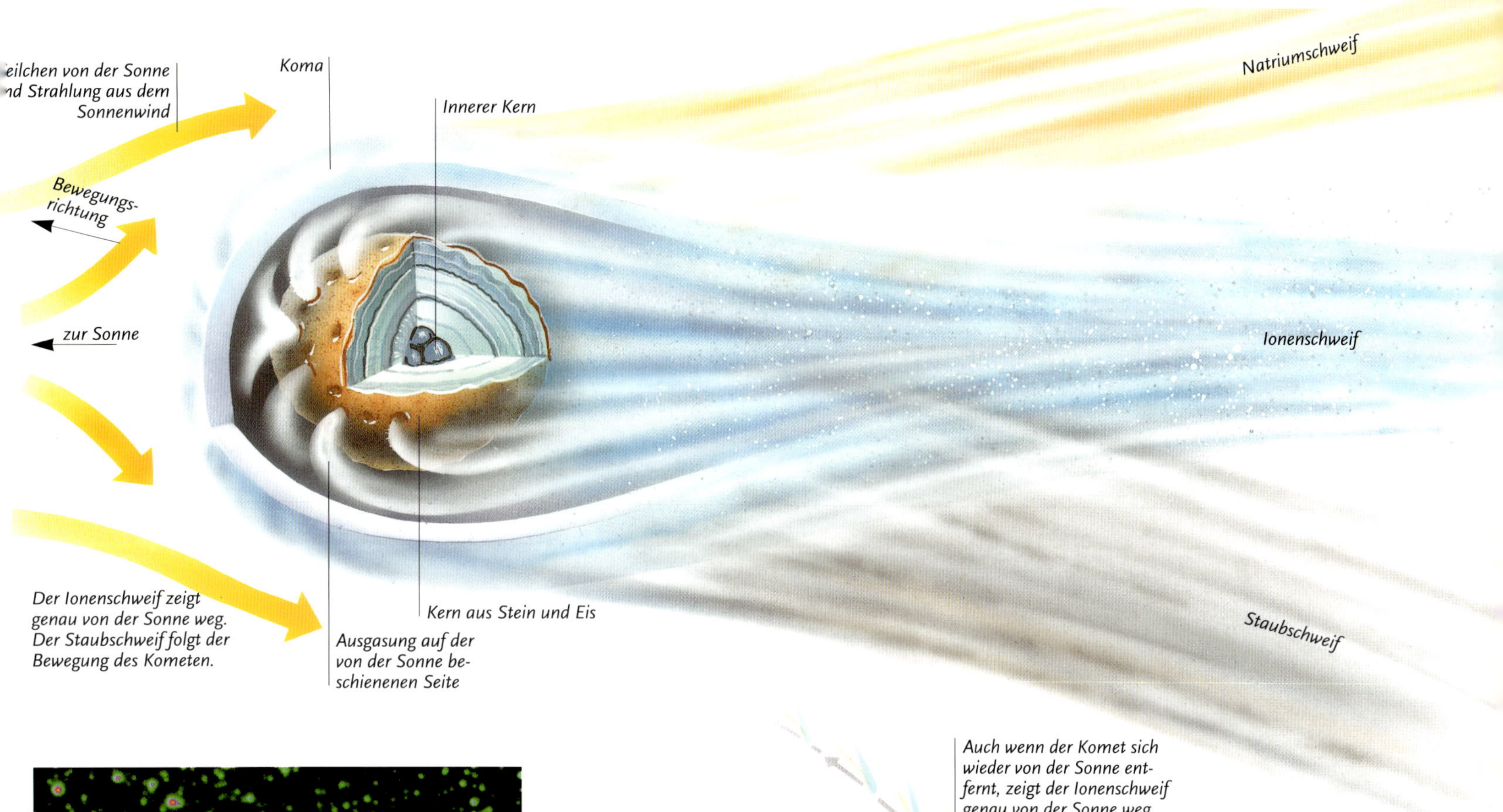

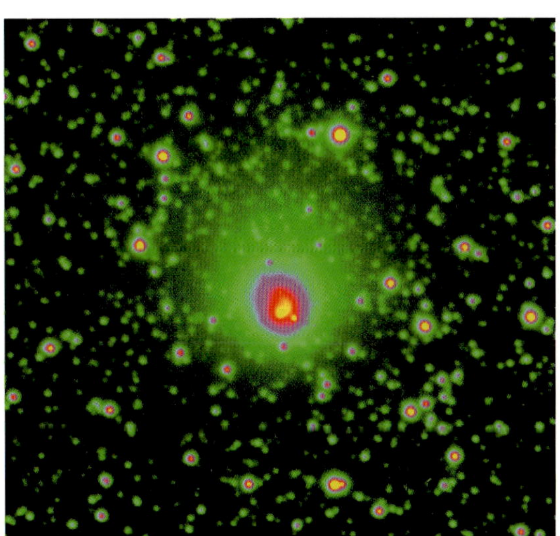

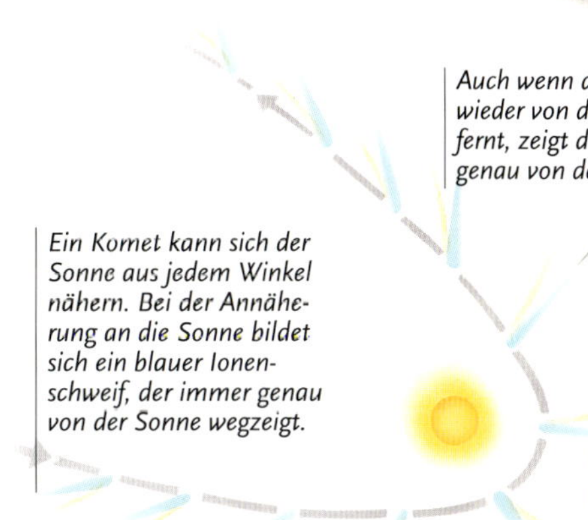

Links: Ein Falschfarbenbild vom Kern des Kometen Hale-Bopp aus dem Jahr 1997.

KOMETENSCHWEIFE

Bei Annäherung eines Kometen an die Sonne erscheint der bläuliche Ionenschweif. Er zeigt direkt von der Sonne weg und ist am längsten, wenn der Komet der Sonne am nächsten ist. Der Staubschweif ist gekrümmt.

Licht 94–95 ▶
Spektroskopie 142 ▶

Oben: Komet Swift-Tuttle. Er hat eine Umlaufzeit von 130 Jahren und eine Masse von 10^{14} kg.

Rechts: Die dunkle Narbe, die der Einschlag von Shoemaker-Levy 9 auf Jupiter zurückließ, war ein Jahr lang sichtbar.

KOMET SHOEMAKER-LEVY 9
Zwischen dem 16. und 24. Juli 1994 schlugen mindestens 21 Bruchstücke eines Kometen, deren kleinstes etwa 1 km Durchmesser hatte, auf Jupiter ein und explodierten in der oberen Atmosphäre. Astronomen glauben, daß Jupiter viele Kometen aus dem äußeren Sonnensystem „abgefangen" und so die inneren Planeten vor den katastrophalen Auswirkungen solcher Einschläge geschützt haben könnte.

◀ 19 Die Entstehung eines Kometen

◀ 74–75 Triton

◀ 76–77 Pluto

◀ 78–79 Die Objekte des Kuiper-Gürtels

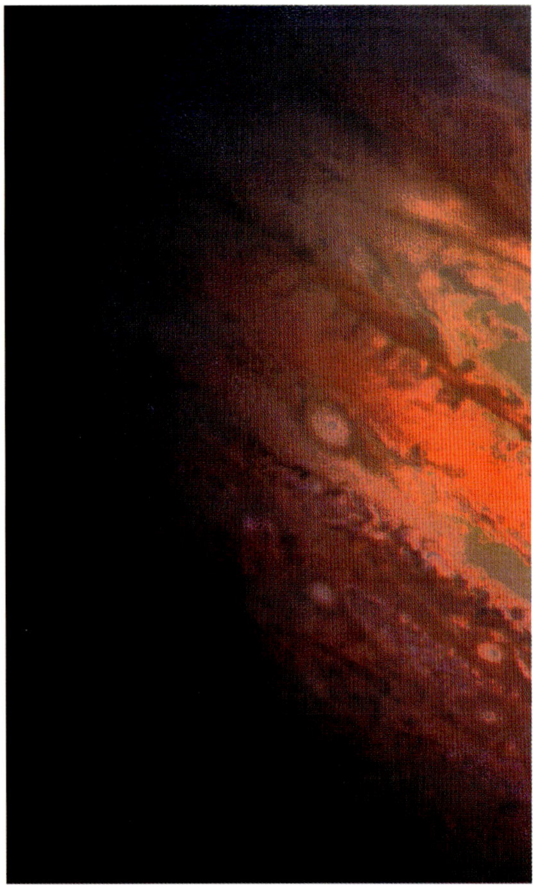

Das andere Extrem ist der Komet Hyakutake mit einer Periode von 14 000 Jahren. Solche Kometen heißen langperiodisch. Rechnerisch sind Perioden von bis zu 1 Million Jahren möglich.

Einige Astronomen führen noch die Gruppe der Kometen mit Perioden von 20 bis 200 Jahren auf, die nach ihrem berühmtesten Vertreter Halley-ähnliche Kometen genannt werden.

Woher kommen die Kometen?

Nachdem die Natur der Kometen verstanden war, ergab sich ein neues Rätsel. Gas und Staub, die aus dem Kern ausgestoßen werden und Koma und Schweif bilden, gehen in den Raum verloren. Der Komet schrumpft also mit jeder Annäherung an die Sonne. Das bedeutet, daß kein Komet seit der Entstehung des Sonnensystems auf seiner jetzigen Bahn gewesen sein kann, sondern daß die Kometen den größten Teil ihrer Lebensdauer fernab der Hitze der Sonne verbracht haben müssen. In den letzten fünfzig Jahren haben Astronomen den Ursprungsort der Kometen erforscht.

Die Oortsche Wolke

1950 fand der niederländische Astronom Jan Oort das erste Kometenreservoir. Als er die maximale Entfernung von langperiodischen Kometen von der Sonne in ein Diagramm einzeichnete, fand er, daß die meisten von ihnen eine Entfernung von 10 000 bis 50 000 AE erreichten. Da ein Komet seine Bahn um so langsamer durchläuft, je weiter er von der Sonne entfernt ist, vermutete er, daß es eine riesige Wolke von Kometen geben müsse, die die Sonne umgibt. Obwohl Astronomen Kometen in solch großen Entfernungen nicht direkt beobachten können, wird die Existenz der Kometenwolke in der Fachwelt allgemein als bewiesen akzeptiert. Diese Wolke wurde zu Ehren ihres Entdeckers Oortsche Wolke genannt.

Man glaubt, daß die Kometen den größten Teil ihres Lebens dort verbringen. Sie werden nur dann von dort verdrängt, wenn ein Stern nahe genug vorbeizieht, um die Kometenbahnen durch seine Schwerkraft zu stören. 1997 fanden Astronomen mit Hilfe des Hipparcos-Satelliten heraus, daß dies das nächste Mal in etwa 1 Million Jahren der Fall sein wird. Dabei werden Kometen nach außen in den interstellaren Raum und nach innen in Richtung Sonne geschleudert. So wird die Zahl der langperiodischen Kometen erhöht. Es werden die Kometen ersetzt, die sich seit der letzten Störung der Oortschen Wolke auf ihrer neuen Bahn aufgelöst haben.

Obwohl man die Oortsche Wolke nicht direkt beobachten kann, lassen sich doch einige Eigenschaften ableiten. Da langperiodische Kometen sich aus allen Richtungen der Sonne nähern, muß sie annähernd kugelförmig sein. Man kann abschätzen, daß die Oortsche Wolke 10 Billionen Kometen enthalten muß, um die kleine Zahl langperiodischer Kometen zu erklären, die wir heute kennen.

Der Kuiper-Gürtel

In den frühen 90er Jahren waren Teleskope empfindlich genug, um am Rand des Sonnensystems nach Kometenkernen zu suchen. Das erste Objekt wurde im September 1992 gefunden und war so lichtschwach, daß es 10 Millionen mal schwächer war als der schwächste mit bloßem Auge sichtbare Stern. Dieser Gürtel von Kometen heißt heute zu Ehren des Astronomen, der seine Existenz vorhersagte, Kuiper-Gürtel.

Bis jetzt hat man über 60 Objekte im Kuiper-Gürtel gefunden, die weiter von der Sonne entfernt sind als Neptun und Pluto. Sie benötigen zwischen 160 und 720 Jahre, um die Sonne zu umrunden. Das kleinste bisher gefundene Objekt ist ungefähr 100 km groß, das größte hat 500 km Durchmesser und ist damit etwas kleiner als der Neptunmond Triton. Es ist durchaus möglich, daß auch Triton ein ehemaliges Mitglied des Kuiper-Gürtels ist. Es muß außerdem viele Millionen Objekte bis hinunter zur Größe eines Kometenkerns geben, die man noch nicht nachweisen kann.

Viele der gefundenen Objekte brauchen exakt eineinhalb so lange wie Neptun für einen Sonnenumlauf. Sie kommen Neptun nie so nahe, daß er ihre Bahnen stört, und könnten daher ewig dort verbleiben. Auch Pluto hat solch eine Bahn, und viele Astronomen halten ihn für nichts weiter als das größte Objekt aus dem Kuiper-Gürtel.

Die anderen Objekte werden vielleicht eines Tages nahe an Neptun vorbeiziehen, von ihm in das innere Sonnensystem geschleudert und so zu kurzperiodischen Kometen werden.

Die Erforschung dieser Objekte ist wegen ihrer Lichtschwäche sehr schwierig. Man weiß jedoch bereits, daß sie eine rötliche Farbe haben, ähnlich den Kometenkernen. Da selbst das Weltraumteleskop Hubble diese Objekte lediglich als Lichtpunkte sehen kann, ist eine Raumsonde die einzige Möglichkeit, die Oberflächen dieser Überreste aus der Urzeit des Sonnensystems zu untersuchen.

Gibt es Kometenwolken um andere Sterne?

1983 entdeckte der Infrarotsatellit IRAS, daß viele nahe Sterne von großen Wolken kühlen Materials umgeben sind, ähnlich wie die Kometenwolke die Sonne umgibt. Man hat z. B. eine Scheibe um den Stern Beta Pictoris gefunden, die dem Kuiper-Gürtel um die Sonne ähnelt. Nahe dem Stern wurden spektroskopisch große kometenähnliche Körper nachgewiesen.

WIE FINDET MAN OBJEKTE IM KUIPER-GÜRTEL?
Man geht genauso vor wie bei der Suche nach Asteroiden. Wegen ihrer Bewegung relativ zur Erde bewegen sich die Objekte des Kuiper-Gürtels auch vor den Hintergrundsternen. Zwei in derselben Nacht aufgenommene Bilder zeigen diese Bewegung. Da diese fernen Asteroiden sich jedoch nur mit 3,5 Bogensekunden pro Stunde bewegen, benötigt man sehr präzise Messungen, um ihre Bahnen zu bestimmen.

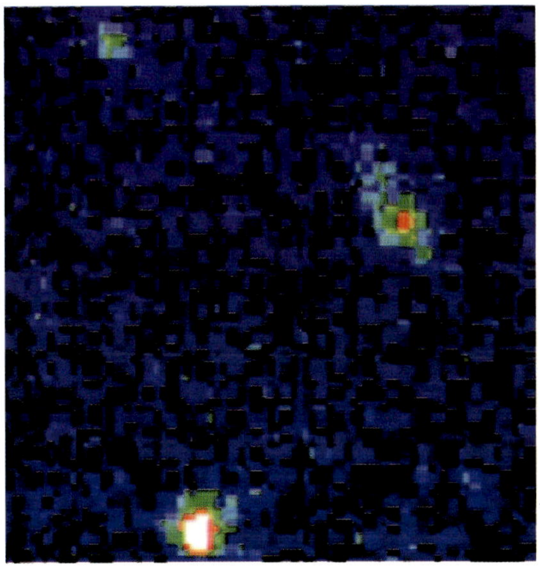
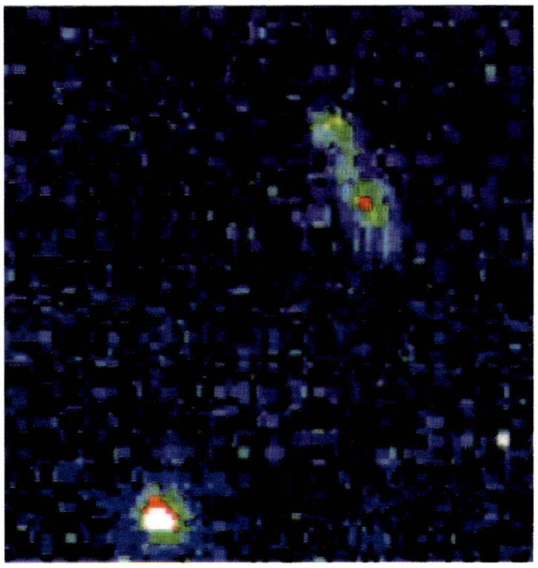

Auf diesen beiden Bildern wurde 1993 SC entdeckt, eines der hellsten bisher entdeckten Objekte des Kuiper-Gürtels.

Bahnen 90 ▶
Elektromagnetisches Spektrum 140 141 ▶
Spektroskopie 142 ▶
Hubbles Entdeckungen 144–145 ▶

STAUB UND TRÜMMER

Unser Sonnensystem besteht aus Planeten, Asteroiden und Kometen, aber auch aus kleineren Objekten, die um die Sonne kreisen.

Einer der Meteoriten, die in der Nähe von Barrell in Leicestershire, England, im Dezember 1965 niedergingen. Es ist ein Chondrit aus Silikaten und etwas Eisen und Nickel.

WAS SIND METEORE?
Die Meteore, die man jede Nacht sehen kann, sind wahrscheinlich kleine Felsbrocken von Asteroiden und Kometen. Meteorströme sind etwas anderes: Die meisten von ihnen teilen ihre Bahnen mit Kometen. Zum Beispiel teilen die Leoniden am 17. November ihre Bahn mit dem Kometen Tempel-Tuttle. Meteorströme sind Teile von Kometenstaub, die zu schwer sind, um aus dem Sonnensystem herausgeschleudert zu werden.

Diese Objekte, die kleiner als ein Sandkorn sein können, zum Teil aber auch einen Durchmesser von einigen Metern haben, stammen aus Asteroiden und Kometen und enden im interstellaren Raum oder bei Kollisionen mit der Sonne oder den Planeten.

Meteore

Meteore (Sternschnuppen) sind die Leuchterscheinung, die ein kleiner Gesteinsbrocken beim Eintritt in die Erdatmosphäre verursacht. Meteore fliegen mit einer Geschwindigkeit von 10 bis 30 km/s, so daß die Reibung mit den Luftmolekülen das Staubteilchen schnell auf mehrere tausend Grad erhitzt. Denselben Effekt erzielen Sie, wenn Sie Ihre Hände gegeneinander reiben. Die Reibung erzeugt Wärme. Der Meteor verdampft buchstäblich in einem Blitz aus Licht und Wärme. Die meisten Meteore werden von sandkorngroßen Partikeln verursacht. Größere und dadurch hellere Meteore nennt man Feuerkugeln. Ihre Größe reicht von einem kleinen Kieselstein bis hin zu einem großen Felsblock.

Bevor der Stein in unsere Atmosphäre eindringt, läuft er auf einer eigenen Bahn um die Sonne. Die Erde durchquert regelmäßig Meteorströme, in denen unzählige Teilchen und Brocken ähnlichen Bahnen folgen. Der Meteorstrom kreuzt die Erdumlaufbahn immer an derselben Stelle, weil die Erde genau ein Jahr braucht, um ihre Bahn zu durchlaufen. Wir sehen deshalb diesen Meteorstrom jedes Jahr um dieselbe Zeit. Die Meteore eines Stromes scheinen alle aus demselben Punkt zu kommen (Radiant).

Die Perseiden am 12. August und die Geminiden am 13. Dezember gehören zu den beeindruckendsten Meteorströmen. Man nennt sie so, weil ihr Radiant im Sternbild Perseus bzw. Zwillinge liegt.

Leoniden-Meteore leuchten als dünne Streifen vor dem Sternenhintergrund. Der Radiant liegt im Sternbild Löwe.

◄ 16–19 Entstehung des Sonnensystems

◄ 36 Die Erdatmosphäre

◄ 40–42 Mondkrater

◄ 46–47 Die Zusammensetzung von Mars

◄ 78–79, 80–81 Asteroiden

◄ 78–79, 82–85 Kometen

WICHTIGE JÄHRLICHE METEORSTRÖME

Höhepunkt	Bezeichnung	Stündliche Anzahl
3. Januar	Quadrantiden	60
22. April	Lyriden	10
12. August	Perseiden	75
17. November	Leoniden	10
13. Dezember	Geminiden	75

Meteoriten

Größere Gesteinsbrocken verdampfen beim Eintritt in die Atmosphäre nicht immer vollständig. Der verbleibende Brocken fällt auf die Erde – man spricht von einem Meteoriten. Die Wissenschaftler schätzen, daß jährlich etwa 300 000 Meteorite die Erdoberfläche erreichen. Viele von ihnen fallen in die Ozeane, in Waldgebiete oder in die Berge. Unentdeckt bleiben auch viele von denen, die in bewohnte Gebiete fallen, da sie für den Laien wie gewöhnliche Steine aussehen.

Es gibt viele verschiedene Arten von Meteoriten. Die häufigsten sind die Chondrite. Sie scheinen aus derselben Gesteinsart zu bestehen wie S-Asteroiden. Sie enthalten Eisen und Silikat. In ihrem Innern gibt es kugelförmige Einschlüsse, die Chondrulen.

Viel seltener sind kohlenstoffhaltige Chondrite. Sie sehen manchmal wie gewöhnliche Chondrite aus, haben im Innern jedoch größere Kohlenstoffablagerungen. Sie scheinen aus der Mitte des Asteroidengürtels zu stammen.

Schließlich gehören 10 % aller Meteoriten zu den Stein-Eisen- oder zu den Eisen-Nickel-Meteoriten. Sie sind aufgrund ihres Gewichtes leicht erkennbar.

Meteorite sind sehr wichtig, da sie uns ein Bild von der Geschichte der Asteroiden liefern (obwohl wir nur manchmal erkennen können, von welchem Asteroiden ein Meteorit stammt). Zum Beispiel scheinen sich die Chondrulen in gewöhnlichen Chondriten unter sehr hohen Temperaturen gebildet zu haben. Wenn die Meteorite zur selben Zeit wie die Planeten

entstanden, müssen also Teile des Nebels um die Sonne sehr heiß gewesen sein.

Meteoritenkrater

Wenn ein Meteorit groß genug ist, entsteht beim Aufprall ein Krater. Am bekanntesten ist der Barringer-Krater in Arizona, der vor mehr als 25 000 Jahren entstand, als ein Stein-Eisen-Meteorit (50–70 m Durchmesser) auf der Erde einschlug. Man hat mehr als 130 Krater rund um den Erdball entdeckt. Entstanden sind viel mehr, sie wurden allerdings durch Erosion und geologische Aktivität zerstört. Sie bekommen eine Vorstellung davon, wie die Erde ohne Erosion aussähe, wenn Sie den Mond mit einem Fernglas beobachten. Dort sind die Krater sichtbar geblieben.

Was würde heute bei einem solchen Aufprall geschehen? Die beim Einschlag eines kleinen Asteroiden (von etwa 1,5 km Durchmesser) freigesetzte Energie entspräche derjenigen, die bei der Explosion aller bis heute produzierten Nuklearwaffen entstehen würde. Abgesehen von der gewaltigen Hitzewelle würde genügend Gestein und Staub in die Atmosphäre gelangen, um das Klima weltweit zu verändern. Die gewaltige Flutwelle würde die Küstenstädte auf der ganzen Welt verwüsten. Man glaubt heute, daß das Dinosauriersterben vor 65 Millionen Jahren durch einen solchen Absturz verursacht wurde. Geologen fanden den entstandenen, 180 km großen Krater auf der Yucatán-Halbinsel in Mexiko. Zum Glück geschieht ein so zerstörerischer Aufprall nur etwa einmal in 100 Millionen Jahren.

Das Zodiakallicht

Ein Kometenschweif läßt unzählige Partikel hinter sich, hauptsächlich entlang der scheinbaren Sonnenbahn, da Kometen um so mehr Materie verlieren, je mehr sie sich der Sonne nähern. Die Staubteilchen reflektieren das Sonnenlicht. Manchmal kann man dieses geisterhafte Licht im Westen kurz nach Sonnenuntergang, oder im Osten kurz vor Sonnenaufgang, sehen. Man nennt es Zodiakallicht.

Oben: Der Arizona-Krater (Barringer-Krater) ist 1,2 km breit und 180 m tief. Er entstand vor mehr als 25 000 Jahren beim Einschlag eines Meteoriten von 50–70 m Durchmesser.

Links: Das Zodiakallicht ist das blasse Leuchten von interplanetaren Staubteilchen, die Sonnenlicht reflektieren.

ANDERE QUELLEN

Manche Meteoriten scheinen vom Mond oder vom Mars zu stammen. Sie wurden vermutlich beim Aufprall eines großen Asteroiden von der Oberfläche dieser Körper herausgesprengt und auf eine Bahn gebracht, die sie schließlich zu Erde brachte. Dies ist für Mars-Forscher von großer Bedeutung, da bis jetzt kein Gestein von diesem Planeten zurückgebracht wurde. 1996 meldeten Wissenschaftler, daß einer der Marsmeteoriten fossile Spuren von Lebewesen enthalten könnte. Auch wenn Beweise dafür fehlten, zeigt es, wie bedeutsam die Untersuchung von Meteoriten sein kann.

Umlaufbahnen 90 ▶
Die Beobachtung von Meteoren 162 ▶

AUF KOLLISIONSKURS

Asteroiden im Hauptgürtel stellen keine Gefahr für die Erde dar. Sogenannte erdnahe Asteroiden verlangen jedoch eine erhöhte Aufmerksamkeit. Sie kommen der Erde so nahe, daß wir die Möglichkeit eines Zusammenstoßes nicht verleugnen können. Manche halten echte Erdbahnkreuzer tatsächlich für die Erde gefährdende Himmelskörper.

DR. DAVID HUGHES

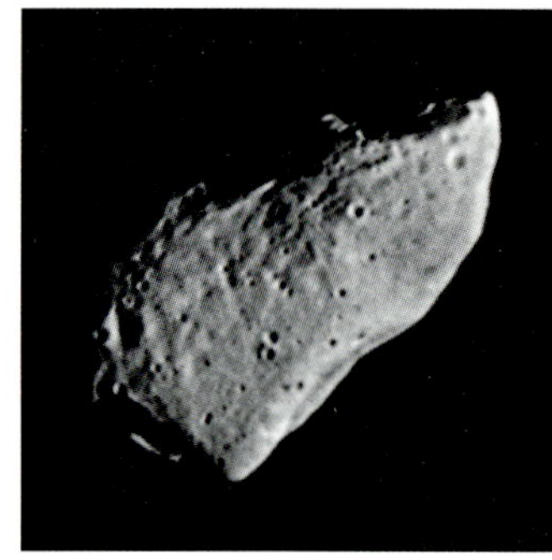

Mit den Raumsonden gelang es, Nahaufnahmen von einigen Asteroiden zu machen. Sie haben eine kraterübersäte Oberfläche – Folge zahlreicher Einschläge. Der abgebildete Asteroid, Gaspra, befindet sich im Hauptgürtel und wird sich der Erde nie nähern.

» Der Unterschied zwischen erdnahen Asteroiden und Asteroiden aus dem Hauptgürtel ist hauptsächlich eine Frage der Größe und der Entfernung. Die Asteroiden des Hauptgürtels sind ziemlich harmlose Himmelskörper, da sie im wesentlichen zwischen den Umlaufbahnen von Mars und Jupiter verweilen. Ihre fast runden Bahnen sind nur wenig gegen die Erdbahnebene geneigt, und sie bleiben für gewöhnlich da, wo sie sind. Nur selten gelangen sie in die Nähe der Erdbahn. Zu den Erdbahnkreuzern gehören die Aten- und die Apollo-Asteroiden. Die Umlaufbahnen der Aten-Asteroiden liegen hauptsächlich innerhalb der Erdumlaufbahn, während Apollo-Asteroiden die Erdbahn kreuzen (mittlere Entfernung) 1 AE zur Sonne. Das größte Mitglied dieser Gruppe ist der Asteroid (1685) Toro mit einem Durchmesser von etwa 12 km.

Da sie relativ hell und groß sind, haben wir wahrscheinlich alle 13 Apollo-Asteroiden ausgemacht, die mehr als 5 km groß sind. Dies mag beruhigend klingen, aber man sollte bedenken, daß ein typischer Erdbahnkreuzer einen Durchmesser von nur 1 km hat. Sorgen macht die Tatsache, daß es eine Menge kleinerer, schwächerer Asteroiden gibt: Ein Großteil davon kreuzt die Erdbahn, ohne entdeckt zu werden. Ich schätze, daß wir bis jetzt nur etwa 5,5 Prozent der Apollos entdeckt haben, die mehr als 1 km groß sind. Zwar haben wir etwa 100 Erdbahnkreuzer mit einem Durchmesser von mehr als 1 km registriert, doch liegt ihre Anzahl möglicherweise eher bei 1800. Und sie wirbeln im inneren Sonnensystem in Entfernungen an uns vorbei, die unangenehm klein sind.

> Die Gefahr lauert da draußen – sie ist unangenehm real. Könnten wir etwas tun, um gefährliche Asteroiden zu stoppen?

Wenn die Umlaufbahn eines Asteroiden die Erdbahn kreuzt, besteht die Möglichkeit eines Zusammenstoßes. Vielleicht denken Sie, daß eine Kollision mit einem kleineren Erdbahnkreuzer keine so große Sache wäre, doch bedenken Sie, welche Auswirkungen eine Kollision mit einem Asteroiden von 1 km Durchmesser auf unsere Welt hätte! Wenn ein solcher Asteroid (entsprechend der Masse von 1,5 Milliarden Autos) mit einer Geschwindigkeit von fast 21 km/s mit der Erde kollidiert, würde der Aufprall der Explosion von 8,1 Gigatonnen TNT entsprechen, oder von 4 Millionen Hiroshima-Bomben.

Es ist schwierig, die kinetische Energie – sprich die Energie der Bewegung – eines Asteroiden zur Größe des Kraters, den er auf die Erdoberfläche erzeugt, in Bezug zu setzen. Anhaltspunkte lieferten eine Reihe kleiner, oberirdischer Nukleartests zur Zeit des Kalten Krieges. Diese deuten darauf hin, daß unser 1-km-Asteroid einen Krater von etwa 26 km Durchmesser erzeugen würde.

Wir sind noch nie Zeuge der Entstehung eines solchen Kraters gewesen. Man schätzt, daß Asteroidenaufschläge dieser Größenordnung so selten sind, daß mehr als 100 000 Generationen von Menschen dazwischen liegen dürften. Um die Entstehungsrate der Krater zu berechnen, untersuchen Geologen alte, stabile Regionen der Erdoberfläche und zählen die dort befindlichen Krater. Diese Methode birgt allerdings einige Gefahren: Eiszeit, Sedimentation, Wind und Regen verursachen eine Bodenerosion, durch die kleinere Krater relativ schnell verschwinden.

Es ist also sicherer, wenn die Geologen nur die großen und relativ jungen Krater benutzen, um herauszufinden, wie die Verteilung der Kratergröße mit der Zeit und dem Asteroidendurchmesser variiert. Die Auswirkungen der Erosion werden minimiert, wenn man nur Krater zählt, die einen Durchmesser von mindestens 19 km aufweisen und weniger als 100 000 Millionen Jahre alt sind. Bei dieser Methode verbleiben uns allerdings nur sechs große Krater: Montagnais (45 km Durchmesser), Manson (35 km), Mistastin Lake (28 km), Steen River (25 km), Haughton (20,5 km) und Eagle Butte (19 km). Sie sind alle in einem Gebiet von ungefähr 10 Millionen km^2 in Nordamerika entstanden.

Auf der Basis dieser Auswahl zeigen die Daten, daß Krater mit einem Durchmesser von mehr als 19 km durchschnittlich alle 380 000 Jahre auf der Erde entstanden sind. Krater von mehr als 26 km Durchmesser (verursacht von 1-km-Asteroiden) entstehen einmal in 640 000 Jahren – wogegen Krater von mehr als 1 km Durchmesser alle 940 Jahre entstehen.

Das Problem mit Erdbahnkreuzern ist, daß ihr Aufprall auf der Erde einen so großen Krater erzeugen würde, daß der hochgeschleuderte Staub sowie

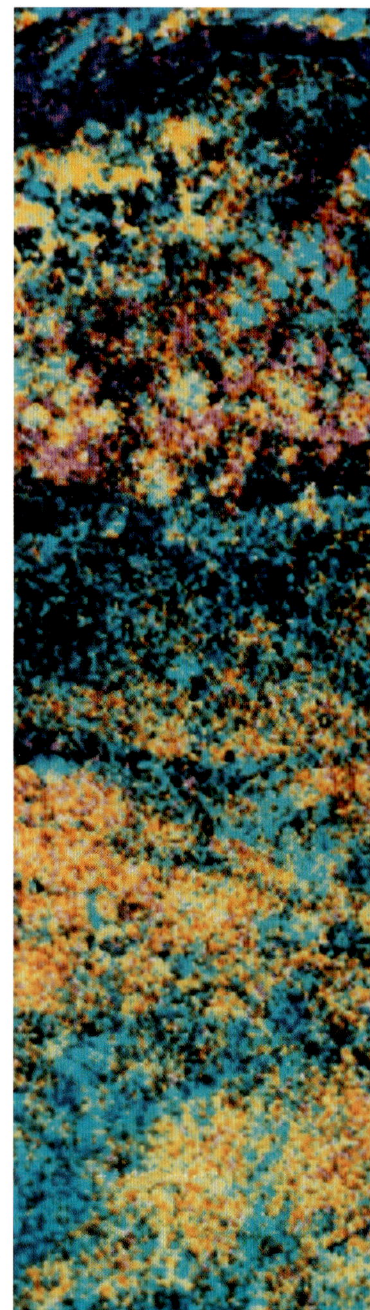

Feuerstürme, Erdbeben, Flutwellen und der saure Regen eine Klimaveränderung verursachen würden, die möglicherweise das Ende unserer Zivilisation bedeuten könnten. Ein solcher Aufprall entspräche der augenblicklichen Zerstörung eines Landes von der Größe der Vereinigten Staaten oder Brasiliens. Folge wäre die Vernichtung der weltweiten Landwirtschaft für mindestens ein Jahr. Geologen schätzen, daß ein Erdbahnkreuzer von 4 km Durchmesser hierzu in der Lage wäre, vorausgesetzt, er besitzt unmittelbar vor dem Aufprall genügend Energie, um einen 100-km-Krater zu erzeugen. Zum Glück geschieht ein solches Ereignis nur etwa alle 10 Millionen Jahre.

Doch die Gefahr lauert da draußen – sie ist unangenehm real. Könnten wir etwas tun, um gefährliche Asteroiden zu stoppen? Wir glauben, daß wir bereits fast alle sich der Erde nähernden Asteroiden entdeckt haben, deren Durchmesser mehr als 4 km beträgt. Das reicht allerdings noch nicht. Wir müssen die Arbeit fortsetzen und alle 4-km-Asteroiden im Hauptasteroidengürtel entdecken, und zwar einfach deshalb, weil einer von ihnen innerhalb der nächsten 10 Millionen Jahre unter dem Einfluß eines der großen Planeten auf eine erdbahnkreuzende Umlaufbahn gelenkt werden könnte. Es ist eine entmutigende Aufgabe, vor allem wenn man bedenkt, daß es möglicherweise 9 Millionen davon gibt. Hat man einen entdeckt, müssen die Astronomen mit einer schier unglaublichen Genauigkeit seine Umlaufbahn für die nächsten 10 Millionen Jahre berechnen. Die nächste Etappe wäre den möglichen Aufprall dadurch zu verhindern, daß man den Erdbahnkreuzer zerstört – vorausgesetzt, man ist eines Tages dazu in der Lage. “

Der Chicxulub-Krater ist ein verschütteter Krater von mehr als 200 km Durchmesser. Er wurde auf der Halbinsel Yucatán in Mexiko von NASA-Wissenschaftlern entdeckt, die Satellitenaufnahmen von Wasserlöchern untersuchten, welche den Mayas als Brunnen dienten. Das mutmaßliche Alter, der Standort und die Größe des Yucatán-Einschlags deuten darauf hin, daß er für das Dinosaurier-Sterben verantwortlich war.

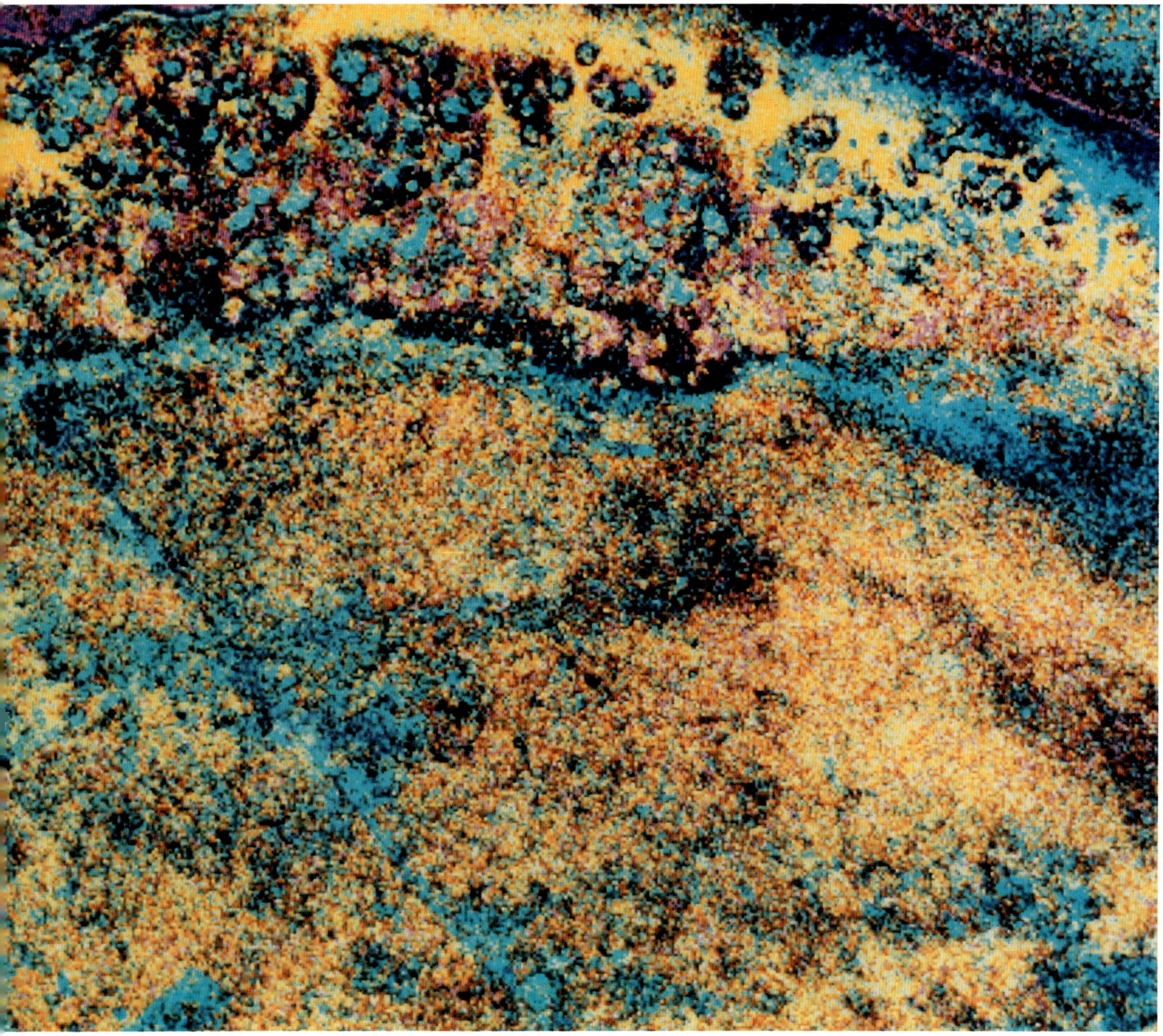

DIE GRAVITATION

Die Schwerkraft beeinflußt die gesamte Materie im Universum. Sie läßt einen Apfel zu Boden fallen, genauso wie sie die Planeten auf der Umlaufbahn um die Sonne hält.

DIE KEPLERSCHEN GESETZE
1. Die Planeten bewegen sich in Ellipsen.
2. Die Verbindungslinie Sonne-Planet überstreicht in gleichen Zeiträumen gleiche Flächen. Ein Planet bewegt sich um so schneller, je näher er der Sonne ist.
3. Die Quadrate der Umlaufzeiten der Planeten verhalten sich wie die Kuben ihrer mittleren Entfernungen von der Sonne.

Im wesentlichen ist Schwerkraft die Anziehungskraft zwischen allen Arten von Materie im Universum. Sie kann nicht ausgeschaltet, verändert oder abgeschirmt werden (obwohl man ihr durch die Einführung einer gegensätzlichen Kraft entgegenwirken kann). Physikalisch gesehen ist sie eine der vier fundamentalen Naturkräfte. Die drei anderen Kräfte sind die schwache und die starke Kernkraft sowie die elektromagnetische Kraft.

Keplersche und Newtonsche Gesetze

Die Gravitationskraft ist es, die alle Planeten des Sonnensystems auf ihrer Umlaufbahn um die Sonne hält. Die Sonne enthält 99,86 % der gesamten Masse des Sonnensystems und spielt damit die Hauptrolle im Gravitationsspiel.

Vor vielen Jahren waren die Astronomen bemüht, ein Modell zu finden, das die scheinbare Bewegung der Planeten am Himmel erklärt. Hierzu führte der dänische Astronom Tycho Brahe von 1572 bis 1596 gewissenhafte und genaue Positionsbestimmungen der Planeten durch. Sein späterer Kollege, der deutsche Mathematiker Johannes Kepler, stellte fest, daß sich die Planeten auf einer elliptischen Bahn um die Sonne bewegen, und nicht auf einer kreisrunden, wie man es bis dahin geglaubt hatte. Kepler formulierte in den Jahren 1609 und 1618 drei bedeutende Gesetze (siehe Kasten unten) der Planetenbewegung. Isaac Newton erklärte fast 80 Jahre später, warum die Keplerschen Gesetze funktionieren: Sie leiten sich von seinem Gravitationsgesetz und seinen drei Bewegungsgesetzen ab.

Newtons universelles Gravitationsgesetz, das er 1687 in seinem Hauptwerk *„Philosophiae naturalis principia mathematica"* (bekannt als *„Principia"*) veröffentlichte, zeigt, daß die Schwerkraft nur von der Masse der betroffenen Körper und von ihrer gegenseitigen Entfernung abhängt.

Die Entdeckung von Neptun

Die Keplerschen Gesetze und Newtons Gravitationsgesetz spielten eine bedeutende Rolle bei der Entdeckung des Planeten Neptun. Uranus war 1781 entdeckt worden, und astronomische Beobachtungen in den darauffolgenden 60 Jahren wiesen auf Bahnunregelmäßigkeiten hin. Sorgfältige Berechnungen der Gravitationseffekte zeigten, daß diese Störungen durch die Anziehungskraft eines weiteren, noch unentdeckten Planeten erklärt werden könnten, der noch weiter von der Sonne entfernt sei als Uranus. Der französische Mathematiker Urbain Leverrier berechnete die Position, die dieser Planet haben müsse, um den entsprechenden Effekt auf Uranus auszuüben. Mit Leverriers Daten als Basis zu eigenen Beobachtungen bestätigte der Berliner Astronom Johann Gottfried Galle im September 1846 dann die Existenz eines neuen Planeten an der berechneten Stelle. Der Planet erhielt den Namen Neptun.

NEWTONS DRITTES GESETZ DER GRAVITATION

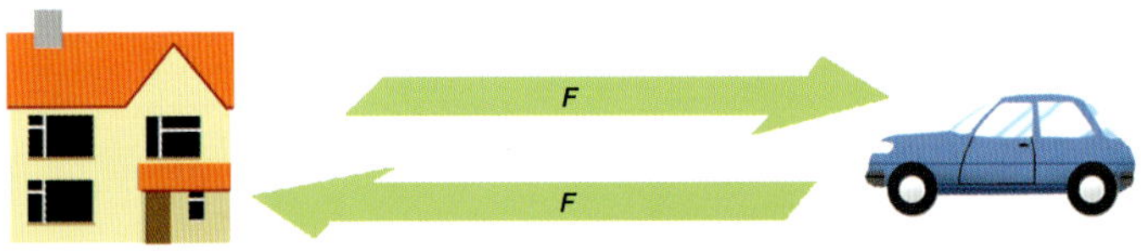

Die Schwerkraft ist symmetrisch. Haus und Auto üben die gleiche Anziehungskraft (F) aufeinander aus.

NEWTONS UNIVERSELLES GRAVITATIONSGESETZ

Verdoppelt man die Entfernung zwischen zwei Objekten, so viertelt sich die Anziehungskraft.

DAS UNIVERSELLE GRAVITATIONSGESETZ
Newtons Gravitationsgesetz besagt, daß sich zwei Körper mit einer dem Produkt ihrer Massen proportionalen Kraft und dem Quadrat ihres Abstandes umgekehrt proportionalen Kraft anziehen. Dies besagt, daß eine größere Masse auch eine größere Kraft ausübt. Wenn aber die Entfernung zwischen den Objekten zunimmt, nimmt die Kraft ab. Das universelle Gravitationsgesetz ist ein Beispiel für ein „quadratisches Abstandsgesetz".

UMLAUFBAHNEN

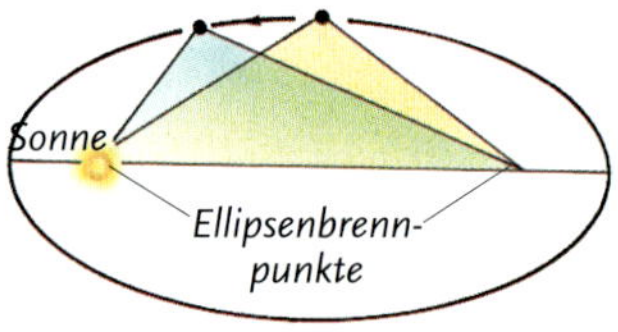

Erstes Gesetz: Kepler berechnete, daß sich die Planeten auf Ellipsen und nicht auf Kreisen um die Sonne bewegen.

Zweites Gesetz: Der Planet bewegt sich um so schneller, je näher er an der Sonne ist. Er braucht dieselbe Zeit, um von A nach B und von C nach D zu reisen.

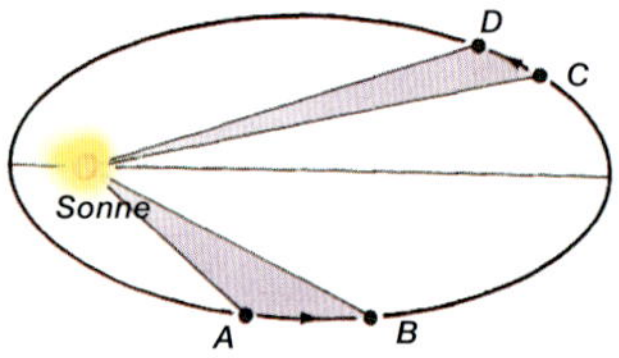

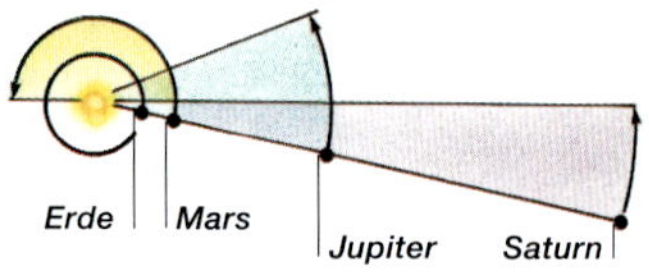

Drittes Gesetz: Während eines Erdumlaufs schafft Mars einen halben Umlauf, Jupiter ein Zwölftel und Saturn ein Dreißigstel seiner Umlaufbahn.

Die Planeten würden geradeaus fliegen, wenn die Sonne keine Kraft auf sie ausüben würde (Newtons erstes Bewegungsgesetz); doch die Anziehungskraft der Sonne hält sie gefangen. Andererseits würden die Planeten auf die Sonne stürzen, wenn sie sich nicht selbst ebenso bewegen würden. Bewegung und Kraft halten die Planeten auf der Bahn.

◀ 14–15 Das Sonnensystem
◀ 18 Die Entwicklung der Planeten
◀ 75 Die Entdeckung von Neptun

Gewicht und Masse

Die Begriffe von Gewicht und Masse werden oft verwechselt. Die Masse bezieht sich nur auf die Menge an Materie in einem Körper. Demgemäß würden Astronauten auf einer interplanetaren Reise immer dieselbe Masse haben, unabhängig davon, auf welchem Planeten sie sich gerade befinden.

Hingegen ist das Gewicht ein Ausdruck der Kraft, die die Gravitation auf einen Körper ausübt. Astronauten würden aufgrund der unterschiedlichen Schwerkraft auf verschiedenen Planeten verschiedene Gewichte haben.

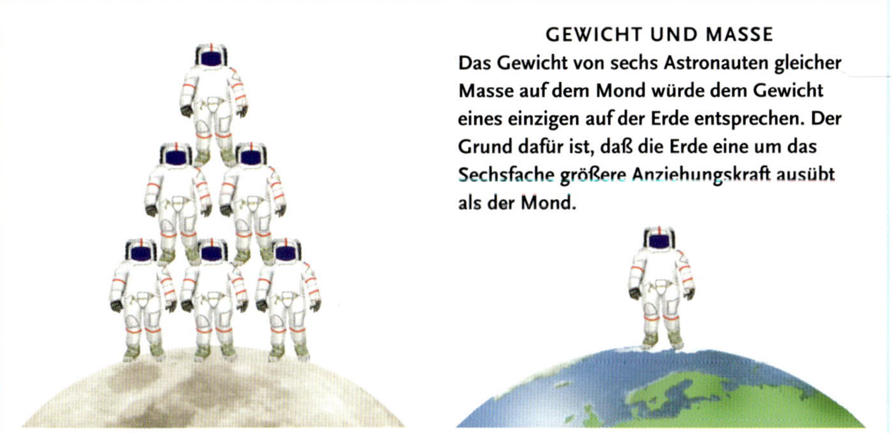

Sechs Astronauten auf dem Mond haben das gleiche Gewicht wie ein Astronaut auf der Erde.

Entweichgeschwindigkeit und gravitatives „Katapultieren“

Eine weitere Anwendung des Gravitationsgesetzes betrifft den Begriff der „Entweichgeschwindigkeit“, also der Mindestgeschwindigkeit, die ein Körper erreichen muß, um sich aus dem Gravitationsfeld eines anderen Objektes lösen zu können.

Die Berechnung der Entweichgeschwindigkeit hat mehrere bedeutende Folgen. Zum einen können Wissenschaftler die Geschwindigkeit berechnen, die ein Raumschiff erreichen muß, um sich von einem Planeten oder einem Mond zu entfernen. Außerdem kann man dadurch erklären, warum manche Planeten eine Atmosphäre halten können.

Eine weitere praktische Anwendung des Gravitationsgesetzes aus jüngster Zeit ist der sogenannte Swing-by-Effekt. Dieser Effekt wurde benutzt, um die Geschwindigkeit und die Bahn verschiedener interplanetarer Raumsonden zu verändern.

Wenn ein Raumfahrzeug relativ nahe an einem Planeten vorbeifliegt, wird es im Gravitationsfeld des Planeten angezogen, wodurch sich seine Flugrichtung ändert. Diese Technik wurde bei der Raumsonde Giotto angewandt, die den Halleyschen Kometen 1986 untersuchte. Giotto flog 1990 an der Erde vorbei. Dadurch konnte die Umlaufbahn so verändert werden, daß die Sonde 1992 einem zweiten Kometen, Grigg-Skjellerup, begegnete. Ebenso wurde die Bahn der Raumsonde

Astronauten wie diese, die sich außerhalb der Raumfähre Endeavour aufhalten, erleben die Schwerelosigkeit auf ihrer Umlaufbahn um die Erde. Dasselbe gilt auch für Objekte auf einer Umlaufbahn. Deshalb können Astronauten problemlos massereiche Körper bewegen, wie diese COSTAR-Korrekturoptik für das Weltraumteleskop Hubble.

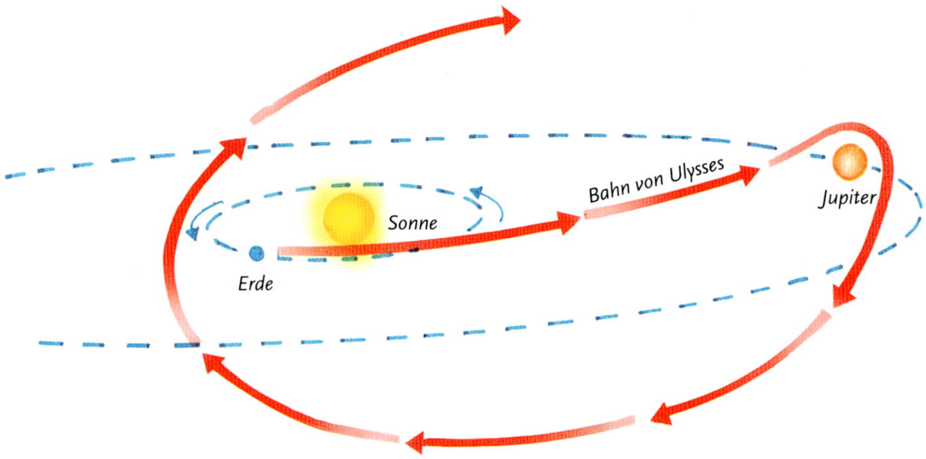

GRAVITATIVES „KATAPULTIEREN“
Die Gravitationskraft von Jupiter lenkte die Raumsonde Ulysses aus der Ebene des Sonnensystems heraus, so daß sie beide Pole der Sonne überfliegen konnte. Der Vorüberflug an Jupiter veränderte nicht nur die Richtung der Raumsonde, sondern beschleunigte sie auch.

Ulysses 1992 an Jupiter umgelenkt, damit sie die Ekliptikebene verlassen und über den Süd- und den Nordpol der Sonne fliegen konnte.

Die 1997 gestartete Cassini-Mission wird diese Technik anwenden, um 2004 Saturn zu erreichen. Keine der heutigen Raketen besitzt genügend Kraft, um die Raumsonde direkt von der Erde zum Saturn zu schicken. Deshalb wird diese Mission viermal die Swing-by-Technik anwenden (zweimal bei Venus, einmal bei der Erde und einmal bei Jupiter), um den beringten Planeten zu erreichen.

Doppel- und Mehrfachsterne

Astronomen glauben jetzt, daß mehr als die Hälfte aller Sterne als Doppel- oder sogar Mehrfachsysteme existieren. In einem Doppelsternsystem bewirkt die gegenseitige Anziehung, daß beide Sterne umeinander kreisen. Sie bewegen sich auf elliptischen Bahnen, wie von den Keplerschen Gesetzen vorhergesagt, um das Zentrum ihrer Masse, das irgendwo zwischen den beiden Sternen liegt.

Manchmal ist es möglich, beide Sterne eines Doppelsystems zu beobachten und ihre jeweiligen Bahnen festzustellen (hier spricht man von visuellen Paaren). In anderen Fällen ist nur ein Stern sichtbar. In diesen Fällen kann man die Existenz des unsichtbaren Begleiters aus der „Störung“ folgern, die dieser auf die Bewegung des beobachteten Sterns ausübt. Die Schwankungen in der Bahn werden von der Anziehungskraft des Begleiters verursacht.

Untersucht man visuelle Doppelsterne, lassen sich mit den Keplerschen und Newtonschen Gesetzen die Massen der Sterne bestimmen. Das ist die einzige, direkte Methode, um Sternmassen zu bestimmen.

Sterne sind nicht die einzigen Objekte, die die Bewegung anderer Sterne beeinflussen können. Planeten können dasselbe bewirken. Da sie jedoch weniger massiv sind, ist ihr Effekt geringer, obwohl er potentiell beobachtbar ist. Tatsächlich steht unsere Sonne deshalb nicht ruhig; sie ist dem Einfluß der Gravitationskraft der neun Planeten ausgesetzt. Da sich die Planeten ständig bewegen, verändert sich auch stets ihre Anziehung auf die Sonne.

Die Krümmung von Raum und Zeit

Newtons Gravitationsgesetz und das damit zusammenhängende Gesetz der Bewegung (Newtonsche Mechanik), sowie die Keplerschen Gesetze sind bemerkenswert erfolgreich bei der Beschreibung und Erklärung der Gestirnsbewegungen gewesen, angefangen von denjenigen unseres eigenen Sonnensystems bis zu denen entferntester Galaxien. Als allerdings die Astronomie sich weiter bis zu dem Punkt entwickelte, an dem extrem genaue Messungen von exotischen Objekten – wie etwa von Schwarzen Löchern, Neutronensternen und Weißen Zwergen – gemacht werden konnten, wurde klar, daß es einige kleine Diskrepanzen gibt, die sich mit der Newtonschen Mechanik allein nicht erklären lassen.

Hier kommt Einsteins Allgemeine Relativitätstheorie zum Zuge. Diese 1915 entwickelte Theorie beschreibt, wie der Raum sich in einem Gravitationsfeld krümmt, was die Bewegung aller Objekte in der Nähe beeinflußt. Dieser Effekt macht sich nur bei massereichen Objekten mit einem sehr starken Gravitationsfeld bemerkbar. Ansonsten sind die Sondereffekte der Allgemeinen Relativität gegenüber der Newtonschen Mechanik nicht beobachtbar.

Merkurs Besonderheit

Der Effekt der Raumkrümmung auf die Bewegung von Himmelsobjekten – und sogar von Licht – in der Nähe von starken Gravitationsfeldern hat Albert Einstein in der Allgemeinen Relativitätstheorie vorhergesagt. Die Theorie besagte beispielsweise, daß in der Umgebung der Sonne, wo das Gravitationsfeld der Sonne am stärksten ist, die Bahn eines Planeten sich langsam verändert.

Als sonnennächster Planet würde also Merkurs Bahn am stärksten vom Krümmungseffekt betroffen sein. Hätte man Merkurs Position allein nach dem Newtonschen Gesetz für einen Zeitraum von 100 Jah-

DOPPELSTERNE
Die Bewegung eines Sterns vor dem Hintergrund anderer, entfernter Sterne wird als Eigenbewegung bezeichnet. Wenn der Stern eine „wellige“ Bewegung aufweist, kann die Ursache darin liegen, daß ein unsichtbarer Begleiter um ihn kreist und ihn mit seiner Gravitation hin und her zieht.

◀ 25 Die Lösung des Merkur-Rätsels
◀ 90 Keplers und Newtons Gesetze
◀ 90 Umlaufbahnen

ren vorhergesagt, würde seine wirkliche Position um 43 Bogensekunden voraus liegen. Einsteins Gleichungen deuteten erfolgreich die Abweichung von Merkurs Umlaufbahn und erklärten ein Phänomen, das die Astronomen mehr als ein halbes Jahrhundert lang beschäftigt hatte.

Gravitationslinsen

Die Allgemeine Relativitätstheorie sagte nicht nur Störungen in der Bewegung fester Körper, sondern auch Störungen der elektromagnetischen Strahlung voraus, beispielsweise wenn das Licht eines Sterns nahe am Rand der Sonne vorbeiläuft. Das Gravitationsfeld der Sonne „beugt" oder lenkt das Licht ab, so daß der Stern an einer etwas anderen Position erscheint, als wenn die Sonne nicht da wäre. Beobachtungen bestätigten es: Die Ablenkung des Lichtes entspricht genau den Vorhersagen der Theorie.

Ein noch exotischeres Beispiel für die Lichtablenkung zeigt sich bei der Beobachtung mancher entfernter Galaxien oder Quasare. Beim Passieren an einer dazwischenliegenden Galaxie oder eines Galaxienhaufens wird das Licht des ferneren Objektes so abgelenkt, daß das ablenkende Objekt wie eine optische Linse wirkt und das Bild vergrößert. Der Effekt hiervon kann die Erzeugung von zwei oder mehr identischen Abbildungen des Originalobjektes sein. Es wirkt etwa so, als würde man ein Auto in einem gewölbten Spiegel an einer scharfen Kurve auf der Straße sehen, bevor man das wirkliche Auto erblickt. Der große Galaxienhaufen wirkt wie ein Spiegel und lenkt das Licht der weiter entfernten Galaxie um.

Die dünnen, blauen Flecken um den Galaxienhaufen im Zentrum dieser HST-Aufnahme sind die Abbildungen einer anderen, dahinterliegenden Galaxie. Die Gravitationskraft des großen Haufens lenkt das Licht der entfernten Galaxie um, so daß ihr Bild verschoben und verzerrt wird (Gavitationslinse).

Der Tod der Sterne: Weiße Zwerge 102 ▶
Neutronensterne und Pulsare 102 ▶
Schwarze Löcher 103 ▶
Doppelsterne 104–106 ▶
Allgemeine Relativitätstheorie 126 ▶
Unbemannte Missionen 148–149 ▶

LICHT

Licht ist eine Form von Energie. Es ist der mit dem Auge wahrnehmbare Teil eines größeren Phänomens, der sogenannten elektromagnetischen Strahlung.

ISAAC NEWTON
Isaac Newton untersuchte (1642–1727) das „Phänomen der Farben": das Spektrum, das von einem Lichtstrahl beim Durchqueren eines Prismas erzeugt wird. Er erkannte, daß weißes Licht aus allen Farben besteht, und nicht, wie man früher glaubte, daß ein Prisma Farben hinzufügte. Zu diesem Schluß kam er, als er das Lichtspektrum ein weiteres Prisma durchqueren ließ, wobei dieses sich wieder in den Originalstrahl aus weißem Licht verwandelte.

Zusätzlich zum sichtbaren Licht gibt es weitere Arten elektromagnetischer Strahlung wie die Röntgenstrahlung, die Radiowellen, die ultraviolette und die infrarote Strahlung. Diese Strahlungsarten bilden das sogenannte elektromagnetische Spektrum.

Frequenz und Wellenlänge

Stellen Sie sich vor, Sie liegen am Strand und zählen, wie viele Wellen während einer bestimmten Zeitdauer am Ufer brechen. Diese Rate wird als Frequenz bezeichnet. Brechen beispielsweise zehn Wellen innerhalb einer Minute am Ufer, so beträgt die Frequenz zehn Wellen pro Minute.

Messen Sie jetzt die Distanz zwischen den jeweiligen Wellenbergen. Diese Messung ergibt die sogenannte Wellenlänge. Beträgt diese Distanz 1 m, beträgt die Strecke über die zehn Wellen 10 m, was bedeutet, daß das Meer sich mit einer Geschwindigkeit von 10 m pro Minute bewegt. Man kann also die Wellengeschwindigkeit ermitteln, indem man Frequenz und Wellenlänge miteinander multipliziert.

Dies zeigt, daß zwei Wellen dieselbe Geschwindigkeit auch dann haben können, wenn die erste eine hohe Frequenz und eine niedrige Wellenlänge besitzt, während die andere eine niedrige Frequenz, dafür aber eine hohe Wellenlänge aufweist.

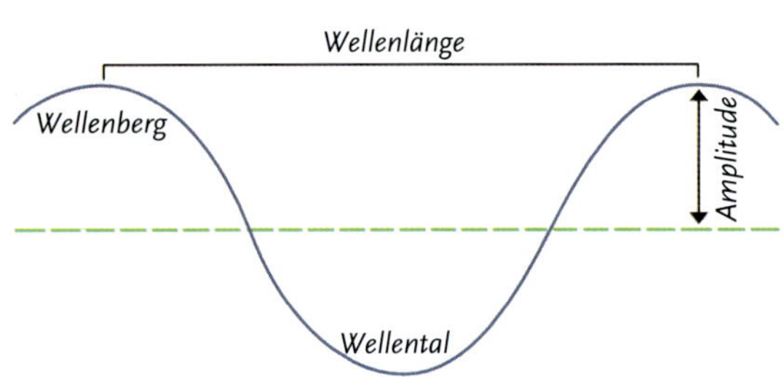

WELLENLÄNGE
Jede elektromagnetische Strahlung bewegt sich wellenförmig durch den Raum. Die Energie hängt von der Wellenlänge ab: je kürzer die Wellenlänge, um so höher die Strahlungsenergie.

Das Farbspektrum

Der Regenbogen ist ein vertrautes Beispiel eines sichtbaren Spektrums. Er erscheint, wenn das Sonnenlicht durch die in der Atmosphäre enthaltenen Wassertropfen in seine einzelnen Farben gebrochen wird. Die Spektren mancher Objekte erstrecken sich weit über den Bereich des sichtbaren, weißen Lichtes und können quer durch das gesamte elektromagnetische Spektrum reichen.

Das elektromagnetische Spektrum

Alle Formen von Strahlung reisen durch das Vakuum mit derselben Geschwindigkeit, nämlich mit Lichtgeschwindigkeit. Strahlungsarten mit kurzen Wellenlängen (Gamma-, Röntgen- und ultraviolette Strahlung) besitzen hohe Frequenzen. Umgekehrt haben Strahlungsarten mit großen Wellenlängen (infrarote Strahlung und Radiowellen) niedrige Frequenzen.

Der Doppler-Effekt

Jedesmal wenn die Quelle der elektromagnetischen Strahlung sich in bezug auf den „Empfänger" dieser Strahlung bewegt, entsteht der sogenannte Doppler-Effekt. Die relative Bewegung zwischen beiden Objekten bewirkt eine scheinbare Veränderung der Strahlungsfrequenz.

Der Doppler-Effekt tritt auch bei Schallwellen auf. Denken Sie an einen pfeifenden Zug. Wenn er sich nähert, verdichten sich die Schallwellen des Pfiffs. Diese erreichen Sie mit einer größeren Frequenz (also einem höheren Ton), als wenn der Zug sich von Ihnen entfernt.

Im Falle des Lichtes läßt sich der Doppler-Effekt insbesondere bei der Fluchtbewegung entfernter Galaxien erkennen. Das beobachtete Licht hat eine längere Wellenlänge, als wenn die Galaxie ruhen würde. Je länger die Wellenlänge ist, um so rötlicher erscheint das Licht. Deshalb wird dieses Phänomen auch als Rotverschiebung bezeichnet.

Energiepakete

Das Wellenmodell beschreibt viele Phänomene der elektromagnetischen Strahlung. Manche können nur dadurch erklärt werden, daß Strahlung aus Teilchen

ROTVERSCHIEBUNG UND BLAUVERSCHIEBUNG
Ein Objekt erkennt man an der Strahlung, die es aussendet. Ruht das Objekt in bezug auf den Beobachter, so werden sich die Emissions- und Absorptionslinien seines Spektrums an bestimmten Stellen, also an bestimmten Wellenlängen, befinden.

Nähert sich das Objekt dem Beobachter, „verdichtet" sich die Strahlung. Ihre Frequenz nimmt zu, ihre Wellenlänge ab. Die Absorptions- und Emissionslinien verschieben sich zum blauen Ende des Spektrums hin. Sie sind „blauverschoben".

Bewegt sich hingegen das Objekt vom Beobachter weg, dehnt sich die Wellenlänge der Strahlung zu längeren Wellenlängen. Die Linien innerhalb des Spektrums sind „rotverschoben".

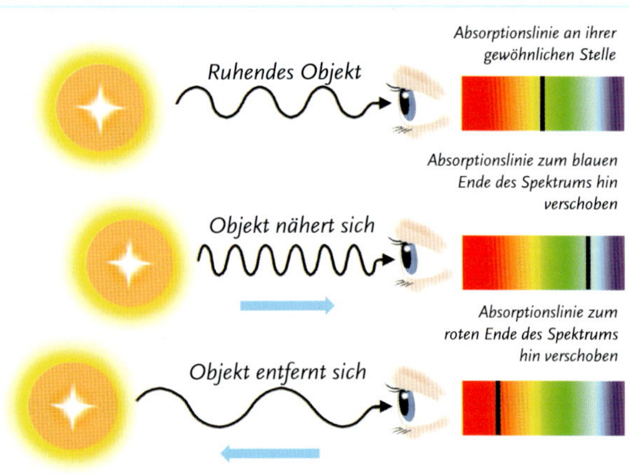

Das Sonnenspektrum weist dunkle Absorptionslinien auf, die erstmals 1814 von Joseph von Fraunhofer näher untersucht wurden. Heute kennt man mehr als 25 000 Linien innerhalb des Spektrums. Dadurch hat man eine große Menge Informationen über die Zusammensetzung der Sonne gewonnen.

besteht; man spricht vom Welle- und Teilchencharakter des Lichtes. Strahlung kann man als Energiepakete verstehen, die durch den Raum in Form von Wellen reisen, sich jedoch bei Wechselwirkung mit Materie wie Teilchen verhalten. Die Energiepakete, oder Quanten, nennt man Photonen. Die Energie der Photonen steht in direktem Zusammenhang mit der Frequenz der Strahlung. Der von den Photonen ausgeübte Druck wird als Strahlungsdruck bezeichnet.

Atomspektren

Ein Atom besteht aus einem Kern (Protonen und Neutronen) mit einer Anzahl von Elektronen, die sich auf Bahnen um den Kern befinden. Es sind nur bestimmte Elektronenbahnen möglich, wobei jede Bahn einem „Energieniveau", oder Energiebetrag, entspricht. Fällt ein Elektron von einer höheren auf eine tiefere Bahn, wird die verlorene Energie in ein Strahlungsteilchen, ein Photon, verwandelt. Alle Atome sind also in der Lage, Strahlung auszusenden, und sie können Photonen absorbieren, wodurch Elektronen auf ein höheres Energieniveau gehoben werden.

Aufgrund der unterschiedlichen Elektronenbahnen absorbiert und emittiert jedes einzelne chemische Element Photonen von verschiedenen Energiebeträgen. Da die Photonen eine unterschiedliche Energie besitzen, haben sie auch unterschiedliche Wellenlängen. Deshalb erlaubt uns ein Blick auf das Spektrum eines Sterns die Bestimmung seiner chemischen Zusammensetzung.

Wir können auch die chemische Zusammensetzung jeglicher Materie bestimmen, die sich zwischen uns und einer Lichtquelle befindet. Die von der Quelle ausgesendete Strahlung wird von der dazwischenliegenden Materie absorbiert. Die Elektronen der Atome absorbieren aber nur Strahlung mit einer Wellenlänge, die ihren Bahnen entsprechen. Dies erzeugt dunkle Absorptionslinien im Spektrum.

Wenn sich umgekehrt ein heißer Körper in der Nähe befindet, wie etwa eine glühende, Photonen emittierende Gaswolke, wird dieser eine andere Art von Spektrum erzeugen, das aus einzelnen, hellen Linien besteht. Dies bezeichnet man als Emissionsspektrum. Die Spektroskopie, die Analyse von Gestirnen auf der Basis der Strahlung, ist die Hauptmethode, um die Bedingungen in den Himmelskörpern unserer Galaxis und jenseits davon zu untersuchen.

ATOMSPEKTREN, ABSORPTIONS- UND EMISSIONSLINIEN

Atome können Strahlungsphotonen einfangen oder abstrahlen, wodurch Absorptions- oder Emissionslinien in den Spektren entstehen. Mit den Wellenlängen der Linien kann die chemische Zusammensetzung des Objektes ermittelt werden.

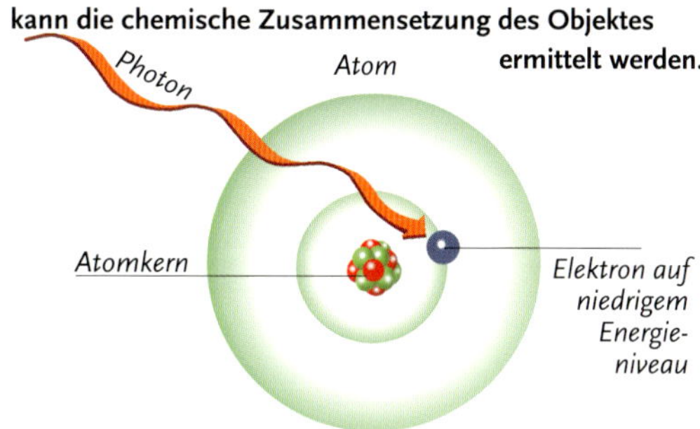

Elektronen können nur auf bestimmten Energieniveaus (oder Bahnen) existieren. Wenn ein Photon von einem Elektron absorbiert wird, wird dieses auf ein höheres Energieniveau gehoben.

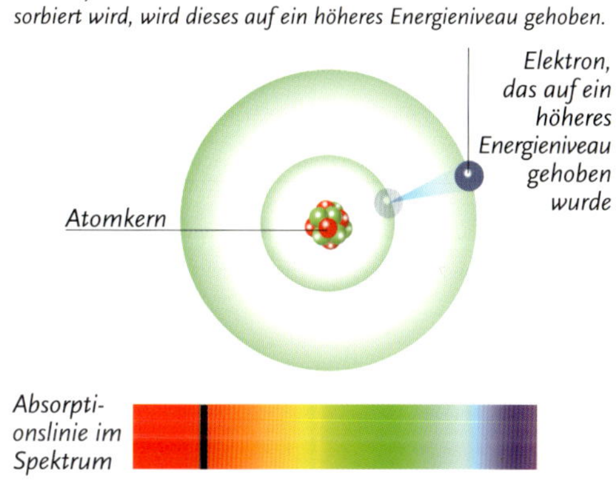

Der Betrag der vom Elektron absorbierten Strahlung erzeugt eine dunkle Linie im Spektrum: eine Absorptionslinie. Die Position der Absorptionslinie läßt auf das Element schließen.

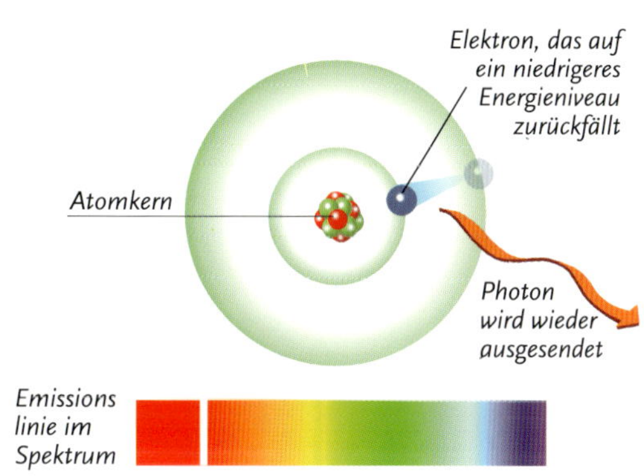

Wenn das Elektron auf sein ursprüngliches Energieniveau zurückfällt, wird ein Strahlungsphoton ausgesendet und erzeugt eine helle Emissionslinie im Spektrum.

Elektromagnetisches Spektrum 140–141 ▶

Spektroskopie 142 ▶

ANDERE SONNENSYSTEME?

Die Existenz extrasolarer Planeten, also Planeten außerhalb des Sonnensystems, ist von entscheidender Bedeutung für die Astronomen. Zum einen bieten Planeten eine Plattform, auf der Leben entstehen und sich entwickeln kann. Sollte unser Sonnensystem im Universum einzigartig sein, wären wir auch die einzige Zivilisation im Universum. Zum anderen könnten die Astronomen bei der Beobachtung anderer Sonnensysteme die Regeln entdecken, nach denen alle Sonnensysteme existieren. KEN CROSWELL

Oben: Ein künstlerischer Eindruck von dem Planeten, der 51 Pegasi umkreist. Der Planet ist wahrscheinlich so groß wie Jupiter oder Saturn, seine Umlaufbahn liegt jedoch näher am Stern als die von Merkur in unserem eigenen Sonnensystem. Vermutlich ist er weiter entfernt entstanden und hat sich jetzt auf einer spiralförmigen Bahn dem Stern genähert.

"Es ist ebenso schwierig wie wichtig, extrasolare Planeten zu entdecken. Im Gegensatz zu den Sternen senden Planeten kein eigenes Licht aus; vielmehr reflektieren sie das Licht des Sterns, den sie umkreisen. Selbst die hellsten Planeten unseres Himmels – Venus, Mars und Jupiter – wären für das bloße Auge viel zu blaß und deshalb unsichtbar, wenn sie so weit entfernt wären wie der erdnächste Stern. Überdies würden sie im Glanz des Sterns verschwinden. Deshalb blieb die Zahl der entdeckten Planeten bis 1991 bei neun stehen: Es sind die neun, die unsere Sonne umkreisen.

Zum Glück besitzen Planeten etwas, das ihr Vorhandensein verrät: Masse. Alles, was eine Masse hat, übt eine Gravitationskraft aus. Die Anziehungskraft eines Planeten verursacht also Bahnschwankungen beim Stern, den er umkreist. Da Astronomen den Stern sehen können, haben sie eine Chance, dessen Schwankungen wahrzunehmen und daraus die Existenz eines Planeten abzuleiten.

Jedoch sind die stellaren Schwankungen winzig, da Sterne groß und Planeten klein sind. Jupiter etwa, der größte Planet unseres Sonnensystems, hat die 318fache Erdmasse, was jedoch nur 1/1000 der Sonnenmasse entspricht.

Die Interpretation von Daten über jene sternenumkreisenden Planeten bleibt jedoch umstritten. Andere Theorien wurden deshalb zur Erklärung der scheinbaren Schwankungen geäußert. Zum Beispiel, daß ein pulsierender Stern die gleichen Daten erzeugen könnte.

1991 entdeckten die Radioastronomen Alex Wolszczan und Dale Frail die ersten, echten extrasolaren Planeten, die überraschenderweise einen Pulsar umkreisen – also einen dichten, sich schnell drehenden Stern, der sich dann bildet, wenn ein massereicher Stern als Supernova explodiert. Eine solche Explosion sollte eigentlich sämtliche Planeten aus ihren Umlaufbahnen fegen, weil die Masse, und damit die Anziehungskraft des Sterns, abnimmt. Dennoch kreisen mindestens drei Planeten um den Pulsar PSR B1257+12 im Sternbild Jungfrau.

Wie ein Leuchtturm sendet ein Pulsar einen Lichtstrahl aus. Bei jeder Umdrehung des Pulsars zieht der Strahl über die Erde, und die Astronomen empfangen einen Strahlungsimpuls. Die Anziehungskraft eines Planeten, der einen Stern umkreist, zieht den Pulsar geringfügig an die Erde heran und von ihr weg. Bewegt sich der Pulsar zur Erde hin, verdichten sich seine Impulse und häufen sich je Sekunde. Bewegt sich der Pulsar von der Erde weg, geschieht genau das Gegenteil. Als sie die Impulse von PSR B1257+12 kontrollierten, entdeckten Wolszczan und Frail seine drei Planeten.

Die Masse dieser Planeten ist mit der Erdmasse vergleichbar. Tatsächlich bieten sie eine erstaunliche Ähnlichkeit mit Merkur, Venus und der Erde, den drei sonnennächsten Planeten. Von diesen dreien hat Merkur die geringste Masse. Venus und die Erde haben vergleichbare Massen. Dasselbe läßt sich von den drei Planeten sagen, die den Pulsar umkreisen.

Wenn Astronomen größere Mengen von Sauerstoff in der Atmosphäre eines anderen Planeten entdecken, könnte es auf diesem Planeten Leben geben.

Trotz ihrer Ähnlichkeit mit unserem Sonnensystem können die Planeten um einen Pulsar kein Leben beherbergen, denn ihr Stern sendet eine tödliche Strahlung aus. Die besten Chancen für das Leben bieten Planeten, die einen sonnenähnlichen Stern umkreisen. 1995 machten die Schweizer Astronomen Michel Mayor und Didier Queloz Schlagzeilen, als sie den ersten extrasolaren Planeten entdeckten, der um einen sonnenähnlichen Stern kreiste. Der Stern, 51 Pegasi, liegt im Sternbild Pegasus und ist 50 Lichtjahre von der Erde entfernt. Mayor und Queloz entdeckten den Planeten, weil auch er seinen Stern schwanken ließ.

Es ist ein Riesenplanet wie Jupiter und Saturn, obwohl er sehr nah an seinem Stern ist – näher als Merkur an unserer Sonne. Die Astronomen vermuten, daß der Planet von 51 Pegasi sich weiter weg von seinem Stern bildete und immer engere Kreise bis zu seinem heutigen Standort um den Stern zog.

Seit der Entdeckung des Planeten von 51 Pegasi haben die Astronomen weitere Planeten in der Umgebung sonnenähnlicher Sterne gefunden. Viele von ihnen sind „Pegasianer": Es sind Riesenplaneten, deren Umlaufbahnen sehr nah an ihren Sternen lie-

gen. Es gibt jedoch einen sonnenähnlichen Stern mit einem Planetensystem, das mit dem unseren vergleichbar ist: 47 Ursae Majoris besitzt einen Riesenplaneten, etwa zweimal so weit von seinem Stern entfernt wie unsere Erde von der Sonne. Gehörte dieser Planet zu unserem Sonnensystem, würde er zwischen Mars und Jupiter liegen.

Natürlich gibt es noch viel zu entdecken. Eines Tages werden die Astronomen Hunderte von extrasolaren Planeten katalogisieren. Sie werden in der Lage sein, unser Sonnensystem mit anderen zu vergleichen und herauszufinden, inwieweit es typisch oder untypisch ist. Vielleicht werden in 20 oder 30 Jahren die Planetenjäger ihre letzten Ziele erreichen: Planeten zu entdecken, die die Größe der Erde aufweisen und um einen sonnenähnlichen Stern kreisen. Auf diesen könnte es vielleicht Leben geben.

Sobald man erdgroße Planeten direkt wird sehen können, werden uns ihre Spektren allerlei Informationen über ihre Zusammensetzung und Struktur liefern. Manche werden, wie Merkur, keinerlei Atmosphäre haben, so daß dort kein Leben zu finden sein wird. Andere werden, wie Mars und Venus, viel Kohlendioxid aufweisen. Doch es ist wahrscheinlich, daß manche Wasserdampf besitzen werden, die auf Meere mit Wasser im flüssigen Zustand hindeuten. Darunter werden vielleicht einige auch Sauerstoff, also ein Zeichen für Leben, offenbaren. Der Sauerstoff der Erdatmosphäre, der vor einigen Milliarden Jahren entstand, ist auf organisches Leben zurückzuführen. Wenn plötzlich jegliches Leben auf der Erde ausgelöscht werden würde, würde der Sauerstoff in der Erdatmosphäre mit der felsigen Oberfläche reagieren und vollständig verschwinden. Wenn also Astronomen größere Spuren von Sauerstoff in der Atmosphäre eines anderen Planeten entdecken, könnte es ein Zeichen für Leben sein.

Wir sind aber von diesen Entdeckungen noch Jahrzehnte entfernt. Die aufregenden Funde der 90er Jahre bereiten jedoch den Weg für das kommende Jahrhundert und die spektakuläre Suche nach Planeten vor. “

Ein Pulsar ist ein schnell drehender Neutronenstern, ein Stern am Ende seines Lebens. Er sendet eine tödliche Strahlung aus. Diese künstlerische Darstellung zeigt einen Planeten auf einer Umlaufbahn um einen Pulsar. Möglicherweise umkreisen drei Planeten den Pulsar PSR B1257+12.

STERNE

Die Sterne sehen wir am Nachthimmel nur als Lichtpunkte. Alles, was wir auf der Erde an Licht, Wärme und Energie erhalten, kommt vom atomaren Feuer des uns am nächsten stehenden Sternes: der Sonne. Sie ist ein ganz normaler Stern. Wenn wir aber weiter hinaus ins Weltall schauen, sehen wir gewaltige kühle Sterne, Rote Riesen, helle heiße Überriesen und kleine Sterne, die aus extrem dichter Materie bestehen: die Weißen Zwerge. Ferner gibt es Neutronensterne und Schwarze Löcher, tote Überbleibsel massereicher Sterne. Viele Sterne kreisen umeinander, und manchmal stehen sie so dicht, daß der eine die Materie des anderen absaugt. Einige Sterne pulsieren so stark, daß aus Hunderten Lichtjahren Entfernung die Veränderung ihres Lichtes beobachtet werden kann. Somit sind die Sterne seltsame und exotische Objekte, die es den Astronomen ermöglichen, weit jenseits unseres Sonnensystems zu schauen.

1 ▶ *Sterne entstehen aus gewaltigen kalten Gas- und Staubwolken. Dunkelwolken im interstellaren Raum sieht man als Silhouetten gegen den hellen Hintergrund. Es ist Einwirkung von außen notwendig, um die Wolke so zu stören, daß sie beginnt, in sich zusammenzufallen.*

2 ▶ *Sobald der Kollaps einer Wolke begonnen hat, teilt sie sich in kleine Kugeln auf, weil es in ihrem Innern winzige Verdichtungen aus Gas und Staub gibt. Diese Knoten sind dichter als die Wolke und verfügen somit über eine größere Anziehungskraft, so daß sie mehr Gas und Staub anziehen.*

12 ▶ *Einige der äußerst massereichen Sterne können noch weiter über das Neutronensternstadium hinaus kollabieren, um dann zu Schwarzen Löchern zu werden. Ihre Gravitation ist so gewaltig, daß sie alles aus ihrer Umgebung in sich aufsaugen.*

11 ▶ *Neutronensterne sind klein, lichtschwach und dicht. Sie können sich rasend schnell drehen, und zwar bis zu einigen tausend Mal in der Sekunde. Ihre gewaltigen Magnetfelder senden trichterförmig Strahlung nach draußen, und die Strahlungsblitze streichen wie der Scheinwerferstrahl eines Leuchtturmes über den Himmel. Wenn der Strahl in unsere Richtung zeigt, hören wir schnelle regelmäßige Pulse von Radiowellen. Diese Sterne sind Pulsare.*

10 ▶ *Wenn ein größerer Stern unter seiner eigenen Schwerkraft zusammenstürzt, um so zu einem Neutronenstern zu werden, können seine äußeren Schichten in der gewaltigen Explosion einer Supernova davongeblasen werden.*

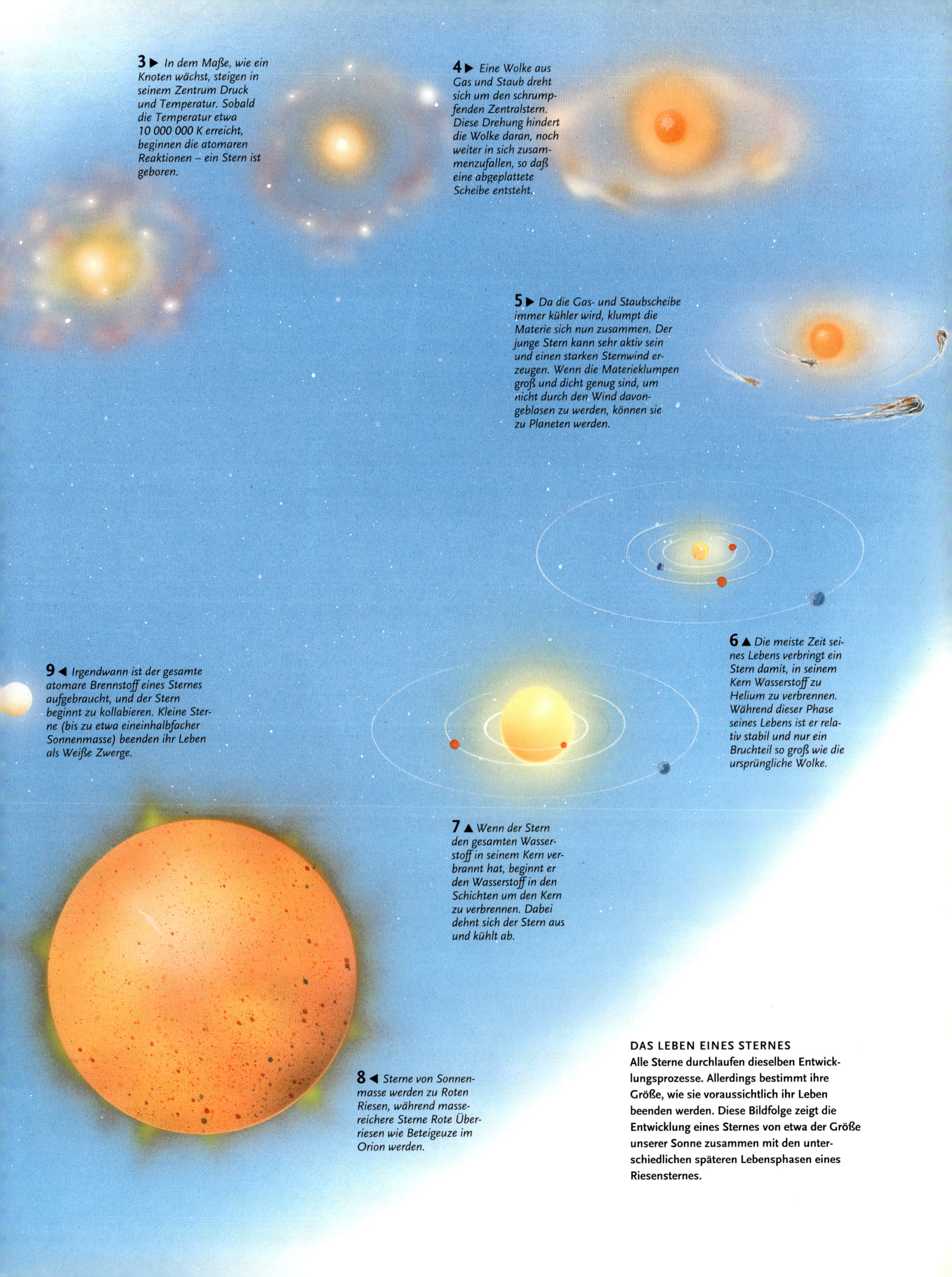

3 ▶ *In dem Maße, wie ein Knoten wächst, steigen in seinem Zentrum Druck und Temperatur. Sobald die Temperatur etwa 10 000 000 K erreicht, beginnen die atomaren Reaktionen – ein Stern ist geboren.*

4 ▶ *Eine Wolke aus Gas und Staub dreht sich um den schrumpfenden Zentralstern. Diese Drehung hindert die Wolke daran, noch weiter in sich zusammenzufallen, so daß eine abgeplattete Scheibe entsteht.*

5 ▶ *Da die Gas- und Staubscheibe immer kühler wird, klumpt die Materie sich nun zusammen. Der junge Stern kann sehr aktiv sein und einen starken Sternwind erzeugen. Wenn die Materieklumpen groß und dicht genug sind, um nicht durch den Wind davongeblasen zu werden, können sie zu Planeten werden.*

6 ▲ *Die meiste Zeit seines Lebens verbringt ein Stern damit, in seinem Kern Wasserstoff zu Helium zu verbrennen. Während dieser Phase seines Lebens ist er relativ stabil und nur ein Bruchteil so groß wie die ursprüngliche Wolke.*

7 ▲ *Wenn der Stern den gesamten Wasserstoff in seinem Kern verbrannt hat, beginnt er den Wasserstoff in den Schichten um den Kern zu verbrennen. Dabei dehnt sich der Stern aus und kühlt ab.*

8 ◀ *Sterne von Sonnenmasse werden zu Roten Riesen, während massereichere Sterne Rote Überriesen wie Beteigeuze im Orion werden.*

9 ◀ *Irgendwann ist der gesamte atomare Brennstoff eines Sternes aufgebraucht, und der Stern beginnt zu kollabieren. Kleine Sterne (bis zu etwa eineinhalbfacher Sonnenmasse) beenden ihr Leben als Weiße Zwerge.*

DAS LEBEN EINES STERNES
Alle Sterne durchlaufen dieselben Entwicklungsprozesse. Allerdings bestimmt ihre Größe, wie sie voraussichtlich ihr Leben beenden werden. Diese Bildfolge zeigt die Entwicklung eines Sternes von etwa der Größe unserer Sonne zusammen mit den unterschiedlichen späteren Lebensphasen eines Riesensternes.

LEBENSZYKLUS EINES STERNS

Nachdem ein Stern sich aus einer Gaswolke entwickelt hat, kann er Milliarden von Jahren leben, bis er jenes Stadium erreicht, in dem sich sein dramatischer Tod vollzieht.

Der Lebenszyklus eines Sterns hängt von seiner Masse ab. Das Leben eines Sterns von geringer Masse wie unsere Sonne wird ruhig verlaufen und ebenso enden. Ein massereicher Stern wie Beteigeuze wird auch ein äußerst dramatisches Ende haben.

Die Leuchtkraft der Sterne

Sterne leuchten unterschiedlich hell. Ein Grund dafür ist die unterschiedliche Entfernung zur Erde. Bei zwei Objekten mit fast gleicher Leuchtkraft ist jenes das entferntere, das als das schwächere erscheint. Die tatsächliche Helligkeit der Sterne läßt sich nur messen, wenn man die Entfernung eines Sterns kennt.

Wie hell ein Stern ist, hängt von seiner Leuchtkraft ab. Sie ist der Energiebetrag, den der Stern in jeder Sekunde abstrahlt. Die Leuchtkraft der Sonne beträgt $3{,}9 \times 10^{26}$ Watt, was einer Leistung von einer Million, Million, Million, Million 100-Watt-Lampen entspricht.

Die absolute Helligkeit der Sterne (wahre Helligkeit) schwankt mit Temperatur und Größe. Die Leuchtkraft – im Hertzsprung-Russel-Diagramm auf der senkrechten Achse – spielt bei der Bestimmung der Lebenszyklen eine entscheidende Rolle.

Das Hertzsprung-Russell-Diagramm

Das Hertzsprung-Russell-Diagramm ist eines der wichtigsten Diagramme in der Astronomie. In ihm kann die gesamte Lebensgeschichte eines Sterns dargestellt werden. Sterne haben unterschiedliche Farben: Vom strahlenden Blauweiß über Gelb bis Dunkelrot; diese Farben stehen für die Temperatur. Genauso wie ein Eisenstab, je mehr er im Feuer erhitzt wird, erst rot und dann weiß glüht.

Ejnar Hertzsprung trug 1905 die absolute Helligkeit der Sterne gegenüber ihrem Farbindex auf (wie hell oder schwach ein Stern in den verschiedenen Wellenlängen des Lichtes ist) und entdeckt einen Zusammenhang. Dasselbe Schema fand Henry Russell, als er absolute Helligkeiten gegen Spektraltypen auftrug. Diese basieren auf den Sternspektren, die Absorptions- und Emissionslinien zeigen, und reichen von den Klassen der heißen hellen O-Sterne über die Klassen B, A, F, G, K bis zu kühlen roten M-Sternen. Jede Klasse ist in 10 Stufen von 0 bis 9 unterteilt.

Als Hertzsprung und Russell ihre Diagramme aufstellten, wußten sie noch nicht, daß die Farbe und der

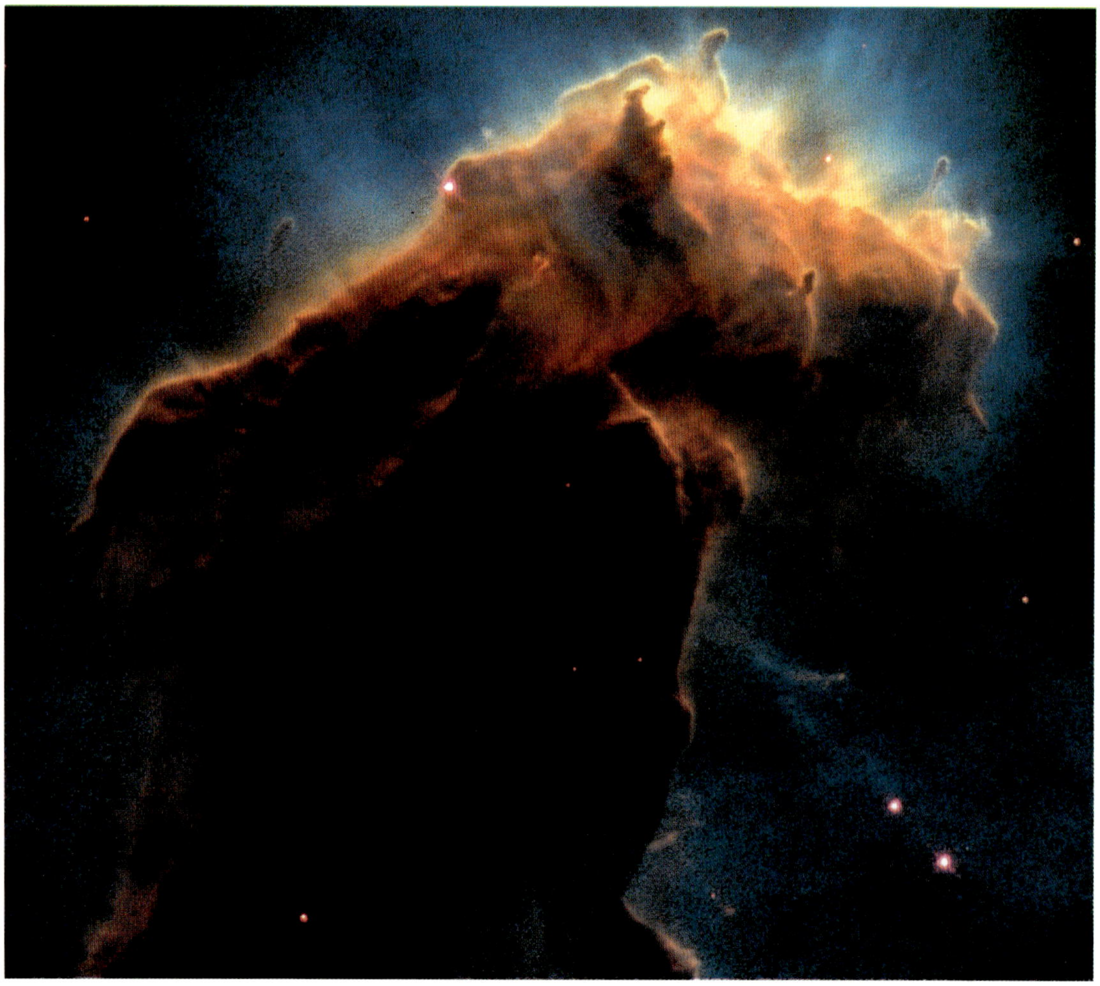

1995 photographierte das Hubble-Weltraumteleskop diesen Teil des Adlernebels. Die fingerartigen Vorsprünge, die an der Spitze zu sehen sind, sind größer als unser Sonnensystem. Im Innern jedes dieser Vorsprünge sitzt ein Stern im Embryostadium.

◀ 16–19 Die Entstehung des Sonnensystems
◀ 95 Spektren

Spektraltyp eines Sternes Meßgrößen für die Sterntemperatur sind. Russell ordnete die Spektralklassen auf der unteren waagerechten Achse von O nach M. Heute wissen die Astronomen, daß diese Klassifizierung die Entwicklung von den heißen zu den kühlen Sternen anzeigt, weshalb die Temperatur im Hertzsprung-Russell-Diagramm (oder HRD) auf der Grundachse rückwärts verläuft. Die senkrechte Achse gibt mit der absoluten Helligkeit die Leuchtkraft an.

Das geschwungene Band zeigt den Lebenszyklus eines Hauptreihensterns (siehe rechts). Er verläuft von rechts unten nach links oben. Die Sonne steht im Augenblick bei etwa 6000 K. Die Gruppen im rechten oberen Bereich des Diagramms stehen für die Riesen und Überriesen; die Weißen Zwerge liegen am unteren Rand.

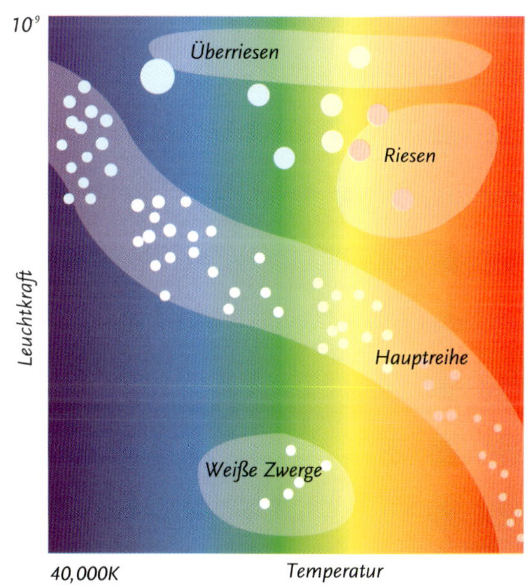

HERTZSPRUNG-RUSSELL-DIAGRAMM

Oben: Das dunkle Gebiet auf diesem Bild ist eine Wolke aus Gas und Staub, in der Sterne entstehen. Das Licht der weiter entfernten Objekte wird durch den Staub verschluckt. Der Haufen bläulich leuchtender Sterne links sind junge Sterne, die in einer solchen Wolke geboren wurden.

Die Hauptreihe

Die meiste Zeit seines Lebens wird der Stern in seinem Kern Wasserstoff verbrennen, Helium erzeugen und ein Hauptreihenstern sein. Die Kernfusion wird durch den gewaltigen Druck und durch die enorme Temperatur im Zentrum erzeugt. Da Sterne den größten Teil ihres Lebens in diesem Stadium verbringen, liegen die meisten, die man am Nachthimmel sieht, auf der Hauptreihe, und sie sind relativ stabil.

Die Geburt eines Riesen

Die nächste Phase im Leben eines Sterns hängt von seiner Masse ab. Unsere Sonne verbrennt seit rund 4,6 Milliarden Jahren in ihrem Kern Wasserstoff und wird das auch weitere fünf Milliarden Jahre tun. Massereiche Sterne verbrennen ihren Vorrat an Wasserstoff schneller und bleiben nicht so lange auf der Hauptreihe. Dagegen können sich masseärmere Sterne länger in diesem Bereich aufhalten.

Wenn ein Stern den gesamten Wasserstoff in seinem Kern verbrannt hat, wird er den Wasserstoff in den Schichten um den Kern verbrennen. Das geschieht in dünnen, kugelförmigen Schalen und wird als Wasserstoffschalenbrennen bezeichnet. Die so brennenden Schalen wandern stufenweise nach

Spektroskopie 142 ▶
Sternhelligkeiten 166–167 ▶

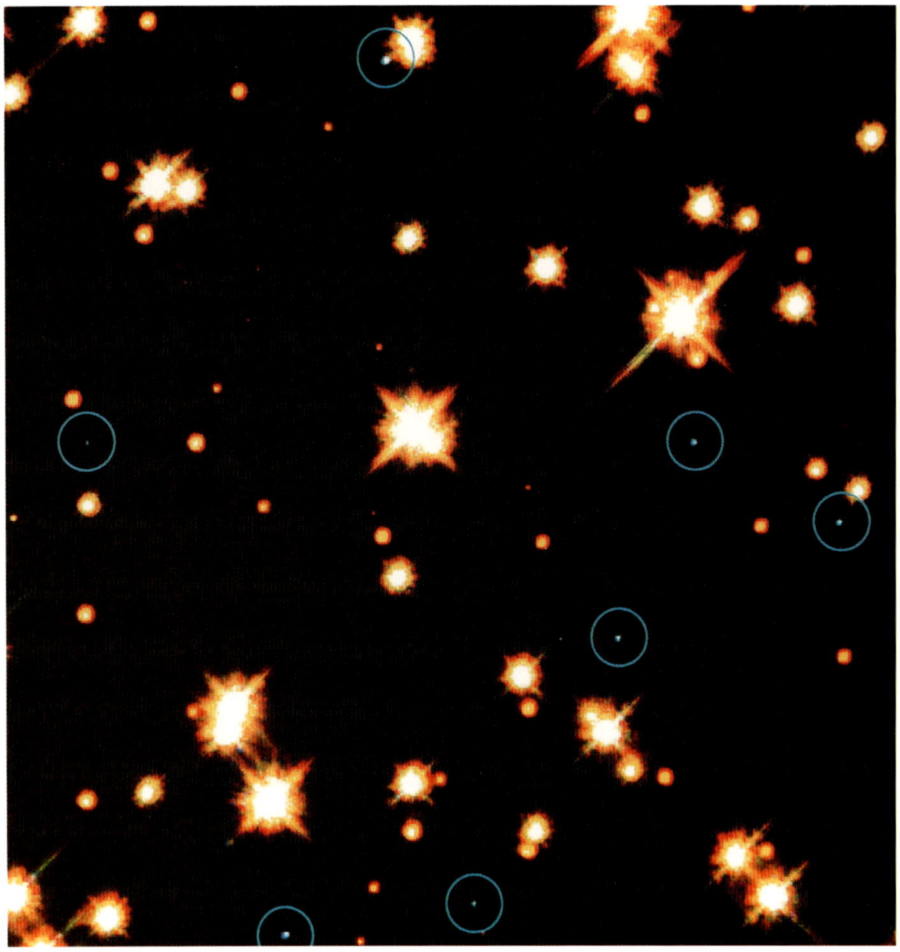

1995 entdeckte das Hubble-Weltraumteleskop zahlreiche Weiße Zwerge im Kugelsternhaufen M 4 (eingekreist). Diese sehr alten dichten Sterne werden langsam kühler und schwächer, bis sie nicht mehr beobachtet werden können.

außen, was dazu führt, daß die äußeren Schichten sich ausdehnen. Und während die äußere Sternatmosphäre sich ausdehnt, kühlt sie ab.

In dieser Phase wird ein Stern von Sonnenmasse zu einem Roten Riesen. Ist das Wasserstoffbrennen in seinem Kern beendet, sinkt die Temperatur auf rund 3500 K ab. Der Stern dehnt sich bis zu einem Durchmesser von 1 AE aus, wobei er die Planeten Merkur, Venus und Erde verschlingt.

Sterne mit noch höherer Masse, wie zum Beispiel Beteigeuze, werden noch größer als die Roten Riesen, und zwar zu Überriesen. Beteigeuze hat einen rund 500mal größeren Durchmesser als die Sonne.

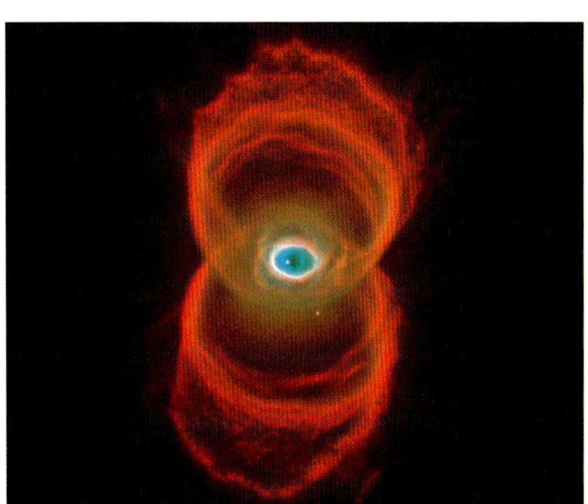

Der vom Hubble-Weltraumteleskop 1996 photographierte Stundenglasnebel ist ein Planetarischer Nebel, der einen Zentralstern umschließt. Wahrscheinlich wird die Stundenglasform durch den Sternwind und seinen Wechselwirkungen mit den Magnetfeldern hervorgerufen.

◀ 16–19 Die Entstehung des Sonnensystems

◀ 21–22 Das Magnetfeld der Sonne

Wenn der Brennstoff zur Neige geht

Wenn die Roten Riesen und Überriesen ihren gesamten Wasserstoff im Zentrum verbraucht haben, stürzen ihre vorwiegend aus Helium bestehenden Kerne in sich zusammen. Ein Roter Riese wird wahrscheinlich nur zwei Milliarden Jahre damit verbringen. Danach erlischt das Heliumschalenbrennen, und der Kern kollabiert erneut.

Die Sonne wird kein weiteres nukleares Feuer erzeugen. Dagegen können massereichere Sterne fortfahren, ihr gesamtes Helium aufzubrauchen. In den extrem massereichen Überriesen setzen sich die atomaren Fusionsreaktionen so lange fort, bis Eisen entsteht. Es ist das schwerste Metall, das auf diese Weise gebildet werden kann.

Sternentod: Weiße Zwerge

Ist irgendwann bei einem massearmen Stern der nukleare Brennstoff in seinem Kern aufgebraucht, wird er so lange zusammenstürzen, bis die Elektronen-Entartung einsetzt. Dann ist die Kraft zwischen den Elektronen groß genug, um jeglichen weiteren Kernkollaps zu überwinden.

Das tritt jedoch nur dann ein, wenn der Druck extrem hoch und die Kernmaterie viel dichter ist als in der normalen Sternmaterie. Ein Stern, der dieses Stadium erreicht, heißt Weißer Zwerg.

Weiße Zwerge sind klein und sehr dicht. Eine Streichholzschachtel voller Weißer-Zwerg-Materie würde etwa 15 000 kg wiegen, etwa so viel wie 15 Autos. Je kühler Weiße Zwerge werden, um so schwächer leuchten sie.

Neutronensterne und Pulsare

Wenn der am Ende seines Lebens stehende Stern genug Masse hatte, dann reicht das Gewicht der zusammenstürzenden Materie aus, um den Druck der Elektronen-Entartung zu überwinden. Das bedeutet, daß der Kern weiter kollabiert. Daraufhin kann der Neutronen-Entartungsdruck einsetzen. Es ist die Kraft zwischen den einzelnen Neutronen, die das Zusammenziehen des Kerns unterbindet.

Ein Stern, der diese Phase erreicht, heißt Neutronenstern. Eine Streichholzschachtel voller Neutronensternmaterie würde rund 15×10^{11} kg wiegen, etwa so viel wie 1,5 Billionen Autos.

Die schnell rotierenden Neutronensterne mit den starken Magnetfeldern sind die Quellen der Pulsare. Wenn sie in der entsprechenden Richtung stehen, streichen die Strahlungsblitze der Pulsare über die Erde wie ein Leuchtturmstrahl. Die Strahlenblitze bemerken wir immer dann, wenn der Puls uns direkt trifft. Der Neutronenstern muß sich also einige hundert Mal pro Sekunde um seine Achse drehen.

Supernovae

Der Druck der Neutronen-Entartung kann manchmal derart schnell einsetzen, daß sich eine starre Oberfläche gegenüber der immer noch zusammenfallenden Materie bildet. An diesem Punkt, glauben die Wissenschaftler, kommt es zu einer Supernova. Durch den entstehenden Schock werden die verbleibenden äußeren Schichten des Sternes in einer gewaltigen Explosion weggeschleudert. Diese Explosionen können so gewaltig sein, daß eine Supernova eine ganze Galaxie überstrahlt.

In den folgenden Wochen und Monaten schwächt sich diese Leuchterscheinung ab, aber die Überreste einer Supernova können noch viele tausend Jahre danach beobachtet werden. Dieser Überrest ist mit schwereren chemischen Elementen angereichert. Sie sind das Ergebnis jener nuklearen Prozesse, die sich im Innern des Sterns und während der Supernovaexplosion ereignet haben. Nachdem dieser Überrest sich verteilt hat, kann ein schnell rotierender Neutronenstern zurückbleiben.

Supernovae sind die einzigen Orte im Universum, an denen Gold entstehen kann. Da in einem Jahrhundert nur einige wenige Supernovae in einer Galaxie auftauchen, ist auch Gold als Element so selten.

Schwarze Löcher

Einige Sterne haben jedoch eine derart gewaltige Masse, daß sie über genügend zusammenstürzende Materie verfügen und jeglichen Neutronen-Entartungsdruck überwinden. Nichts kann ihren Kollaps stoppen. Deshalb werden sie schließlich so dicht, daß ein Schwarzes Loch entsteht. Schwarze Löcher haben derart starke Anziehungskräfte, daß nicht einmal das Licht entweichen kann.

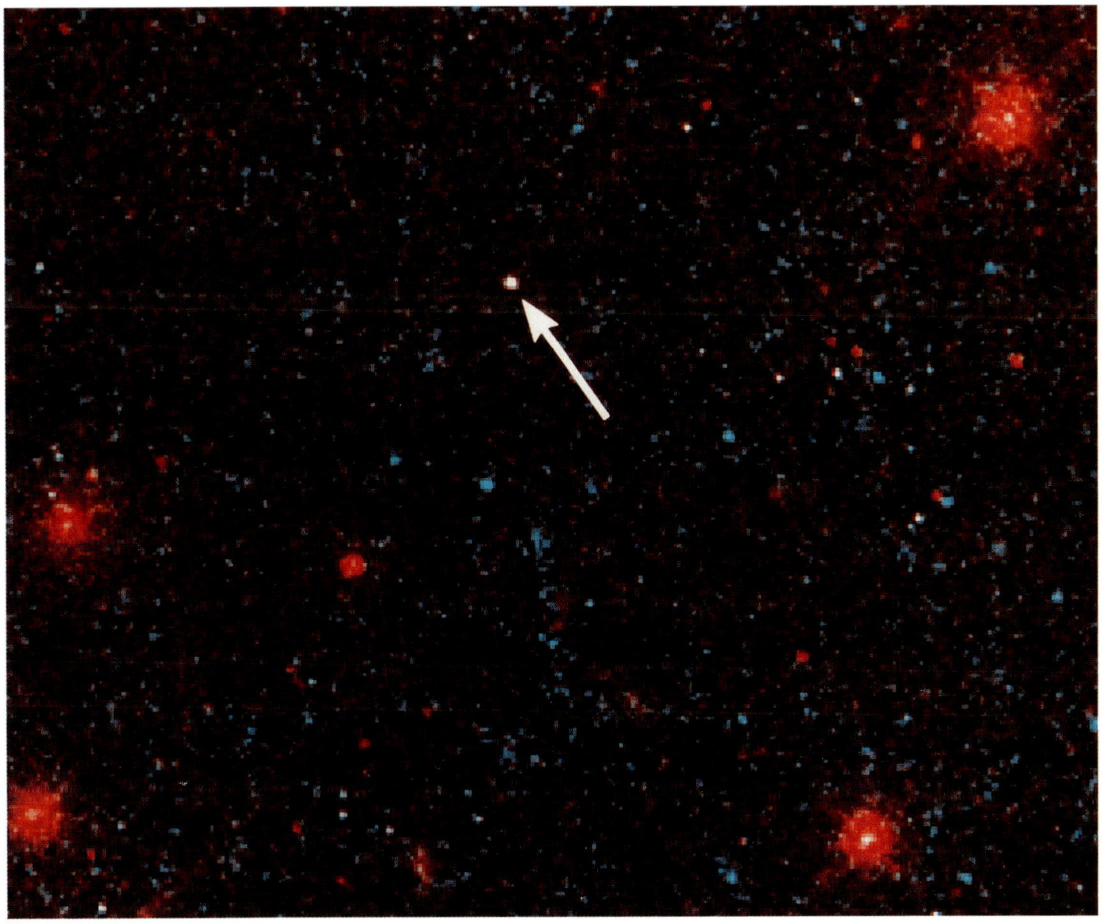

Links und rechts oben: Diese Bilder zeigen den Zustand vor und nach einer Supernova-Explosion. Diese Supernova ereignete sich 1987 in der nahe gelegenen Großen Magellanschen Wolke. Der Pfeil auf dem linken Bild zeigt den Stern vor der dramatischen Explosion auf dem rechten Bild.

Links: Das Weltraumteleskop Hubble entdeckte 1997 einen isoliert stehenden Neutronenstern. Sein Durchmesser beträgt nicht mehr als 28 km, seine Oberflächentemperatur ist mehr als 666 000 °C.

Doppelsterne 104–106 ▶

Beteigeuze 168 ▶

DOPPELSTERNE UND VERÄNDERLICHE

Unsere Sonne ist nicht typisch für alle Sterne. Einige von ihnen sind Teil eines Doppelsternsystems, und andere verändern mit der Zeit deutlich ihre Helligkeit.

EDOUARD ROCHE

Edouard Roche war französischer Mathematiker und lebte Mitte des 19. Jahrhunderts. Eine seiner bedeutendsten Entdeckungen betraf die Schwerkraftverhältnisse in Doppelsternsystemen. Er erkannte, daß, wenn man eine „Achterfigur" um die beiden Komponenten eines Doppelsternsystems zieht, diese Figur den Schwerkraftbereich jedes der beiden Sterne umreißt. Jede Hälfte dieser Figur ist als Roche-Volumen bekannt. Wenn einer der beiden Sterne sich so weit aufbläht, daß er das Roche-Volumen ausfüllt, wird die Materie zu dem anderen Stern an jenem Punkt hinüberströmen, an dem sich die beiden Roche-Flächen berühren. Dieser Punkt heißt Innerer Lagrangepunkt.

Doppelsterne sind Sternenpaare, die umeinander kreisen. Die beiden Sterne entstehen eng beieinander und sind durch die Schwerkraft miteinander verbunden. Die Astronomen teilen Doppelsterne in drei Klassen ein: visuelle, spektroskopische und Bedeckungsveränderliche. Sterne können auch zu Mehrfachsystemen gehören, in denen mehr als zwei Sterne um ein gemeinsames Schwerezentrum kreisen. Mehrfachsysteme sind Stufen desselben Szenarios, bei dem ein entfernter Stern um einen Doppelstern läuft oder zwei Doppelsterne sich gegenseitig umkreisen.

Visuelle Doppelsterne

Visuelle Doppelsterne sind Sternpaare, die man im Fernrohr trennen kann, z. B. Mizar (unten rechts und gegenüberliegende Seite) im Großen Wagen, Gamma Andromedae und Gamma Leonis. Hier sind die Komponenten so weit voneinander entfernt, daß sie für einen gegenseitigen Umlauf oft Tausende von Jahren benötigen. Beobachten Astronomen ein solches System über einen gewissen Zeitraum, können sie die Positionen des schwächeren Sternes in bezug auf den helleren bestimmen und die Umlaufbahn festlegen.

Die Sternmassen kann man dadurch bestimmen, indem man das dritte Keplersche Gesetz anwendet. Die beiden Körper kreisen immer um ein gemeinsames Schwerezentrum. Es liegt zwischen ihnen, und sein Ort bezogen auf die Sternzentren ist umgekehrt proportional zur Masse der Komponenten. Die Bestimmung des Schwerezentrums ergibt das Massenverhältnis, und mit der Summe der Massen können die Astronomen die individuellen Massen der Sterne als Teil der Sonnenmasse bestimmen.

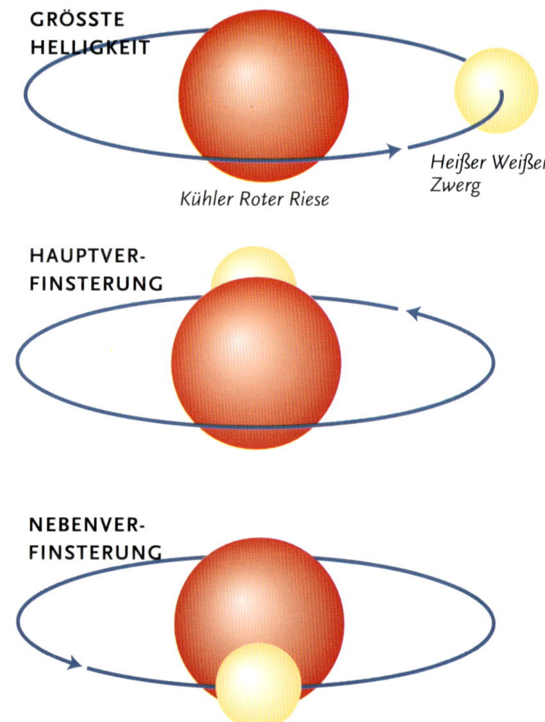

BEDECKUNGSVERÄNDERLICHE

Einige Doppelsterne kreisen so umeinander, daß sie voreinander vorbeiziehen und sich bedecken. Dies verursacht Helligkeitsschwankungen, die häufig von der Erde aus zu sehen sind.

Es ist oft schwierig, die Bewegung von Doppelsternen zu beobachten, denn wir blicken meist nur auf die Kante ihrer Bahnebene. Stellen Sie sich vor, Sie sehen, wie ein Mann um ein feststehendes Objekt herumgeht. Sie werden seine Bewegung nicht beobachten können, während er sich von Ihnen entfernt oder sich Ihnen nähert. Aber Sie werden ihn von einer Seite auf die andere wechseln sehen. Dieser Vorgang kann noch weiter erschwert werden, wenn Doppelsterne unter verschiedenen Winkeln am Himmel stehen. Sind jedoch beide Sterne sichtbar, läßt sich die Umlaufbahn dadurch festlegen, indem man die Kantenstellung berücksichtigt.

Alpha Centauri A und B (rechts) bilden ein helles Sternenpaar. Es ist etwas mehr als vier Lichtjahre entfernt und umkreist sich alle 80 Jahre. Mizar (ganz rechts) im Großen Bären ist 59 Lichtjahre entfernt. Auch bei Mizar reicht schon ein kleines Fernrohr, um die beiden Sterne zu trennen, die für einen gegenseitigen Umlauf 20 000 Jahre benötigen.

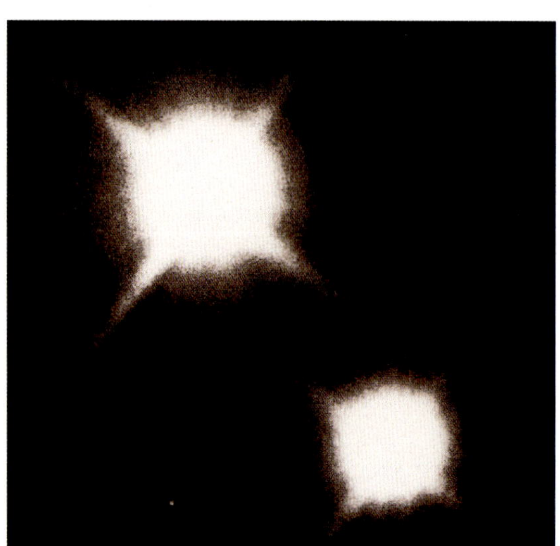

◀ 90 Keplersche und Newtonsche Gesetze
◀ 92 Doppel- und Mehrfachsysteme
◀ 94 Der Doppler-Effekt
◀ 95 Spektren
◀ 100–103 Lebenszyklus eines Sterns

Spektroskopische Doppelsterne

Spektroskopische Doppelsterne sind Sternpaare, die so eng beieinanderstehen, daß sie nur mit Hilfe der Spektroskopie getrennt werden können, also durch die Untersuchung der Absorptions- und Emissionslinien der Sterne.

Spektroskopische Doppelsterne stehen enger zusammen als visuelle Doppelsterne. Deshalb umkreisen sie sich mit höherer Geschwindigkeit. Das erzeugt in den vereinigten Spektren der beiden Sterne leicht zu beobachtende Dopplerverschiebungen.

Liegt die Bahnebene in der Blickrichtung, können die Astronomen die Umlaufgeschwindigkeiten bestimmen. Umlaufzeit und Geschwindigkeit ergeben die Größe jeder Bahn um das gemeinsame Schwerezentrum und somit die individuellen Massen. Dennoch wird in den meisten Fällen die Bahnebene geneigt sein, so daß die Wissenschaftler nur die unteren Grenzwerte für die Geschwindigkeiten und Massen der Sterne bestimmen können.

Ist außerdem noch ein Stern sehr viel schwächer als der andere, so können die Astronomen nur ein Spektrum beobachten, was die Untersuchung noch weiter einschränkt. Wenn man aber die Masse des helleren Sternes aus seinem Spektrum ableiten kann, kann man auch den unteren Grenzwert für die Masse des leichteren Begleiters bestimmen. Mit dieser Methode konnten die Astronomen jupitergroße Planeten entdecken.

Mit Hilfe neuer Techniken konnten immer mehr visuelle Doppelsterne beobachtet werden. So können Interferometer heute Sterne voneinander trennen, die nur einige tausendstel Bogensekunden entfernt sind.

Bedeckungsveränderliche

Bei Bedeckungsveränderlichen kreisen die Partner so umeinander, daß jeder Einzelstern sich vor den anderen schieben kann und sie sich gegenseitig verfinstern. Von der Erde sieht man dann, wie das Doppelsternsystem während einer Umlaufperiode schwächer wird, wenn einer der beiden Sterne vor dem anderen vorbeizieht.

Mehrere Bedeckungsveränderliche können ohne Fernrohr beobachtet werden. Der schönste unter ihnen ist Algol im Perseus. Alle 2,8 Tage wird er um mehr als 1,5 Größenklassen schwächer, wenn ein Stern den anderen bedeckt, ihn dabei jedoch nicht vollständig verfinstert.

Der Grad der Verfinsterung hängt von der Größe der Sterne und der relativen Helligkeit der Begleiter ab. Eine auffällige Finsternis tritt dann ein, wenn ein kleiner Weißer Zwerg um einen großen kühlen Riesen kreist. Verschwindet der Zwergstern hinter dem Riesenstern, kann sich die gemeinsame Helligkeit um eine oder mehrere Größenklassen verringern. Steht aber der helle Zwerg vor dem Riesen, schwächt er nur einen Teil des Lichtes ab, so daß es zu einer matten Halbschattenverfinsterung kommt (siehe Grafik linke Seite oben).

Der Verlauf der Lichtkurve, also die Helligkeitsänderung, wenn die Sterne vor- oder hintereinander vorbeiziehen, ermöglicht es den Astronomen, die Neigung

Mizar und Alkor sind ein weites optisches Doppelsternsystem in der Deichsel des Großen Wagens oder im Schwanz des Großen Bären. Es ist auf diesem Bild der zweite helle Stern von links. Von der Erde aus gesehen scheinen sie eng beieinander zu stehen, aber in Wirklichkeit sind sie mindestens ein Lichtjahr voneinander entfernt.

Rochesche Flächen 106 ▶
Entfernungsmessung 109 ▶
Interferometrie und Keck-Teleskop 137 ▶
Spektroskopie 142 ▶
Sternhelligkeiten 166–167 ▶

Mira oder Mira Ceti ist ein veränderlicher Roter Riese im Sternbild Walfisch und ist auf diesen Bildern umkreist. Er ist der Prototyp aller Mira-Veränderlichen. Es sind kühle Rote Riesen, deren Helligkeit wegen ihrer Pulsationen deutliche Schwankungen zeigt.

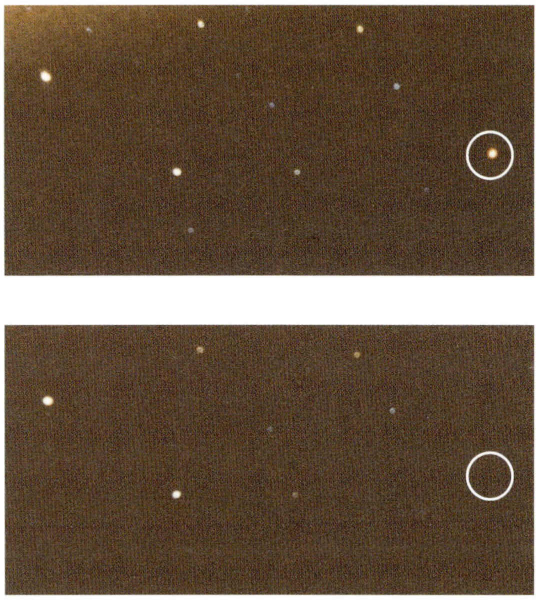

der Bahnebene zu bestimmen, ferner die Geschwindigkeit, mit der sich die Sterne bewegen und schließlich ihre Masse zu berechnen.

Kennen die Astronomen erst die Geschwindigkeit, mit der sich die Sterne bewegen, können sie anhand der Verfinsterungsdauer die Durchmesser der Sterne bestimmen. Sternentfernungen und Helligkeit ergeben die Oberflächentemperaturen der Komponenten.

Veränderliche Sterne

So werden Sterne bezeichnet, die im Laufe der Zeit ihre Helligkeit ändern. Ein Bedeckungsveränderlicher Stern ist durch die Geometrie seiner Umlaufbahn veränderlich. Daneben ist auch eine große Zahl einzelner veränderlicher Sterne bekannt. Zu ihnen gehören die Mira-Sterne, pulsierende Sterne, Cepheiden und RR-Lyrae-Sterne, explodierende Sterne, kataklysmische und symbiotische Sterne.

Mira-Sterne

Die Astronomen kennen Dutzende Arten Veränderlicher Sterne. Der bekannteste Veränderlichentyp ist nach dem Stern Mira (der Wunderbare) im Walfisch benannt. Man kennt ihn seit 1596. Zu gewissen Zeiten gehört Mira zu den hellsten Sternen seines Sternbildes. Dann erreicht er gewöhnlich die dritte Größenklasse, manchmal sogar die erste. Meist ist er aber für das bloße Auge unsichtbar. Mit seiner Lichtwechselperiode von 332 Tagen gehört er zu den sogenannten langperiodisch Veränderlichen. Von den Mira-Sternen kennt man Tausende. Es sind kühle Rote Riesen der Spektralklassen M 5 bis M 9.

Die Helligkeitsschwankung kann sieben oder mehr Größenklassen betragen, wobei Perioden von etwa 100 Tagen bis über 1000 Tage auftreten. Die langperiodisch Veränderlichen sind im allgemeinen die leuchtkräftigsten Sterne. Die meisten Schwankungen der visuellen Helligkeit werden durch kleine Veränderungen in der Oberflächentemperatur hervorgerufen.

Pulsierende Sterne

Einige Sterne verändern ihre Helligkeit, indem sie sich abwechselnd ausdehnen und zusammenziehen. Zu diesen Pulsationen kommt es, wenn in tieferen Schichten während der Ionisation von Wasserstoff oder Helium abwechselnd Energie gespeichert und freigesetzt wird. Einige Veränderliche Sterne befinden sich in einem Zustand, in dem sie ihre gesamten Hüllen ins Weltall verlieren und nur die Kerne behalten. Diese heißen Kerne heizen die verlorene Materie auf und verwandeln sie in schöne auseinander treibende Planetarische Nebel. Die ausgebrannte Materie reichert den interstellaren Raum mit den Nebenprodukten der Kernreaktionen an, so zum Beispiel mit Kohlenstoff. Wahrscheinlich stammt der größte Teil des Staubes in unserer Galaxis von diesen Sternen. Diese Sternkerne bilden die vielen Weißen Zwerge in unserer Umgebung.

Cepheiden und RR-Lyrae-Sterne

Ein weiterer Typ von Veränderlichen Sternen – und genauso häufig wie die Mira-Sterne – sind die Cepheiden. Sie sind nach dem Stern Delta Cephei benannt, dem ersten dieser Art, der entdeckt wurde. Er verändert seine Helligkeit in einem Intervall von ca. 5,4 Tagen. Diese Sterne sind instabile massereiche Überriesen des Spektraltyps F und G. Sie durchlaufen den Instabilitätsstreifen und liegen in der unteren Mitte

ROCHESCHE FLÄCHEN

Einen Doppelstern umgibt eine „achtförmige“ Fläche, die Rochesche Fläche. Es ist der Bereich, wo die Gravitationsenergie überall gleich ist – als Folge der gemeinsamen Anziehungskraft der Sterne und der Zentrifugalkraft. Am Kontaktpunkt direkt zwischen den Sternen ist die Gravitation gleich null. Wenn ein Stern sich ausdehnt, seine Fläche füllt und mit diesem Punkt in Berührung kommt, kann die Materie von diesem Stern zu seinem Begleiter fließen. Die Sterne müssen dazu eng genug beieinander stehen, damit die Expansion während der gewöhnlichen Einzelsternentwicklung tatsächlich ausreicht, das Roche-Volumen zu füllen.

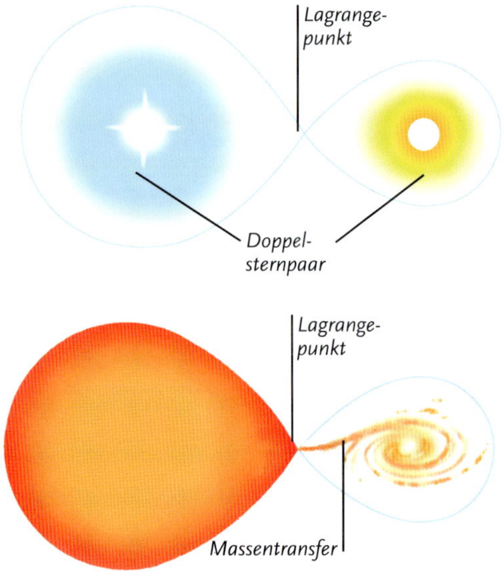

◀ 101 Hertzsprung-Russell-Diagramm
◀ 101–102 Die Geburt eines Riesen
◀ 102 Sterntod: Weiße Zwerge
◀ 104 Edouard Roche
◀ 104–106 Bedeckungsveränderliche

M 100 ist eine Spiralgalaxie im Virgo-Galaxienhaufen. Wahrscheinlich hat sie eine ähnliche Struktur wie unsere Milchstraße. Die Wide Field and Planetary Camera (WFPC 2) des Hubble-Weltraumteleskops machte diese Fotoserie eines Cepheiden in M 100 im Jahre 1994.

Cepheiden verändern ihre Helligkeit über einen Zeitraum von einigen Wochen. Da es einen direkten Zusammenhang zwischen der Dauer einer Pulsationsperiode und ihrer wahren Helligkeit gibt, können die Astronomen ihre Entfernung recht genau bestimmen. Durch die Beobachtungen von 20 Cepheiden in den Sternentstehungsgebieten der Spiralarme von M 100, konnte die Entfernung der Galaxie zu etwa 56 Millionen Lichtjahre (+/- 6 Millionen Lichtjahre) berechnet werden.

des Hertzsprung-Russell-Diagramms. Die Periode ihres Lichtwechsels reicht von weniger als einem Tag bis über 100 Tage, und ihre Helligkeit schwankt manchmal nur gering, aber manchmal auch mit mehr als zwei Größenklassen.

Cepheiden sind hauptsächlich in der galaktischen Scheibe angesiedelt. Im galaktischen Halo finden sich die kurzperiodischen Cepheiden, die RR-Lyrae-Sterne. Sie verändern ihre Helligkeit mit weniger als einer Größenklasse, und ihre Periode liegt unter einem Tag.

Ferner gibt es halbregelmäßig und unregelmäßig veränderliche Riesen-, Überriesen- und Weiße Zwergsterne. Letztere wechseln alle paar Minuten (ZZ-Ceti-Sterne).

Der Massentransfer

Doppelsterne können aufgrund ihrer Bahngeometrie veränderlich sein, Einzelsterne als Folge ihres Pulsierens. Aber bei Doppelsternsystemen kann es noch ganz andere, sehr spektakuläre Veränderungen geben, und zwar als Folge einer Wechselwirkung zwischen den Sternen.

Von den beiden Komponenten des Doppelsterns entwickelt sich der massereichere Stern schneller und wird zu einem Roten Riesen und dann zu einem Weißen Zwerg. Während des Riesenstadiums füllt der Stern eine Gezeitenoberfläche – die sogenannte Roche-Fläche – völlig aus, wo die Gravitationskraft überall gleich ist. Etwas Materie fließt zu dem kleineren Begleiter hinüber.

Kataklysmische Veränderliche

Kataklysmisch veränderliche Sterne umfassen Novae und wiederkehrende Novae. Eine Nova ist ein spektakuläres Ereignis. Ein Doppelsternsystem leuchtet plötzlich mehr als 12 Größenklassen heller auf.

Novae entstehen durch thermonukleare Reaktionen, die auf einem Weißen Zwerg stattfinden. Vom größeren Partner fließt – durch die Schwerkraft des kleineren, kompakten verstärkt – Materie auf den Weißen Zwerg über. Das führt dazu, daß der kleine heiße Stern sein Roche-Volumen ausfüllt. Die Materie bildet eine den Weißen Zwerg umgebende Scheibe, von der aus neuer Wasserstoff auf seine Oberfläche

Symbiotische Sterne 108 ▶
Der Bau der Galaxis 114 ▶
Elektromagnetisches Spektrum 140–141 ▶
Sternhelligkeiten 166–167 ▶

Das Licht der Nova Cygni, eines symbiotischen Sterns, erreichte im Jahre 1975 die Erde. Das System wird nun von einer expandierenden, asymmetrischen Gashülle umgeben, die durch die Explosion herausgeschleudert wurde.

hinabregnet. Wenn die Temperatur und der Druck am Boden dieser Wasserstoffhülle genügend angestiegen sind, bläst eine thermonukleare Explosion die Oberfläche des Weißen Zwerges davon und löst damit einen Helligkeitsanstieg aus.

Der Massentransfer zwischen den beiden Sternen beginnt nach dem Ausbruch erneut, und nach einigen hundert oder tausend Jahren wiederholt sich die Nova. Klassische Novae zeigen keine Wiederholung; aber es gibt eine Art, die als wiederkehrende Nova bezeichnet wird. Sie wiederholt sich mit geringerer Heftigkeit über Zeiträumen von wenigen Jahrzehnten.

Symbiotische Sterne

Wenn Sterne weiter voneinander entfernt sind, beginnt die Wechselwirkung erst, wenn der Zwerg zu einem Riesenstern angeschwollen ist und große Materiemengen zu dem Weißen Zwerg fließen. Die entstehende heiße Akkretionsscheibe bringt genügend Ultraviolettstrahlung hervor, um die fließende Materie leuchten zu lassen und Emissionslinien zu erzeugen. Wir sehen dann einen symbiotischen Stern. Er hat die Eigenschaften eines kühlen Riesensternes, aber mit Erscheinungen, wie sie für hohe Temperaturen charakteristisch sind.

Symbiotische Sterne werden außerdem manchmal instabil und erzeugen Ausbrüche. Ein mit bloßem Auge sichtbarer Vertreter ist CH Cygni (siehe oben), der sich jahrelang in einem Ausbruchstadium befand.

Ist der Riese ein Mira-Stern, werden die Veränderungen noch viel komplizierter, als es die Einzel- und Doppelsternveränderungen insgesamt sind.

Andere dramatische Kombinationen

Bei der exotischsten Doppelsternkombination ist der Weiße Zwerg so massereich, daß er nur noch zu einem Neutronenstern werden kann. Die anwachsende Materie kann deshalb den Weißen Zwerg über jene Grenze hinaus treiben, bis zu der eine Nova stattfinden kann. Dann kollabiert der Weiße Zwerg katastrophal. Die nun folgende Kernexplosion erzeugt eine Supernova. Sie ist auch heller als jene Eisenkernkollapse, die bei massereichen Einzelsternen beobachtet werden.

Die Astronomen brauchen diese Arten von Szenarien, um Supernovae zu erklären. Sie treten in Gegenden auf, wo es keine derartig massereichen Sterne gibt, so in den Halos der Galaxien und in elliptischen Galaxien. Doppelsterne aus zwei Weißen Zwergen, bei denen die Komponenten verschmelzen, können ebenfalls Ursache für einige Supernova-Explosionen sein. Im Jahre 1572 bemerkte Tycho Brahe einen strahlenden Stern im Sternbild Kassiopeia, der fast die Helligkeit der Venus erreichte (siehe unten). Die

◄ 95 Spektren

◄ 102 Sterntod: Weiße Zwerge

◄ 102 Neutronensterne und Pulsare

◄ 102–103 Supernovae

◄ 106 Cepheiden und RR-Lyrae-Sterne

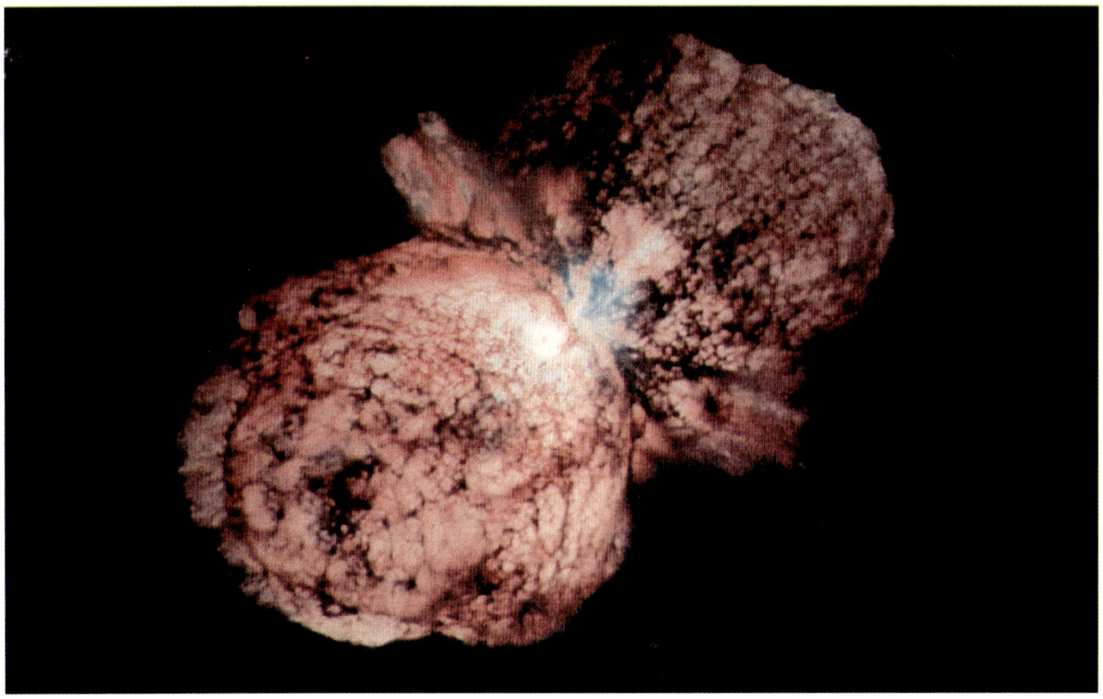

Im 19. Jahrhundert schleuderte Eta Carina diese ausgedehnte Gas- und Staubwolke heraus. Der Stern scheint als explodierende Supernova eines kollabierenden Kernes zu enden.

HENRIETTA LEAVITT

Henrietta Leavitt (1866–1921) hatte eine führende Stellung in der photographischen Photometrie am Harvard-College-Observatorium. Ihr Spezialgebiet war die photographische Untersuchung der Veränderlichenhelligkeiten. Berühmt wurde sie durch ihre Entdeckung des Zusammenhanges zwischen der Periode und der Leuchtkraft der Cepheiden. So Schuf sie die Basis für die Methode zur Entfernungsbestimmung von Sternen.

Rekonstruktion seiner Lichtkurve und die moderne Beobachtung der verbliebenen Gaswolke lassen den Schluß zu, daß es sich um den Typ Supernova mit einem Weißen Zwerg handelte, wie es auch die große nahe gelegene Supernova des Jahres 1006 im Sternbild Wolf war. Den chinesischen Quellenangaben zufolge konnten nachts in ihrem Licht Gegenstände gesehen werden.

Entfernungen messen

Die Astronomen müssen die Entfernungen zu den Sternen kennen, um andere Eigenschaften – wie beispielsweise die Leuchtkraft – zu bestimmen.

Um Abstände der über 100 000 der Erde nächsten Sterne zu messen, wurde von den Astronomen die Parallaxenmethode benutzt: Während unser Planet um die Sonne wandert, scheinen sich die nächsten Sterne langsam vor dem Himmelshintergrund hin- und herzuschieben. Das ist die Folge der Erdbewegung. Wenn man den Winkel mißt, unter dem sich der Stern scheinbar bewegt hat, und man die Entfernung zwischen Erde und Sonne kennt, kann man die Entfernung des Sterns bestimmen.

Die Astronomen versuchten auch, die Entfernungen anderer Objekte wie Sternhaufen und Galaxien zu bestimmen. 1912 untersuchte Henrietta Leavitt die Perioden von ungefähr 25 Cepheiden in den Magellanschen Wolken (Begleitgalaxien unserer Milchstraße). Es zeigte sich, daß zwischen den Helligkeiten und der Pulsationsdauer der Cepheiden ein direkter Zusammenhang besteht. Um deren Entfernung zu bestimmen, müssen die Astronomen nur die Schwankungsperiode messen. Sie ergibt direkt die durchschnittliche absolute Helligkeit des Sternes. Kennt man die durchschnittliche scheinbare Helligkeit und berücksichtigt die abschwächende Wirkung des interstellaren Staubes, erhält man die Entfernung.

Die Cepheiden sind so hell, daß man sie selbst in anderen Galaxien leicht erkennt. So konnte Edwin Hubble die gewaltige Entfernung der Andromedagalaxie M 31 bestimmen, als er Cepheiden identifiziert hatte. Hubble wies so nach, daß es sich bei M 31 tatsächlich um ein außergalaktisches Sternsystem handelt.

Die Weißer-Zwerg-Supernovae sind ebenfalls ein wichtiges Mittel der Entfernungsmessung. Die Astronomen fanden heraus, daß die Maximalhelligkeiten dieser Supernovae immer in etwa gleich sind. Wenn die Wissenschaftler diese Explosionen untersuchen, dann können sie das Maximum der scheinbaren Helligkeit bestimmen. Vergleichen sie diesen Wert anschließend mit der absoluten Helligkeit, erhalten sie die Entfernung.

Supernovae sind so hell, daß sie über noch größere Entfernungen als die Cepheiden beobachtet werden können. Dadurch konnten die Astronomen den Abstand zu noch viel weiter entfernteren Galaxien messen sowie die Hubble-Konstante bestimmen – und damit das Alter des Universums.

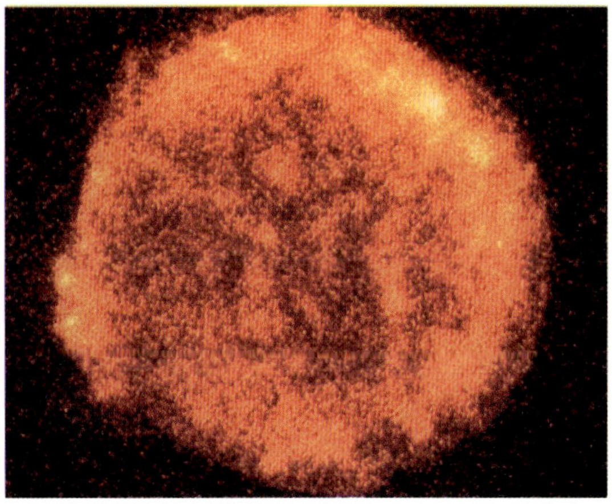

Dieses Bild wurde im Röntgenlicht aufgenommen und zeigt die Schockwelle der Supernova, die Tycho Brahe im Jahre 1572 explodieren sah.

Eine große Galaxis 112–113 ▶
Ein dunkler Halo 115 ▶
Typen elliptischer Galaxien 116–117 ▶
Die große Altersdiskussion 132–133 ▶
Elektromagnetisches Spektrum 140–141 ▶
Sternhelligkeiten 166–167 ▶

GALAXIEN

Nachts kann man von einem dunklen Ort aus ein leuchtendes Band sehen, das sich über den Himmel zieht. Das ist die Milchstraße mit dem Licht Tausender Einzelsterne. Allein in unserer Galaxis gibt es 100 Milliarden Sterne. Das Milchstraßensystem ist eine Spiralgalaxie. Die Sonne liegt in einem ihrer Spiralarme. In der Nähe unserer Milchstraße liegen die Magellanschen Wolken. Sie sind nur von der Südhalbkugel aus zu beobachten: zwei unregelmäßige Lichtflecken, die Begleitgalaxien unseres Sternsystems sind. Einige Galaxien sind Spiralen wie unsere Milchstraße, andere sind elliptisch, aber die meisten Galaxien sind irregulär geformt. Meist liegt das daran, daß in ihnen dramatische Prozesse ablaufen. Wenn die Astronomen weit entfernte Galaxien beobachten, schauen sie zurück in die Zeit. Die Erforschung der Galaxien kann deshalb Geheimnisse der Geschichte des Universums lüften.

SEITENANSICHT
Von der Seite gesehen ist die zentrale Verdickung der Milchstraße sehr gut sichtbar. Die Sternentstehung findet in der Ebene der Galaxis statt, während der die Milchstraße umgebene Halo aus Kugelsternhaufen die Heimat der älteren Sterne ist.

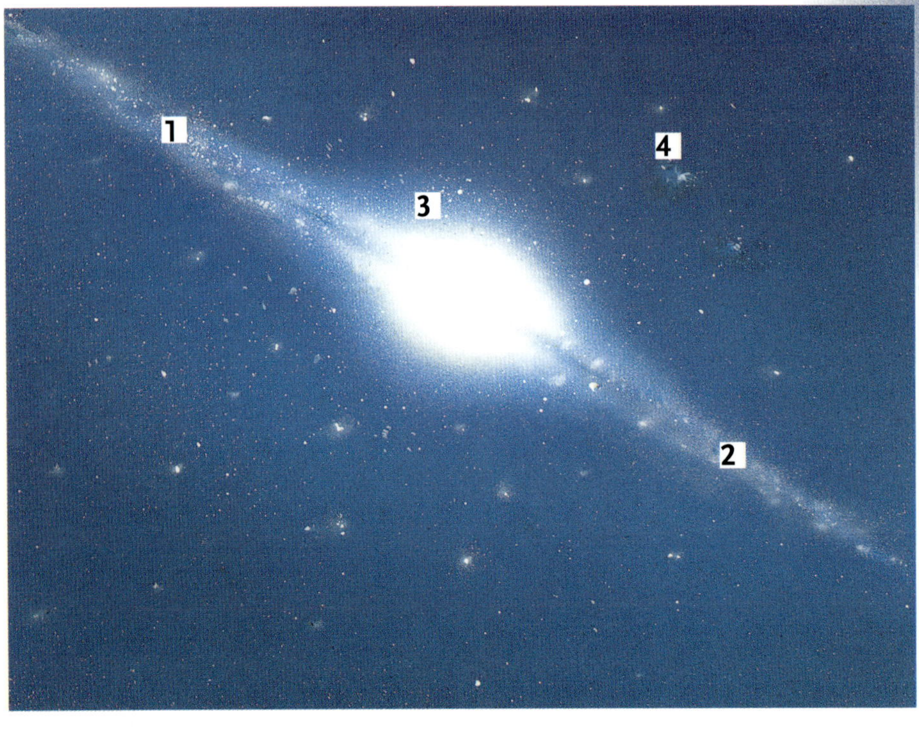

1 Galaktische Ebene aus Gas und Staub
2 Position der Sonne
3 Galaktischer Kern
4 Kugelsternhaufen im galaktischen Halo

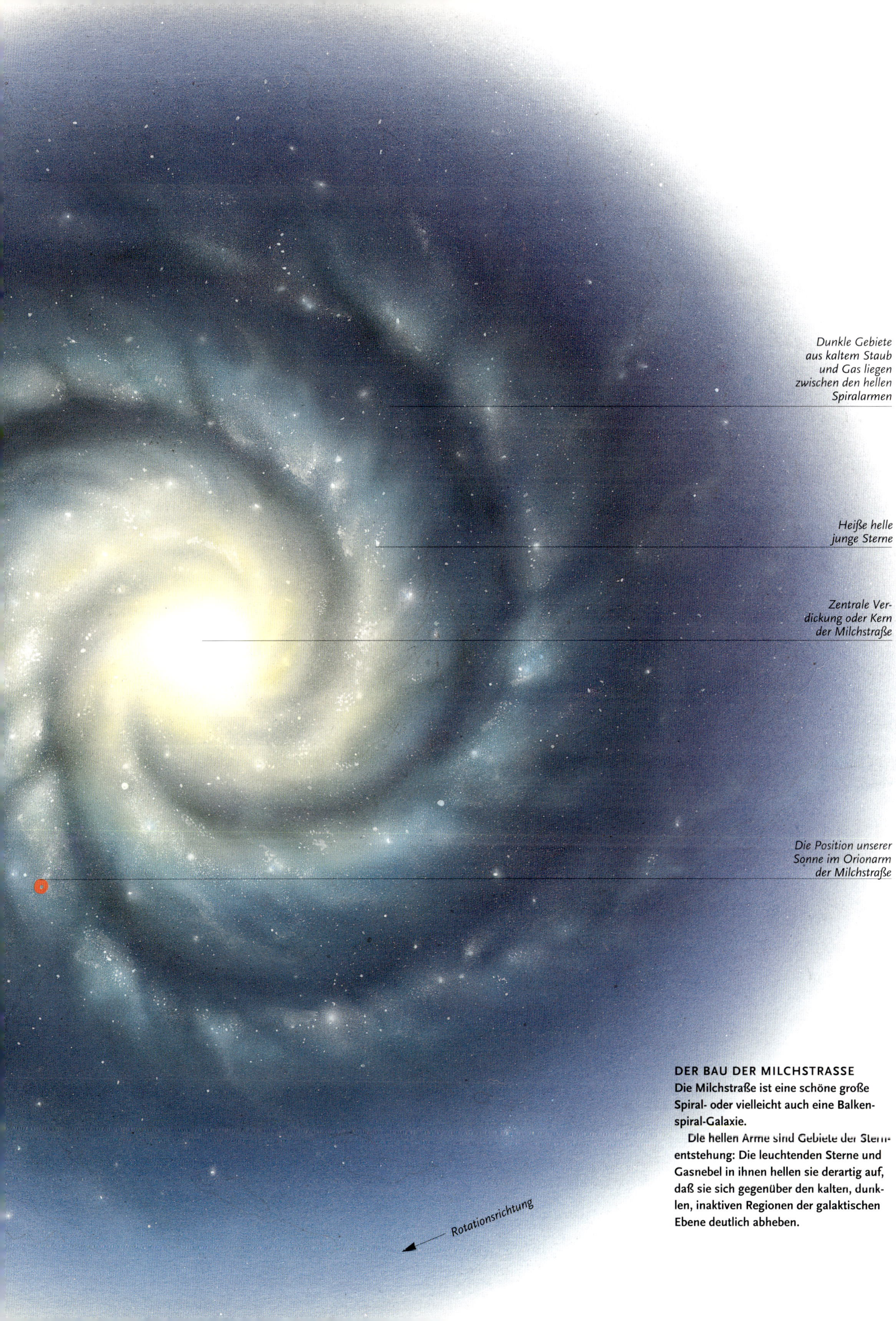

DER BAU DER MILCHSTRASSE
Die Milchstraße ist eine schöne große Spiral- oder vielleicht auch eine Balkenspiral-Galaxie.

Die hellen Arme sind Gebiete der Sternentstehung: Die leuchtenden Sterne und Gasnebel in ihnen hellen sie derartig auf, daß sie sich gegenüber den kalten, dunklen, inaktiven Regionen der galaktischen Ebene deutlich abheben.

DIE MILCHSTRASSE

Die Milchstraße kam zu ihrem Namen, weil sie sich als breites nebliges Sternenband von einem Horizont zum anderen über den Himmel zieht.

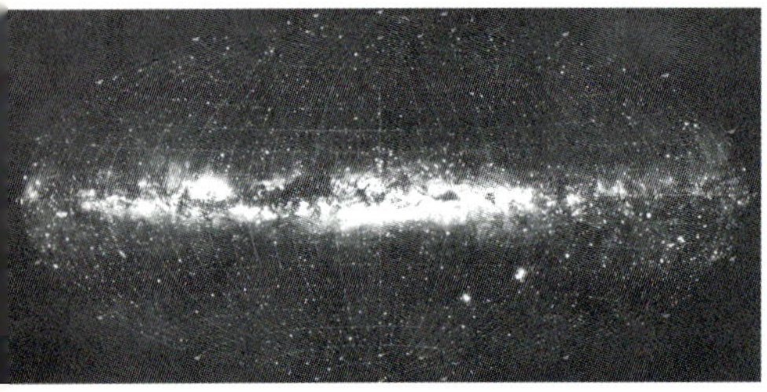

Da unsere Milchstraße uns vollständig umschließt, ist es unmöglich, sie als Ganzes zu photographieren. Diese Fotomontage wurde deshalb aus vielen Einzelbildern zusammengesetzt und zeigt eine 360-Grad-Ansicht der Milchstraße.

Der Milchstraßenbogen ist vor allem am südlichen Winterhimmel eine auffällige Erscheinung. Heute wissen die Astronomen, daß dieses Lichtband unsere Galaxis ist – die Innenansicht eines großen Spiralsystems. Erst in diesem Jahrhundert erkannten die Astronomen, in welchem Galaxientyp wir leben und wie er sich gliedert. Die Milchstraße ist eine Spiralgalaxie mit einem hellen Kern und einer Verdickung im Zentrum. Ihn umgeben die Spiralarme aus Sternen, Gas und Staub.

Frühe Vorstellungen

Daß unsere Milchstraße nur eine von Milliarden Galaxien ist, von denen jede Milliarden Sterne enthält, erkannte man nur langsam, und unser heutiges Wissen ist immer noch unvollständig. Die ersten Überlegungen gab es 1610, als Galileis Fernrohr zeigte, daß die Milchstraße sich aus einer großen Zahl von schwachen Sternen zusammensetzt. Die ersten wissenschaftlichen Untersuchungen wurden von Sir Wilhelm Herschel durchgeführt. Er machte sich 1784 an die Arbeit, in mehr als 3000 ausgewählten Regionen des Himmels Sterne zu zählen. Weil aber in dieser Zeit kaum etwas über die Sterne bekannt war, machte er eine Reihe von Annahmen, die zu falschen Schlüssen führten. Er dachte, alle Sterne wären gleich hell, und die schwächeren Sterne damit auch weiter entfernt. Er nahm an, daß er die Ränder des Sternsystems sähe.

Wilhelm Herschels Zeichnung gab nur die grobe Gestalt der Milchstraße wieder. Sie war das Ergebnis jahrelanger geduldiger Beobachtung und Sternzählung. Wenn auch die Vorstellung, daß die Milchstraße eine abgeflachte Scheibe ist, stimmt, so konnte er nicht wissen, daß er nur einen Teil des Sternsystems sah und daß die Sonne nicht in der Nähe des galaktischen Zentrums steht.

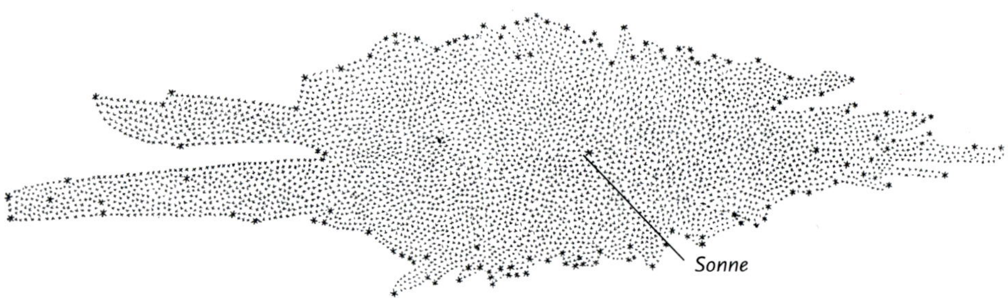

Weil er glaubte, die Sterne wären gleich verteilt, schloß er, daß die größere Sternzahl in einem Gebiet des Himmels anzeigt, daß die Milchstraße in dieser Richtung weiter ausgedehnt war. Herschel konnte nicht wissen, daß dieser lange Teil der Galaxis nicht zu sehen war. Seine Zeichnung – das Ergebnis vieler Arbeitsjahre – zeigt eine abgeplattete Scheibe mit der Sonne nahe dem Zentrum.

◄ 94–95 Absorptions- und Emissionslinien
◄ 100 Sternhelligkeiten
◄ 107 Cepheiden-Veränderliche
◄ 109 Henrietta Leavitt
◄ 109 Entfernungsmessung
◄ 110–111 Galaxien

Herschels und Messiers Lichtflecke

Herschel bemerkte dunkle Stellen in der Milchstraße und nahm an, es wären Hinweise auf eine Auflösung ihrer Struktur. Er katalogisierte Tausende schwacher, nebliger Objekte. Der französische Kometenjäger Charles Messier sah ebenfalls neblige Flecke, als er den ersten systematischen Katalog flächiger Objekte erstellte. Zwischen 1764 und 1784 verzeichnete er von Paris aus etwa 100 beobachtbare, nicht sternförmige ausgedehnte Objekte, die wie Kometen aussahen. Er listete ihre Positionen auf, um sie nicht weiter beachten zu müssen. Messiers Katalog wird heute noch verwendet, enthält er doch einige der auffälligsten Objekte des nördlichen Himmels. Viele sind unter ihrer Messiernummer bekannt. So trägt zum Beispiel unser Nachbar, die Andromedagalaxie, die Bezeichnung M 31.

Herschel vermutete, daß viele dieser Nebelflecken Galaxien wie unsere Milchstraße sind, nur eben weit entfernt. 1845 fand dann William Parsons, Earl of Rosse, heraus, daß M 51 eine Spiralform zeigt, und folgerte, daß es sich um eine rotierende Sternenscheibe handelte. Wie Herschel konnte Rosse nicht den Abstand oder die Dimensionen seiner unbeweglichen Spirale bestimmen, denn er verfügte über keinerlei Methode, um ihr schwaches Licht zu untersuchen und aufzuzeichnen.

Ein Stern unter Sternen

Als 1838 die ersten Sternentfernungen gemessen worden waren, meinte man ebenfalls, die Natur und Zusammensetzung der Sterne und Nebel zu verstehen. 1860 entdeckten die Wissenschaftler durch Spektroskope dunkle Linien im Regenbogenlicht der Sonne. Diese dunklen Markierungen im Sonnenspektrum zeigten, daß gasförmige Elemente in ihrer Atmosphäre existierten. Als ähnliche Linien in anderen Sternen entdeckt wurden, bot sich die Möglichkeit, sie zu untersuchen und so zu beweisen, daß die Sonne ein Stern unter vielen ist. Da bei den hellsten Sternen nur die bekanntesten Linien sichtbar waren, konnten die Astronomen erst durch den Einsatz genauer Photographien 1870 die Charakteristika der verschiedenen Sterntypen erkennen.

Lang belichtete Fotos enthüllten auch die Struktur der für das menschliche Auge äußerst schwachen Nebelflecken. Bald entdeckten Kameras Nebel, die so schwach waren, daß sie selbst in den größten Teleskopen unsichtbar blieben.

Spektroskopie und Photographie zeigten, daß es unterschiedliche Arten von Nebeln gab: Einige bestanden aus einer großen Zahl von Sternen, die zu weit entfernt waren, um sie als Einzelsterne zu sehen; andere waren Wolken glühenden Gases, das von heißen Sternen ausgestoßen wurde. Einige Nebel leuchteten im reflektierten Sternenlicht, da sie aus Staubwolken bestanden.

Eine große Galaxis

Genauso wie der Bau und die Zusammensetzung des sichtbaren Universums und seiner Bausteine schrittweise enthüllt wurden, wußte man lange Zeit nicht, ob alles, was man sehen konnte, ein Teil unserer Milch-

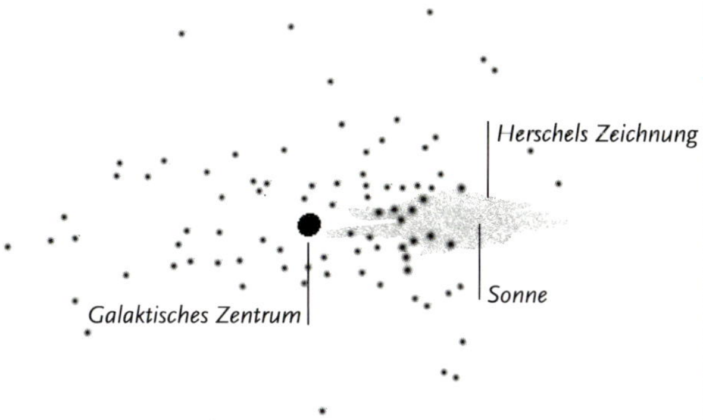

Harlow Shapley zeichnete die Position vieler Kugelsternhaufen auf und erkannte, daß sie um dasselbe Zentrum kreisen mußten wie die Milchstraße. In Verbindung mit Wilhelm Herschels Zeichnung zeigt sich, welche großen Teile der Milchstraße dem Blick der frühen Astronomen entzogen waren.

straße war – unter der Voraussetzung, daß die Milchstraße das Universum ist – oder ob noch jenseits von ihr etwas existierte.

1914 bestimmte Harlow Shapley vom Mount Wilson Observatorium die Entfernung zu verschiedenen Kugelsternhaufen. Diese kugelförmigen Ansammlungen von Sternen schienen weit über den Himmel verstreut zu sein – die meisten in der südlichen Milchstraße. Shapley maß die Entfernungen, indem er die Veränderlichen-Technik so anwandte, wie es Henrietta Leavitt getan hatte, um die Entfernung der Kleinen Magellanschen Wolke zu bestimmen.

Obwohl Shapleys Entfernungsmessungen selbst interessant waren, kam er zu der noch viel weiter reichenden Schlußfolgerung, daß das Zentrum der Wolke der Kugelsternhaufen im All auch das Zentrum der Milchstraße sein muß. So bestimmte er dessen Position in ungefähr 50 000 Lichtjahren Entfernung von der Sonne in Richtung des Schützen, und er berechnete den Durchmesser der Milchstraße zu 300 000 Lichtjahren.

Die für die Milchstraße festgestellten gewaltigen Dimensionen überzeugten Shapley, daß die Spiralnebel ein Teil von ihr waren und stützte die verbreitete Auffassung, daß eine so große Milchstraße im Zentrum des Universums stehen müsse. Nicht jeder stimmte dem zu. Der Anführer der Skeptiker war Heber Curtis vom Lick Observatorium in Kalifornien. Er unterstützte seit langem die „Insel-Universen"-Theorie. Danach war die Milchstraße nur eine unter vielen Spiralgalaxien und viel kleiner, als Shapley annahm.

Heute wissen wir, daß Curtis recht hatte mit der Behauptung, die Spiralnebel seien mit unserer Milchstraße vergleichbar. Allerdings waren seine Begründung und Entfernungsskala fehlerhaft. Ebenso war Shapleys Skala falsch. Er folgte der allgemeinen Vorstellung; die aber basierte auf unvollständigen und fehlerhaften Daten.

Dieses Bild der Galaxie M33 nahm 1895 Isaac Roberts auf, einer der Pioniere der Astrophotographie,. Die Natur der Galaxien war noch nicht verstanden. Man glaubte, M 33 sei durch Sternkollisionen entstanden.

Die Milchstraße ähnelt wahrscheinlich der Spiralgalaxie NGC 2997(unten), auch wenn sie eine höhere Sternentstehungsrate und hellere Arme als unsere Galaxis besitzt.

DIE MILCHSTRASSE IN ZAHLEN

- **Geschätzte Masse: 1 Billion Sonnenmassen**
- **Zahl der Sterne: über 200 Milliarden**
- **Geschätzter Durchmesser des dunklen Halo: 300 000 Lichtjahre**
- **Durchmesser der sichtbaren Scheibe: 100 000 Lichtjahre**
- **Dicke der Sternenscheibe 1 000 Lichtjahre**
- **Durchmesser der zentralen Verdickung: 3 000 Lichtjahre**
- **Entfernung der Sonne vom galaktischen Zentrum: 30 000 Lichtjahre**
- **Rotationsgeschwindigkeit der Sonne: 250 km pro Sekunde**
- **Umlaufzeit der Sonne: 225 Millionen Jahre**
- **Leuchtkraft: 20 Milliarden Sonnenleuchtkräfte**
- **Alter: rund 12 Milliarden Jahre**
- **Hubble-Typ: wahrscheinlich Sb**

Der Aufbau der Galaxis 114 ▶
Das interstellare Medium: Staub 114 ▶
Ein dunkler Halo 115 ▶
Hubble-Klassifikation/Galaxien 116 ▶
Irreguläre Galaxien 120–121 ▶
Spektroskopie 142 ▶

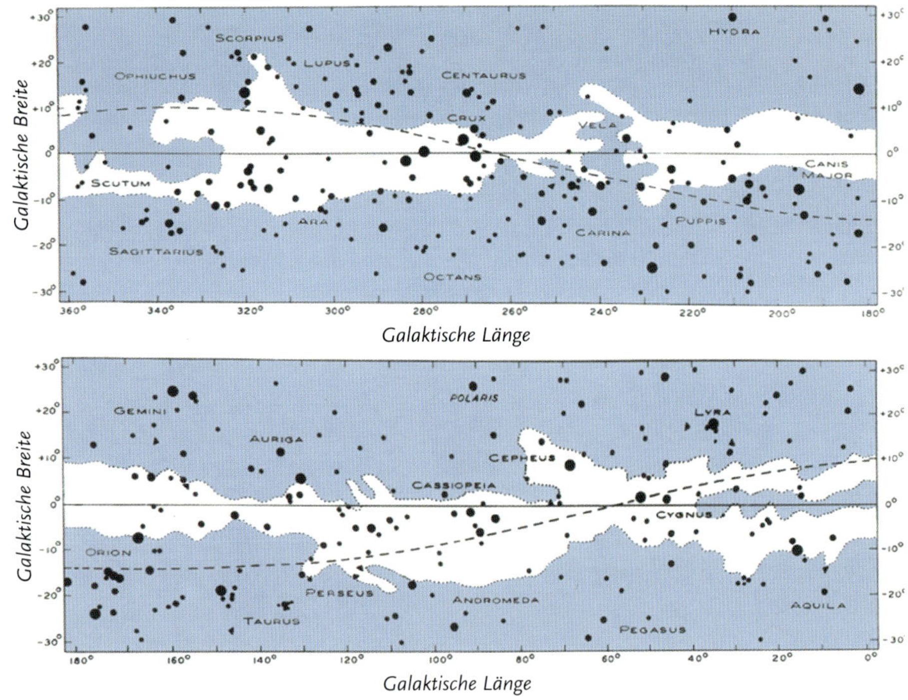

Wenn die Astronomen den gesamten Himmel betrachten, sehen sie eine Verteilung heller Sterne längs der diffusen Milchstraße. Das ist der Gouldsche Gürtel, ein deutlicher Hinweis auf eine junge Population leuchtkräftiger Sterne in der galaktischen Scheibe.

Eine Galaxie unter Galaxien

Vier Jahre später, 1924, änderte sich alles. Der amerikanische Astronom Edwin Hubble entdeckte, daß die Nebel M 31 und M 33 in Wirklichkeit andere Galaxien waren, die unserer Milchstraße ähneln.

Er fand heraus, daß sie aus Millionen Einzelsternen bestehen, und entdeckte Cepheiden im Andromedanebel M 31. Diese Nebel waren zu weit entfernt, um Teil unserer Milchstraße zu sein, selbst wenn es Shapleys gewaltiges Sternsystem war. So behauptete Hubble, daß sie eigenständige Galaxien seien. Schließlich entdeckte man, daß es dort verschiedene Cepheiden gab, und Hubbles Messungen von M 31 ungenau waren. Aber das störte in dieser Zeit wenig. Hubble hatte festgestellt, daß die Milchstraße eine unter Millionen Galaxien ist und das Universum größer als sich irgend jemand bis dahin gedacht hatte.

Der Adlernebel M16 ist ein Emissionsnebel im Sternbild Schlange. Staub und Gas leuchten durch die Strahlung eines Haufens junger, heißer, blauer und weißer Sterne.

Interstellare Absorption

Hubbles bedeutsame Entdeckung beseitigte viele Widersprüche in den Beobachtungen. Als denn 1930 der in der Schweiz geborene amerikanische Astronom Robert Trumpler bestätigte, daß das Licht entfernter Sterne durch den Staub im All abgeschwächt wird, wurde ein anderer Grund der Verwirrung und des Irrtums ad acta gelegt. Herschels „Löcher im galaktischen Bau" entpuppten sich schlicht als Staub.

Der Aufbau der Galaxis

Die Milchstraße ist eine Spiralgalaxie. Sie besitzt einen hellen Kern, eine ausgeprägte zentrale Verdickung und Spiralarme, in denen die Sterne kreisen. Sie ist im Verhältnis zu ihrer Ausdehnung recht dünn; von der Kante sieht sie wie eine flache Scheibe aus. Sie dreht sich ständig mit 250 km/s, aber unsere Sonne braucht für einen Umlauf um das Zentrum 225 Millionen Jahre. Das Milchstraßenband ist die Ebene unseres Sternsystems. Hier kreisen die Sonne und die anderen Sterne als Teil der Spirale um den Kern.

Die hellsten mit dem bloßem Auge sichtbaren Sterne konzentrieren sich in einem Streifen in der galaktischen Ebene. Es ist der sogenannte Gouldsche Gürtel (siehe links), der dem diffusen Milchstraßenband folgt. Dieser Gürtel besteht zumeist aus heißen, extrem leuchtkräftigen jungen Sternen, von den Astronomen als „Population I" bezeichnet. Aus diesen seltenen, aber strahlenden Sternen bestehen die meisten Sternbilder. Sie wurden nur in den Spiralarmen der Galaxien gefunden, wo viele Sterne entstehen.

◀ 16 Die Geburt eines Sterns
◀ 90–93 Gravitation
◀ 103 Schwarze Löcher

Das interstellare Medium: Staub

Unser Anblick der Milchstraße wird außer durch die Perspektive noch durch einen ihrer kleineren Bestandteile beeinflußt: den Staub. Winzige Körner mit einem Durchmesser von 0,001 mm oder weniger bilden etwa ein Prozent der Masse der Galaxis und konzentrieren sich in der galaktischen Ebene.

Staubwolken sind häufig Orte der Sternentstehung. Deshalb liegen hier die sternbildenden Nebel, und die Ansammlungen junger Sterne sind zudem über die ganze Ebene der Milchstraße verteilt. Wenn der gashaltige Staub in sich zusammenstürzt, dann entstehen neue Sterne.

Die jungen Sterne regen dann die Wolken zum Leuchten an und erzeugen so eindrucksvolle Nebel, bis die Hitze und das Licht der neuen Sterne Gas und Staub davontreiben. Zurück bleibt eine Gruppe junger heißer Sterne, die sich gegenüber dem schwächeren Hintergrund abhebt.

Dieses hochauflösende Foto des galaktischen Zentrums entstand mit dem Very Large Array-Radioteleskop in New Mexico bei einer Wellenlänge von 6 cm. Es bedeckt ein winziges Himmelsareal von zwei Bogenminuten auf jeder Seite, also 1/15 des scheinbaren Monddurchmessers.

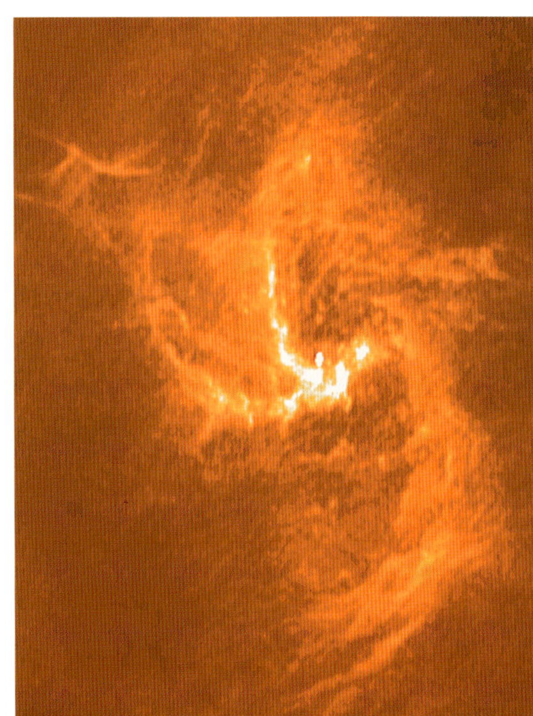

Oben: Das galaktische Zentrum ist im Staub verborgen, aber es wird von Myriaden Sternen umgeben, die den hellsten Teil der Milchstraße bilden.

Rechts: Zum Vergleich zeigt der mit derselben Kamera, demselben Film und denselben Belichtungszeiten photographierte galaktischen Südpol nur wenige Sterne.

Das galaktische Zentrum

Die Verdickung um das Zentrum des Kerns besteht aus vielen alten, kühlen und schwachen Sternen, deren Bahn sie hoch über die Ebene hinaus führt. Es sind die sogenannten Population-II-Sterne, die sich in großer Zahl im Schützen finden. Das galaktische Zentrum wird höchstwahrscheinlich von einem supermassiven Schwarzen Loch beherrscht, was auch bei vielen anderen Galaxien der Fall zu sein scheint. Bis jetzt ist das Schwarze Loch inaktiv. In der Vergangenheit könnte das anders gewesen sein; vielleicht war es ein Quasar im frühen Universum.

Ein dunkler Halo

Der massereichste Bestandteil unserer Milchstraße läßt sich nur indirekt nachweisen. Wie andere Galaxien ist unsere Milchstraße von einem Halo aus dunkler Materie umgeben, der vielleicht zehnmal massereicher als die sichtbare Galaxis ist.

Diese dunkle Materiemasse bestimmt die Dynamik der Galaxien. Sie kann in keinem Wellenlängenbereich gesehen werden, aber die Astronomen wissen, daß es sie gibt. Sie beeinflußt nämlich die Rotationsgeschwindigkeit der anderen Galaxien. Diese sogenannte „Missing mass" bestimmt die Dynamik der Galaxienhaufen wie auch der Einzelgalaxien. Es gibt keinen Zweifel, daß dunkle Materie existiert; nur ihre Natur und Herkunft bleiben ein Rätsel.

DIE REGION DES UNSICHTBAREN

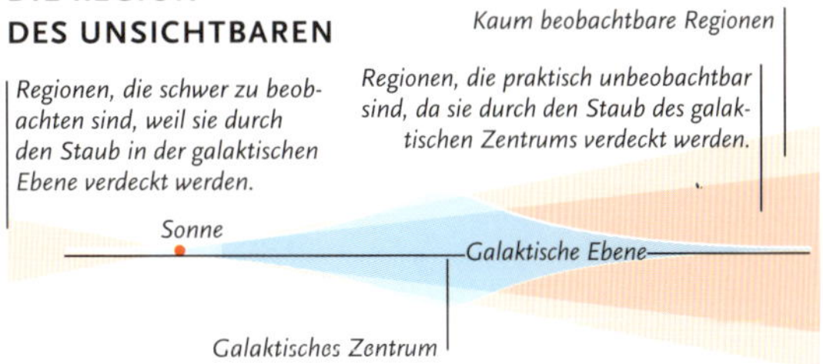

Die Region des Unsichtbaren – so nannte Herschel jene Richtung, in der er das Fehlen schwacher ausgedehnter Objekte feststellte, die heute als entfernte Galaxien bekannt sind.

Die Verteilung der Sterne 120 ▶
Dunkle Staubbänder 120 ▶
Quasare 122 ▶
Das Alter des Universums 132–133 ▶
Elektromagnetisches Spektrum 140–141 ▶

GALAXIENTYPEN

Edwin Hubble zeigte, daß die Milchstraße nur eine unter vielen Galaxien ist. Aber niemand konnte sich vorstellen, in welch großer Vielfalt diese Sternansammlungen vorkommen.

Die Hubble-Klassifikation der Galaxien an einigen Beispielen veranschaulicht: Elliptische Galaxien reichen von E0 (sphärisch) bis E7 (langgestreckt). Linsenförmige Galaxien, S0, liegen zwischen den elliptischen und spiralförmigen Galaxien. Spiralgalaxien und Balkenspiralgalaxien werden in drei Klassen unterteilt: (a) Balken mit am dichtesten gewundenen Armen und großen Kernen bis zu Balken mit freien offenen Armen und kleinen Kernen (c). Spiralen des Typs (b) liegen zwischen beiden. Die meisten Galaxien sind jedoch irregulär.

Erst Edwin Hubbles Entdeckung, daß es sich bei M 31 und M 33 in Wirklichkeit um Galaxien handelt, zeigte den Wissenschaftlern, daß es verschiedene Arten von Galaxien gibt. Die Unterschiede zeigen sich in ihren Hauptmerkmalen: in ihrer Masse, ihrer Helligkeit und ihrer Form.

Das Hubble-Diagramm

Das am häufigsten benutzte Klassifikationsschema wurde während der 20er Jahre unseres Jahrhunderts von Edwin Hubble entwickelt und von Sandage 1961 überarbeitet. Es legt drei Hauptklassen fest: elliptische, spiralförmige und irreguläre Galaxien. Weiterhin gibt es verschiedene Untergruppen wie im Stimmgabel-Diagramm (unten) veranschaulicht.

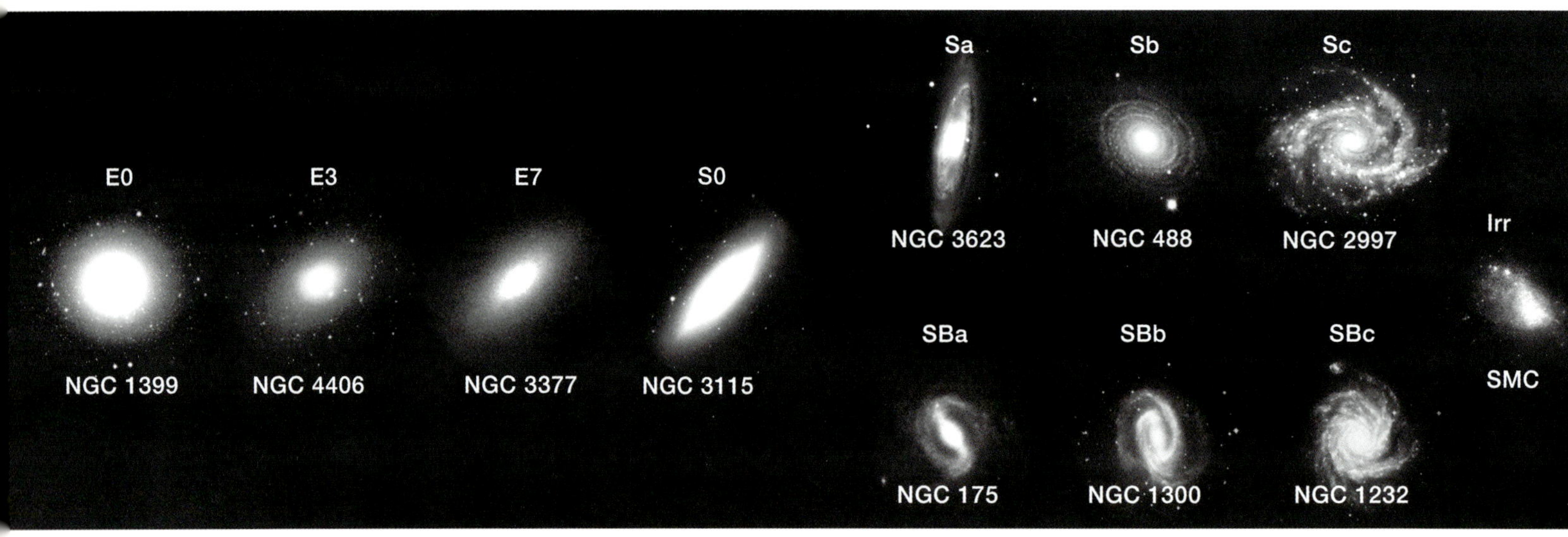

Ein Universum der Galaxien

Mit einer Gesamtmasse von etwa 1000 Milliarden Sonnen (Galaxienmassen werden in Einheiten der Sonnenmasse angegeben) steht die Milchstraße an der Spitze massereicher Spiralgalaxien. Die Spiralgalaxie mit der höchsten Masse ist die unscheinbare Malin-1 – eine Spiralgalaxie zehnmal massereicher als die Milchstraße. Sie hat ungefähr dieselbe Masse wie die größten elliptischen Galaxien. Die massearmsten Galaxien sind ebenfalls Ellipsen und besitzen nur wenige Millionen Sonnenmassen.

Die Lokale Gruppe

Die Milchstraße bildet mit einer Reihe schwacher kugelförmiger Begleiter die sogenannte Lokale Gruppe. Zu ihr gehören die Andromedagalaxie M 31 und die Magellanschen Wolken. Einige sind so schwach, daß sie nur durch sorgfältige elektronische Analyse von Fotos entdeckt wurden. Eine der hellsten dieser schwachen Galaxien ist die 1950 entdeckte Leo I. Wie in vielen kleinen Gruppen scheinen die hellsten Galaxien der Lokalen Gruppe, die gasreichen spiralförmigen Galaxien, meistens interessanter zu sein als die schwachen elliptischen.

Normale Galaxien

Hubble nahm fälschlicherweise an, daß Spiralgalaxien der normalste Galaxientyp wären. Spiralgalaxien sind leicht zu beobachten, weil sie hell sind. Aber zahlreiche Galaxien sind schwache elliptische Zwerggalaxien, die nur auf den schärfsten Photographien entdeckt werden können.

Elliptische Galaxien scheinen besonders in unserem lokalen Universum weit verbreitet. In den reichen Galaxienhaufen bilden sie immer die hellste (und zahlreichste) Art.

Eine der massereichsten elliptischen Galaxien ist M 87 (NGC 4486) im benachbarten Virgo-Haufen. Sie ist leicht im Radiobereich zu entdecken. Diese Galaxie ist insgesamt fünfmal so leuchtkräftig wie die hellsten Spiralen und viel dicker.

Elliptische Galaxien

Elliptische Galaxien umfassen von der Form alles zwischen einer Kugel und einem Football. Jedoch ist diese Klassifizierung nicht streng begrenzt; meist hängt es nämlich vom Winkel ab, unter dem die Galaxien beobachtet werden. Somit können einige der Galaxien, die die Astronomen vollkommen kreisförmig sehen (die als E0 klassifiziert werden), auch oval sein, wenn sie aus einem anderen Winkel beobachtet werden.

Die Klassifizierung der elliptischen Galaxien reicht bis zu den immer abgeflachteren Kugeln. Sie geht von E1 bis E6 und enthält auch noch die zigarrenförmigen E7. Galaxien, die noch abgeplatteter als die E7 sind, werden als S0 („S0-Typen") klassifiziert. Wegen ihrer gedrungenen Erscheinung werden sie auch als „lenticuläre" (linsenförmige) Galaxien bezeichnet.

◀ 100 Sternhelligkeiten
◀ 109 Entfernungsmessung
◀ 114 Der Aufbau der Galaxis

Sternbewegungen

Die Form der Galaxien wird durch die Dynamik ihrer Sterne bestimmt. In einer vollkommen symmetrischen E0-Galaxie wandern die Sterne auf zufällig ausgerichteten elliptischen Bahnen mit verschiedener Geschwindigkeit um den Kern, etwa so, wie ein aufgescheuchter Bienenschwarm um den Korb herumschwirrt. In größerem Abstand von dem Korb gibt es weniger Bienen.

In einer E7-Galaxie bewegen sich die Sterne auf ganz besondere Art. Aber ihre Umlaufbahnen sind auf die nahen Bereiche der abgeplatteten Scheibe begrenzt, so als ob viele Mitglieder des Bienenschwarms einen ordentlichen Ausflug entlang derselben horizontalen Ebene vorziehen.

Licht und Staub in den elliptischen Galaxien

Elliptische Galaxien werden vom Kern zu den Außenrändern hin allmählich schwächer. Das Licht dieser oft unscheinbaren Galaxien stammt hauptsächlich von den Roten Riesen. Die Sterne in diesen Galaxien gehören zur Population II, sind also sehr kalt. Gas und Staub gibt es in der Regel kaum.

Die elliptische Galaxie NGC 205 ist Mitglied der Lokalen Gruppe. Sie liegt im Sternbild Andromeda in der Nähe der noch viel eindrucksvolleren Andromedagalaxie M 31. Das vom Kitt Peak National Observatory aufgenommene Foto löst einzelne Sterne dieser Galaxie auf, die zusammen mit M 32 als Begleitgalaxie von M 31 angesehen wird.

Oben: Die aktive Galaxie NGC 5128 entpuppte sich als Quelle jener intensiven Radio- und Röntgenstrahlung, die als Centaurus A bekannt ist. Es ist eine elliptische Galaxie, die von einem breiten Gas- und Staubgürtel geteilt wird. Die Astronomen wissen heute, daß NGC 5128 ein „Kannibale" ist und gerade eine kleinere Galaxie verschlingt.

Typen von Spiralgalaxien 118–119 ▶
Irreguläre Galaxien 120–121 ▶
Elektromagnetisches Spektrum 140–141 ▶

Elliptische Galaxien mit viel Staub oder jungen Sternen werden als pekuliar klassifiziert. Eine der nächsten elliptischen Galaxien, NGC 205 (siehe vorige Seite), ein Begleiter von M 31, gehört zu dieser Klasse. Sie steht für die Astronomen nahe genug, um Einzelsterne und Staubwolken zu erkennen. Eine extrem pekuliare Galaxie mit sehr markantem Staub ist die Radiogalaxis Centaurus A, NGC 5128 (siehe Photo vorige Seite).

Die Typen der Spiralgalaxien

Spiralgalaxien bilden den zweiten Typ im Hubble-Diagramm. Nach ihrem Aussehen unterteilen sie sich in zwei Gruppen und bilden die Gabel im Hubble-Diagramm.

Normale Spiralen ähneln der Andromedagalaxie; die Spiralarme gehen von der zentralen Verdickung aus. Je nach dem Grad der Ausbildung ihrer Arme werden sie im Hubble-Diagramm noch einmal unterteilt.

Galaxien des Typs Sa haben am dichtesten gewundene Arme, relativ kleine Gas- und Staubmengen und eine große zentrale Verdickung. Im Typ Sc sind die Arme offener gewunden. Hier gibt es viel Gas, Staub, aktive Sternentstehung und einen kleinen Kern.

Typ Sb hat dazwischenliegende Charakteristika, aber die Hubble-Typen sind auch keine strengen Kategorien, und viele Galaxien sind Zwischenformen, wie zum Beispiel Sab oder Sbc.

In den Balkenspiralen entspringen die Arme nicht direkt am Kern als vielmehr an den Enden eines gestreckten Balkens, den sie kreisförmig umschließen. Etwa 20 Prozent aller Spiralgalaxien sind Balkenspiralen. Eines der schönsten Beispiele ist NGC 1365 im

M 87 ist eine der massereichsten bekannten elliptischen Galaxien. Sie ist die hellste Galaxie des Virgo-Haufens. Ungewöhnlicherweise ist sie von einer großen Zahl schwacher Kugelsternhaufen umgeben. Sie zeigt außerdem noch einen hellen Jet, der vom Kern ausgeht (hier nicht sichtbar).

Diese Ansammlung schwacher Sterne ist eine von zwei ähnlichen Zwerggalaxien im Löwen. Es sind sehr alte Sterne, und es gibt kaum noch interstellare Staub- und Gasreste.

◀ 100 Sternhelligkeiten
◀ 101–102 Die Geburt eines Riesen
◀ 102–103 Supernovae
◀ 110–111 Galaxien
◀ 114 Der Aufbau der Galaxis
◀ 116 Hubble-Klassifikation/Galaxien
◀ 116–117 Typen von Spiralgalaxien

M 83 (NGC 5236) im Sternbild Wasserschlange gehört zu den schönsten Spiralgalaxien am Himmel.

Bildhauer (siehe S. 120 oben). Diese Galaxien werden im Hubble-Schema nach ihrer Öffnung oder ihren Spiralarmen eingeordnet. NGC 1365 gehört zum Typ SBb. Der Grund für die Balkenform ist nicht ganz klar. Wahrscheinlich spiegelt er einige Instabilitäten wider, die die Bahnen der inneren Sterne verändern und einen stabileren länglichen Kern hervorbringen.

Die Struktur der Spiralgalaxien

Die meisten haben zwei oder mehr Spiralarme, die aus einem diffusen kugelförmigen Kern oder einem langgestreckten Balken entspringen. Die Arme zeigen meist Verdickungen, was sie von den glatten Hüllen der elliptischen Galaxien abhebt. Auf Farbfotos sind Spiralarme bläulich, die Gebiete um den Kern mattgelb. Wahrscheinlich kommt das Licht der Spiralarme von heißen jungen Sternen der Population I, während es in den Zentralbereichen von kühleren, schwächeren, älteren Sternen der Population II stammt.

Nebelflecken, die Quelle junger Sterne, sind allgemein zwischen den dunklen Staubschweifen und den leuchtenden Spiralarmen verstreut und machen diese Galaxien optisch so reizvoll. Kein Wunder, sind doch junge, kurzlebige Sterne wahrscheinlich nahe dem Ort zu finden, wo sie geboren wurden. Weil die Sternentstehung sporadisch und eher in hellen Sternhaufen geschieht, weisen die Arme Verdickungen auf. In den nahen Galaxien wie M 83 (siehe oben) sind Gruppen pinkfarbener Nebel entlang der Spiralarme verstreut. Sie ist in großen Teilen eine aktive sternbildende Galaxie und hat in den letzten siebzig Jahren ein halbes Dutzend Supernovae hervorgebracht.

Die Verteilung der Sterne

Supernovae blasen nicht nur Material für künftige Sternentstehung hoch über die galaktische Ebene hinaus, sondern komprimieren auch das übriggebliebene Gas. Eine sich selbst tragende Welle der Sternentstehung läuft durch die ganze Galaxis und läßt dabei viele junge Sterne zurück. Da die heißesten nur eine kurze Zeit leben, lösen sich die blassen blauen Arme bald auf, wobei sie eine schwächere, aber zahlenmäßig große Population massearmer Sterne in dieser Zwischenarmregion zurücklassen. Somit spiegelt die Existenz der Spiralarme das sich im Laufe der Zeit wandelnde Verhältnis der Population I zur Population II wider. Wenn die Welle der Sternentstehung die gesamte Galaxis umrundet hat, wird sie auf alte Sterne treffen, die durch vorangegangene Zyklen von Geburt und Tod geformt wurden.

Staubbänder treten zwischen Sternentstehungsgebieten auf. Sie sind durch Gravitation und Rotation dicht gedrängt. In normalen ungestörten Galaxien, die

NGC 891 ist eine der wenigen Galaxien, die sich von der Kante zeigen. Deutlich sieht man das auf die galaktische Ebene begrenzte Staubband und die zentrale Verdickung alter Sterne ober- und unterhalb der Scheibe.

Die Verteilung der Sterne 120 ▶
Pekuliare Galaxien 120 ▶
Elektromagnetisches Spektrum 140–141 ▶

NGC 1365 ist eine eindrucksvolle Balkenspiralgalaxie im Sternbild Bildhauer. Viele der anderen Galaxien in diesem Haufen sind elliptische Systeme.

nicht in Wechselwirkung mit einer anderen Galaxie stehen, liegen sie innerhalb oder nahe der galaktischen Ebene. Diese Begrenzung hat eine hohe Sternentstehungsrate zur Folge, denn weit verstreutes Material aus Staub und Gas bildet keine Sterne. Wie schmal die dunklen Bänder sind, ist deutlich in den Galaxien zu sehen, die die Wissenschaftler genau von der Kante her beobachten, wie zum Beispiel NGC 891 (siehe vorige Seite).

Irreguläre Galaxien

Einige Galaxien lassen sich nicht nahtlos in die übrigen Hauptklassen einordnen und werden als „irregulär" bezeichnet.

Die Magellanschen Wolken, die nächsten Nachbarn der Milchstraße, sind irregulär. Sie bestehen aus einer kleinen und großen Galaxie. Ihr Zustand ist das Ergebnis ihrer Wechselwirkung mit unserer Galaxis und untereinander. Dabei wurde der meiste Wasserstoff aus der kleineren Galaxie gezogen. In der größeren führte das zu einer verstärkten Sternentstehung. Radiobeobachtungen zeigen diesen Magellanschen Strom aus Wasserstoff, der in einem großen Bogen die Milchstraße umspannt.

Irreguläre Galaxien scheinen kleiner als die meisten elliptischen und Spiralgalaxien zu sein, aber nicht alle wechselwirken mit anderen. Die außergewöhnliche Galaxie NGC 1313 (siehe unten) beispielsweise zeigt keine Anzeichen eines Begleiters und ist als „Starburst"-Galaxie bekannt, denn ein plötzlicher Anstieg der Sternentstehung gibt ihr eine irreguläre Form. Dennoch: Die grundlegende Dynamik dieser Galaxie ist nicht besonders gestört.

Pekuliare Galaxien

Es ist eine einfache Tatsache, daß – wie bei den Menschen – auch die am normalsten erscheinenden Galaxien ihre Eigenheiten zeigen, wenn man genau hinschaut. Wahrscheinlich sind die wirklich normalen Galaxien selten, aber meist können die Abnormitäten, die Galaxien pekuliar machen, sehr fein sein. Obgleich die Reihe der Pekuliaritäten in der Regel endlos ist, sind nur wenige Gründe dafür verantwortlich.

Der häufigste ist die Wechselwirkung oder auch das vollständige Verschlingen einer Galaxie durch eine andere. Die auch Radiostrahlung aussendende herrliche Galaxie Centaurus A, NGC 5128, (siehe Seite 117) ist ein Beispiel für diesen galaktischen Kannibalismus: Ihr Staubgürtel ist der Überrest einer gasreichen Spirale, die vor etwa einer Milliarde Jahren in sie hineinstürzte.

Andere Besonderheiten sind: Staub und junge Sterne in elliptischen Galaxien; elliptische Galaxien mit schwachen, sie umgebenden Sternbögen; Galaxien mit entgegengesetzt drehendem Kern und Scheibe sowie Spiralen mit anomalen Armen. In all

Oben: Die Große Magellansche Wolke ist die nächste Galaxie unserer Milchstraße. Obwohl sie als irreguläre Galaxie katalogisiert ist, sind einige verstreute Spiralstrukturen zu sehen.

Rechts: NGC 1313 ist eine Galaxie, die gerade eine heftige Sternbildungsphase erlebt hat. Die Konzentrationen junger Sterne geben dieser Starburst-Galaxie ihr chaotisches Aussehen.

◀ 102–103 Supernovae

◀ 116 Hubble-Klassifikation/Galaxien

◀ 117 Licht und Staub/elliptische Galaxien

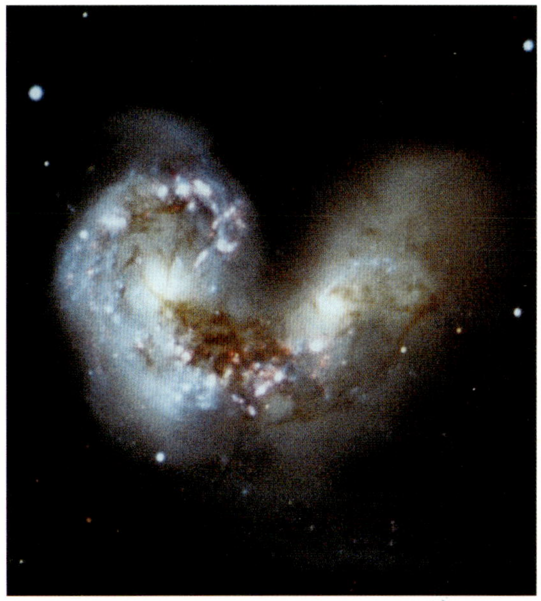

Viele Galaxien zeigen Zeichen von Wechselwirkung mit anderen, aber nur wenige sind so spektakulär wie die Antennengalaxien – ein Paar kollidierender Spiralen, NGC 4038–39. Das Schwarzweißfoto (links außen) zeigt weit geschwungene Sternenbögen, die durch die Gravitations- und Gezeitenkräfte bei der Begegnung entstanden sind; dagegen zeigt das Farbbild (links) funkelnde Zusammenballungen junger Sterne und pinkfarbene Sternentstehungsgebiete, die in den Trümmern verborgen sind.

diesen Fällen sind die Besonderheiten die Folge von Wechselwirkungen zwischen zwei oder mehr Galaxien. Eines der schönsten Beispiele ist das wechselwirkende als „Antenne" bekannte Spiralgalaxienpaar mit gigantischen Bögen aus Sternen und intensiver Sternentstehung (siehe Bild oben rechts).

Das Hubble Deep Field

Im jungen Universum mit seinen viel dichter stehenden Galaxien gab es auch häufigere Wechselwirkungen zwischen ihnen. Das hatte man wegen der ungewöhnlich hohen Zahl von blauen Galaxien in großer Entfernung schon länger vermutet. Nun aber bestätigten die lang belichteten Fotos des Hubble-Weltraumteleskops, das Hubble Deep Field (HDF), diese Annahme: In dem winzigen Himmelsausschnitt von einigen Quadratbogenminuten Fläche sehen wir viele Galaxien in jenem Zustand, als das Universum nur einen Bruchteil seines heutigen Alters hatte.

Fast alles, was auf den Bildern des HDF zu sehen ist, sind Galaxien – und sie sind viel zahlreicher als die Sterne im Vordergrund. Hubble und seine Zeitgenossen würden sich wundern. Viele dieser Galaxien scheinen pekuliar zu sein, und viele unterliegen einer so heftigen Sternentstehung, wie sie in den nahen Galaxien heute nicht mehr beobachtet wird. So scheint es im jungen Universum einen Exzeß ungewöhnlich blauer Galaxien gegeben zu haben.

Heute werden viele der kleinen im HDF sichtbaren Galaxien von den massereichen Begleitern verschlungen worden sein. So verbirgt sich hinter der scheinbaren Normalität der nahen Galaxien heute eine turbulente Vergangenheit, von der nur Spuren blieben.

Viele Beweisführungen und jahrelange Beobachtungen sprechen dafür, daß die Sternentstehung schrittweise anstieg und ihre Spitze erreicht hatte, als das Universum etwa ein Fünftel seines jetzigen Alters hatte, also vor etwa sieben bis neun Milliarden Jahren. Das war demnach die Zeit, als sich einige der extremsten Galaxienarten bildeten: die Quasare.

Dieser Teil des berühmten Hubble Deep Field-Bildes zeigt einen Himmelsausschnitt mit einem Durchmesser von wenigen Bogenminuten. Fast alle dieser Lichtflecken sind Galaxien, die meisten so weit entfernt, daß man sie so sieht, wie sie vor Milliarden Jahren waren.

Quasare

Quasare sind helle energiereiche Galaxienkerne, die wegen ihrer gewaltigen Entfernungen wie Sterne erscheinen. Eine der größten Überraschungen dieses Jahrhunderts war die Entdeckung von Radiostrahlung diskreter Quellen im All. In dieser Zeit war die Positionsbestimmung bei Radiobeobachtungen nicht ausreichend, um die optischen Gegenstücke dieser Radioquellen zu ermitteln. Als sie identifiziert waren, sahen einige der hellsten einfach wie Sterne auf den Fotos aus.

Man weiß heute, daß einige dieser Quellen an den äußersten Rändern des Universums die energiereichsten Objekte sind, die man kennt. Ihre Entdeckung in

Erforschung des jungen Universums 128 ▶
Das Hubble Deep Field 128 ▶
Elektromagnetisches Spektrum 140–141 ▶
Hubbles Bedeutung 144–145 ▶

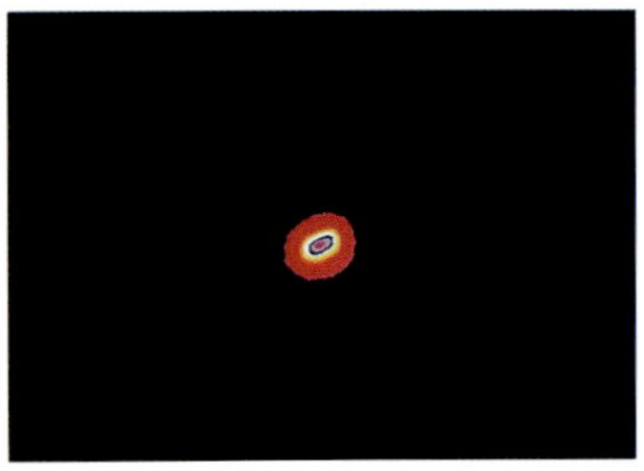

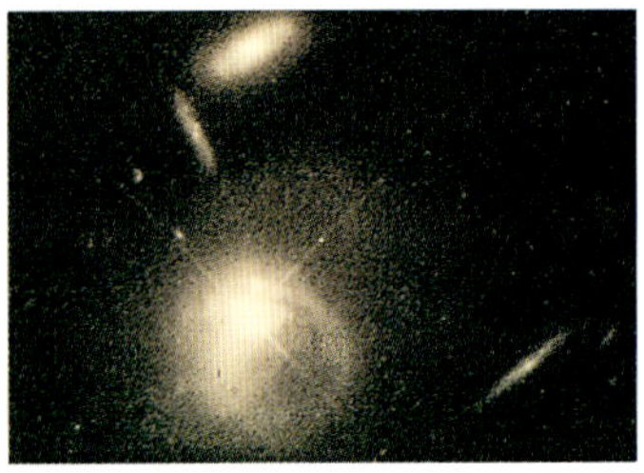

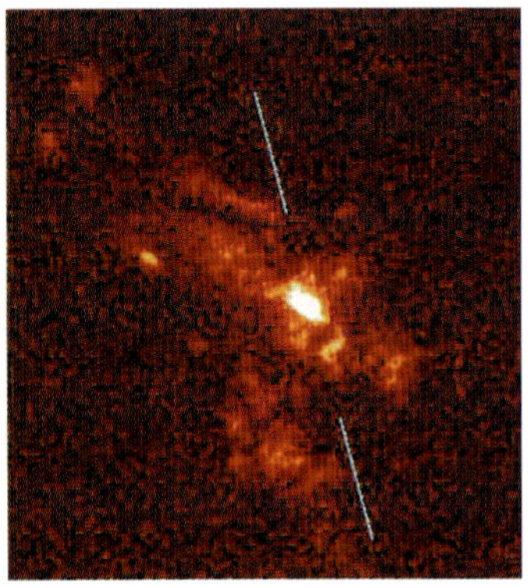

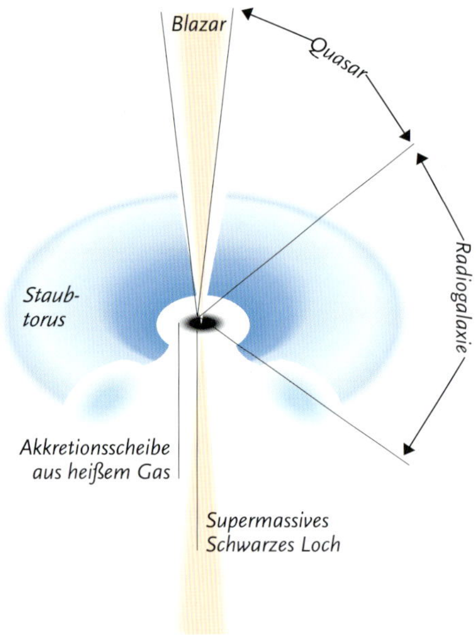

UNTERSCHIEDLICHE ANSICHTEN
Seit langem glaubt man, daß viele der Eigenschaften der Aktiven Galaxien, Blazare, Radiogalaxien und Quasare mit der Existenz eines Rings dichter Materie um ein Schwarzes Loch erklärt werden können. Das ist auch der Grund, weshalb sich die scheinbare Natur dieser Objekte mit ihrer Ausrichtung am Himmel und unserem Blickwinkel ändert.

Oben: Das Falschfarben-Infrarotfoto zeigt den Blazar 3C279. Blazare sind Galaxien, deren Energieausstoß sich über einen Zeitraum von einigen Monaten um das Zehnfache oder mehr vergrößert. Wahrscheinlich wird so etwas von einem Stern erzeugt, der in das Schwarze Loch im Zentrum dieser Galaxie gesaugt wurde.

Mitte: Quasare sind kompakte hochenergetische Lichtquellen, die in einer Entfernung von Milliarden Lichtjahren stehen. Wie die Blazare besitzen sie wahrscheinlich supermassive Schwarze Löcher.

Unten: Radiogalaxien haben nicht immer ein Gegenstück im optischen Bereich und sind in ihrer Erscheinungsform sehr verschieden. Deshalb ist die Radiokarte von Centaurus A viel ausgedehnter als die sichtbare Galaxie.

◀ 94 Rotverschiebung und Blauverschiebung
◀ 95 Absorptions- und Emissionslinien
◀ 102–103 Supernovae
◀ 103 Schwarze Löcher
◀ 112 Herschels und Messiers Lichtflecke
◀ 116 Die Lokale Gruppe
◀ 121 Hubble Deep Field, Galaxien

den 60er Jahren markiert denn auch den Beginn der neuen Ära der Hochenergie-Astrophysik. Die Astronomen erkannten bald, daß die meisten dieser extremen Objekte 10 Millionen mal mehr Radiostrahlung und hundert Mal mehr Licht als die Milchstraße aussandten. Auch im Röntgen-, Ultraviolett- und Infrarotbereich strahlen diese Objekte viel Energie ab.

Als man ihre Entfernung mit Hilfe der Rotverschiebung bestimmt hatte, wurde klar, daß es sich um sehr kleine, energiereiche Objekte handelte. Die Quelle konnte nur einige Lichttage oder -wochen groß sein, was schon für sich eine erstaunliche Erkenntnis ist.

Die einzige Quelle, die diese Form von Energie mit einem breiten und charakteristischen Strahlungsspektrum auf so kleinem Raum produzieren kann, ist Materie, die in einem Schwarzen Loch verschwindet. Aber zu der Zeit, als man die Quasare gerade entdeckt hatte, waren Schwarze Löcher nur eine Theorie, an deren Existenz kaum jemand glauben mochte.

Zum Glück für die Theoretiker hatten sich die Beweise für die Existenz der Schwarzen Löcher verdichtet. Andere Phänomene waren entdeckt worden, deren Natur nur durch die Schwarzen Löcher erklärt werden konnte: die treibende Kraft von Supernova-Überresten, exotische Doppelsterne und Objekte mit aktiven galaktischen Kernen (AGNs). Die AGNs in recht nahen Galaxien ähneln den Quasaren, und zwar in der Hinsicht, daß sie große Energiemengen abgeben – sie sind aber weniger extrem als die weit entfernten.

Unterschiedliche Vorstellungen

Um den Kern der Quasare und AGNs liegt ein dicker Ring aus Gas und Staub. Aus diesem Torus spiralt die Materie über eine sogenannte Akkretionsscheibe in das Zentrum des Schwarzen Loches und setzt dabei gewaltige Energiemengen frei.

Anfangs schien es, als existierten unterschiedliche Arten von Schwarzen Löchern und AGNs. Heute glaubt man, daß viele dieser Unterschiede sich aus der Art und Weise ergeben, wie wir die Galaxien am Himmel sehen.

Von der Seite gesehen ist die Akkretionsscheibe im optischen Licht verborgen. Die Astronomen können nur die Materiejets beobachten, die im rechten Winkel zum verborgenen Wulst hochgeschleudert werden. Je mehr man von oben schaut, um so stärker beherrscht die Strahlung der Akkretionsscheibe das Bild, so daß Quasar und AGN ganz anders erscheinen. Wenn die Beobachtung unter einem Zwischenwinkel geschieht, sehen die Astronomen, wie die Strahlung der Akkretionsscheibe die innere Wand des Wulstes bombardiert und ein charakteristisches Spektrum von Absorptions- und Emissionslinien hervorruft. Im Infraroten können die Astronomen die Akkretionsscheibe dann selbst beobachten.

Das Hubble-Weltraumteleskop zeigte, daß die Quasare Galaxien sind und zumeist einem Haufen angehören. Es machte auch das erste scharfe Foto einer ringförmigen Scheibe um einen AGN.

Galaxienhaufen

Im allgemeinen treten Galaxien in Gruppen auf, und einzelne Vertreter sind selten. Welcher Mechanismus auch der Entstehung von Galaxien zugrunde liegt: Sie scheinen jedenfalls mehr in Haufen als einzeln zu entstehen. Ähnlich ist es ja bei der Sternentstehung.

Wir leben in einer Ansammlung von etwa 30 Galaxien, der sogenannten Lokalen Gruppe. Hier sind die

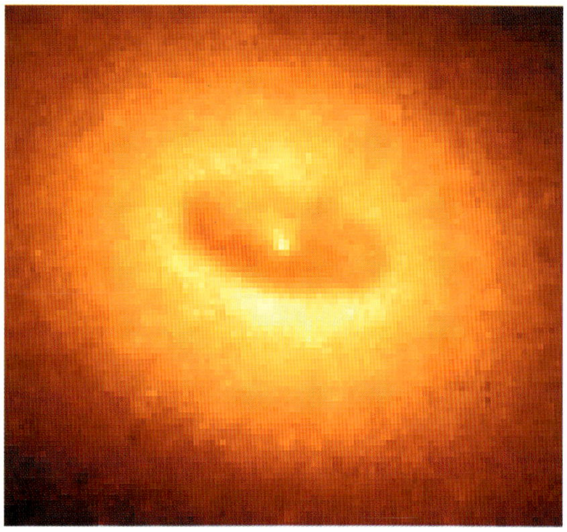

1992 entdeckte das Hubble-Weltraumteleskop eine spiralförmige Staubscheibe, die das massive Schwarze Loch im Kern der Galaxie NGC 4261 füllte. Nach Berechnungen ist dieses Objekt nicht viel größer als unser Sonnensystem, besitzt aber eine Masse von 1,2 Milliarden Sonnenmassen.

Milchstraße und die Andromedagalaxie M 31 die größten Galaxien, und der Rest sind kleine Fische. Die Lokale Gruppe ist typisch für kleine Haufen, in denen die gasreichen Spiralen vorherrschen.

Diejenigen Haufen, die eine größere Zahl von Galaxien enthalten, haben auch eine größere Zahl von elliptischen Galaxien. Das ist bei den meisten reichen Haufen im recht nahen Universum der Fall. Der nächste größere Galaxienhaufen liegt im Sternbild Jungfrau und ist 50 Millionen Lichtjahre entfernt. Viele seiner Mitglieder sind hell genug, daß sie vor 200 Jahren in den Messier-Katalog aufgenommen wurden.

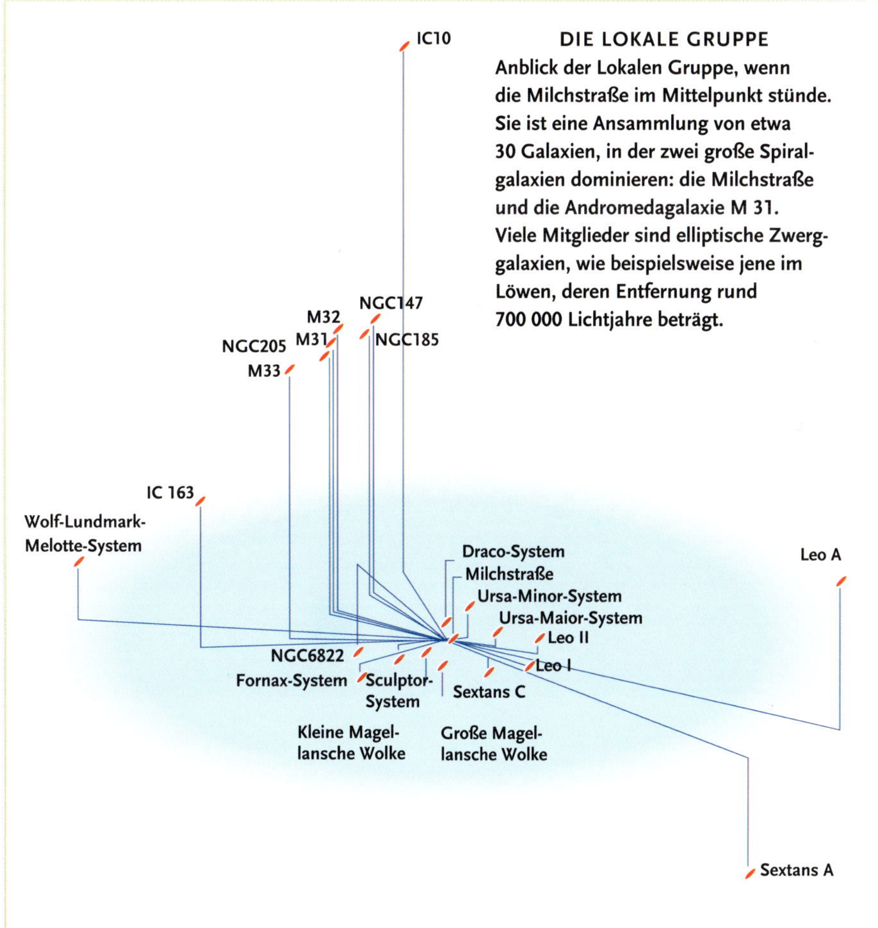

DIE LOKALE GRUPPE
Anblick der Lokalen Gruppe, wenn die Milchstraße im Mittelpunkt stünde. Sie ist eine Ansammlung von etwa 30 Galaxien, in der zwei große Spiralgalaxien dominieren: die Milchstraße und die Andromedagalaxie M 31. Viele Mitglieder sind elliptische Zwerggalaxien, wie beispielsweise jene im Löwen, deren Entfernung rund 700 000 Lichtjahre beträgt.

Die Struktur des Universums

Die Galaxien auf dem HDF-Foto scheinen wahllos im All verstreut. Es ist ein schmaler Ausschnitt des Aufbaus des Universums. So wie die Galaxien auf dem HDF-Foto aussehen, sind die meisten von ihnen sehr weit entfernt. Doch wie weit? Selbst Weitwinkelfotos zeigen sie nicht dreidimensional.

Man kann aber die dritte Dimension, die Entfernung, durch die Messung der Rotverschiebung erschließen. Die Expansion des Universums treibt die Galaxien auseinander. Wir sehen das darin, daß sich alles von uns wegzubewegen scheint. Je weiter eine Galaxie von uns entfernt ist, desto höher ist die Fluchtgeschwindigkeit.

Wenn das Universum, wie allgemein angenommen, gleichmäßig expandiert, sind Rotverschiebung und Entfernung durch die Hubble-Konstante miteinander verbunden. Sie leitet die Entfernung der Galaxien aus deren Fluchtgeschwindigkeit ab. Der Betrag dieses heiß diskutierten Parameters wird etwa mit 75 km/sec je Megaparsec angenommen. Das bedeutet, daß pro 3,26 Millionen Lichtjahre Entfernung die Geschwindigkeit, mit der die Galaxien auseinanderstreben, um 75 km pro Sekunde ansteigt. Von kleinen lokalen Abweichungen abgesehen, scheint diese Geschwindigkeit für alle Richtungen zu gelten. Die am weitesten entfernten Galaxien entfliehen mit einigen hunderttausend Kilometern in der Sekunde, was fast der Lichtgeschwindigkeit entspricht.

Mißt man die Rotverschiebung der Galaxien über einen großen Himmelsausschnitt, ergibt sich, daß sie nicht wahllos über irgendwelche Entfernungen verstreut sind. Vielmehr bilden sie weite dreidimensionale Bögen und Verdickungen. Es scheint demnach, als sei die Materie, aus der sie entstanden, eine Art dünner kosmischer Schaum. Sein galaktisches Material scheint an den Wänden und in den Schnittlinien der Blasen, die große Leerräume enthalten, konzentriert zu sein. Das erklärt die Verteilung des Rohmaterials, aus dem die Galaxien entstanden sind. Doch ein Rätsel bleibt: Weshalb ist das Universum nicht gleichförmig?

Superhaufen

Die Lokale Gruppe ist Teil des lokalen Superhaufens, eine etwa 60 Millionen Lichtjahre breite scheibenförmige Ansammlung kleinerer Galaxienhaufen. Superhaufen sind durch filamentartige und flächige Strukturen von Galaxienhaufen verbunden. Die Räume zwischen ihnen scheinen vollständig leer zu sein.

Eine der relativ nahen Galaxienansammlungen ist die „Große Mauer". Sie ist ein 500 Millionen Lichtjahre langes Band von rund 15 Millionen Lichtjahre Dicke, das sich über den nördlichen Himmel zieht.

Diese Beobachtungen wurden durch die Messung der Rotverschiebung vieler einzelner Galaxien möglich. Heute werden mit Instrumenten wie dem 2°-Feld des Anglo-Australischen Teleskops auf der Südhalbkugel und dem Sloan Digital Sky Survey auf der Nordhalbkugel noch viel ehrgeizigere Programme verfolgt, um die Abstände von Millionen noch viel weiter entfernten Galaxien zu bestimmen. Das nächste große Abenteuer der Kosmologie hat gerade begonnen.

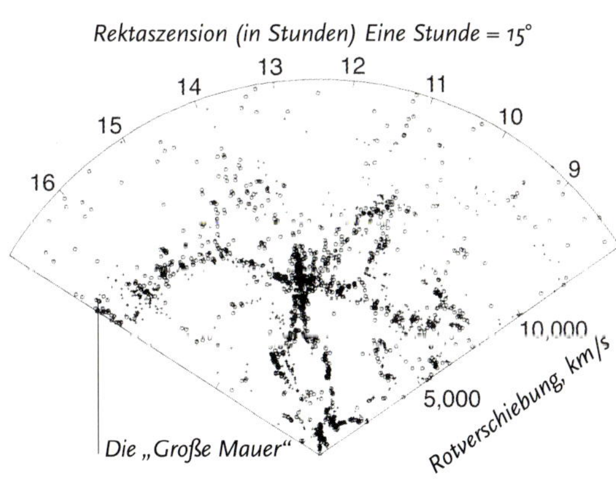

Die Astronomen sind nicht in der Lage, die genaue Entfernung einer Galaxie auf der Grundlage ihres Erscheinungsbildes zu bestimmen. Da aber das Universum expandiert, hat die entferntere Galaxie die höhere Fluchtgeschwindigkeit. Diese Art der Rotverschiebung kann mit Hilfe der versetzten Linien in den Spektren der Galaxien gemessen werden. Auf diese Weise wurde die dritte Dimension in diesem hier abgebildeten Himmelsausschnitt ermittelt. Eine besonders eindrucksvolle Erscheinung ist die „Große Mauer" – eine 500 Millionen Lichtjahre lange Häufung von Galaxien.

Das ewig wachsende Universum 126 ▶
Kosmologie des Hubble Deep Field 128 ▶
Die große Altersdiskussion 132–133 ▶
Elektromagnetisches Spektrum 140–141 ▶
Spektroskopie 142 ▶
Hubbles Bedeutung 144–145 ▶

KOSMOLOGIE

Die Kosmologie ist das Studium des Universums als Ganzes. Zum Universum gehört alles: Sterne, Galaxien, Planeten. Die Kosmologen versuchen zu erklären, warum das Universum so aussieht, wie wir es heute sehen, wie es entstanden ist und wie es einmal enden wird. Viele astronomische Beobachtungen helfen dabei, die Geheimnisse des Universums zu enträtseln. Es ist wie ein riesiger Krimi, bei dem niemand weiß, wer das Verbrechen begangen hat.

Die verbreitetste Theorie für die Entstehung des Universums ist die Urknall-Theorie, nach der alles – Materie, Energie, Strahlung und die Naturkräfte – gleichzeitig entstanden ist. Auch die Zeit begann mit dem Urknall, weshalb die Frage: „Was geschah, bevor das Universum geboren wurde?“ sinnlos ist. Die Urknall-Theorie kann heute viele, jedoch nicht alle Aspekte des Universums erklären.

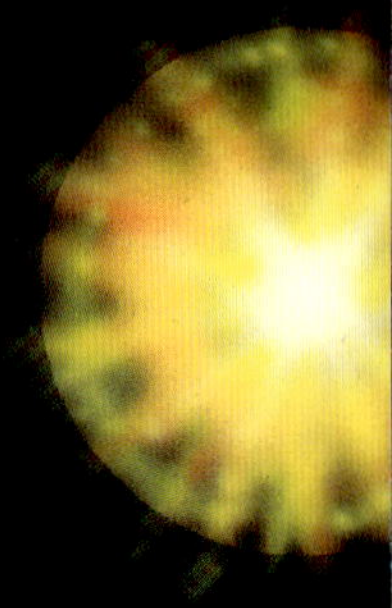

1 ▶ *Zeit: 0. Das Universum beginnt: Raum und Zeit werden geboren. Materie und Energie entstehen.*

8 ▶ *Zeit: etwa 15 Milliarden Jahre (heute). Temperatur: 3 K. Menschen entwickeln sich. Sie untersuchen das Universum.*

7 ▶ *Zeit: eine Milliarde Jahre (10^9 Jahre). Temperatur: 20 K. Die Materie im Universum beginnt zusammenzuklumpen. Es bilden sich Galaxien, in denen Sterne entstehen.*

DIE GESCHICHTE DES UNIVERSUMS

Alles, was im Universum existiert, wurde vor 15 Milliarden Jahren beim Urknall erzeugt. All die verschiedenen Arten von Elementarteilchen entstanden in der ersten Minute; die einfachsten Atome nach 300 000 Jahren. Erst nach einer Milliarde Jahren begann die Materie zu klumpen und Galaxien zu bilden.

2 ◀ 5,4 '$\times 10^{44}$ s (die Planck-Zeit). Temperatur: 10^{32} K. Das Universum ist eine „kosmische Suppe“ aus Materie, Antimaterie, extrem starker Strahlung und Gravitation, mit zusammenstoßenden Photonen und dabei entstehenden Protonen und Neutronen. Vor dieser Zeit gelten unsere physikalischen Gesetze nicht.

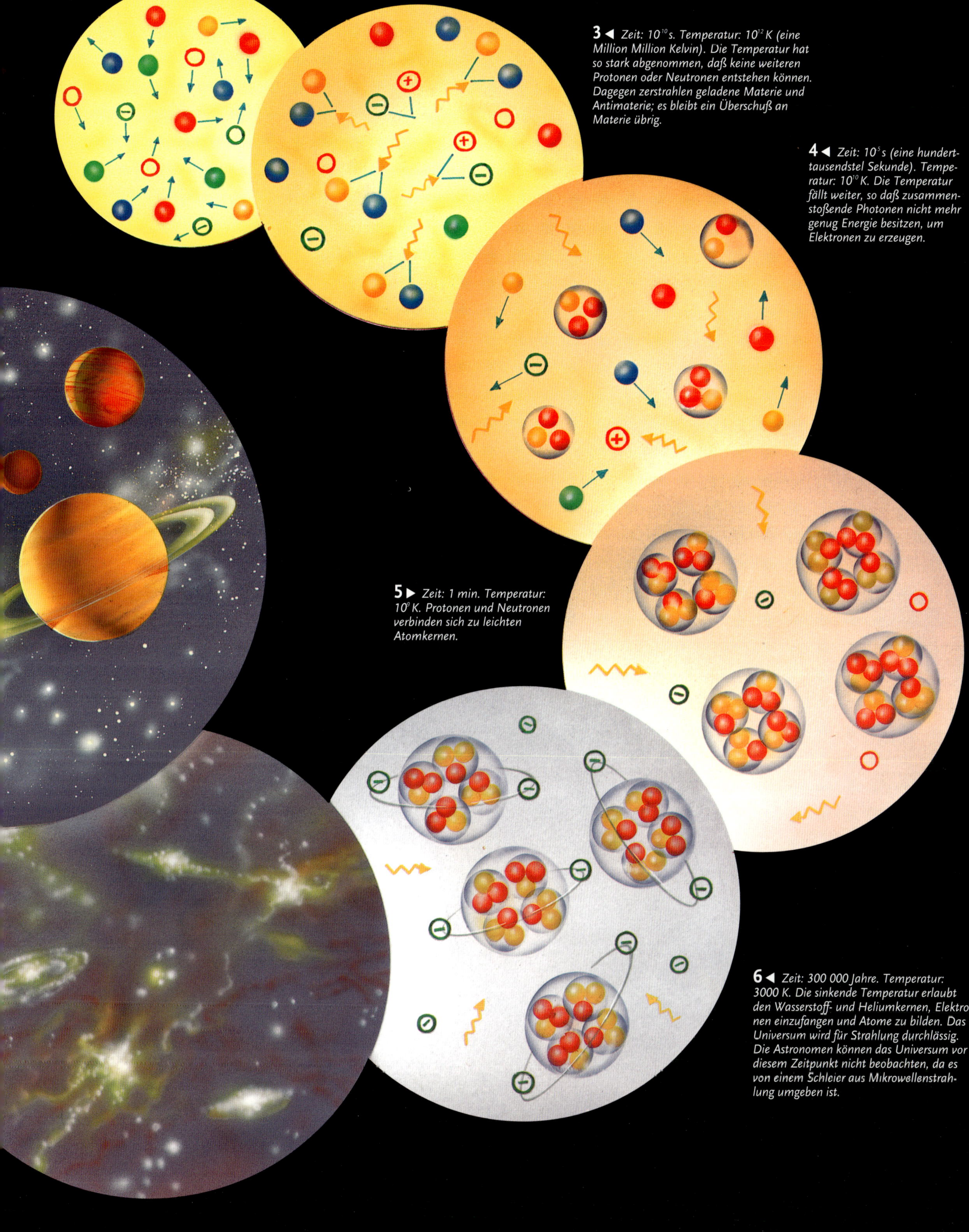

3 ◀ Zeit: 10^{10} s. Temperatur: 10^{12} K (eine Million Million Kelvin). Die Temperatur hat so stark abgenommen, daß keine weiteren Protonen oder Neutronen entstehen können. Dagegen zerstrahlen geladene Materie und Antimaterie; es bleibt ein Überschuß an Materie übrig.

4 ◀ Zeit: 10^{5} s (eine hunderttausendstel Sekunde). Temperatur: 10^{10} K. Die Temperatur fällt weiter, so daß zusammenstoßende Photonen nicht mehr genug Energie besitzen, um Elektronen zu erzeugen.

5 ▶ Zeit: 1 min. Temperatur: 10^{9} K. Protonen und Neutronen verbinden sich zu leichten Atomkernen.

6 ◀ Zeit: 300 000 Jahre. Temperatur: 3000 K. Die sinkende Temperatur erlaubt den Wasserstoff- und Heliumkernen, Elektronen einzufangen und Atome zu bilden. Das Universum wird für Strahlung durchlässig. Die Astronomen können das Universum vor diesem Zeitpunkt nicht beobachten, da es von einem Schleier aus Mikrowellenstrahlung umgeben ist.

NACH DEM URKNALL

Unser Universum, das aus vielen Galaxien besteht, expandiert seit dem Urknall. Doch wie wird sein endgültiges Schicksal sein?

Obwohl Astronomen noch immer weit davon entfernt sind, das Universum vollständig zu verstehen, haben sie eine Vorstellung von seiner Entstehung, seiner groben Struktur und seiner Dynamik. Dadurch waren sie in der Lage, Theorien über sein endgültiges Schicksal zu erarbeiten.

Das ewig wachsende Universum

Vesto Slipher war einer der ersten, der Anfang des 20. Jahrhunderts die Spektroskopie benutzte, um die physikalische und chemische Beschaffenheit der Bestandteile einer Galaxie zu ermitteln. Damals waren die Astronomen über die Natur der Galaxien unsicher; einige glaubten, es seien Wolken innerhalb unserer eigenen Galaxis, andere meinten (korrekt), es handele sich um weit entfernte Ansammlungen von Sternen.

Slipher zeigte, daß die Spektrallinien einer Galaxie nicht in dem Bereich auftraten, wo man sie erwartete. Er kannte den Doppler-Effekt und schloß daraus, daß sich die Galaxien sehr schnell bewegen, die meisten von ihnen fort von der Milchstraße. Damit war die Idee geboren, daß Galaxien eine Fluchtgeschwindigkeit besitzen.

Die Rotverschiebung

Der Astronom Edwin Hubble führte Sliphers Arbeiten fort. Er maß die Entfernungen zu fernen Galaxien, indem er nahe pulsierende Sterne, sogenannte Cepheiden, mit anderen vom selben Typ verglich, die er dort entdeckt hatte.

Er stellte bei der Entfernungsmessung fest, daß – von wenigen Ausnahmen abgesehen – weiter entfernte Galaxien auch stärker verschobene Spektrallinien, also eine größere Fluchtgeschwindigkeit aufwiesen. Die Verschiebung kommt durch die Dehnung der Wellenlänge infolge der Fluchtbewegung der Galaxie zustande. Je weiter entfernt eine Galaxie ist, um so schneller bewegt sie sich von der Erde fort, um so größer ist ihre Rotverschiebung. Hier erkannten die Astronomen, daß das ganze Universum expandiert.

Hubble berechnete die Geschwindigkeit, mit der sich das Universum zur Zeit ausdehnt. Die Expansion läßt sich leicht mit einem Modell des Universums veranschaulichen, in dem die Galaxien untereinander mit Streichhölzern verbunden sind. Stellen Sie sich vor, die Streichhölzer werden immer länger. Genauso wächst dann das Modell des Universums, wobei die Galaxien sich immer weiter voneinander entfernen.

In dichten Bereichen des Universums ist die Schwerkraft zwischen den Galaxien stärker als die Expansion des Raums. Darum zeigen eine Handvoll Galaxien keine Rotverschiebung: Sie sind durch die Gravitation an unsere Milchstraße gebunden.

Die Allgemeine Relativitätstheorie

Etwa zeitgleich mit den Arbeiten von Hubble bekamen die Physiker Einsteins mathematische Beschreibung der Gravitation, die Allgemeine Relativitätstheorie, in den Griff. In der Allgemeinen Relativitätstheorie ist der Raum wie ein Gerüst, in dem Sterne und Galaxien hängen. Auch die Zeit ist ein Teil dieses Gerüstes, das als Raum-Zeit-Kontinuum bekannt ist.

Einstein stieß mit seinen Gleichungen auf beträchtliche Schwierigkeiten: Sie zeigten ein sich ausdehnendes oder zusammenfallendes, keinesfalls aber ein ruhendes Universum und widersprachen somit den damals gängigen Vorstellungen eines statischen Raums, in dem Objekte sich bewegen können, der selbst aber ein „Nichts" ist. Er fügte den mathematischen Term, die kosmologische Konstante, in seine Gleichungen ein, um die Gravitation auszugleichen und das Universum statisch zu halten. Hubbles Ergebnisse über die Rotverschiebung löste das Problem: Einsteins ursprüngliche Gleichungen ohne die hinzugefügte Konstante erwiesen sich als korrekt.

Zurück in der Zeit

Mit der Entdeckung der Expansion des Universums erkannten die Wissenschaftler, daß die Bestandteile des Universums ursprünglich erheblich dichter beieinanderlagen. Georges Lemaître äußerte als erster die Hypothese, daß das Universum mit einem Urknall angefangen habe (den er aber Uratom nannte).

Seither fragen sich Theoretiker, welche Bedingungen in dieser allerersten Zeit herrschten. Einer ihrer interessantesten Schlüsse ist, daß die vier Naturkräfte einheitlich gewirkt haben dürften.

Die fundamentalen Naturkräfte

Praktisch seit seiner Entstehung haben vier fundamentale Kräfte das Universum geprägt. Die Gravitation regelt die Art und Weise, wie sich massive Objekte gegenseitig anziehen. Der Elektromagnetismus bestimmt die Wechselwirkung geladener Objekte, während die starke und die schwache Kernkraft den Aufbau der Atomkerne und ihre Wechselwirkung mit anderen ungeladenen Teilchen bestimmen.

Edwin Hubble entdeckte 1923 einen Cepheiden-Veränderlichen in der Andromedagalaxie (M 31). Durch diese Beobachtung fanden Astronomen heraus, daß der vermeintliche Andromedanebel eigentlich ein großes Sternsystem weit außerhalb unserer Michstraße ist.

◀ 90–93 Gravitation

◀ 92 Die Krümmung von Raum und Zeit

◀ 94 Der Doppler-Effekt

◀ 94 Rotverschiebung und Blauverschiebung

◀ 95 Atomspektren

◀ 106 Cepheiden und RR-Lyrae-Sterne

DER EXPANDIERENDE RAUM

Da das Universum expandiert, dehnt sich der Raum. Aber die Galaxien behalten ihre Größe. Deshalb entfernen sie sich voneinander.

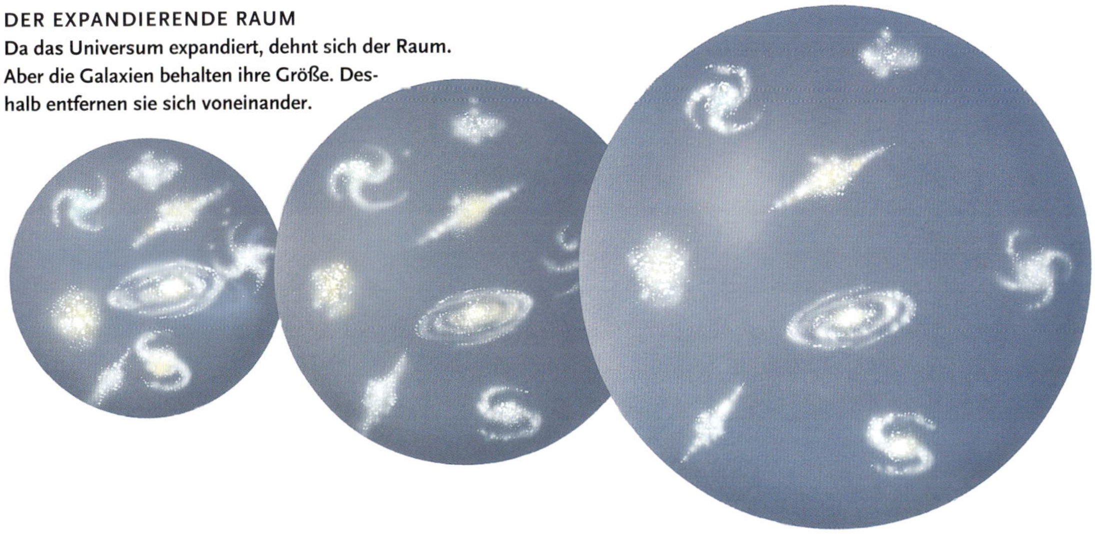

Ein Echtfarbenbild von blaßblauen Galaxien am Rande des beobachtbaren Universums, aufgenommen mit dem William-Herschel-Teleskop von La Palma auf den Kanarischen Inseln. Die meisten Galaxien befinden sich in der Frühphase der Sternentstehung, und ihre Anzahl deutet darauf hin, daß sie ursprünglich viel näher beieinanderstanden, als es heute der Fall ist.

Das frühe Universum 128 ▶

Elektromagnetisches Spektrum 140–141 ▶

Spektroskopie 142 ▶

Die Astronomen verwenden viele verschiedene Techniken und Instrumente, um ihre Kenntnis vom Universum zu vertiefen. Um untersuchen zu können, wie sich die Materie im frühen Universum benommen haben könnte, versuchen die Physiker, die damaligen Bedingungen in Teilchenbeschleunigern nachzustellen (das sind große Geräte, in denen Atome mit unglaublich hohen Geschwindigkeiten gegeneinander geschleudert werden). So können sie die Wechselwirkungen der Teilchen beobachten.

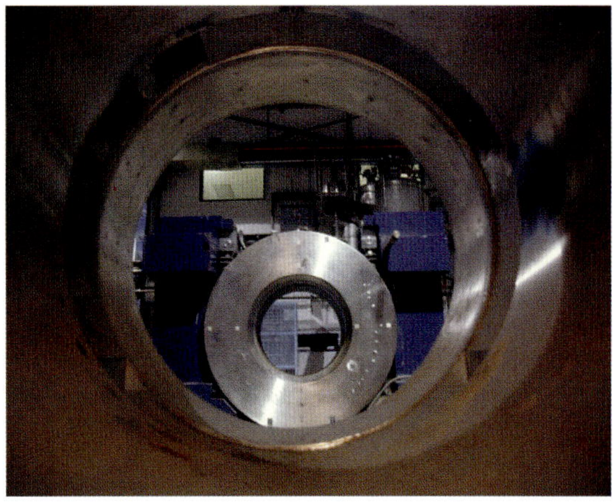

1983 konnten am europäischen Kernforschungszentrum (CERN) die Bedingungen nachgestellt werden, die zu dem Zeitpunkt herrschten, als das Universum nur 10^{-11} Sekunden (eine hundertmilliardstel Sekunde) alt war. Dort wurde die Theorie bestätigt, nach der die elektromagnetische Kraft und die schwache Kernkraft wie eine einzige Kraft gewirkt haben dürften. Heute glauben Wissenschaftler, daß unter Bedingungen, wie sie 10^{-35} Sekunden nach dem Urknall herrschten, auch die starke Kernkraft mit dieser Kraft vereint war.

Diese Großen Vereinheitlichten Theorien sind bis heute nicht bewiesen, jedoch sind einige Physiker sogar der Meinung, daß auch die Gravitation in der sogenannten Planck-Zeit, als das Universum 10^{-43} Sekunden alt war, nicht zu unterscheiden war.

Untersuchung des frühen Universums

Die Untersuchung unserer kosmischen Herkunft wurde durch die Erkenntnis möglich, daß das Licht mit endlicher Geschwindigkeit reist. Auf der Erde sind Entfernungen so kurz, daß das Licht scheinbar sofort sein Ziel erreicht. Im Weltraum dagegen können die Entfernungen so gewaltig sein, daß das ausgesendete Licht viele, manchmal Milliarden Jahre benötigt, um die Erde zu erreichen.

Die großen Teleskope sammeln das Licht, das so unglaublich lange Zeit unterwegs war, und erlauben den Astronomen, das Universum zu sehen, wie es vor vielen Millionen und Milliarden Jahren aussah.

Das Hubble Deep Field

Eines der spektakulärsten Bilder der modernen Astronomie ist das Hubble Deep Field, das im Dezember 1995 aufgenommen wurde, als das Weltraumteleskop Hubble einen kleinen Bereich des Weltraums zehn Tage lang belichtete. Es entdeckte über 3000 blasse Galaxien in extremen Tiefen des Universums; sie befinden sich alle in unterschiedlichen Entfernungen und Entwicklungsstadien. Einige zeigen sich so, wie sie waren, als das Universum nur wenige Milliarden Jahre alt war.

Es ist nicht möglich, noch tiefer in den Raum zu blicken und den Urknall zu sehen. Eine „Barriere" versperrt uns den Blick auf Ereignisse im Universum, die sich in den ersten 300 000 Jahren abgespielt haben. Dieser alles umgebende Schleier aus Mikrowellenstrahlung entstand, weil es noch keine Atome im Universum gab, als dieses jünger als 300 000 Jahre war.

Ein heißer Anfang

Die Temperatur des Weltraums wird von der Energie der Photonen der elektromagnetischen Strahlung bestimmt. 300 000 Jahre lang waren sie so heiß, daß sie

Arno Penzias (links) und Robert Wilson arbeiteten für eine Telefongesellschaft, als sie die kosmische Hintergrundstrahlung mit einem Radioteleskop entdeckten.

◀ 94 Rotverschiebung und Blauverschiebung

◀ 121 Das Hubble Deep Field, Galaxien

◀ 126 Die fundamentalen Naturkräfte

durch Zusammenstöße mit Kernen und insbesondere mit Elektronen die Bildung von Atomen verhinderten. Es kam häufig zu Kollisionen zwischen den vielen, über das ganze Universum verstreuten Elektronen und den Photonen.

Rund 300 000 Jahre nach dem Urknall war die Energie der Photonen so stark gesunken, daß sich Elektronen mit Atomkernen verbinden konnten. Auch die Zahl der Kollisionen sank, weil die Elektronen von den Kernen eingefangen wurden und die Photonen sich ungehindert ausbreiten konnten.

Zu diesem Zeitpunkt veränderte sich das Universum dramatisch. Während die Strahlung anfangs nur kurze Distanzen zurückzulegen hatte, bevor sie mit Materie wechselwirkte, konnte es jetzt leicht passieren, daß sie das ganze Universum durchquerte und die Wahrscheinlichkeit einer Wechselwirkung nur gering war. Die Astronomen sprechen hierbei von der Entkoppelung von Materie und Energie. Dies geschah, als die Temperatur im All auf etwa 3000 K gefallen war. Seit dieser Zeit expandierte das Universum um den Faktor 1000. Die freigesetzte Strahlung breitete sich aus. Sie kann heute als Mikrowellenstrahlung beobachtet werden, die das All auf eine Temperatur von gerade 3 K erwärmt.

Die Mikrowellenhintergrundstrahlung

Die kosmische Mikrowellenhintergrundstrahlung ist einer der Ecksteine der Urknall-Theorie. Lemaître konzipierte als erster die Idee eines Anfangs des Universums, aber George Gamow war es, der in den 30er Jahren ernsthaft über die Konsequenzen nachdachte.

Robert Herman seinerseits erkannte, daß der Urknall das Universum mit einer „Reststrahlung" gefüllt haben dürfte, für die er eine Temperatur von 5 K errechnete.

In den 60er Jahren stellte Bob Dicke fest, daß es möglich sein dürfte, die Strahlung zu beobachten, sofern sie existierte. Seine Mitarbeiter David Wilkinson und Peter Roll fingen an, ein entsprechendes Teleskop zu bauen, während James Peebles Theorien darüber entwickelte, was uns eine solche Entdeckung über das frühe Universum wohl erzählen würde.

Als 1964 das Teleskop nahezu fertig war, registrierten Arno Penzias und Robert Wilson, die für eine Telefongesellschaft arbeiteten, mit ihrem Radioteleskop ein beharrliches Signal. Zunächst vermuteten sie ein Problem mit ihrem Instrument. Doch als sie sich mit Dicke berieten, stellten sie fest, daß es sich um die „Reststrahlung" handelte. Die Entdeckung öffnete die Tür zur Untersuchung des frühen Universums. Penzias und Wilson erhielten 1978 den Nobelpreis.

Die Kartographie des Universums

1989 startete die NASA den Satelliten COBE (Cosmic Microwave Background Explorer), der diese Strahlung untersuchen sollte. Bei der Messung der Strahlungstemperatur erstellte COBE eine Karte des Universums, die zeigt, wie das Universum 300 000 Jahre nach dem Urknall aussah. Anstelle von Sternen und Galaxien gab es im Universum ausgedehnte Gaswolken, die in manchen Gebieten dichter waren als in anderen. Sie begannen gerade, in Objekte wie Sterne, Galaxien und Galaxienhaufen zu kollabieren.

In den dazwischenliegenden Milliarden Jahren wurden aus diesen Wolken junge Galaxien, ähnlich denen des Hubble Deep Field. Diese hatten sich ihrerseits in Galaxien weiterentwickelt, wie sie am Nachthimmel durch ein kleines Teleskop zu sehen sind.

Das Schicksal des Universums

Das Universum kann nicht ewig im selben Tempo weiter expandieren, denn die gegenseitige Anziehungskraft aller Galaxien bewirkt eine Verlangsamung der Expansion. Die Expansionsrate (Hubble-Kon-

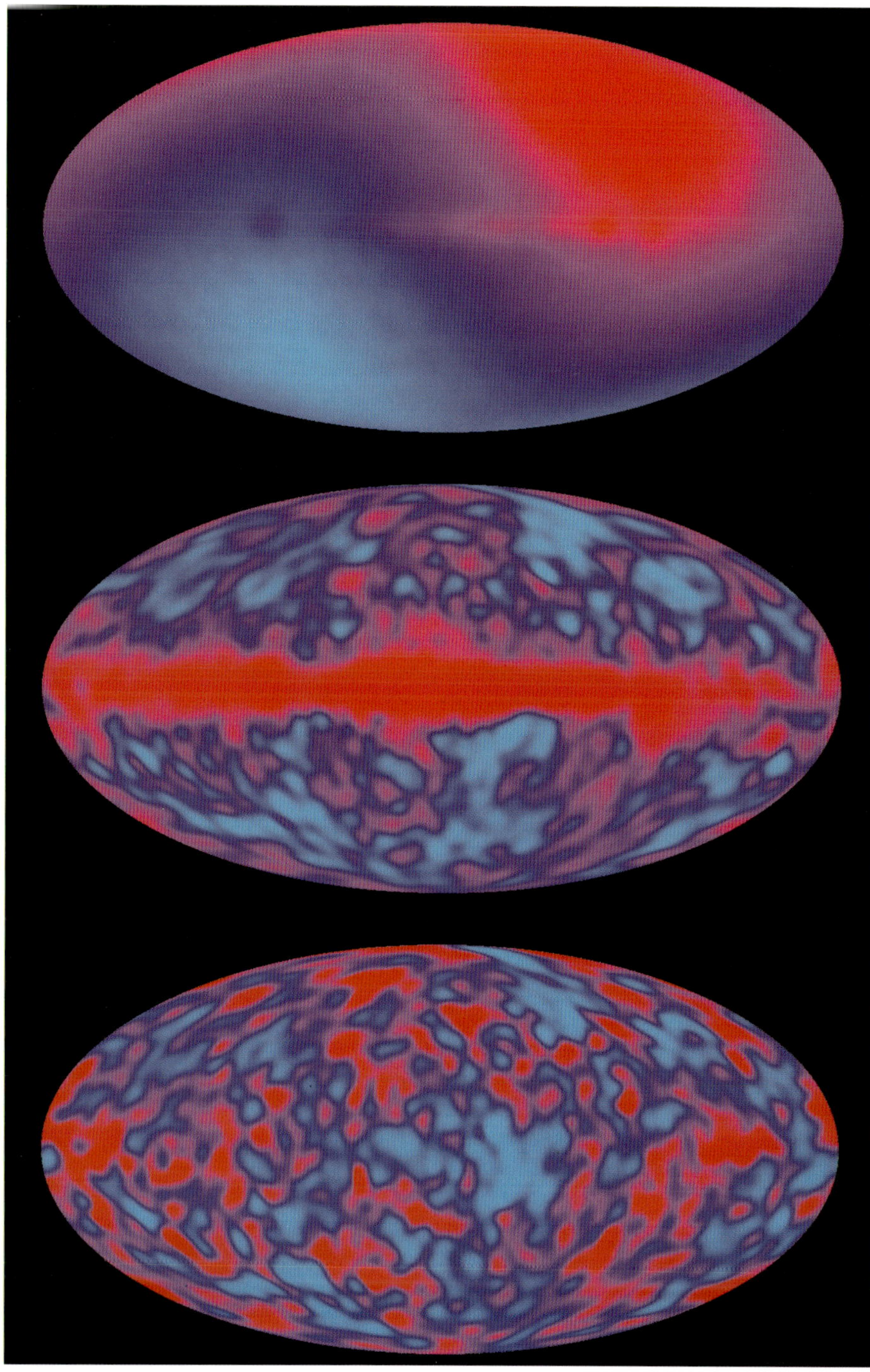

Diese Bilder zeigen Karten des „ganzen Himmels", die im Mikrowellenbereich des elektromagnetischen Spektrums vom Satelliten COBE aufgenommen wurden. Die pinkfarbenen Regionen sind wärmer als die blauen. Das obere Bild zeigt die Eigenbewegung der Erde durch den Raum. Das mittlere zeigt die Bewegung unserer Lokalen Gruppe von Galaxien und das untere die Gleichmäßigkeit in der heutigen kosmischen Hintergrundstrahlung.

Der Radio-Himmel 140 ▶
Elektromagnetisches Spektrum 140–141 ▶
Hubbles Bedeutung 144–145 ▶

Beispiele von Galaxien und Quasaren im Hubble Deep Field. Jedes Objekt hat einen Durchmesser von 2000–3000 Lichtjahren. Sie sind so weit entfernt, daß ihre Strahlung ins sichtbare Licht rotverschoben wurde.

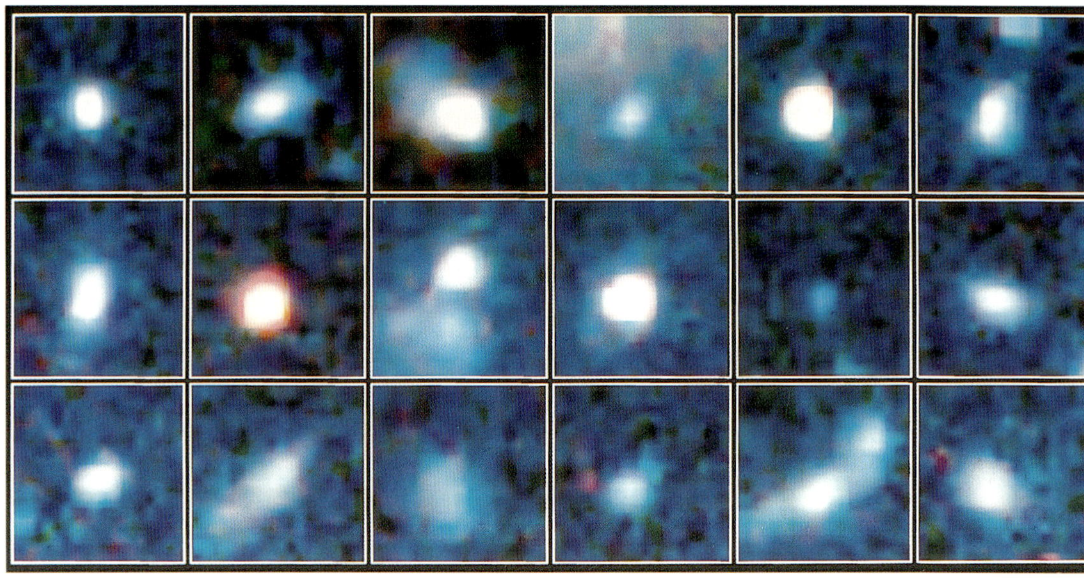

stante) nimmt stets ab. Das Tempo, mit dem die Expansion abnimmt, ist eine lang ersehnte Größe in der Kosmologie und wird als Bremsparameter bezeichnet. Sollte man ihn eines Tages ermitteln, könnte man die künftigen Veränderungen der Hubble-Konstante genau berechnen und damit die Frage beantworten: Wird die Expansion je enden?

Die Materiedichte im Universum stellt die kritische Größe dar, von der diese Antwort abhängt. Zu wenig Materie wird das Universum ewig weiter expandieren lassen, zu viel Materie wird die Expansion möglicherweise stoppen, so daß das Universum wieder kollabieren könnte.

Das offene Universum

Den Fall des unendlich weiter expandierenden Universums nennt man offenes Universum. Hier entfernen sich die Galaxienhaufen immer weiter voneinander. Die Galaxien erschöpfen ihre Vorräte an sternbildendem Staub und Gas und entwickeln sich zu riesigen, dunklen Objekten, die Sternenüberreste wie Neutronensterne und Weiße Zwerge enthalten.

Schließlich werden diese Phantomgalaxien innerhalb der eigenen Galaxienhaufen kollidieren und sich zu riesigen Schwarzen Löchern vereinigen.

Das geschlossene Universum

Sollte jedoch das Universum kollabieren, dann sehen die Bedingungen hierzu ganz anders aus. Man spricht von einem geschlossenen Universum, das eine maximale Größe erreichen wird, bevor es sich dann zusammenzieht. Das Universum wird heißer.

Schließlich werden die Galaxien verschmelzen, und das ganze Universum wird zu einer einzigen Sternenmasse. Dieses merkwürdige Schicksal kommt dadurch zustande, daß die kosmische Mikrowellenhintergrundstrahlung eine Temperatur erreichen wird, die noch höher liegt als die Oberflächentemperatur eines Sterns. Die Temperatur wird weiter ansteigen, und die Entkoppelung von Materie und Energie wird dadurch rückgängig gemacht, daß die Elektronen von den Atomen gerissen werden.

Schließlich wird das Universum sich in einem ähnlichen Zustand befinden wie zum Zeitpunkt des Urknalls und in jenes Nichts verschwinden, aus dem es möglicherweise entstanden ist.

Das flache Universum

Den Astronomen kam bei der Bestimmung des Schicksals des Universums eine Schlüsselvorhersage der Inflationstheorie zur Hilfe. Sie besagt, daß das Universum plötzlich in einem atemberaubenden Tempo expandierte. Die Inflation wurde durch die Spaltung der Großen Vereinheitlichten Kraft in eine starke und eine schwache Kernkraft 10^{-35} Sekunden nach dem Urknall verursacht.

Die infolge der Inflation exponentielle Expansion des Raums dürfte das Universum genau zwischen den gegensätzlichen Möglichkeiten von offen oder ge-

DAS SCHICKSAL DES UNIVERSUMS
Nach Meinung der Kosmologen ergeben sich drei Möglichkeiten für die Zukunft des Universums: Ist das Universum geschlossen, wird die Expansion irgendwann aufhören, das Universum wird in sich kollabieren. Ist das Universum flach, wird die Expansion fast zum Stillstand kommen. Ist das Universum offen, wird sich die Expansion ewig fortsetzen.

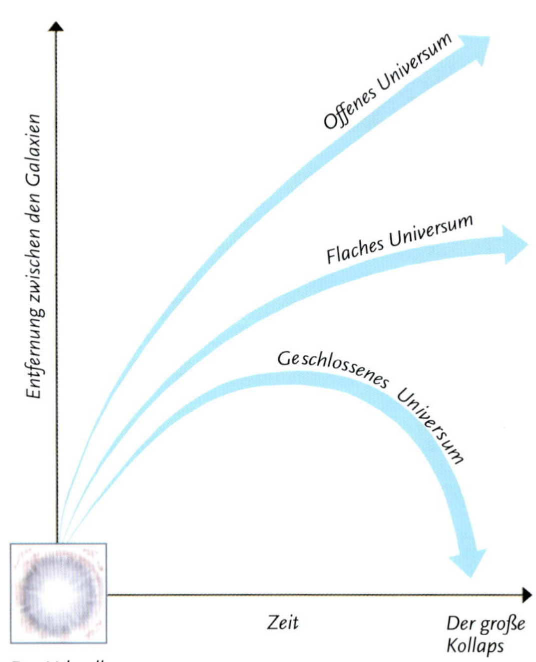

◀ 90–93 Gravitation
◀ 92 Die Krümmung von Raum und Zeit
◀ 94 Rotverschiebung und Blauverschiebung
◀ 102 Der Tod der Sterne: Weiße Zwerge
◀ 102 Neutronensterne und Pulsare
◀ 126 Allgemeine Relativitätstheorie
◀ 126 Die fundamentalen Naturkräfte

schlossen ins Gleichgewicht gebracht haben. Dieser sehr spezielle Fall wird als „flaches“ Universum bezeichnet und besagt, daß das Universum gerade so viel Masse enthält, um die Expansion nach Ablauf einer unendlich langen Zeit anzuhalten.

Praktisch gesehen sieht das Schicksal eines flachen Universums genauso aus wie beim offenen Universum. Die Dichte eines flachen Universums wird als die kritische Dichte bezeichnet.

Zur Zeit geht man davon aus, daß nur etwa 1 bis 10 Prozent der kritischen Dichte aus gewöhnlichen Atomen besteht, die als baryonische Materie bekannt sind. Die anderen 90 bis 99 Prozent stellen das sogenannte Problem der fehlenden Masse dar. Man vermutet, daß es sich um nicht-baryonische Materie, sogenannte „dunkle Materie“, handelt.

Die fehlende Masse

Astronomen und Elementarteilchenphysiker versuchen hartnäckig, die exakte Beschaffenheit der nicht-baryonischen Materie zu ermitteln. In vielen Fällen kann sie durch den Gravitationseffekt nachgewiesen werden, den sie auf die Rotation und die Umlaufbahn der Galaxien in den Galaxienhaufen ausübt.

Leider entzieht sie sich jeglicher direkter Entdeckung – selbst unter Anwendung raffiniertester Geräte.

Die Form des Weltalls

Gemäß Einsteins Allgemeiner Relativitätstheorie führt das Vorhandensein von Materie zu einer Krümmung des Raums – etwa so, wie wenn man eine schwere Kugel auf eine elastische Unterlage legt.

Die Krümmung des Universums hängt deshalb von der Dichte der Materie ab, die es enthält, und seine Form hängt mit jedem der drei möglichen Schicksale (siehe unten) zusammen.

Bild oben: Diese blaßblauen Lichtflecken in 11 Milliarden Lichtjahren Entfernung sind möglicherweise die Bausteine der heutigen Galaxien. Sie enthalten Staub, Gas und einige Milliarden Sterne und sind nahe genug aneinander, um zu verschmelzen und dadurch zu wachsen.

DIE FORM DES WELTRAUMS

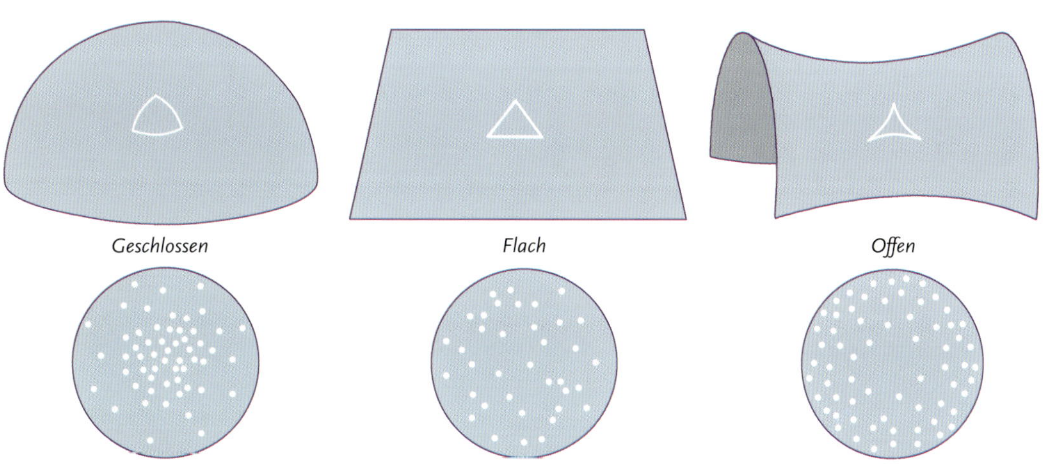

Das weitere Schicksal und die Krümmung des Universums hängen von der Dichte seiner Materie ab. Wenn die Astronomen in der Lage sind, die Form des Universums zu ermitteln, werden sie ebenso seine Zukunft vorhersagen können. Um dies zu erreichen, zeichnen einige Astronomen die scheinbare Verteilung weit entfernter Galaxien auf. Jedem dieser Galaxienmuster entspricht ein „Schicksal“.

Die große Altersdiskussion 132–133 ▶
Elektromagnetisches Spektrum 140–141 ▶

DIE GROSSE ALTERSDISKUSSION

In den 20er Jahren entdeckte Edwin Hubble, daß die meisten Galaxien sich von uns entfernen. Je weiter sie von uns weg sind, desto schneller bewegen sie sich, was ein Hinweis dafür ist, daß das Universum expandiert. Das Tempo dieser Expansion ist unter der Bezeichnung Hubble-Konstante bekannt, aber ihr genauer Wert bleibt den Astronomen vorenthalten. Ein hoher Wert der Konstante würde bedeuten, daß die Expansion rapide vonstatten geht und daß das Universum jung ist, während ein niedriger Wert eine langsame Expansion und ein altes Universum zur Folge hätte. DR. PATRICK WALTERS

Edwin Powell Hubble war der amerikanische Astronom, der in den 20er Jahren die Expansion des Universums entdeckte.

„Eine neue Ära in der Kosmologie begann, als Edwin Hubble (1889–1953) das neue 2,5-m-Spiegelteleskop am Mount Wilson an den Himmel richtete. Als er 1923 die äußeren Spiralen des Andromedanebels photographierte, entdeckte er, daß es sich um dichte Sternenschwärme handelte, die ähnlich angeordnet waren wie in unserer Milchstraße. Unter diesen Sternen identifizierte Hubble mehrere Cepheiden, denen er sich widmete, um die Perioden ihrer Helligkeitsschwankung zu ermitteln. So vermochte er, ihre Leuchtkraft zu bestimmen und in der Folge eben auch ihre Entfernung. Er konnte somit zeigen, daß Andromeda mindestens eine Million Lichtjahre von uns entfernt ist. Heute weiß man, daß die Entfernung sogar mehr als zwei Millionen Lichtjahre beträgt.

Als Hubble bemerkte, daß die entferntesten Galaxien eine größere Rotverschiebung aufwiesen, also sich auch schneller von uns fort bewegten, konnte er seine revolutionärste Theorie veröffentlichen: Das Universum ist nicht statisch, sondern es expandiert. Diese Regel ist als Hubble-Gesetz bekannt. Hubbles Beobachtungen führten schließlich zur Urknall-Theorie.

> Anstatt für konkrete und schnelle Antworten zu sorgen, zeigte die neue Technologie, daß die Sterne älter seien als das Universum!

Expandiert das Universum, so muß es in der Vergangenheit viel kleiner gewesen sein. Dies bedeutet, daß es einen Anfang gehabt haben muß. Könnte man die Expansionsrate berechnen, so dürfte es möglich sein, das Alter des Universums selbst abzuschätzen, das auf jener Rate basiert. Die Expansionsrate ist heute noch eine unbekannte Zahl, die man Hubble-Konstante nennt. Höhere Werte für diese Zahl deuten auf eine schnelle Expansion und ein jüngeres Universum, während niedrigere Werte eine langsame Expansion und ein älteres Universum zur Folge haben. Es verwundert also nicht, daß der Wert dieser Konstanten das Thema von Kontroversen und von ständigen Überprüfungen gewesen ist. Der belgische Astronom Georges Lemaître schlug vor, daß eine explosionsartige Entstehung des Kosmos eine Erklärung für Hubbles Gesetz sein könnte. Die ersten Berechnungen der Hubble-Konstanten deuteten darauf hin, daß das Entstehungsereignis nur erstaunlich kurze Zeit zurücklag. Gegen Ende der 20er Jahre brachten Geologen erste Schätzungen über das Erdalter vor, nachdem sie radioaktives Material aus Felsen untersucht hatten. Die ermittelten Werte ergaben, daß die Erde älter sein müßte als das Universum!

Beobachtungen mit dem neuen 5-m-Spiegelteleskop am Mount Palomar in Kalifornien führten zu einer radikalen Neuberechnung des geschätzten Wertes der Hubble-Konstanten. 1952 stellte Walter Baade fest, daß es zwei verschiedene Arten von Cepheiden gibt. Seine neuen Messungen verdoppelten die geschätzten Werte für Größe und Alter des Universums. 1958 zeigte Allan Sandage, daß eine weitere der von Hubble bei der Entfernungsbestimmung benutzten Hypothesen unkorrekt war. In den späten 60er Jahren veröffentlichten Sandage und Gustav Tamman einen Wert für die Hubble-Konstante, nach dem das Universum 20 Milliarden Jahre alt sein könnte.

Die Kontroverse flammte auf. Während eines Astronomie-Kongresses im Jahre 1968 sprach Gerard de Vaucouleurs eine dramatische Herausforderung gegenüber Sandages Arbeiten aus. Er wies darauf hin, daß die Milchstraße Bestandteil eines riesigen „Superhaufens" um den Virgo-Galaxienhaufen sei und daß die kosmische Expansion in dieser Region aufgrund der Gravitationskraft dieser Galaxien untereinander verzerrt sei. Er entwickelte eine auf mehreren Einzelschritten aufbauende Methode zur Entfernungsbestimmung und schloß daraus, daß das Universum nur halb so alt war, wie von Sandage vermutet.

Eine neue Generation von Astronomen begann, mit neuen, elektronischen Detektoren und Telesko-

Die Andromedagalaxie ist eine große Spiralgalaxie in mehr als 2 Millionen Lichtjahren Entfernung. Edwin Hubbles Beobachtungen dieser Galaxie zeigten zum ersten Mal, daß es sich um ein riesiges Sternsystem außerhalb unserer eigenen Galaxis handelte.

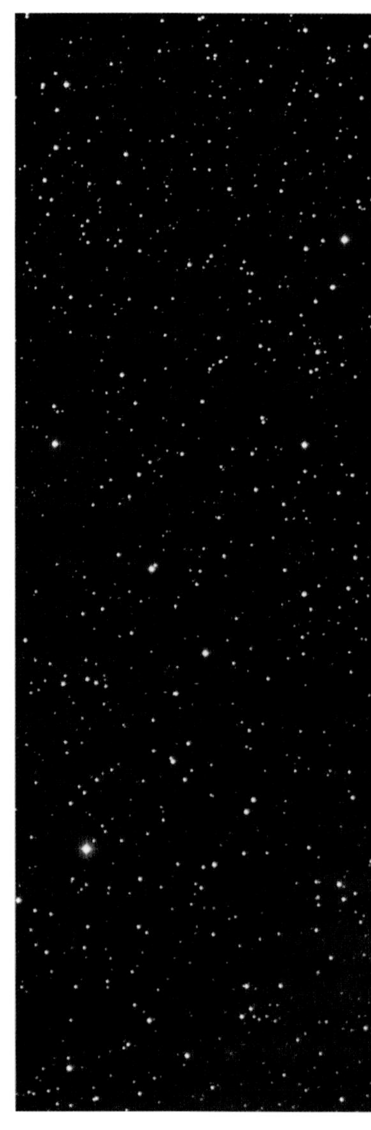

pen Ergebnisse zu erzielen, die die Theorien von Vaucouleurs bekräftigten. Doch anstatt klare Fakten und Antworten zu liefern, offenbarte die neue Technologie, daß die Sterne älter seien als das Universum! Die vergleichende Analyse der Entwicklung einiger der ältesten Sterne in den Kugelsternhaufen ergab ein Alter von mehr als 15 Milliarden Jahren.

Mit dem Weltraumteleskop Hubble wurden Cepheiden im Virgo-Galaxienhaufen (der von uns viel weiter entfernt ist als die Mitglieder unserer Lokalen Gruppe) beobachtet, mit denen die Wissenschaftler recht zuverlässig galaktische Entfernungen bestimmen konnten. 1994 veröffentlichten Wendy Freedmann und ihre Kollegen erste Ergebnisse. Die Galaxie M 100 im Virgo-Galaxienhaufen verwies auf einen hohen Wert für die Hubble-Konstante, was bedeuten würde, daß das Universum weniger als 12 Milliarden Jahre alt wäre.

Weitere Beobachtungen im Virgo- und im Fornax-Haufen sowie in den benachbarten Galaxien M 101 und M 81 bestätigten diese Entdeckungen, doch blieb das Rätsel um das Weltalter weiter ungelöst. 1997 jedoch konnten die Astronomen zum ersten Mal Daten analysieren, die von Hipparcos, einem Satelliten der europäischen Weltraumagentur ESA, geliefert wurden. Hipparcos hatte die Entfernungen zu einzelnen Sternen in unserer Galaxis mit einer noch nie dagewesenen Genauigkeit gemessen. Die Daten beinhalteten Beobachtungen für erste, direkte Entfernungsbestimmungen von Cepheiden. Das Ergebnis war eine Überraschung.

Die Cepheiden – jene „Standard-Kerzen" der Kosmologie – waren heller und weiter von uns entfernt als ursprünglich gedacht. Dies bedeutet, daß der geschätzte Wert der Hubble-Konstanten um etwa 10 Prozent nach unten zu korrigieren und das Weltalter entsprechend höher einzuschätzen sei.

Die korrigierte Entfernungsskala zeigte, daß die Kugelsternhaufen, die zur Bestimmung des Sternalters verwendet worden waren, ebenfalls weiter von uns entfernt und heller waren als zunächst geschätzt. So erkannten Michael Feast und sein Team, daß die ältesten Sterne nur etwa 11 Milliarden Jahre alt waren – und damit jünger als das neu geschätzte Alter des Universums. Nur die Zeit wird zeigen, ob diese Korrektur die jahrzehntelange Suche nach dem genauen Wert der Hubble-Konstanten und dem Alter des Kosmos beendet hat. “

DIE HUBBLE-KONSTANTE

Hubble entdeckte einen direkten Zusammenhang zwischen der Distanz ferner Objekte und der Geschwindigkeit, mit der sie von uns entweichen: Je weiter sie weg sind, desto schneller bewegen sie sich. Entweicht ein Objekt in 1 Mpc Entfernung mit 50 km/s, so entweicht ein Objekt in 2 Mpc Entfernung mit 100 km/s. Die Hubble-Konstante würde 50 km/s pro Mpc betragen.

Wenn Astronomen herausgefunden haben, wie schnell Objekte entweichen und wie weit entfernt sie sind, dann können sie mit dem ermittelten Wert der Hubble-Konstante berechnen, wie lange es dauerte, bis diese Objekte dorthin gelangten, und folglich wie alt sie sind. Dies führt zu einer Schätzung des Mindestalters des Universums, das älter sein muß als die ältesten Objekte, die es enthält.

PROFESSIONELLE ASTRONOMIE

Seit es auf dieser Erde Menschen gibt, schauen sie fragend zum Himmel empor. Sehr langsam nur offenbarten sich ihnen die Geheimnisse des Weltraums.

In den letzten 50 Jahren öffneten sich einige Fenster des Universums. Dank der heutigen Technologie können Astronomen den Himmel bei Gamma- und Röntgenstrahlen, ultravioletter und infraroter Strahlung sowie bei Radiowellen – also quer durch das elektromagnetische Spektrum untersuchen.

Eine Menge seltsamer Objekte wurde bei der Beobachtung in diesen Wellenlängen entdeckt; manche Fragen erhielten ihre Antwort, aber neue Fragen kamen hinzu.

FENSTER ZUM HIMMEL

Es gibt verschiedene Methoden, um sich das Universum anzusehen – mit jeder neuen, astronomischen Entdeckung begreifen wir ein bißchen mehr vom Kosmos.

GEORGE ELLORY HALE

George Ellory Hale (1868–1938) war nicht ein außergewöhnlich erfolgreicher Astronom. Er beaufsichtigte den Bau vieler Teleskope darunter denjenigen dreier Sonnenteleskope auf dem Mount Wilson und des 5-m-Teleskops auf Mount Palomar in den Vereinigten Staaten. Hale war auch verantwortlich für die Entwicklung des Spektroheliokops, das die Vorgänge in der Chromosphäre der Sonne überwacht.

Die professionelle Astronomie hat seit Galilei einen langen Weg zurückgelegt. Trotzdem gibt es verschiedene Schwierigkeiten, die die Astronomen bei der Entdeckung neuer Fenster zum Universum überwinden möchten.

Weiter und schwächer

Große Teleskope ermöglichen es, extrem blasse – weil extrem ferne – Objekte zu sehen und immer „tiefer" ins Weltall zu blicken. Ein großes Teleskop bietet eine bessere Auflösung – die Fähigkeit, feine Details darzustellen. Dadurch erfährt man mehr vom beobachteten Objekt.

Das Streben nach Öffnung

Das Bestreben, das Universum zu beobachten, hat zu phantastischen Verbesserungen bei den Teleskopen geführt. Zu Beginn des 20. Jahrhunderts wurden Teleskope mit einer Öffnung von etwa 1 m rund um den Globus gebaut. Unter der Öffnung eines Teleskops versteht man den Durchmesser der Linse oder des Spiegels. 1918 wurde auf dem Mount Wilson ein 2,5-m-Teleskop eingerichtet. 1947 folgte auf dem Mount Palomar, das berühmte 5-m-Hale-Teleskop.

Während der 60er und 70er Jahre wurden mehrere 4-m-Teleskope gebaut. Die zwei berühmtesten stehen am Kitt Peak in den Vereinigten Staaten und in Siding Spring in Australien. Diese Instrumente wurden von der nächsten Generation der 8- bis 10-m-Teleskope überholt, sie bleiben jedoch unverändert wertvoll für die Forschung.

Während die größten Teleskope immer tiefer in das Universum blicken, wird die Routinearbeit – das regelmäßige Betrachten bestimmter Objekte und die Überprüfung mancher Entdeckungen – mit kleineren Instrumenten erledigt.

Ein genauerer Blick

Die Zunahme von Auflösung und Lichtsammelvermögen hat allerdings manchmal eine negative Kehrseite: die Verringerung des Bildfeldes. Es klingt zwar paradox, doch ist dieses Phänomen jedem bekannt, der einmal durch ein Fernglas geschaut hat. Wenn Sie es auf einen Baum richten, werden Sie einzelne Blätter erkennen, aber nicht mehr den ganzen Baum sehen.

Ein Großteil der astronomischen Forschung hängt davon ab, große Flächen des Himmels zu überwachen. Breit angelegte Beobachtungen reichen von der Suche nach Pulsaren bis hin zu Regionen, in denen Sterne entstehen oder von erdnahen Asteroiden bis zur Verteilung der Galaxien im Universum. Interessante Objekte, die während solcher Durchmusterungen entdeckt werden, können später das Ziel eingehender Untersuchungen sein. Astronomen verspürten zu jeder Zeit das Bedürfnis, ihren Horizont zu erweitern, und setzten sich daran, Teleskope zu entwickeln, die sowohl ein größeres Blickfeld als auch eine hohe Lichtausbeute aufweisen. Eines der erfolgreichsten Teleskopmodelle ist der Schmidt-Spiegel, der ein weites Blickfeld besitzt und helle Bilder produziert.

Das Anglo-Australische Teleskop von Siding Spring in New South Wales, Australien. In den 70er Jahren stand der 4-m-Spiegel an der Spitze des technologischen Fortschritts. Es war ein wertvolles Forschungsinstrument für den klaren Südhimmel.

◀ 16 Die Geburt eines Sterns

◀ 20 Die Chromosphäre der Sonne

◀ 59 Galileische Monde

◀ 78–79, 80–81 Asteroiden

◀ 102–103 Neutronensterne und Pulsare

Interferometrie und das Keck-Teleskop

Die größten Teleskope der Welt sind zur Zeit die beiden 10-m-„Keck-Teleskope", deren Spiegel allerdings aus Segmenten bestehen.

10 m bilden die obere Grenze für die Öffnung eines Teleskops. Doch gaben sich die Astronomen mit dieser Grenze nicht ab. Allmählich lernten sie, das Licht mehrerer, weit auseinander stehender Spiegel zu kombinieren, um die Leistung eines einzigen, riesigen Spiegels nachzustellen. Alle Spiegel lenken das Licht so, daß es in denselben Brennpunkt trifft, als handele es sich um einen einzigen Spiegel. Es ist in etwa, als würde man die Ecken eines einzigen Riesenspiegels bauen, ohne die „Mitte" zu füllen.

Wie bei einem einzelnen Spiegel ist die Auflösung um so besser, je weiter die Ecken des Spiegels auseinanderstehen. Die Vorteile dieser Technik, die man Interferometrie nennt, kommen auf die beiden Hauptziele in der Entwicklung immer größerer Spiegel zurück: eine bessere Auflösung und eine größere Lichtausbeute.

SUSI, das Sydney University Stellar Interferometer in Australien, ist ein solches Interferometer. SUSI besteht aus mehreren getrennten 15-cm-Spiegeln, die wie ein Teleskop mit einer Öffnung von mehreren 100 m wirken. Die Auflösung eines solchen „Teleskops" ermöglicht es den Astronomen unter anderen, den Durchmesser von Sternen zu messen.

Das VLT

Eine der beeindruckendsten Anwendungen optischer Interferometrie findet man auf dem Cerro Paranal in den chilenischen Anden. Hier errichtet die ESO (Europäische Südsternwarte) das weltgrößte optische Teleskop – das Very Large Telescope (VLT). Sein Name ist zu bescheiden: Indem es das Licht von vier nebeneinander stehenden 8-m-Teleskopen kombiniert, verhält sich das VLT so, als wäre es ein einziges 16-m-Teleskop. Spektakulär ist auch die Kombination der beiden Keck-Teleskope. Obwohl diese Instrumente die Lichtausbeute von zwei 10-m-Spiegeln haben (weniger als das VLT), können sie, wenn man sie trennt und als Interferometer benutzt, dieselbe Auflösung erreichen, wie ein 85-m-Teleskop.

Erste Hürde: lichtverschmutzte Himmel

Die Astronomen mußten einsehen, daß die Ausbreitung der Zivilisation eigene Störungen mit sich bringt: Licht- und Luftverschmutzung sowie künstliche Radiostrahlung. In den Frühstunden der professionellen Astronomie konnten die Astronomen nicht ahnen, daß künstliche Störungen einen solchen Einfluß auf ihre Arbeit haben würden. Hauptkriterium bei der Auswahl des Standortes für ein Observatorium war früher seine Erreichbarkeit. Viele Observatorien wurden, auch noch in diesem Jahrhundert, in der Nähe der Institute errichtet, die sie finanzierten. Geradezu tragisch ist es, daß einige der besten und produktivsten Observatorien der Welt durch das Wachstum naher Städte ernsthaft gefährdet wurden.

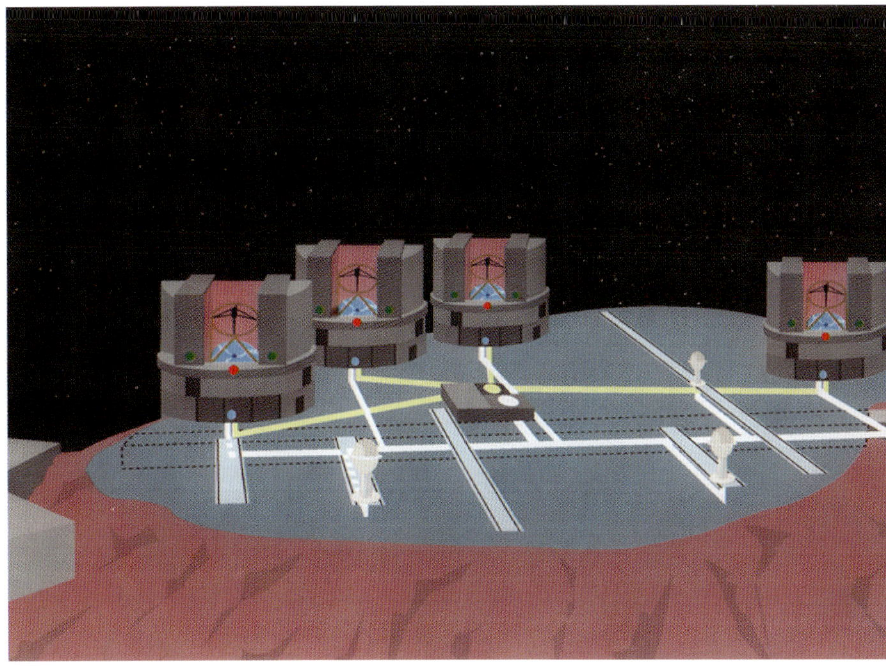

Das Very Large Telescope (VLT) ist ein optisches Teleskop der Europäischen Südsternwarte am Cerro Paranal. Das VLT 1 erhielt im Mai 1998 sein „erstes Licht". Das Interferometer wird in der Lage sein, Objekte aufzulösen bis hinunter zu einer tausendstel Bogensekunde Durchmesser. Die ehrgeizigen Beobachtungspläne beinhalten die Suche nach einem Schwarzen Loch im Zentrum der Milchstraße und die Untersuchung der Oberfläche von Sternen.

In der zweiten Hälfte des 20. Jahrhunderts versuchten die Astronomen, sich von der Lichtverschmutzung fernzuhalten. Sie richteten sich an den unwirtlichsten Orten der Erde ein. Heute wird bei der Auswahl eines Standortes auf das Fehlen natürlicher und künstlicher Störungen geachtet. Künstlichen Störungen kann man leicht ausweichen, indem man sich von dicht bevölkerten Bereichen entfernt. Schwieriger ist es, den Turbulenzen der Erdatmosphäre zu entkommen.

Während sich die Sterne deutlich und hell dem bloßen Auge offenbaren, gestaltet sich die Beobach-

Das 10-m-Keck-Teleskop I, errichtet 1992, besteht aus 36 sechseckigen Segmenten von jeweils 1,8 m Durchmesser. Diese Wabenstruktur hat zur Folge, daß der Spiegel viel leichter und viel beweglicher ist, als wenn er aus einem Stück gefertigt wäre.

Ausrüstung 164–165 ▶

Das Mount Wilson-Observatorium war 1908 weit entfernt von den Lichtern von Los Angeles (Bild oben). Doch 80 Jahre später ist die Stadt so sehr gewachsen, daß das Observatorium in den Lichterschein der Stadt getaucht ist (Bild unten).

◀ 36 Die Erdatmosphäre

tung in Meereshöhe mit modernen Teleskopen wie der Versuch, vom Rand eines Schwimmbeckens aus ein Buch unter Wasser zu lesen. Man kann die großen Überschriften erkennen, doch der Text selbst ist ein verschwommener Fleck.

Neben der Tatsache, daß die Erdatmosphäre das Bild eines Sterns trübt, läßt sie es auch noch auf unvorhersehbarer Weise herumwirbeln. Das Bild tänzelt in einer unregelmäßigen Bewegung im Blickfeld des Teleskops. Manches Licht fällt sogar unvermeidlich neben die Öffnung des Teleskops. Bei den unglaublich schwachen Objekten, die die Astronomen beobachten, zählt aber jedes Photon.

Die Lösung: höher hinauf

Die ideale Lösung besteht darin, über die Atmosphäre ins Weltall zu gehen. Doch obwohl man dies mit großem Erfolg getan hat, ist es ein schwieriges Unterfangen, das außerdem extrem teuer ist.

Die Alternative ist ein Kompromiß: Kann man sich nicht vollständig über die Erdatmosphäre erheben, läßt man zumindest möglichst viel davon unter sich. Deshalb stehen moderne Observatorien auf den Gipfeln manch hoher Berge. Die Teleskope des Mauna Kea auf Hawaii zum Beispiel schauen aus einer Höhe von 4205 m ins Universum. Die Europäische Südsternwarte von La Silla in Chile wurde in 2400 m Höhe errichtet.

Selbst in dieser Höhe ist die Dichte der Erdatmosphäre noch von Bedeutung und wirkt sich auf die Bildqualität aus. Um dieses Problem zu überwinden, haben die Astronomen eine Technik entwickelt, die sich adaptive Optik nennt. Es handelt sich um ein System aus beweglichen und verformbaren Spiegeln, die den atmosphärischen Störungen entgegenwirken. Alle neuen Observatorien sind mit adaptiven optischen Systemen ausgestattet.

Kosmische Strahlung im Outback

Für manche astronomischen Ziele ist die Tatsache, daß man sich am Grund eines atmosphärischen Ozeans befindet, kein Problem. Astronomen, die die kosmische Strahlung, jene energiereichste Form von Strahlung, untersuchen, sind außerstande, klare Bilder zu erhalten. So geben sie sich damit zufrieden, wenn sie ihre flüchtige Beute auch nur aufspüren.

Wenn die elektrisch geladenen Teilchen vom Weltall eindringen, wechselwirken sie mit der Luft und produzieren ein spezielles Licht, das Cerenkov-Strahlung genannt wird. Die flüchtigen Lichtblitze sind so kurz und blaß, daß sie das menschliche Auge nicht wahrnehmen kann. Doch empfindliche Detektoren, die im Brennpunkt von großen Spiegeln angebracht sind, können diese Blitze nicht nur aufspüren, sondern auch grobe Bilder des verräterischen Lichtstrahls erzeugen, der dann entsteht, wenn die Teilchen in die Atmosphäre eindringen.

Für diese Spezialisten der kosmischen Strahlung ist Dunkelheit das A und O. Eine der dunkelsten Regionen der Erde ist das australische Outback, obwohl der Friede dieser Astronomen manchmal von Känguruh-Jägern mit ihren Scheinwerfern und Flinten gestört wird!

Die Antarktis

Das Aufkommen von Fernbeobachtungstechniken (der Beobachter ist nicht am Teleskop), bei denen die Astronomen entweder ihr Teleskop per Internet bedienen oder einen Techniker haben, der die Arbeit für sie erledigt, ließ die Transportfrage weiter an Bedeutung verlieren. So schlug eine Gruppe von Astronomen vor, daß der beste Standort auf der Erde zum Bau eines Observatoriums die Antarktis sei. Inmitten von Eis sind die Beobachtungsbedingungen ideal: Auf den Hochebenen ist die Luft ruhig und klar . . . und die Dunkelheit dauert sechs Monate.

Die Antarktis ist ein idealer Standort für die Infrarot-Astronomie, die stets mit der Feuchtigkeit in der Atmosphäre zu kämpfen hat, die die Infrarotstrahlung absorbiert. Dort ist es so trocken, daß die Feuchtigkeit am Boden gefriert. Außerdem ist es so kalt, daß diese Region frei ist von Wärmequellen, die die Beobachtungen stören.

Die letzte Grenze

Ein weiterer, von atmosphärischen Problemen vollkommen freier Ort ist das Weltall. Dort oben, auf einer Erdumlaufbahn, sind die astronomischen Observatorien im eigentlichen wie im übertragenen Sinne näher an den Sternen.

Das berühmteste Weltraumobservatorium ist das Weltraumteleskop Hubble. Es ist das erste der von der NASA geplanten „großen Observatorien" und verfügt

über einen 2,4-m-Spiegel, der ungestörtes Sternenlicht in eine Reihe von raffinierten Instrumenten lenkt. Mehr als alle anderen Weltraumteleskope hat Hubble die eindrucksvollsten Bilder des Universums übermittelt, die der Mensch je gesehen hat, und damit die Phantasie der zukünftigen Wissenschaftler und des Publikums beflügelt. Wichtiger noch: Hubble deckt die Astronomen weiterhin mit wissenschaftlichen Daten ein, die die Theoretiker über Jahrzehnte beschäftigen werden.

Andere Wellenlängen

Das sichtbare Licht stellt nur einen kleinen Teil des elektromagnetischen Spektrums dar (siehe oben). Es besteht nicht nur aus dem Teil, für den unsere Detektoren (unsere Augen) empfindlich sind.

Die Farben, die wir um uns herum im Alltag sehen, stellen die Art und Weise dar, mit der verschiedene Elemente und Moleküle das Licht reflektieren. Ständig benutzen wir diese „spektrale" Information: Wenn wir entscheiden, ob eine Banane reif oder ein Steak durch-

Die Europäische Südsternwarte steht auf La Silla, wo die Helligkeitsgrenze bei 24ᵐ und mehr liegt. In 2400 m Höhe ist die Bildqualität dank der klaren, trockenen und stabilen Wetterbedingungen außergewöhnlich gut.

Elektromagnetisches Spektrum 140–141 ▶
Hubbles Bedeutung 144–145 ▶
Lichtverschmutzung 158–159 ▶

Das Parkes-Radioteleskop

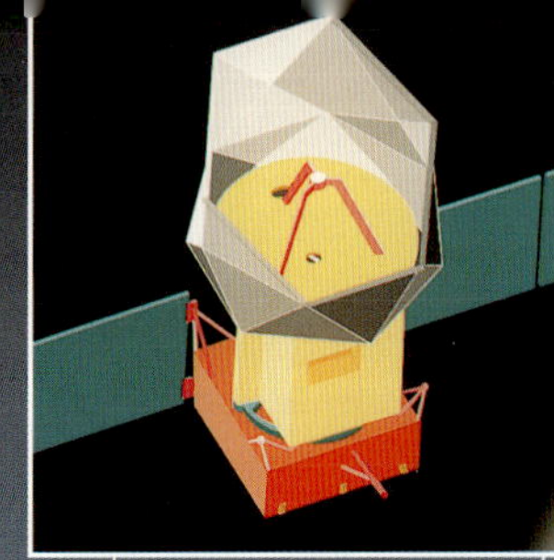

Fern-Infrarot- und Submillimeter-Weltraumteleskop (Far Infrared and Submillimeter Space Telescope FIRST)

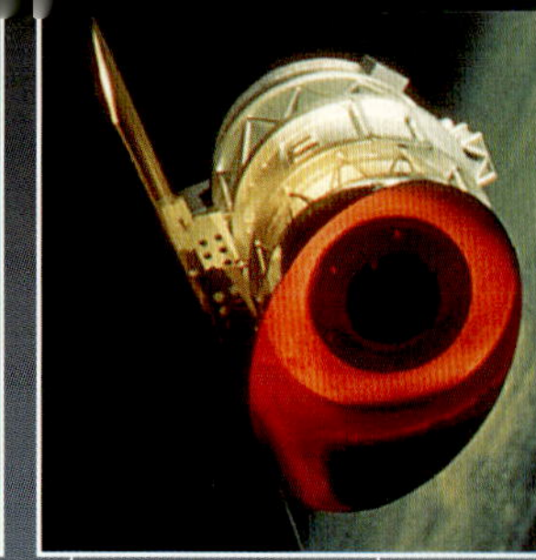

Infrarot-Satellit (Infrared Astronomical Satellite IRAS)

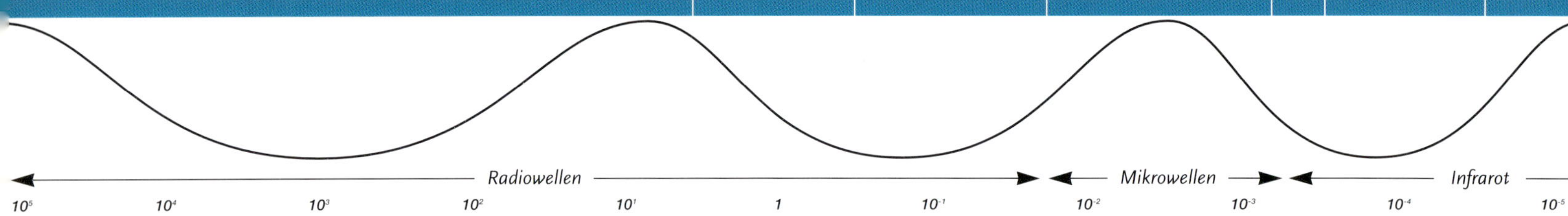

DAS ELEKTROMAGNETISCHE SPEKTRUM

Objekte strahlen durch das ganze elektromagnetische Spektrum, doch kann man sie von der Erde aus nur im sichtbaren Licht und bei manchen Radiowellen sehen. Strahlung bei anderen Wellenlängen wird von der Erdatmosphäre blockiert, so daß Astronomen Weltraumdetektoren jenseits der Atmosphäre benötigen, wenn sie bei Mikrowellen-, Infrarot-, Ultraviolett-, Röntgen- und Gammastrahlung beobachten wollen.

◄ 16 Die Geburt eines Sterns

◄ 36 Die Erdatmosphäre

◄ 94–95 Licht

◄ 137 Interferometrie und das Keck-Teleskop

gebraten ist. Wenn uns die verschiedenen Farben alltäglicher Objekte durch einen einfachen Blick im sichtbaren Licht so viel vermitteln können, wieviel mehr würden wir erfahren, wenn wir genauso gut in anderen Wellenlängen sehen könnten.

Andere Fenster zum Himmel

Die Erdatmosphäre ist für die Menschen nicht nur wegen der Luft, die wir atmen, von Bedeutung, sondern auch weil sie uns vor schädlicher Strahlung schützt. Dies bedeutet aber auch, daß es unmöglich ist, das Universum in bestimmten Wellenlängen zu sehen, weil die Erdatmosphäre dafür nicht durchlässig genug ist.

Eines jener „atmosphärischen Fenster" liegt im optischen Wellenlängenbereich (sichtbares Licht). Eine weitere Art von Strahlung, die den Weg durch die Atmosphäre bewältigt, ist die Radiostrahlung. Der Radiohimmel unterscheidet sich sehr vom gewohnten Himmel. Die vertrauten Sterne sind fort, an ihre Stelle treten neue Arten von radiohellen Himmelsobjekten. Der Reiz, diesen neuen Himmel zu erforschen, war überwältigend.

Der Radiohimmel

Um den Radiohimmel zu erforschen, brauchen Radioastronomen aus denselben Gründen wie ihre Kollegen von der optischen Astronomie größere Öffnungen: Um mehr Strahlung einzufangen und somit mehr Informationen zu erhalten. Das Problem ist allerdings für die Radioastronomen noch schwerer zu lösen. Die Auflösung im Radiowellenbereich ist aufgrund der langen Wellenlängen geringer als im optischen Bereich.

Trotz zunehmender Größe ist das Auflösungsvermögen der größten Radioantennen oft geringer als das der optischen Teleskope. Zum Beispiel weist das größte Radioteleskop auf der Südhalbkugel, nämlich das 64-m-Parkes-Teleskop in New South Wales, Australien, eine Winkelauflösung von drei Bogenminuten auf. Es ist so, als würde man ein Auto in einer Entfernung von fast 2 km sehen. Das viel kleinere Anglo-Australische 3,9-m-Teleskop, ebenfalls in New South Wales, das im optischen und im Infrarotbereich arbeitet, kann Details erkennen, die 180mal kleiner sind, so als würde man in der Lage sein, auch das Nummernschild des Autos zu lesen.

Deshalb stellen Radioteleskope ihre optischen Gegenstücke in Größe in den Schatten. Die größten optischen Teleskope sind die 10-m-Keck-Teleskope, aber das größte Radioteleskop der Welt hat einen Durchmesser von 300 m und steht in einem Tal von Puerto Rico.

Die Radioastronomen wenden ebenfalls das Prinzip der Interferometrie an. Zuerst wurden die Radiointerferometer in Abständen von mehreren zehn Metern, dann von mehreren hundert, schließlich von mehreren tausend Metern installiert. Als zwischen den einzelnen Antennen nun mehrere Kilometer lagen, nannte man diese Technik „Very Long Baseline-Interferometrie" oder VLBI. Über ganze Kontinente ausge-

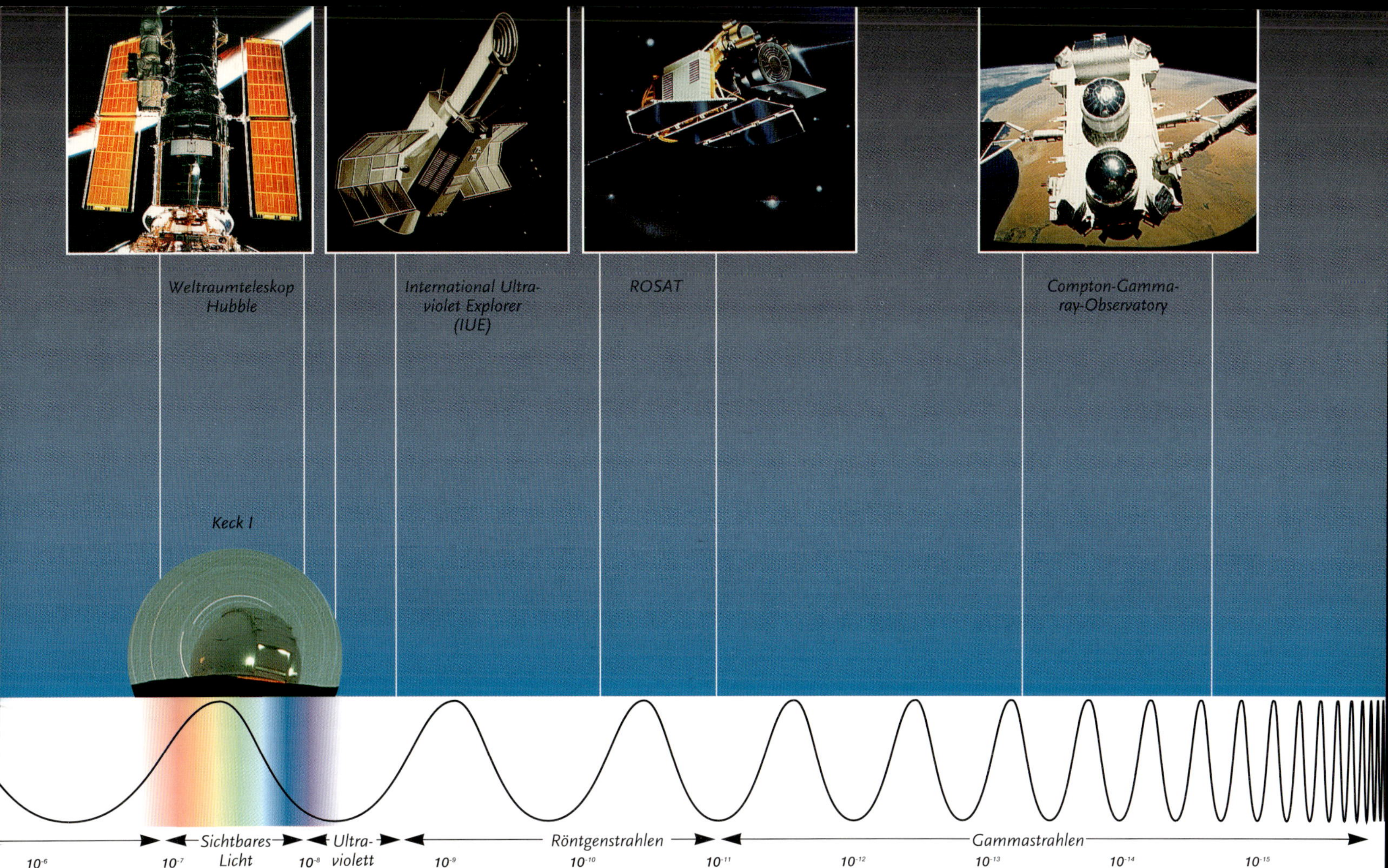

streckt bietet VLBI den Radioastronomen eine Bildschärfe, die diejenige eines optischen 4-m-Teleskops übertrifft.

Doch reichten kontinentgroße Radioteleskope bald nicht mehr aus. Eine kleine Radioantenne wurde auf eine Erdumlaufbahn gebracht und mit Antennen am Boden gekoppelt. Das Weltraum-Erde-Interferometer bietet die Auflösung eines Radioteleskops von mehreren 10 000 km Durchmesser, also größer als unsere Erde. Dies bedeutet, daß Astronomen Radiowellen aus bisher nie erreichten Entfernungen aufspüren können.

Der Infrarot-Himmel

Die Grenzen der atmosphärischen Fenster sind nicht klar festgelegt, so daß die Astronomen beiderseits des optischen Fensters einen kleinen Blick in das Reich der unsichtbaren Strahlung werfen können. Die Infrarotstrahlung wurde im Jahr 1800 entdeckt. Sie liegt jenseits des roten Bereichs des sichtbaren Spektrums. Infrarotstrahlung wird aufgrund des Gefühls, das sie auf lebendes Gewebe hervorruft, oft als „heiße" Strahlung bezeichnet.

Für die Astronomen jedoch offenbart die Infrarotstrahlung relativ kalte Phänomene. In Vergleich zu anderen Strahlungsarten wird sie von recht friedvollen Vorgängen im Kosmos verursacht. Doch weist sie eine weitere bedeutende Eigenschaft auf: Sie kann die Staubwolken durchdringen, die den Astronomen sonst die Sicht bei kleineren Wellenlängen versperren. Somit spähen Astronomen durch dunkle, interstellare Wolken hindurch und beobachten Ereignisse innerhalb dieser Wolken, wie die Geburt von Sternen.

Ähnlich wertvolle Bilder wie das Weltraumteleskop Hubble, jedoch im Infrarotbereich, liefert das europäische Infrared Space Observatory (ISO). Mit seinen Infrarot-Detektoren starrt ISO 10mal schärfer als alles, was bisher eingesetzt wurde, und 1000mal empfindlicher in das Universum hinein. ISO könnte die Wärme eines Menschen im Weltall in einer Entfernung von 100 km wahrnehmen.

Ultraviolett-, Röntgen- und Gammastrahlung

Ein Jahr nach der Entdeckung der Infrarotstrahlung wurde im Sonnenlicht ultraviolette Strahlung registriert. Sie befindet sich jenseits des blauen Bereichs des sichtbaren Spektrums.

Das Ultraviolettspektrum von Sternen zeigte, daß diese reich an Wasserstoff sind. Bei der Beobachtung des ultravioletten Himmels stellten die Astronomen fest, daß Wasserstoff das häufigste Element im Universum ist.

Ein weiterer Bereich des elektromagnetischen Spektrums, ist die Röntgenstrahlung. Die Röntgensatelliten Einstein und ROSAT erzielten hier spektakuläre Erfolge.

Viele weitere Satelliten wurden ins All gebracht, um bei vielen verschiedenen Wellenlängen zu beobachten, allen voran der International Ultraviolet Explorer und das Gamma-Ray-Observatory.

VON LINKS NACH RECHTS (OBEN)

Radiowellen: Das Parkes-Radioteleskop beobachtet zwischen 100 MHz und 45 GHz.
Mikrowellen: Das Far Infrared and Submillimeter Space Telescope (FIRST), das im 21. Jahrhundert ins All gebracht werden soll, wird in Wellenlängen zwischen 100 und 1 mm beobachten.
Infrarot: Der Infrared Astronomical Satellite (IRAS) führte eine Beobachtung des ganzen Himmels bei Wellenlängen zwischen 10 und 100 mm durch.
Sichtbares Licht: Das Weltraumteleskop Hubble und Keck I, wie auch andere Teleskope auf der Erde, arbeiten in diesen Wellenlängen.
Ultraviolett: Der International Ultraviolet Explorer (IUE) arbeitete in den Bereichen 115–190 mm und 180–320 mm.
Röntgenstrahlung: Der Röntgensatellit ROSAT führte eine Himmelsdurchmusterung im 0,2–3 keV Bereich durch.
Gammastrahlung: Das Compton Gamma-Ray Observatory (CGRO) beobachtet den Himmel im Bereich 15 keV bis 30 GeV des elektromagnetischen Spektrums.

Spektroskopie 142 ▶
Hubbles Bedeutung 144–145 ▶

Sterndaten aufzeichnen

Unabhängig von der Qualität der Teleskope ist eine Methode der Datenaufzeichnung notwendig. Mitte des 19. Jahrhunderts setzte sich die Photographie als erste, moderne Methode durch. Damit konnten Astronomen eine ständige, unvoreingenommene Aufzeichnung von Himmelsphänomenen durchführen. Die Photographie revolutionierte die Astronomie. Trotz der phantastischen, wertvollen Fortschritte in der elektronischen Bildverarbeitung, bleibt sie eines der wichtigsten Werkzeuge in der astronomischen Forschung.

Die Photographie revolutionierte aber auch die Katalogisierung der Sterne. Ein wesentliches Merkmal von Sternen und Galaxien ist ihre Helligkeit. Unter Photometrie versteht man das Messen dieser Helligkeit. Größe und Dichte der photographischen Abbildung eines Sterns hängt von seiner Helligkeit ab, so daß es möglich ist, sie auf der Basis von Photographien genau zu bestimmen.

Photographien offenbaren schwächere und deshalb mehr Sterne, als man mit dem menschlichen Auge und einem Teleskop wahrnehmen kann. Außerdem halten sie deren relative Position dauerhaft fest, so daß man diese messen und vergleichen kann. Dadurch ging die Katalogisierung der Sterne schneller und einfacher als je zuvor vonstatten. So verfügte man aber auch über eine historische Aufzeichnung des Himmels und einzelner Sterne, die bei der Identifizierung von Vorboten neuer Objekte, wie einer Supernova, benutzt werden konnte.

Schnappschüsse vom Sonnensystem

Photographien übten auch einen Einfluß auf die Erforschung des Sonnensystems aus. Der erste Asteroid wurde 1801 entdeckt. Als 1891 ein Asteroid auf einer Photographie entdeckt wurde, waren bis dahin nur 300 bekannt. Plötzlich fand man überall welche. Innerhalb von 50 Jahren wuchs ihre Zahl auf 1500.

Das Photographieren der Hauptplaneten, insbesondere des sich ständig verändernden Jupiters, wurde zum wichtigen Ziel in der Astronomie. Obwohl das photographische Auflösungsvermögen geringer ist als das des menschlichen Auges, veränderte die planetare Photographie die Erforschung der Planeten.

Spektroskopie

Einer der Hauptbeiträge der Photographie war die dauerhafte Aufzeichnung der Spektren von Sternen und anderen Himmelsobjekten. Newton hat gezeigt, wie weißes Licht, das durch ein Prisma geht, in seine Farbbestandteile, oder sein Spektrum, gebrochen wird. Im Spektrum der Sonne – und in den Spektren aller anderen Sterne – kann man eine Reihe von Linien sehen. Es handelt sich um Absorptions- und Emissionslinien von Gasen in der Sternatmosphäre und von Materie, die sich zwischen der Erde und den Sternen befindet. Dies stellte man 1802 fest, doch die Linien wurden erst 1814 vom Münchner Physiker Joseph von Fraunhofer eingehend untersucht. Die „Fraunhoferschen Linien“ zeigen das Vorhandensein von chemischen Elementen. Ihre Entdeckung führte zur Spektroskopie. Schon bald schloß man Spektroskope an die Teleskope an. 1863 veröffentlichte William Huggins eine Liste der Spektrallinien von Sternen. Ein weiterer Schritt gelang 1868, als Huggins zeigte, wie man mit Hilfe der Spektroskopie die Bewegung der Sterne durch die Messung des sogenannten Doppler-Effektes herausfinden konnte.

Elektronische Bilder

Obwohl die Photographie nach wie vor erfolgreich und nützlich ist, ist heute ein elektronischer Detektor die beste Art, Bilder von Himmelsobjekten aufzunehmen. Die gängigsten Detektoren sind die CCDs (charge-coupled devices). Ihr Aufbau variiert je nach dem Bestimmungszweck.

CCDs sind im Prinzip elektronische Filme. Gewöhnliche Filme brauchen Stunden, um ein Bild zu erzeugen. CCDs sind hingegen in der Lage, vergleichbare Ergebnisse in Minuten zu erzielen.

Da elektronische Bilder von hellen Objekten in kürzester Zeit gewonnen werden können, lassen sich mit elektronischen Detektoren deutlich schwächere Objekte aufnehmen als mit Filmen. Moderne Detektoren sind tatsächlich so empfindlich, daß manche sogar einzelne Lichtteilchen – Photonen – aufspüren.

◀ 54 Jupiters Wetter
◀ 59 Galileische Monde
◀ 94 Der Doppler-Effekt
◀ 95 Atomspektren
◀ 102–103 Supernovae
◀ 140–141 Elektromagnetisches Spektrum

Eine gefährliche Umgebung

Eine große Sorge für alle Weltraumfahrer ist der Schrott im Weltraum. Da immer mehr Satelliten auf eine Erdumlaufbahn gebracht und dort bis zu ihrem Lebensende belassen wurden, füllte sich die erdnahe Umgebung des Weltraums. Die fortschreitende Anhäufung dieser künstlichen Körper ist in erstaunlich kurzer Zeit zu einem ernsthaften Problem geworden. In weniger als einem halben Jahrhundert ist der Verlust teuerer Instrumente aufgrund von Einschlägen umherfliegender Trümmer zu einem bedeutenden Risiko geworden. Das ist mehr als ein akademisches Problem: Man vermutet, daß schon mehr als ein wissenschaftlicher und kommerzieller Satellit aufgrund der Kollision mit Weltraumschrott außer Betrieb gesetzt, beschädigt oder zerstört wurde.

Selbst wenn Weltraumschrott kein Problem darstellen würde, gibt es keine Garantie, daß es ein Teleskop lange in der rauhen Umgebung des Alls aushält. Strahlung von der Sonne und von anderen Quellen greift die Instrumente ständig an. Deshalb hatte das Weltraumteleskop Hubble eine Reihe von Schlüsselprojekten: Spezielle Untersuchungen wurden vorrangig durchgeführt, um die Chance für einen erfolgreichen Abschluß zu vergrößern, bevor das Teleskop sein unvermeidliches Ende erlebt.

Keine perfekte Lösung

Der verblüffende Erfolg von Observatorien wie dem Weltraumteleskop Hubble verführt zu der Annahme, das Weltall sei der ideale Beobachtungsort. Doch die Baukosten für ein Teleskop wie Hubble, für seinen Transport ins All und für seine Wartung sind enorm hoch. Sogar wenn man die finanziellen Mittel für den Bau weiterer orbitaler Observatorien hätte, möchten Astronomen, regelmäßig – manchmal jede Nacht – die Apparate an ihren Teleskopen auswechseln. Genau das ist aber bei Weltraumteleskopen nicht möglich. Zusätzliche Instrumente können nur während Wartungsmissionen eingebaut werden, zwischen denen – sofern sie überhaupt stattfinden – mehrere Jahre liegen.

Die perfekte Lösung für die Erforschung des Universums gibt es nicht, außer, man verwendet möglichst viele Beobachtungsmethoden. In den 400 Jahren, die vergangen sind, seitdem Galilei und seine Zeitgenossen ihre winzigen Teleskope an den Himmel richteten, folgte eine Entdeckung der anderen. Jedesmal wenn sich ein neuer Bereich des elektromagnetischen Spektrums öffnet, jedesmal wenn ein empfindlicher Detektor gebaut wird, ist es so, als würde das Spiel wieder von vorne beginnen, und eine neue Facette des Universums wird sichtbar.

Die Erde hat ihr eigenes Ringsystem aus Satelliten, die von den Menschen in geostationäre und andere Flugbahnen gebracht wurden.

Hubbles Bedeutung 144–145 ▶
Astrophotographie 165 ▶
CCDs 165 ▶
Sternenkatalogisierung 166 ▶

HUBBLES BEDEUTUNG

Über jedem Quadratmeter der Erdoberfläche liegen 10 Tonnen oft wolkiger, feuchter und verschmutzter Luft. Am Boden installierte Teleskope ließen uns zwar durch diesen Nebel hindurchspähen, doch erst im Zeitalter der Raumfahrt konnten wir uns über die Atmosphäre erheben. DR. MIKE DISNEY

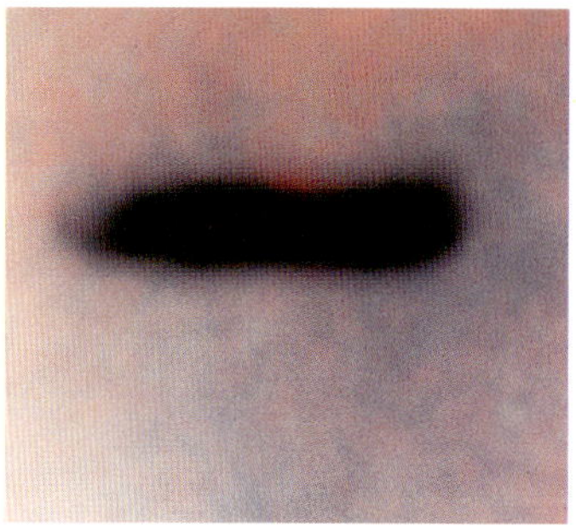

Hubble zeigte kleine, schwarze Punkte im Orionnebel in 1500 Lichtjahren Entfernung. Man stellte fest, daß es sich um scheibenförmige Strukturen aus kaltem Gas und Staub um junge Sterne handelte. Möglicherweise sind es entstehende Sonnensysteme.

»Auf seiner Umlaufbahn oberhalb der Atmosphäre kann das Weltraumteleskop Hubble (HST) mit einer Detailgenauigkeit im Kosmos herumstöbern, die diejenige erdgebundener Teleskope etwa um das 1000fache übertrifft. Sterne, die – von der Erde aus – wie große, schwabbelige Quallen aussahen, offenbaren sich Hubble als scharfe Lichtpunkte. Darüber hinaus kann Hubble ultraviolette Strahlung analysieren, die oft wichtige spektroskopische Daten enthält. Heiße, junge Sterne sind beispielsweise im ultravioletten Bereich oft deutlicher sichtbar.

Die revolutionäre Leistung von Hubble ist so groß, daß es kaum einen professionellen Astronom geben wird, der nicht entweder direkt mit Hubbles Daten oder mit den Konsequenzen daraus arbeitet. Sogar in Bereichen, für die Hubble nur wenig Bedeutung hätte haben sollen, wie beispielsweise bei der Beobachtung lichtschwacher Galaxien, wird die Wissenschaft erschüttert. Bei der Beobachtung einer entfernten Region des Weltalls (das Hubble Deep Field), gab uns Hubble den Blick auf mehr als 3000 weit entfernte Galaxien frei. Wissenschaftler glauben, daß manche davon so jung und so weit entfernt sind, daß wir sie heute so sehen, wie sie aus dem ursprünglichen Gas geboren wurden. Junge Astronomen waren von diesen Bildern so fasziniert, daß sie sich scharenweise in das Studium der Galaxienentstehung stürzten. So wurden große Bodenteleskope hastig neu programmiert, um die unerwarteten Einblicke von Hubble verfolgen zu können.

Die Dinosaurier verschwanden vor 65 Millionen Jahren, doch Hubble kann Galaxien sehen, wie sie vor 10 000 Millionen Jahren waren.

Hubble hat eben Licht in das Problem gebracht, das bis heute vielleicht die größte Herausforderung für die Astrophysiker darstellt: Die Natur der dunklen Materie, die die Galaxien miteinander verbindet. Galaxien drehen sich zu schnell, um allein von der Schwerkraft der Sterne, die wir in ihnen sehen, zusammengehalten zu werden. Irgendein massiver, dunkler Bestandteil muß also noch auf der Lauer liegen. Die konservativste Erklärung für diese versteckte Materie ist eine überwältigende Population aus sehr blassen, Roten Zwergen in den Galaxien. Doch reichte ein einziges Hubble-Bild des Halos unserer eigenen Milchstraße, um dieses Argument zu widerlegen; denn Hubble sah nicht annähernd so viele Zwerge wie erforderlich. So mußte nach Alternativen gesucht werden. Eines ist sicher: Etwas Seltsames beherrscht unseren Kosmos.

Quasare, die entferntesten und hellsten Objekte des Universums, sind so weit entfernt, daß sie wie winzige Lichtpunkte inmitten eines blassen Nebels aussehen, wenn man sie mit Bodenteleskopen beobachtet. Mit Hubble kann man aber deutlich erkennen, daß sie die Kerne elliptischer oder spiralförmiger Galaxien sind, die gewöhnlich mit anderen Galaxien wechselwirken. Die Astrophysiker denken, daß wahrscheinlich eine von diesen seltsamen, wechselwirkenden Galaxien ein Schwarzes Loch enthält, das so viel Masse besitzt wie eine Milliarde Sonnen, und daß Trümmer von galaktischen Zusammenstößen in dieses Schwarze Loch fallen, wobei genügend Energie freigesetzt wird, um die enorme Leuchtkraft der Quasare zu speisen. Dies erklärt die erstaunliche Entwicklung der Quasar-Population. Sie waren extrem selten im frühen Universum, weil die Galaxien noch nicht existierten. Sie sind heute sehr selten, weil die Expansion des Universums die Galaxien weit auseinander getrieben hat. Aber vor etwa 10 Milliarden Jahren, als es mehr Galaxien gab und diese näher beieinander lagen, gab es 1000mal mehr Quasare als heute.

Diese Forschung veranschaulicht eine weitere überzeugende Eigenschaft von Hubble: sein Wert als Zeitmaschine. Da Licht eine endliche Geschwindigkeit aufweist, sehen wir, wenn wir ins All schauen, in die Zeit zurück. Jedes Bild, das wir von entfernten Galaxien sehen, besteht aus Licht, das jene Galaxien vor langer Zeit verlassen hat. Die Dinosaurier verschwanden vor 65 Millionen Jahren, doch Hubble kann Galaxien sehen, wie sie vor 10 000 Millionen Jahren waren. Mit Hubble können wir das Universum sehen, wie es in einer weit zurückliegenden Vergangenheit aussah und es mit dem Universum vergleichen, wie wir es heute sehen.

Wir brauchen nicht weit weg zu gucken, um die Vergangenheit des Universums zu ergründen. Die große Genauigkeit von Hubbles Messungen der Sternfarben in unserer eigenen und in benachbarten Galaxien ermöglichte es uns, die Geschichte der Sternentstehung in ihnen zu enträtseln – eine Art Archäologie auf kosmischer Ebene.

Wie entstehen Sterne und Planeten? Hubbles Bilder von jungen Sternen im Orion zeigen, daß die meisten von ihnen von breiten Scheiben aus kaltem Gas und Staub umgeben sind. Vermutlich bilden sich Planeten aus diesen Scheiben, was bedeutet, daß Planeten eher die Regel als die Ausnahme sind. In diesem Fall könnte es Milliarden erdähnlicher Planeten allein in unserer Galaxis geben.

Auf lange Sicht zählt die philosophische Konsequenz einer wissenschaftlichen Entdeckung am meisten. Galilei und sein Teleskop stürzten die Menschheit aus dem Zentrum des Kosmos. Darwin degradierte uns zu einem kurzen Abschnitt im gnadenlosen Spiel der Evolution. Wohin wird uns Hubble führen? Bis jetzt brauchten wir uns nicht mit einer ähnlich erschütternden Hubble-Entdeckung auseinanderzusetzen, aber es ist noch sehr früh am Tag.

Was mich an Hubble am meisten fasziniert, ist, daß man in aller Freiheit spannende, neue Daten mit jedem auf der Welt austauschen kann, der neugierig genug ist, um an dieser Spannung teilzuhaben. Die Gefahr in der Wissenschaft liegt in ihrer Neigung, eine Kirche mit einer Hierarchie aus Hohepriestern zu bilden. Die offene Politik der NASA bezüglich Hubble ist einen Applaus wert. Ich hoffe sehr, daß die erste erschütternde Entdeckung von irgendeinem jungen Galilei stammen wird, der nicht zu sehr in der etablierten Sichtweise feststeckt. Wenn das geschieht, werden wir sehen, wie die Wissenschaft dorthin zurückgehen wird, wo sie eigentlich hingehört: ins Zentrum menschlichen Strebens. “

Hubble offenbarte die Struktur des Adlernebels mit einer unglaublichen Detailfülle, die hohe Säulen aus Staub und Gas zeigen. Diese Mischung aus kaltem interstellaren Staub und Gas ist ein wahrer Brutkasten für neue Sterne. Nachdem Staub und Gas unter der Wirkung ultravioletter Strahlung von nahen Sternen verdampft sind, kommen Kugeln aus dichterem Gas zum Vorschein, innerhalb derer Sterne entstehen. (Der schwarze Bereich in der oberen rechten Ecke wurde nicht beobachtet).

DIE RAUMFAHRT

Raketen werden angetrieben, indem Treibstoff mit sehr hoher Geschwindigkeit nach hinten gestoßen wird. Sie brauchen sich auf nichts zu stützen, so daß sie auch im All funktionieren.

Wie oft bei technologischen Fortschritten wurden Raketen zu militärischen Zwecken entwickelt.

Die Erfindung der Raketen ermöglichte es der Menschheit, sich im Weltraum aufzuhalten, und schloß den Himmel für die Astronomen auf.

Frühe Erfolge

Die ältesten Raketen wurden vor dem 13. Jahrhundert in China erfunden und mit Schießpulver angetrieben. Von 1895 bis 1923 erfanden Konstantin Ziolkowskij und Hermann Oberth Raumschiffe mit Raketenantrieb, die mit flüssigem Treibstoff betankt wurden. Oberth sah die Entwicklungen der Weltraumära voraus und meinte, daß Wissenschaftler irgendwann in der Lage sein würden, eine Weltraumstation aufzubauen.

Während des Zweiten Weltkrieges wurde die Raketentechnik in die Praxis umgesetzt, als Ingenieure wie Sergej Korolew in Rußland und Wernher von Braun in Deutschland Raketen zu militärischen Zwecken entwickelten.

1945 ermittelte Arthur C. Clarke geostationäre Umlaufbahnen, die eine Umlaufzeit von 24 Stunden haben. Dies erlaubt Satelliten, stets an derselben Position über einem Punkt auf der Erde zu bleiben. Diese Technik wurde erstmals 1964 bei der Übertragung der Olympischen Spiele angewandt.

Der Beginn der Weltraumära

Die Weltraumära begann 1957 mit dem Start des ersten künstlichen Satelliten, Sputnik 1, der die Erde umkreiste und einfache Instrumente transportierte.

Zur Zeit wird der Weltraum hauptsächlich für die weltweite Fernseh-, Telefon- und Datenübertragung genutzt. Erdbeobachtungssatelliten dienen zur Wettervorhersage und zur Erkundung von Bodenschätzen. Den größten Wachstumssektor sieht man in Navigationssatelliten wie dem Global Positioning System (GPS).

Bemannte Weltraumforschung

Der erste Mann im All war Jurij Gagarin, der 1961 die Erde umrundete. 1965 ging der Mensch zum ersten Mal im Weltraum „spazieren", 1969 bekam unser Mond menschlichen Besuch, als Neil Armstrong aus Apollo 11 ausstieg und seinen Riesensprung für die Menschheit machte. Oberths Vision wurde 1986 mit dem Bau der Weltraumstation Mir zur Wirklichkeit. Die internationale Raumstation ISS wird folgen.

Zukünftige unbemannte Forschungsreisen

Viele Wissenschaftler setzen sich für die unbemannte Weltraumforschung ein. Die Raumfahrzeuge sollen nach unten blickend die Erde als Planeten und nach oben blickend das Universum untersuchen. Sie sollen durch das Sonnensystem reisen und Instrumente an ferne Orte bringen. Wirtschaftliche Überlegungen haben sowohl die NASA als auch die ESA von gigantischen wissenschaftlichen Observatorien Abstand nehmen lassen. Unter dem Motto „kleiner, schneller, billiger, besser" werden jetzt ideenreiche, kleinere, zügig umgesetzte Weltraummissionen entwickelt.

Rechts: Die Weltraumforschung ist teuer, und neue Technologien wie die internationale Raumstation ISS werden jetzt in Kooperation statt im Wettbewerb zwischen den Ländern entwickelt.

Ganz rechts: Raketen, wie die Ariane der Europäischen Weltraumorganisation ESA mit ihren wiederverwendbaren Bestandteilen, sind noch immer die bedeutendste Methode, um Satelliten auf ihre Umlaufbahn zu bringen.

MEILENSTEINE DER RAUMFAHRT

Datum	Name	Ereignis
16. 03. 1926		Start der ersten Rakete mit Flüssigkeitsantrieb (Robert Goddard).
16. 08. 1942	A4	Die Schallmauer wird erstmalig von einer Rakete überwunden (V2-Prototyp).
04. 10. 1957	Sputnik 1	Der erste Erdsatellit startet ins All.
12. 04. 1961	Wostok 1	Erster bemannter Raumflug (Jurij Gagarin).
16. 06. 1963	Wostok 6	Erste Frau im All (Walentina Tereschkowa).
26. 07. 1963	Syncom 2	Erster geostationärer Satellit.
18. 03. 1965	Woschod	Erster Weltraumspaziergang (Alexej Leonow).
21. 07. 1969	Apollo 11	Erste Mondlandung (Neil Armstrong, Buzz Aldrin).
12. 04. 1981	Columbia	Erstflug des Space Shuttle (wiederverwendbare Raumfähre).
13. 06. 1983	Pioneer 10	Erstmals verläßt eine Raumsonde das Planetensystem.
20. 02. 1986	Mir	Weltraumstation der modernen Generation.

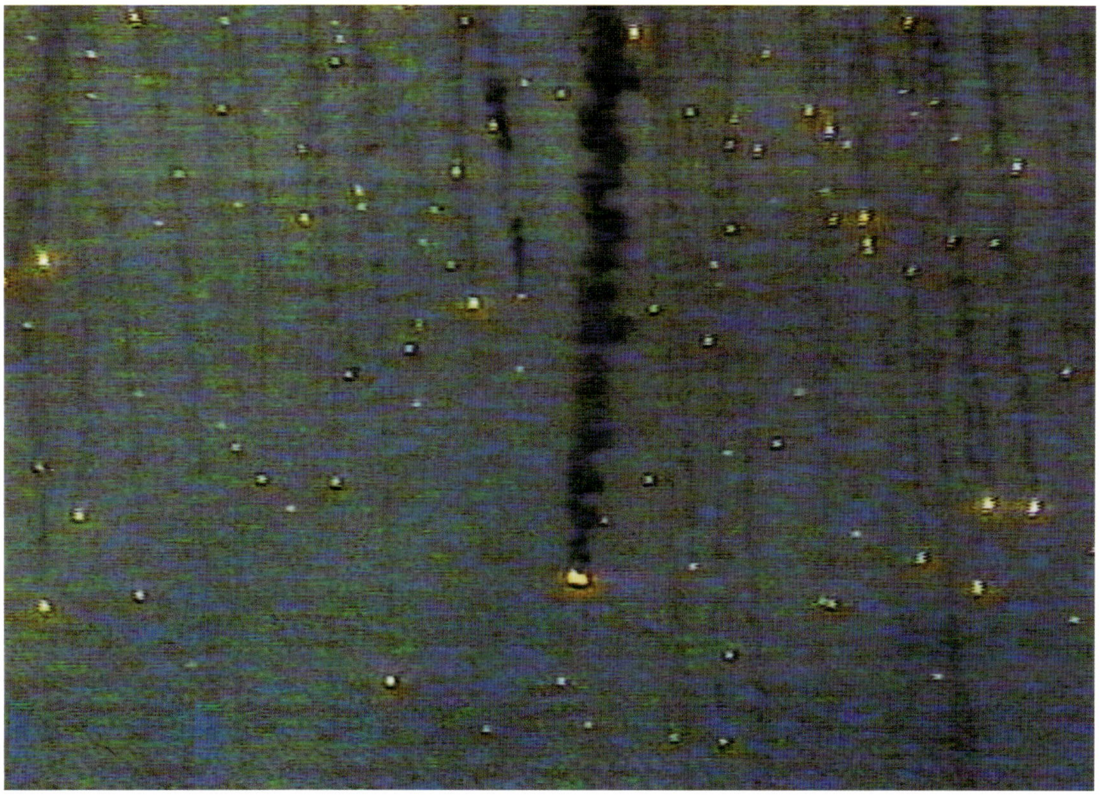

Oben: Die Raumfährenflotte der NASA bietet die Möglichkeit, Geräte auf eine Umlaufbahn zu bringen. Sie stellt aber auch eine Arbeitsplattform für die Astronauten dar.

Links: Der Weltraum ist manchmal ein gefährlicher Ort, und Fehler können teuer zu stehen kommen, zum Beispiel als das Steuerungssystem von Ariane 5 ausfiel und die Rakete zerstört werden mußte.

UNBEMANNTE MISSIONEN

Die Kosten und Gefahren bemannter Raumflüge sind so hoch, daß manche Wissenschaftler sich für die unbemannte Raumfahrt einsetzen.

Seit Jahrhunderten bemühen sich Astronomen, mehr über das Universum herauszufinden. Wichtig für die Raumfahrt war 1958 die Entdeckung der van-Allen-Strahlungsgürtel durch Explorer 1.

Der Mond

In den 60er Jahren untersuchten ferngesteuerte Fahrzeuge (Lunochod) den Mond. Die Apollo-Astronauten sammelten ihrerseits 380 kg Mondgestein, damit es analysiert werden konnte. Außerdem brachten Missionen wie Clementine und Lunar Orbiter neue Erkenntnisse über unseren nächsten Nachbar.

Raumsonden

Raumsonden fliegen zu den Planeten, untersuchen ihre Atmosphäre und kartographieren sie. Die Mariner-Sonden besuchten erstmals die erdnächsten Planeten. Die beiden Voyagers starteten 1977 zu den Riesenplaneten und deren Monden. Magellan beobachtete die vulkanische Oberfläche von Venus und nahm eine Radarkartierung vor. Giotto flog zum Halleyschen Kometen und machte Bilder von seinem Schweif. Galileo erforscht Jupiter, und Cassini ist unterwegs zum Saturn. Rosetta soll zum Kometen Wirtanen, und eine ESA-Mission zum Merkur fliegen.

Oben: Die Cluster-Satelliten wurden konstruiert, um die Sonne von oberhalb der Erdatmosphäre aus zu überwachen und Daten über die Auswirkungen der Sonnenaktivität und des Sonnenwindes auf die Umgebung der Erde zu liefern.

Rechts: Die Atmosphärenkapsel der Galileo-Sonde tauchte im Dezember 1995 in die Atmosphäre von Jupiter ein und sendete fast eine Stunde lang Meßergebnisse, bevor sie unter dem enormen Druck zerstört wurde.

◄ 32 Die Erdmagnetosphäre

◄ 90–93 Gravitation

◄ 102 Neutronensterne und Pulsare

◄ 126 Allgemeine Relativitätstheorie

◄ 137 Interferometrie und das Keck-Teleskop

◄ 40–141 Elektromagnetisches Spektrum

◄ 144–145 Hubbles Bedeutung

Landende Raumsonden

Raumsonden haben es geschafft, erfolgreich zu den Oberflächen von Mars und Venus zu reisen. Die Venus-Sonden konnten sich zwar nicht lange in der unwirtlichen Umgebung von Venus halten, doch die Viking- und die Pathfinder-Missionen erkundeten aus nächster Nähe die Marsoberfläche.

Eine vom Raumfahrzeug Galileo abgetrennte Kapsel tauchte in die Atmosphäre von Jupiter ein, während die Cassini-Mission die Huygens-Kapsel in die dicke Atmosphäre von Saturns größtem Mond Titan schicken wird.

Röntgenastronomie

Die Astronomen erkannten schnell das Potential der Raumfahrt bei der Beobachtung der kosmischen Strahlung. Giacconi und H. Gursky starteten eine Suborbitalrakete mit dem Ziel, die Zusammensetzung des Mondes zu untersuchen. Der kurze Raketenflug verpaßte sein Hauptziel, entdeckte jedoch eine Quelle von Röntgenstrahlen jenseits des Mondes im Sternbild Skorpion. Dies war die Geburtsstunde der Röntgenastronomie.

Astronomie vom Weltall aus

Hubble ist möglicherweise das bedeutendste Weltraumobservatorium. Es arbeitet im sichtbaren Spektralbereich, der von der Erde aus nur durch die Atmosphäre getrübt beobachtbar ist.

Die nächste Grenze

Ein großer Bereich muß noch erkundet werden: die Gravitationswellen. Bis jetzt hat man sie nicht nachweisen können, doch ihre Existenz wird von Einsteins Allgemeiner Relativitätstheorie vorhergesagt. LISA, ein fliegendes 50-Millionen-km-Interferometer, wird zur Zeit entwickelt. Es soll nach Objekten suchen, die Gravitationswellen aussenden.

ERKUNDUNG DES SONNENSYSTEMS

Ziel/Startdatum	Name	Ereignis
Mond 21. 07. 1969	Apollo 11	Menschen landen erstmalig auf dem Mond.
Merkur 04. 11. 1973	Mariner 10	Erster Vorbeiflug an Merkur.
Venus 17. 08. 1970	Venera 7	Erste Venuslandung.
Mars 28. 11. 1964	Mariner 4	Erster Vorbeiflug an Mars.
20. 08. 1975 05. 09. 1975	Viking 1 und 2	Erste Marslandungen, Oberflächenbilder, Bodenanalyse.
Jupiter 02. 03. 1972	Pioneer 10	Erster Vorbeiflug an Jupiter.
20. 08. 1977 05. 09. 1977	Voyager 2 und 1	Vorbeiflüge an Jupiter, Erkundung von Monden.
18. 10. 1989	Galileo	Erste Atmosphärenkapsel.
Saturn 05. 04. 1973	Pioneer 11	Erster Vorbeiflug an Saturn.
20. 08. 1977 05. 09. 1977	Voyager 2 und 1	Vorbeiflüge an Saturn.
Uranus, Neptun 20. 08. 1977	Voyager 2	Erste Vorbeiflüge.
Sonne 06. 10. 1990	Ulysses	Erste Umlaufbahn über die Pole.
Kometen, Asteroiden 02. 07. 1985	Giotto	Mission zum Halleyschen Kometen.
18. 10. 1989	Galileo	Erster Vorbeiflug an einem Asteroiden.

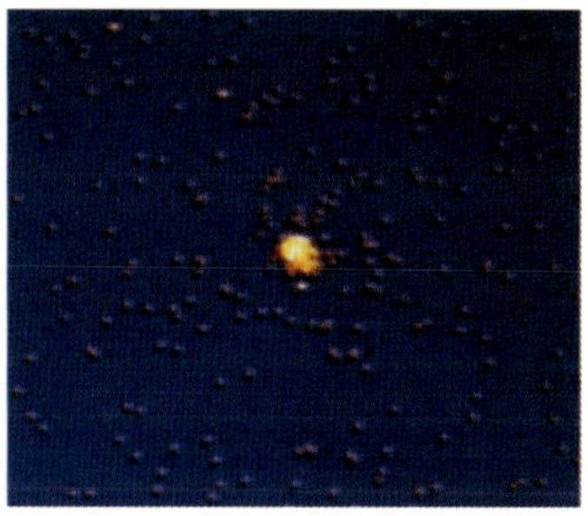

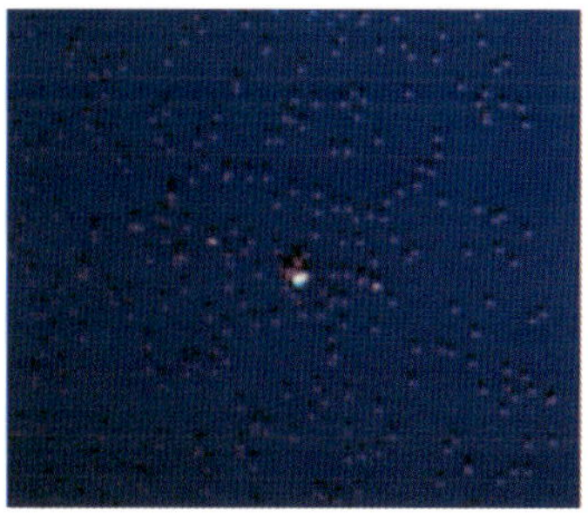

Oben: Um Röntgenstrahlen zu beobachten, müssen Astronomen Raumfahrzeuge oberhalb der Erdatmosphäre nutzen. Diese Bilder „vor, während und nach" einem Röntgen-Burster hätten mit Bodeninstrumenten nicht aufgenommen werden können.

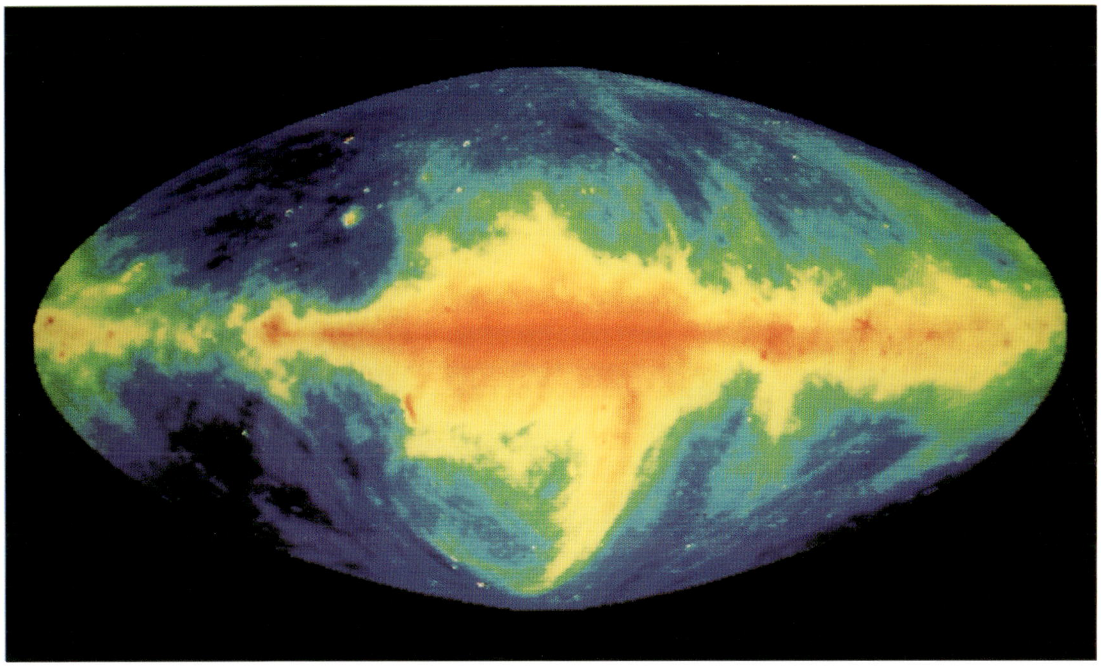

Links: Nicht alle Radiowellenlängen können durch die Erdatmosphäre hindurchdringen. Bessere Bilder erhält man von einem Raumfahrzeug auf einer Umlaufbahn. Dieses Bild zeigt die Milchstraße in Radiowellen.

AUF DER SUCHE NACH ET

Die Idee, es müsse irgendwo im Universum andere Lebewesen geben, ist alt. Doch der Beweis hierfür fehlt noch. Erst in der zweiten Hälfte des 20. Jahrhunderts war es möglich, bei dieser Suche wissenschaftlich vorzugehen.

DR. SETH SHOSTAK

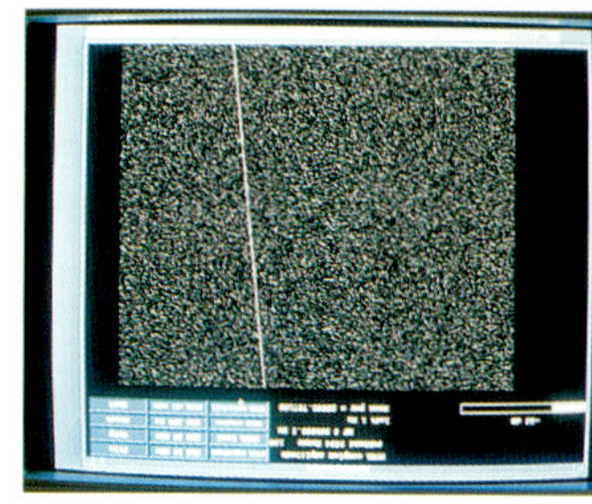

Oben: Die weiße Linie quer über dem Bildschirm ist das Signal von Voyager 2 aus einer Entfernung von etwa 6 Milliarden km. Die SETI-Wissenschaftler nutzten Voyagers Signal, um ihr System zu überprüfen.

„Eine Methode, nach Außerirdischen zu suchen, besteht darin, zu anderen Planeten zu fliegen. Doch bieten die anderen Planeten unseres Sonnensystems nicht die Art von Kreaturen, nach denen wir suchen: intelligente Wesen.

So müssen wir bei anderen Sternen suchen. Leider können uns die heutigen Raketen nicht zu so weit entfernten Reichen bringen. Selbst der erdnächste Stern, Proxima Centauri, ist 10 000mal weiter entfernt als Pluto. Eine Rakete bräuchte für einen Weg 80 000 Jahre.

Es ist auch sehr unwahrscheinlich, daß irgendwelche Außerirdische uns besuchen kommen. Trotz der weitverbreiteten Meinung, daß UFOs fremde Raumfahrzeuge auf Entdeckungsreise sind, sind nur wenige Wissenschaftler davon überzeugt, daß sie irgend etwas mit Außerirdischen zu tun haben. Wie können wir dann Außerirdische finden, falls diese existieren sollten?

Ende der 50er Jahre stellten Forscher fest, daß Radiowellen eine gute Methode darstellen, um Informationen zu anderen Sternsystemen zu senden. Radiowellen benötigen relativ wenig Energie, um ein Signal zu übertragen, das Lichtjahre entfernt empfangen werden könnte. Außerdem bewegen sich Funksignale mit Lichtgeschwindigkeit.

Doch selbst wenn Radiowellen eine großartige Methode sind, einen Kontakt herzustellen, senden die Forscher keine Jubelrufe zu den Sternen in der Hoffnung auf Antwort. Denn selbst wenn es Außerirdische auf einem Planeten gäbe, der um Proxima Centauri kreisen würde, würde es etwas mehr als 4 Jahre dauern, bis unser Signal sie erreicht, und ebensoviel Zeit bräuchte ihre Antwort. Die Wartezeit ist zu lang, so daß Wissenschaftler hoffen, daß höhere Wesen früher schon Signale gesendet haben, die uns jetzt erreichen.

SETI-Forscher (Suche nach Extraterrestrischer Intelligenz) benutzen Mammut-Radioteleskope bei der Jagd nach diesen Signalen. Die ersten, modernen SETI-Beobachtungen wurden vom Astronomen Frank Drake 1960 durchgeführt, der ein 26-m-Radioteleskop in Green Bank, West Virginia, benutzte. Beim Projekt Ozma verbrachte Drake mehrere Wochen damit, das Teleskop auf zwei nahe, sonnenähnliche Sterne zu richten: Tau Ceti und Epsilon Eridani. Er wählte sie aus, weil Astronomen glauben, daß sie am wahrscheinlichsten erdähnliche Planeten besitzen.

Das größte, aktuelle SETI-Experiment ist das Projekt Phoenix, das am SETI-Institut in Mountain View, Kalifornien, läuft. Während das Projekt Ozma nach Signalen aus der Umgebung von zwei nahen Sternen suchte, zielt Phoenix auf über 1000 Sterne. Drake horchte nur auf jeweils einem Kanal; Phoenix analysiert gleichzeitig mehrere Millionen.

Nach 40 Jahren SETI-Experimenten hat noch keiner ein außerirdisches Signal gehört. Bedeutet dies, daß dort draußen keiner ist? Könnte es sein, daß die Erde der einzige Ort in den weiten Sternenfeldern unserer Galaxis ist, an dem Kreaturen existieren, die einen Radiosender bauen können? Wenn ja, so wäre dies bemerkenswert. Vom astronomischen Standpunkt aus gesehen glauben wir nicht, daß unser Sonnensystem so einzigartig ist. Warum sollten wir denn allein sein? Der wahrscheinlichste Grund, warum wir bis jetzt keine Außerirdischen gehört haben, ist, daß die Suche danach gerade erst begonnen hat. Die Suche unter 1000 Sternen unserer Galaxis ist so, als wenn wir einen Teelöffel Sand als Probe aus einem sandgefüllten Wohnzimmer untersuchen, wobei jedes Sandkorn einen Stern darstellt.

> Nach 40 Jahren SETI-Experimenten hat noch keiner ein überzeugendes, außerirdisches Signal gehört. Ist da draußen keiner?

Außerdem könnte es sein, daß wir zur falschen Zeit oder an der falschen Stelle auf der Skala beobachten. Forscher horchen im Mikrowellenbereich des Radiospektrums, weil das Universum bei diesen Frequenzen von Natur aus still ist – es gibt weniger natürliche Hintergrundradiostörungen. Wir wissen das, und höhere Lebewesen dürften es auch wissen. Da es schwierig ist, gehört zu werden, wenn die Interferenzen hoch sind (wie jedermann weiß, der versucht, sich neben einem Wasserfall zu unterhalten), nehmen wir an, daß Außerirdische intelligent genug sein werden, ihre Radiosender auch auf einen Mikrowellenkanal einzustellen. Bis jetzt haben wir aber noch nicht den richtigen Kanal gefunden. Selbst die ehrgeizigsten SETI-Projekte decken nur einen schmalen Ausschnitt des Mikrowellenbereiches ab.

Wenn man also die vielen Unsicherheiten berücksichtigt, die beim Aufspüren von Außerirdischen auftauchen, ist es nicht verwunderlich, daß wir ihre

Botschaften noch nicht empfangen haben, selbst wenn es in unserer Galaxis von intelligenten Wesen nur so wimmeln sollte.

Ein von Außerirdischen bewußt gesendetes Signal würde eine erstaunliche Entdeckung sein. Damit wäre ein für allemal erkennbar, daß wir intellektuell und kulturell nicht einzigartig sind. Denn dafür müssen sie eine Technologie besitzen, die der unseren zumindest entspricht, da sie sonst nicht senden könnten. Allerdings könnten sie uns genauso gut Tausende oder Millionen Jahre voraus sein.

Sollten wir eine „Botschaft" von ihnen erhalten, könnte es für uns genauso schwierig sein, sie zu verstehen, wie das Piepsen eines Modems für einen Steinzeitmenschen. Nur wenn die Außerirdischen absichtlich auf junge Zivilisationen zielen (und das sind wir ja aus kosmischer Perspektive), werden sie ihre Botschaft verständlich gestalten.

Doch es gibt eine reale Chance für einen SETI-Erfolg. In demselben Maße wie die digitale Elektronik Fortschritte macht, verbessern sich auch die Empfänger derer, die auf Signale aus anderen Welten lauern. Die heutigen Experimente sind 100 Billionenmal effizienter als das Projekt Ozma.

Und selbst wenn wir die Außerirdischen nicht verstehen könnten, so würde das bloße Anhören schwacher Flüstertöne einer entfernten Zivilisation unsere eigene Weltanschauung gründlich verändern. “

Das Projekt Phoenix nutzte Anfang 1995 das in New South Wales stehende 64-m-Parkes-Radioteleskop, um damit 200 sonnenähnliche Sterne auf Anzeichen von intelligenten Signalen hin zu untersuchen. – Bis heute jedoch vergeblich.

NACHTHIMMEL

Der Nachthimmel ist von großartiger Schönheit, voller Wunder und jedem zugänglich, der ihn genießen will. Sogar von einer erleuchteten Stadt aus kann man das Gesicht des Mondes sehen und sich darüber freuen.

Außerhalb der Städte ist die majestätische Milchstraße sichtbar. Mit dem Fernglas betrachtet, tauchen in diesem zarten Band Hunderte von Sternen auf; Teleskope enthüllen entfernte Gasnebel und Galaxien, die Lichtjahre von uns entfernt sind.

Der Himmel verändert sich im Laufe des Jahres, während sich die Erde um die Sonne dreht. Ständig ziehen neue Sternbilder vorüber – ebenso die Mitglieder unseres Sonnensystems. Staub, der aus dem Sonnensystem zur Erde fällt, verglüht in der Atmosphäre als Sternschnuppe. Jede klare Nacht birgt neue Wunder.

DEN HIMMEL KARTIEREN

Stellen Sie sich vor, Sie stehen unter der Kuppel eines riesigen Planetariums, worauf alle Sterne, Galaxien und Planeten projiziert sind.

Der Himmel über unserer Erde verändert sich ständig – und doch gibt es eine grundlegende Kontinuität und Ordnung. Die seltenen, „unerwarteten und exotischen" Ereignisse, die hin und wieder in den Schlagzeilen zu finden sind, wie das plötzliche Erscheinen eines Kometen vom Rand unseres Sonnensystems, sind wie Geschenke. Der alltägliche Anblick ist jedoch ebenso wunderbar.

Sich am Himmel Zurechtfinden

Auf- und Untergangszeiten der Sonne, ihr sichtbarer Weg über den Himmel und die Länge der Tage und Nächte verändern sich das Jahr über. Grund ist die Neigung der Erdachse: Im Jahresverlauf neigen sich verschiedene Teile der Erde der Sonne zu bzw. wenden sich von ihr ab.

Man kann sich aber auch am Nachthimmel zurechtfinden. Stellen Sie sich vor, die Pole der Erde und der Äquator würden ins Weltall verlängert. Wie die Erde, so dreht sich auch der Himmel um seine Pole. Auf der Nordhalbkugel ist der Himmelspol durch den hellen Polarstern gekennzeichnet. Südlich des Äquators gibt es keinen so bequemen Wegweiser.

Je nachdem, auf welchem Breitengrad Sie sich befinden, gehen einige Sterne innerhalb von 24 Stunden auf und wieder unter. Zirkumpolare Sterne dagegen bleiben über dem Horizont und kreisen um den Himmelspol. Im Norden gehören dazu Kassiopeia und der Große Wagen, auf der Südhalbkugel das Kreuz des Südens.

Orion, der Himmelsjäger, ist eine Art Himmelswegweiser. Sechs Monate lang ist er am nördlichen Himmel zu verschiedenen Nachtzeiten sichtbar. Er dominiert auch den Sommerhimmel der Südhalbkugel, ist dort aber anders herum zu sehen. Orions sternenbesetzer Gürtel liegt am Himmelsäquator. Auf der Nordhalbkugel steht er im Süden, auf der Südhalbkugel im Norden. An den Polen liegt der Himmelsäquator am Horizont, so daß auf jeder Erdhalbkugel eine andere Hälfte zu sehen ist! Ebenso steht Pegasus, das

Da die Erde sich innerhalb von 24 Stunden einmal um ihre eigene Achse dreht, scheinen die Sterne während der Nacht auf- und unterzugehen. Sterne hinterlassen eine Lichtspur, wenn man eine Kamera auf den Himmel richtet und die Blende offenläßt. Dieses Bild zeigt Sternspuren um den südlichen Himmelspol herum, der sich im Zentrum des Bildes befindet.

◀ 37 Jahreszeiten und Erdbahn

◀ 78–79, 82–85 Kometen

geflügelte Pferd der griechischen Mythologie, „kopfüber" am Herbsthimmel der Nordhalbkugel, jedoch „richtig herum" auf der Südhalbkugel.

Steht man am Äquator, liegen die Himmelspole am Horizont, der Himmelsäquator sowie Orion im Zenit. Die Sterne beider Hemisphären gehen innerhalb von 24 Stunden auf und wieder unter. Im Laufe eines Jahres sind alle Sterne sichtbar. Tag und Nacht brechen plötzlich herein und sind immer gleich lang.

Die Polarregionen der Erde liegen monatelang im Dunkeln, gefolgt von Monaten voller Licht. In der Polarnacht stehen alle Sterne der jeweiligen Hemisphäre über dem Horizont.

Rektaszension

Zur Definition der Position von Himmelskörpern greifen Astronomen auf die uralte Auffassung zurück, wonach der Raum ein riesiges Gewölbe ist, auf dessen Innenseite die Sterne, Nebel, Galaxien und Planeten projiziert sind. Wie auf der Erde, werden die Positionen am Himmel in Längen- und Breitengraden angegeben.

Diese Längengrade – Rektaszension (Rekt.) – nehmen östlich des Nullmeridians zu. Ein Meridian ist ein Großkreis, der die beiden Pole des Himmelsgewölbes im rechten Winkel zum Äquator schneidet.

Rekt. wird in Grad (0–360) oder üblicherweise in Stunden und Minuten ausgedrückt. Eine Erdumdrehung – 24 Stunden – sind 360° Rekt. Eine Stunde entspricht 15°, d. h. jeder Teil der Himmelskuppel rotiert 15° pro Stunde. Ein Grad sind 60 Minuten, eine Minute 60 Sekunden. Die letzten beiden Maße sind Winkelmaße – Bogenminuten (') und Bogensekunden (") – und beziehen sich auf den Bogen, den sie umspannen.

Rekt.-Linien sind Großkreise, die das Zentrum der Himmelskuppel schneiden und deren Umfang angeben. Sie schneiden die Pole und verlaufen rechtwinklig zum Himmelsäquator.

Deklination

Im rechten Winkel zur Rekt. verlaufen die Deklinationslinien, die den Breitengrad angeben.

Der größte Kreis, der Himmeläquator, ist die Projektion des Erdäquators an den Himmel und hat die Deklination Null.

Breitengrade nördlich des Himmelsäquators werden mit '+' angegeben, südlich davon mit '-'. Die Deklination, kurz „Dekl.", wird in Grad, Minuten und Sekunden gemessen, von 0° am Himmelsäquator bis 90° am Nord- und Südpol.

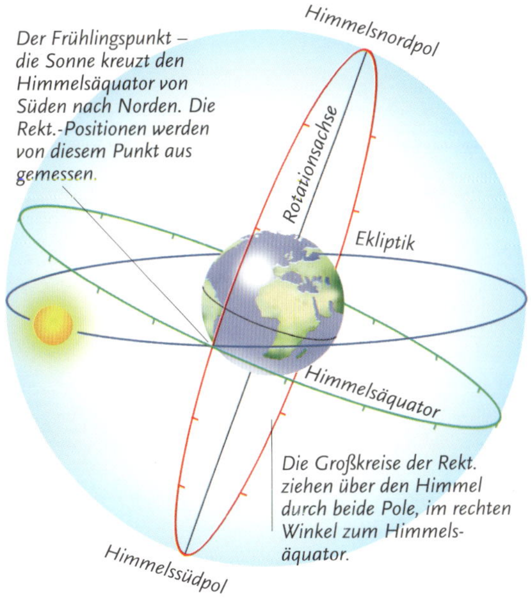

Oben links: Ein Teil des Sternbildes Orion, von der nördlichen Erdhalbkugel aus gesehen. Der rote Überriese Beteigeuze befindet sich oben; das „Schwert" zeigt nach unten.

Oben rechts: Das Sternbild Orion, von der südlichen Erdhalbkugel aus gesehen. Beteigeuze ist der auffällige rote Stern in der Mitte nahe dem Horizont. Auf der südlichen Erdhalbkugel zeigt Orions „Schwert" nach oben.

REKT. UND DEKL.
Die Position von Himmelsobjekten gibt man mit einem System von Längen- und Breitengraden an, beginnend am Himmelsäquator bzw. dem Frühlingspunkt. Die Rektaszension ist der himmlische Längengrad, die Deklination ist der Breitengrad.

Kometenbeobachtung 161–162 ▶
Orion 168–169 ▶

Beteigeuze, der auffallend helle rote Stern an Orions linker Schulter, liegt bei Rektaszension 05h 55 m 10s, Deklination +07° 24′ 25″.

Die Ekliptik

Ein weiterer großer Kreis am Himmel ist die Ekliptik. Die Erde umrundet die Sonne einmal pro Jahr; von der Erde aus erscheint es jedoch, als kreise die Sonne um die Erde. Die Ekliptik ist der scheinbare Weg der Sonne.

Die Erdachse ist um 23,5° gegen die Erdbahnebene geneigt – um demselben Betrag neigt sich die Ekliptik gegen den Himmelsäquator.

Die Deklination der Sonne verändert sich im Laufe des Jahres, von +23,5° um den 21. Juni bis zu –23,5° um den 21. Dezember. Auf der Nordhalbkugel sind das die Daten der Sommer- und Wintersonnenwende; Winter und Sommer sind auf der Südhalbkugel genau umgekehrt. Von einem bestimmten Breitengrad aus gesehen, erreicht die Sonne zur Sommersonnenwende ihren höchsten Punkt genau zu Mittag, während sie im Winter auf ihrem tiefsten Stand ist.

Der Frühlingspunkt

Mit Hilfe der Ekliptik, der scheinbaren Bahn der Sonne, wird der erste Meridian der Rektaszension bestimmt. Dieser Meridian schneidet den Punkt, an dem das Zentrum der Sonne auf dem Weg nach Norden den Himmelsäquator kreuzt. Dieser Punkt heißt Frühlingspunkt und bewegt sich aufgrund der Präzession, dem Schlingern der Erdachse, jedes Jahr ein wenig nach Westen. Zur Zeit liegt der Frühlingspunkt im Sternbild Fische, bei Rekt. 0h 00 m 00s und bei Dekl. 0° 00′ 00″.

PRÄZESSION

Momentan zeigt die Rotationsachse der Erde direkt auf den Polarstern am Nordhimmel. Die Richtung, in die diese Achse zeigt, wird sich mit dem Schwanken der Erdachse im Laufe vieler Jahre jedoch ändern.

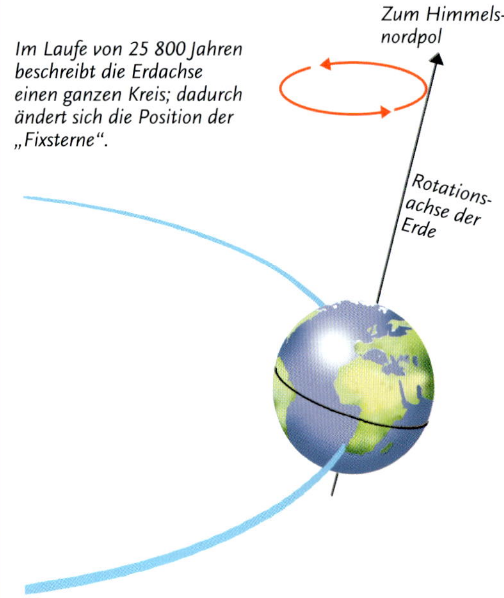

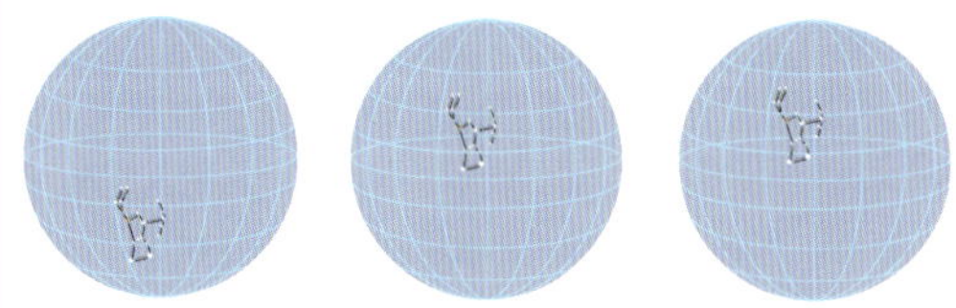

Orions Position, 10 400 v.Chr. — *Orions Position, 1 n. Chr.* — *Orions Position, heute*

Höhe und Azimut

Die Position eines Himmelskörpers wird in Grad, Minuten und Sekunden der Höhe über dem Horizont und dem Azimut aus nördlicher Richtung bestimmt. Die altazimutalen Koordinaten ändern sich ständig mit der Drehung der Erde – Himmelskörper gehen auf und unter.

Die Höhe kann zwischen 0° am Horizont und 90° im Zenit betragen. Das Azimut beträgt 0° genau in Norden, 90° im Osten, 180° genau im Süden, etc.

Gestirne gehen im Osten auf; in der nördlichen Hemisphäre erreichen sie ihre größte Höhe genau im Süden, in der südlichen Hemisphäre genau im Norden. Der Großkreis, der den Zenit schneidet und den Horizont genau im Norden und Süden kreuzt, ist der Himmelsmeridian. Objekte erreichen ihre größte Höhe beim Kreuzen dieses Meridians.

HÖHE UND AZIMUT

Das horizontale Koordinatensystem basiert auf dem Horizont des Beobachters und der Nordrichtung. Die Höhe wird nördlich oder südlich vom Horizont des Beobachters gemessen, das Azimut (Richtung) von Norden aus ostwärts. Der Punkt direkt über dem Kopf des Beobachters heißt Zenit.

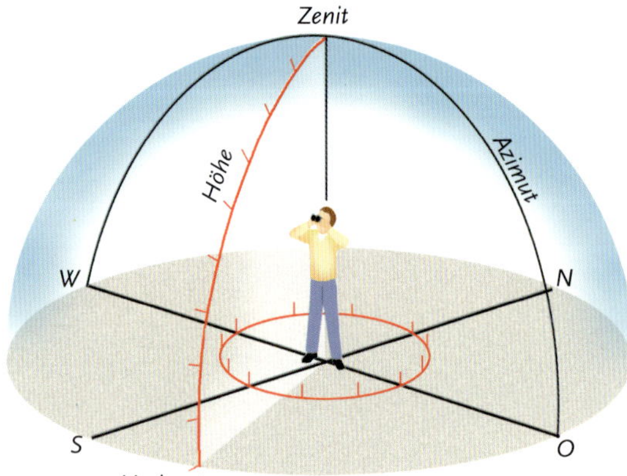

◄ 40–41 Mondphasen
◄ 155 Rekt. und Dekl.

Präzession

Feine Veränderungen am Himmel ergeben sich über noch längere Zeiträume. Die Nutation, ein Schlingern der Erdachse, ist die Antwort auf die Gravitation des Mondes über einen Zeitraum von 18,6 Jahren.

Nicht immer stand der Polarstern dem Himmelsnordpol am nächsten. Etwa zur Zeit der Pharaonen war Alpha Draconis (Thuban) der dem Himmelsnordpol am nächsten stehende markante Stern. Auch Deneb und Wega werden im Laufe der Jahrtausende zu Nordpolsternen. Die Anziehung von Sonne und Mond erzeugt eine groß angelegte Präzessionsbewegung. Im Verlauf von 25 800 Jahren vollendet die Erdachse, immer um 23,5° zur Bahnebene geneigt, einen Kreis am Himmel.

Veränderungen infolge der Präzession erfordern, daß die Positionen der Sterne auf im Standard-Rekt./Dekl.-Raster regelmäßig auf den neuesten Stand gebracht werden. Astronomen nehmen diese Korrekturen im Abstand von 50 Jahren vor; die nächste erfolgt im Jahr 2000.

Planetenbewegung

In der Antike waren fünf mit dem bloßen Auge sichtbare Planeten bekannt: Merkur, Venus, Mars, Jupiter und Saturn. Sie wandern vor einem festen Sternenhintergrund. „Planet“ kommt vom Griechischen ‚planetos', Wanderer. Die sichtbare Bewegung wird von der Position der Planeten relativ zur Erdbahn bestimmt. Die Umlaufbahnen der Planeten liegen nahe der Ekliptikebene.

Innere Planeten

Die Umlaufbahnen von Merkur und Venus um die Sonne liegen innerhalb der Erdbahn; man bezeichnet sie daher als innere Planeten. Sie scheinen auf festen Linien zu wandern und sind am besten zu sehen, wenn ihr scheinbarer Winkelabstand von der Sonne nach Osten oder Westen am größten ist, da sie sich dann außerhalb der Sonnenstrahlung befinden. Die größte östliche Entfernung ist am Abendhimmel sichtbar; die westliche am Morgenhimmel. Venus nie weiter als 47° von der Sonne entfernt, Merkur nie weiter als 27°. Er ist schwer zu beobachten, da er nur je zwei Stunden nach Sonnenuntergang bzw. vor Sonnenaufgang sichtbar ist.

Auf ihren Bahnen stehen Merkur und Venus in unterer Konjunktion, wenn sie sich zwischen Sonne und Erde befinden; in oberer Konjunktion, wenn sie hinter der Sonne stehen. Selten kann man Merkur und Venus bei unterer Konjunktion als schwarze Flecken sehen, die die Sonne kreuzen. Das nennt man Transit.

Je nach Winkel zu Sonne und Erde sieht man bei Merkur und Venus verschiedene Phasen, wie beim Mond: voll (obere Konjunktion), halbvoll (größte Elongation), Sichel (untere Konjunktion).

Äußere Planeten

Die Umlaufbahnen von Mars, Jupiter und Saturn liegen außerhalb der Erdbahn. Äußere Planeten tauchen nach der Konjunktion in der Morgendämmerung auf und steigen in jeder folgenden Nacht etwas höher. Einige Wochen lang scheinen sie sich nach Osten zu bewegen. Diese Bewegung nimmt ab, wenn die Erde auf ihrer schnelleren inneren Umlaufbahn aufholt. Sind Erde und äußere Planeten fast auf einer Linie, scheint die Vorwärtsbewegung aufzuhören und sich dann umzukehren (retrograde Bewegung).

Steht der äußere Planet im Abstand von 180° zur Sonne, heißt das Opposition. Unser Abstand von diesem Planeten ist dann am geringsten, seine scheinbare Helligkeit und sein Durchmesser sind am größten. In Opposition stehende Planeten gehen bei Sonnenuntergang auf, erreichen ihren höchsten Punkt um Mitternacht und gehen bei Sonnenaufgang unter.

Nach der Opposition überholt die Erde den Planeten; die Rückwärtsbewegung nimmt ab, und die Vorwärtsbewegung nimmt mit wachsender Distanz von der Erde zu. Die Sichtbarkeit endet, wenn der Planet die Konjunktion auf der anderen Sonnenseite erreicht.

Mars hat eine Umlaufzeit von 687 Tagen; er steht alle 26 Monate in Opposition. Jupiters Umlaufzeit ist 12 Jahre, die Oppositionen liegen je 13 Monate auseinander. Saturn hat eine Umlaufzeit von 29 Jahren und steht alle 12 $^1/_2$ Monate in Opposition.

DIE GESCHICHTE DER NAVIGATION

In den Anfängen der Astronomie war ein Hauptmotiv für das genaue Kartieren und Katalogisieren der Sterne deren Nutzen für die Navigation. Man glaubt, daß Wikinger, Polynesier und andere frühe Seefahrer die Höhe des Polarsterns im Verhältnis zu ihrer Takelage zur Bestimmung des Breitengrades benutzt.

Die Bestimmung des Längengrades war sehr viel schwieriger. Im 18. Jahrhundert endlich wurde dieses Problem gelöst durch die Erfindung zuverlässiger Schiffschronometer. In Verbindung mit Tabellen von Sternpositionen, die jedes Jahr in nautischen Almanachen veröffentlicht wurden, konnte die geographische Position von Schiffen bestimmt werden.

Die alten Ägypter nutzten das mit den Jahreszeiten wechselnde Aussehen des Himmels für ihren landwirtschaftlichen Kalender. Die jährliche Nilflut traf mit dem ersten Auftauchen der Plejaden vor der Dämmerung zusammen: dieser von Astronomen registrierte „heliakische Aufgang“ war ein wichtiges Ereignis.

Obwohl sie physisch nicht nahe beieinander stehen, können Planeten von der Erde aus gesehen dicht nebeneinander stehen. Dieses Foto zeigt eine frühabendliche Konjunktion von Mars, Saturn und Jupiter.

Planetenbeobachtung 160 ▶

Orion 168–169 ▶

VERSCHWINDENDE DUNKELHEIT

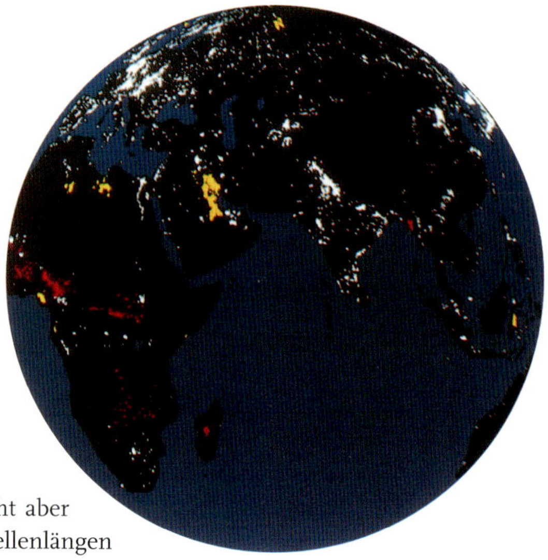

Moderne Teleskope sind so empfindlich, daß sie eine Kerzenflamme aus 8 km Entfernung erkennen. Tausende oder Millionen Lichtjahre entfernte Objekte kann man aber nur am Dunklen, Klaren Himmel Erkennen. Auf der Ganzen Welt kämpfen Astronomen darum, etwas zu erhalten, das uns allen gehört – den Nachthimmel.

VON PAM SPENCE

Oben: Dieses Satellitenbild der Erde bei Nacht zeigt weiße Stadtlichter, gelbe – von Ölfeldern stammende – Erdgasflammen und Brandherde in Wäldern und Landwirtschaft (wie in der tropischen Waldregion von Äquatorialafrika).

„Am Nachthimmel sollte man 3000 Sterne sehen können. Die Milchstraße – 100 000 Sterne auf der Ebene unserer Galaxis – sollte sich über den ganzen Himmel ziehen. Steht das Sternbild Andromeda über dem Horizont, sollte die Andromedagalaxie als diffuser Fleck sichtbar sein, das am weitesten entfernte mit bloßem Auge sichtbare Objekt, 2250 000 Lichtjahre entfernt. Befinden Sie sich weiter südlich, sollte der Orionnebel auch ohne Teleskop und Fernglas leicht zu erkennen sein. Wahrscheinlich aber sehen Sie gar nichts aufgrund der Lichtverschmutzung, des Streulichtes von Straßenlampen, Sicherheitsbeleuchtungen, Flutlichtern, Leuchtreklamen und all der anderen Dinge, für die wir Licht benötigen.

Licht, das in den Himmel strahlt, wird von Tröpfchen und Staubteilchen reflektiert: So entsteht die Hintergrundhelligkeit über Städten und größeren Orten, die kilometerweit nicht nur die Farbe des Himmels trübt, sondern auch bestimmt, wieviel man am Himmel sehen kann. Schätzungen von Astronomen zufolge kann man das Licht eines Ortes mit 3000 Einwohnern 10 km weit sehen; ein Ort mit 1000 000 Einwohnern stört den Nachthimmel im Umkreis von mehr als 100 km.

Bei den meisten Straßenlampen fließt ein elektrischer Strom durch ein Gas und bringt es zum Leuchten; verschiedene Gase erzeugen verschiedene Farben. Jede Art Beleuchtung stellt Astronomen und Öffentlichkeit vor ein anderes Problem. Niederdruck-Natriumdampflampen, die ihr orangefarbenes Licht in alle Richtungen ausstrahlen, erschweren die photographische und beobachtende Astronomie. Da sie jedoch nur ein sehr schmales Lichtband ausstrahlen, können Astronomen dies durch spezielle Filter oder Computerbearbeitung bekämpfen. Leider läßt das gelbe Licht alles in einer einheitlichen Farbe erscheinen; so kann man z. B. auf einem Parkplatz ein rotes Auto unter all den anderen nur schwer erkennen. Hochdruck-Natriumdampflampen beeinträchtigen die Farbsicht weniger. Da sie das Licht aber auf einer größeren Bandbreite von Wellenlängen ausstrahlen, ist das Ausblenden schwieriger.

Astronomen verlangen nicht, daß alle im Dunkeln leben (auch wir wollen sicher nach Hause kommen), aber Lichtverschmutzung ist unnötig und noch dazu Verschwendung. Straßenlampen sollten nur die Straße beleuchten; Autos fahren schließlich nicht in 100 m Höhe. Lampen, die hauptsächlich in den Himmel leuchten, verschwenden Energie und kosten Geld. Wenn eine 100 W-Lampe bei Ihnen zu Hause die Hälfte des Lichts dahin wirft, wo Sie es nicht wollen, nehmen Sie doch sicher einen anderen Lampenschirm und dafür nur eine 60 W-Lampe? Dasselbe gilt für Straßenlampen.

> Das wunderbare Bild der Sterne ist Teil unseres Erbes – ich möchte meinen Enkeln nicht erklären müssen, wie früher ein Stern am Nachthimmel aussah.

Neuere Lampen haben bessere Abdeckungen, die das Streulicht minimieren, indem sie das Licht nach unten leiten. Die Dunkelheit oberhalb dieser Abdeckungen ist vollkommen. Warum also lassen die Verantwortlichen nicht solche Lampen anbringen? Die alte Ausrede, diese Lampen seien zu teuer, ist mittlerweile überholt. Manche Verantwortlichen weigern sich jedoch noch immer: Astronomen sind schließlich eine Minderheit und eine weit verbreitete Antwort auf solche Vorschläge ist: „Sie sind der einzige, der sich über dieses Licht beschwert". Der Nachthimmel gehört allen – Astronomen sind sich der Situation nur bewußter als andere Leute.

Auf der ganzen Welt zogen Sternwarten aus den Innenstädten aufs Land – und die Vororte breiteten sich aus und überfluteten sie mit ihrem Licht. Das Royal Greenwich Observatory, 1675 von Charles II. in London gegründet, wurde in den 40er Jahren dieses Jahrhunderts in die Nähe der Küste verlegt, um dem hellen Londoner Nachthimmel zu entfliehen. In den späten 60er Jahren litt auch dieser Ort unter Lichtverschmutzung durch nahegelegene Städte und Dörfer. Also errichteten die britischen Astronomen Teleskope in La Palma (Kanarische Inseln) und auf Hawaii, doch auch diese Standorte sind mittlerweile

gefährdet. In Kalifornien ertränken die Lichter von Los Angeles die Teleskope auf Mount Wilson. Nur die Verdunklung der Stadt im Zweiten Weltkrieg ermöglichte es dem deutsch-amerikanischen Astronomen Walter Baade, einzelne Sterne der Andromedagalaxie zu beobachten.

Die japanische Nationalsternwarte, 1878 am Rande von Tokio erbaut, wurde in den 20er Jahren aufs Land verlegt. Heute ist der Himmel um diese Sternwarte so hell, daß Forschung kaum möglich ist. Die Japaner bauen nun ein Teleskop auf Mauna Kea, Hawaii, wie schon die Astronomen anderer Länder. Aber auch der Himmel von Hawaii wird immer heller, wenn nichts gegen das Hintergrundlicht getan wird. Bald wird es auf der Erde keinen Ort mehr geben, wohin die Astronomen ausweichen können.

1987 wurde in Japan das Star-Watch-Programm gestartet mit dem Ziel, die Helligkeit des Nachthimmels und die Lichtverschmutzung zu messen und diese Probleme zu veröffentlichen. Star-Watch wurde seitdem auf die USA und England ausgeweitet. Die Leute werden aufgefordert, sich die Plejaden anzuschauen, die sichtbaren Sterne auf einer Karte einzuzeichnen und an Star-Watch zu schicken. Die International Dark-Sky Association kämpft für bessere Lichtverhältnisse und hat Mitglieder in über 65 Ländern. In den USA, Kanada, Japan, Deutschland, Frankreich, Italien und Neuseeland wurden bereits auf Landes-, Staats- bzw. Gemeindeebene Gesetze zur Beleuchtungskontrolle erlassen. 1997 ernannte die italienische Regierung den 4. Oktober zum nationalen „Tag der Lichtverschmutzung".

Man kann helfen, das Hintergrundlicht zu verringern indem man ein Licht ausschaltet, eine Glühbirne mit weniger Watt benutzt oder einen Lampenschirm nach unten richtet. Je größer die Städte werden, desto mehr Straßenlampen und desto größer Problem. Wenn wir die zuständigen Behörden nicht von der langfristigen Kostenersparnis geeigneter Beleuchtungskörper überzeugen können, werden immer mehr ungeeignete Lampen aufgestellt, und das Hintergrundlicht nimmt zu, bis niemand mehr die Sterne sehen kann. Das Bild der Sterne ist Teil unseres kulturellen Erbes – ich möchte meinen Enkeln nicht erklären müssen, wie früher ein Stern am Nachthimmel aussah. "

Stadtbeleuchtung und landwirtschaftliche Feuer zeigen unsere Anwesenheit auf dem Planeten auf diesem Mosaik von Bildern, aufgenommen von Wettersatelliten der US-Luftwaffe. (Das verschwommene Licht oben im Bild sind Polarlichter.) Der größte Teil des Streulichtes kommt von Straßen- und Gebäudebeleuchtungen in Europa, Nordamerika und Ostasien. Dieses Bild zeigt deutlich den ständigen Kampf gegen die Lichtverschmutzung – Millionen von Menschen müssen ohne dunklen Himmel leben, und damit ohne den faszinierenden Anblick von Meteoren, die über den Himmel schießen, und ohne die Pracht der Milchstraße. Wir haben die Erde in einen leuchten Nebel gehüllt.

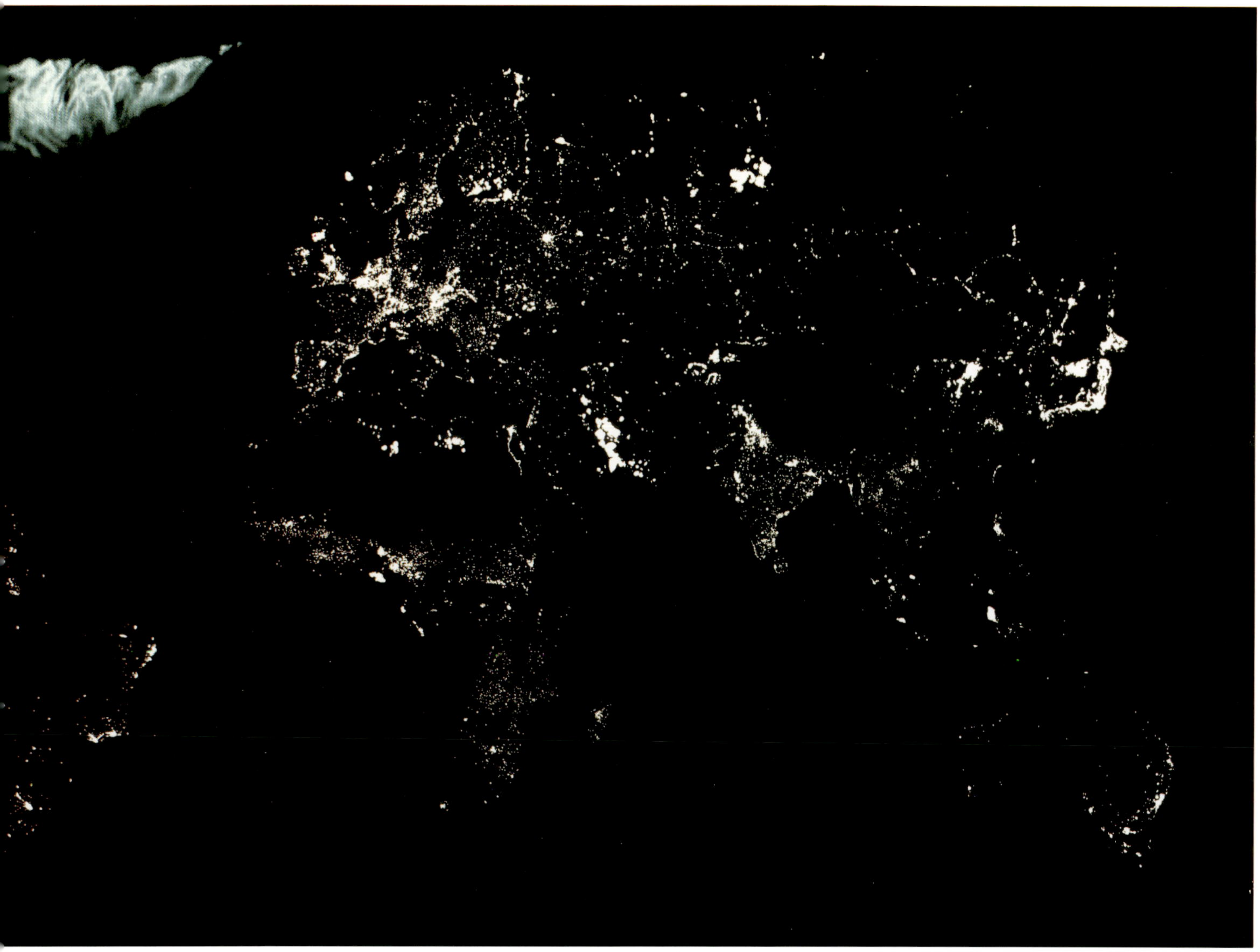

HIMMELSBEOBACHTUNG

Das bloße Auge, eine Sternkarte und eine Taschenlampe sind eigentlich alles, was Sie zur Himmelsbeobachtung brauchen – ein Fernglas und ein Teleskop Enthüllen die Details.

Will man Mond, Planeten und Sterne beobachten, hängt viel von der Stabilität der Atmosphäre ab. In klaren, frostigen Nächten, wenn die Sterne heftig blinken, sind Details schwer zu erkennen. Ruhige, leicht dunstige Nächte bieten die besten Beobachtungsbedingungen. Man kann auch mit indirekter Sicht arbeiten (man richtet das Auge nicht direkt auf das Objekt, sondern etwas daneben), um Details zu erkennen, denn der Außenbereich der Netzhaut ist empfindlicher für schwaches Licht als ihr Zentrum.

Mondbeobachtung

Der Mond, unser nächster astronomischer Nachbar, ist mit dem bloßen Auge zu sehen. Man kann seine Meere erkennen, Lavaebenen, ein Muster dunkler Flecken, bekannt als das Gesicht vom „Mann im Mond", und auch die hellen Strahlen, die von manchen Kratern (z. B. Tycho und Copernicus) ausgehen. Die meisten Details erkennt man am Terminator, der Linie zwischen Hell und Dunkel, wo die Sonnenstrahlen die Mondberge beleuchten und die Meere im Schatten liegen (siehe unten).

Das auffälligste mit dem bloßen Auge sichtbare Merkmal sind die Mondphasen. Der Wandel von Neumond zu Vollmond dauert weniger als 30 Tage. Den Weg des Mondes und die Veränderungen am Terminator zu verfolgen, ist faszinierend.

Mit einem Fernglas lassen sich Details von Kratern und Bergen sowie deren Schatten erkennen. Ein 100 mm-Spiegelteleskop enthüllt weitere Einzelheiten: Man erkennt auch kleinste Krater, deren Strukturen, sowie den Schutt an den Kraterhängen.

Planetenbeobachtung

Die mit dem bloßen Auge sichtbaren Planeten sind seit der Antike bekannt: Merkur, Venus, Mars, Jupiter und Saturn.

Merkur steht nie weit von der Sonne entfernt. Beobachter auf der Nordhalbkugel haben an Frühlingsabenden und Herbstmorgen Gelegenheit, den Planeten 0. Größe in der Dämmerung zu sehen. Ein Fernglas ist dabei nützlich; man darf es jedoch nicht auf die Sonne richten.

Sie brauchen mindestens ein Fernglas, um Einzelheiten der Planeten zu erkennen, z. B. die verschiedenen Phasen der Venus, die im 17. Jahrhundert von Galilei entdeckten Monde des Jupiter und das Ringsystem Saturns.

Ernsthafte Planetenbeobachtung erfordert jedoch ein Teleskop. Nur damit lassen sich die entfernten Planeten Uranus und Neptun, mit einer Helligkeit von $+6^{m}$ bzw. $+8^{m}$, relativ gut erkennen. Das lohnendste Objekt für Amateurbeobachter ist der Riese Jupiter mit seinen ständig wechselnden Wolkenformationen, sichtbar als flache Scheibe mit einem Durchmesser von ca. 45″. Dunkle Gürtel und hellere Zonen werden oft von Stürmen oder Flecken unterbrochen. Jahrhundertelang wurde der Große Rote Fleck mit Amateurte-

Der Nordostquadrant des Mondes mit seinen Lavaebenen. Mare Imbrium, das „Meer des Regens", liegt auf dem Terminator, der Linie zwischen Licht und Dunkel; Mare Serenitatis, das „Meer der Ruhe" ist unten rechts zu sehen.

◀ 24 Bewegung und Rotation Merkurs
◀ 26–29 Venus
◀ 40 Die Kraterobeberfläche des Mondes
◀ 40–41 Mondphasen
◀ 46–47 Das wechselnde Gesicht des Mars
◀ 54 Das Jupiterwetter
◀ 56 Der Große Rote Fleck
◀ 59 Die Galileischen Monde
◀ 78–79, 82–85 Kometen

leskopen verfolgt. Man kann viel über die Wettersysteme Jupiters erfahren, indem man eine Reihe von Oberflächenskizzen anfertigt und den Weg der Formationen über den Nord-Süd-Meridian des Planeten verfolgt.

Saturns Wolkenformationen sind schwächer; seltene Ausbrüche weißer Flecken – wie im Jahr 1990 – können jedoch interessant sein. Ist sein Ringsystem weit geöffnet, ist er eines der großartigsten Objekte, das man mit einem Amateurteleskop beobachten kann.

Die Phasen der hellen Venus (gut sichtbar als heller Morgen- oder Abend-„Stern") sind mit einem kleinen Teleskop gut zu erkennen: Voll auf der anderen Seite der Sonne, halb bei größtem Winkelabstand zur Sonne, und als Sichel zwischen Sonne und Erde.

Mit einem großen Teleskop sieht man die dunklen Flecken und die helle Polarkappe von Mars, die sich mit seinen Jahreszeiten ändern und hin und wieder von Sandstürmen oder Wolken verdeckt werden. Jahreszeitliche Veränderungen erstrecken sich über Wochen, manche Details ändern sich von einer Beobachtung zur nächsten.

Kometenbeobachtung

Nur wenige Kometen sind mit dem bloßen Auge sichtbar. Hyakutake und Hale-Bopp waren spektakuläre Ausnahmen in jüngster Zeit.

Benutzt man ein Fernglas oder Teleskop und ist im Umgang mit Himmelskarten versiert, kann man bis zu 20 Kometen jährlich beobachten. Ein kleines Teleskop oder Fernglas zeigt als auffälligstes Merkmal ei-

Der Halleysche Komet, hier ein Bild aus dem Jahr 1986, ist ein großartiges Beispiel für einen hellen Kometen, der mit bloßem Auge sichtbar ist. Der Kometenkern wird von der Koma verdeckt; sein Gas- oder Ionenschweif strömt nach außen, weg von der Sonne.

Ausrüstung 164–165 ▶

Größenklassen 166–167 ▶

Stern- und Mondkarten 170–183 ▶

nes schwachen Kometen die bläuliche, runde oder tränenförmige Koma, die den Kern umgibt.

Manchmal ist die Koma sehr diffus, d. h. der Komet ist nur schwer auszumachen. Hellere Kometen können einen oder mehrere Schweife haben. Gasschweife sind normalerweise gerade und leuchten bläulich oder weiß. Ein gelblicher Staubschweif – wenn vorhanden – kann gekrümmt sein.

Meteorbeobachtung

Meteore sind lohnende Objekte für Amateurastronomen, die mit dem bloßen Auge beobachten. Wenn die alljährlichen Meteorschauer (z. B. Perseiden am 12. August, Geminiden am 13. und 14. Dezember) aktiv sind, kann stundenlanges Beobachten sehr erfolgreich sein.

Am besten setzen Sie sich ganz gemütlich in einen Liegestuhl (angemessen dick angezogen wegen der Kälte) und sehen rechts oder links vom Radianten – dem Punkt, von dem die Meteorschauer auszugehen scheinen – an den Himmel. Notieren Sie die Erscheinungszeit und die Helligkeit jedes Meteors. Sie können alleine beobachten; Vereine bieten aber auch Gruppenbeobachtungen an.

Polarlichtbeobachtung

Eines der beeindruckendsten, mit bloßem Auge sichtbaren Schauspiele ist das Polarlicht. Das sind flackernde Farbbänder in Richtung der Pole. Ursache sind geladene Teilchen von der Sonne, die am Magnetfeld der Erde entlanglaufen und mit der Atmosphäre wechselwirken.

Polarlichter sind etwas unberechenbar; nach kräftiger Sonnenaktivität können sie sogar auch in südlicheren Breitengraden beobachtet werden.

Sonnenbeobachtung

Sehen Sie **nie** mit bloßem Auge oder durch ein optisches Instrument in die Sonne: Das einzige, was davon bleibt, sind Augenschäden. Als Vorsichtsmaßnahmen können Sie die Sonne mit einem kleinen Teleskop beobachten – lassen Sie sich aber nicht dazu verleiten, minderwertige Filter zu benutzen, die oft zusammen mit Anfängerteleskopen verkauft werden.

Die sicherste Art der Sonnenbeobachtung ist die Projektion. Auf der projizierten Scheibe kann man oft Gruppen von Sonnenflecken beobachten, die als dunkle Bereiche auf dem hellen Hintergrund erscheinen. Große Flecken können eine dunkle Umbra haben, umgeben von einer helleren Penumbra. Das Aussehen der Sonne wechselt täglich; Gruppen von Flecken erscheinen oder verschwinden.

Sie können diese täglichen Veränderungen der Flecken skizzieren und so über Monate und Jahre hinweg die Sonnenaktivität verfolgen.

Sternbeobachtung

Beobachter veränderlicher Sterne bedienen sich der Fähigkeit des menschlichen Auges, Helligkeitsunterschiede zu erfassen. Es gibt etwa 50 mit dem bloßen Auge sichtbare Sterne veränderlicher Helligkeit, z. B. Delta Cephei. Das Fernglas enthüllt Hunderte dieser Sterne, z. B. Mira im Sternbild Walfisch.

Um die Sterne im Detail zu studieren, benötigen Sie ein Teleskop. Damit lassen sich Tausende von Sterne wechselnder Helligkeit beobachten. Durchs Teleskop erscheinen viele Sterne als Doppel- oder Mehrfachsysteme. Einige davon zeigen wunderschöne Farbkontraste. Bei Albireo im Sternbild Schwan findet man z. B. einen orangefarbenen Stern der Helligkeit $+3^m$ neben einem bläulichen Begleiter der Helligkeit $+5^m$. Sie

Ein Perseidenmeteor saust über den Himmel. Der Perseidenmeteorschauer, der aus dem Sternbild Perseus zu kommen scheint, ist jedes Jahr etwa um 12. August herum zu sehen.

◀ 22 Sonnenflecken

◀ 32 Polarlichter

◀ 32 Die Erdmagnetosphäre

◀ 78–79, 82–85 Kometen

◀ 78–79, 86 Meteore

◀ 104–109 Doppelsterne und Veränderliche

◀ 106 Mira-Veränderliche

◀ 106 Cepheiden und RR-Lyrae-Sterne

Das Polarlicht ist eine großartige Erscheinung am Nachthimmel aus zuckenden grünen Bändern und rotem Licht. Polarlichter sind auf der Nordhalbkugel wie auch auf der Südhalbkugel zu sehen; ihre Stärke und Häufigkeit hängt vom Sonnenfleckenzyklus ab.

liegen 34″ auseinander und sind mit einem kleinen Teleskop bei 30facher Vergrößerung zu unterscheiden.

Es gibt Dutzende scheinbarer Doppelsterne, aber auch viele echte. Einer der schönsten ist Castor (alpha Geminorum), dessen zwei Hauptsterne von insgesamt sechs von $+2^m$ und $+3^m$ weniger als 4“ auseinanderliegen. Epsilon Lyrae hat zwei je 4' entfernte Doppelsterne, beide weniger als 2,5″ auseinander.

Deep-Sky-Beobachtung

Einige großartige Objekte wie der Sternhaufen der Plejaden oder die Andromedagalaxie (M 31) sind mit bloßem Auge zu beobachten. Mit einem 10×50-Fernglas können Sie Objekte bis zu $+8^m$ sehen und in einigen offenen Sternhaufen sogar einzelne Sterne erkennen.

Die Beobachtung der Tiefen des Weltraums erfordert ein Teleskop – je stärker, desto tiefer können Sie in den Raum sehen.

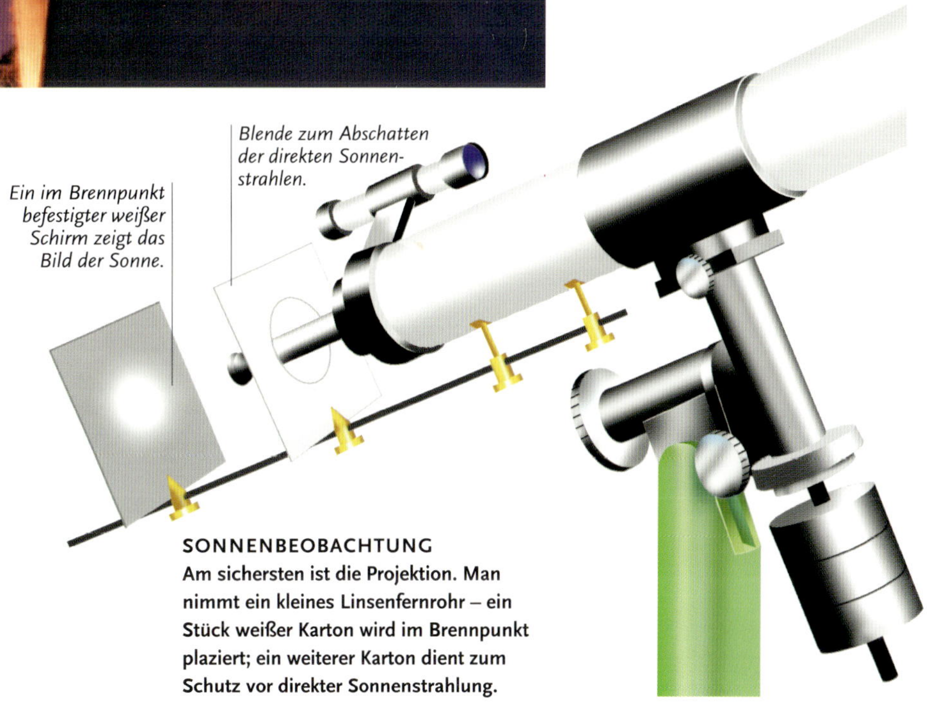

SONNENBEOBACHTUNG
Am sichersten ist die Projektion. Man nimmt ein kleines Linsenfernrohr – ein Stück weißer Karton wird im Brennpunkt plaziert; ein weiterer Karton dient zum Schutz vor direkter Sonnenstrahlung.

AUSRÜSTUNG

Dem Amateurastronomen steht heute eine riesige Bandbreite an Ausrüstungsgegenständen zur Verfügung, vom Fernglas bis hin zu High-Tech-Computerprogrammen.

Die heutige Ausrüstung versetzt auch Amateurastronomen in die Lage, als erste neue Ereignisse am Himmel zu entdecken.

Ferngläser

Viele interessante Objekte sind durchs Fernglas sichtbar. Allein von den Kosten her ist ein gutes Fernglas eine bessere Investition als ein schlechtes Teleskop.

Ferngläser werden mit Vergrößerung und Öffnung angegeben, 7×35 heißt z. B. siebenfache Vergrößerung, 35 mm Öffnung. Je größer die Öffnung, desto größer das Lichtsammelvermögen, um schwache Objekte zu zeigen.

Ideale Anfängerferngläser sind 7×35 oder 10×50; beide sind billig und problemlos zu handhaben. In Fotogeschäften erhält man einfache Adapter, mit denen man Ferngläser an leichten Kamerastativen befestigt.

Fortgeschrittene Beobachter bevorzugen Ferngläser mit großer Öffnung, z. B. 15×80. Diese sind teuer, sperrig und erfordern ein solides Stativ.

Teleskope

Ferngläser enthüllen Dinge, die mit dem bloßen Auge nicht zu sehen sind. Teleskope mit ihrer höheren Auflösung und besserem Lichtsammelvermögen eröffnen uns das Universum in ungeahntem Maße. Teleskope sammeln das Licht mit Linsen oder Spiegeln und bündeln es in einem Brennpunkt im Okular. Es wird der Durchmesser der Linse bzw. des Spiegels angegeben, z. B. 100 mm. Amateurastronomen arbeiten mit folgenden Arten von Teleskopen: Refraktoren, Reflektoren und katadioptrischen Systemen.

Refraktorteleskope sammeln das Licht mit Hilfe eines Linsenobjektivs und zeigen viele Details. Mindestens 75 mm Öffnung sind nötig, um mehr als nur die Mondkrater, die Ringe des Saturn oder die Galileischen Monde Jupiters zu erkennen. Spiegelteleskope sammeln das Licht mit Spiegeln und bündeln es im Okular. Das Newton-Spiegelteleskop ist bei Amateurastronomen sehr beliebt. Die kompakten katadioptrischen Teleskope leiten das Licht mit Hilfe von Linsen und Spiegeln durch einen kurzen Tubus.

Ein selbstgebautes Dobson-Teleskop kann viele Wunder des Himmels zeigen.

TELESKOPTYPEN

Grundsätzlich gibt es zwei Typen von Fernrohren: das Linsenfernrohr, das das Licht weit entfernter Objekte mit Hilfe von Linsen bündelt, und das Spiegelteleskop, das mit einem Spiegel arbeitet.

LINSENFERNROHR

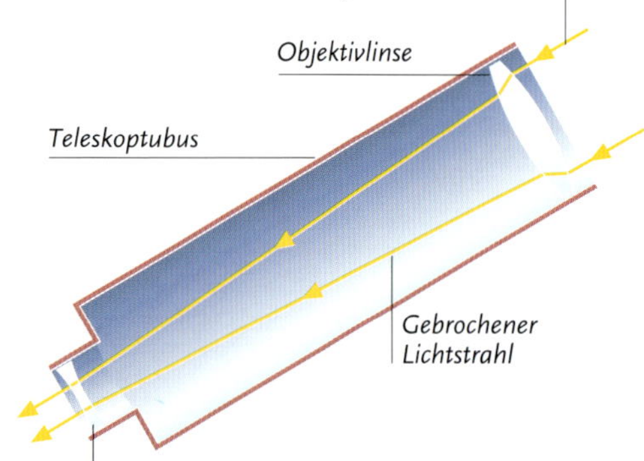

SPIEGELFERNROHR

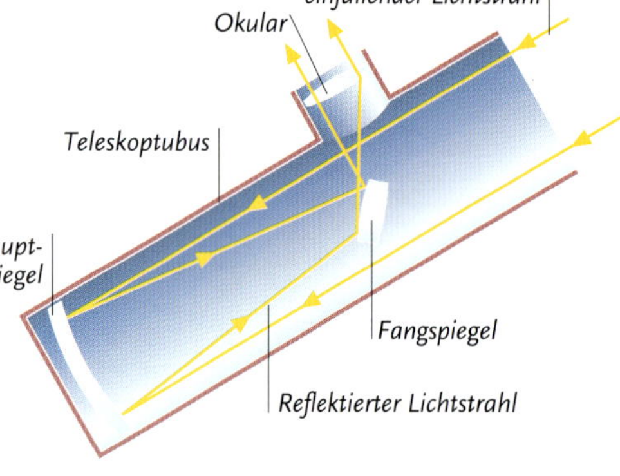

Montierung

Ein Teleskop mag optisch noch so gut sein – es wird durch eine minderwertige Montierung beeinträchtigt. Besonders für Teleskope mit großer Öffnung ist eine stabile Montierung wichtig. Es gibt zwei Arten von Montierungen: Azimutale und äquatoriale.

Azimutale Montierungen erlauben es, das Teleskop nach unten und oben und nach allen Seiten zu drehen. Diese Montierung wird für kleine, tragbare Teleskope benutzt und ist einfach und schnell aufzubauen. In den letzten Jahren ist eine Abart, die Dobson-Montierung, immer beliebter geworden; sie ist billig, tragbar, und hält auch Fernrohre mit großer Öffnung. Das Problem dieser Montierung ist, daß das Ziel nur kurze Zeit im Blickfeld bleibt und man es durch die Drehung der Erde schnell aus den Augen

◀ 40–41 Die Krateroberfläche des Mondes
◀ 59 Die Galileischen Monde
◀ 63–64 Die Ringe des Saturn
◀ 102–103 Supernovae
◀ 155 Rekt. und Dekl.

Links außen: Eine Kamera kann „huckepack“ auf einem Teleskop montiert werden; dessen Motor wird dazu benutzt, die Kamera dem Lauf der Sterne nachzuführen.

Links: Eine Kamera kann im Primärfokus des Teleskops angebracht werden. Dabei wird das Teleskop wie ein großes Kameraobjektiv genutzt.

verliert. Das ist unangenehm beim Arbeiten mit extremer Vergrößerung. Die Lösung ist eine Montierung, deren eine Achse genau auf den Pol ausgerichtet ist, so daß man das Teleskop mit derselben Geschwindigkeit nach Westen drehen kann, in der sich die Sterne bewegen. Das ist die Äquatorialmontierung.

Die Achsen der Äquatorialmontierung haben oft eine Gradeinteilung, um das Suchen von Objekten zu erleichtern. Man kann Rekt. und Dekl. eines Sterns eingeben, und das Teleskop richtet sich auf einen bestimmten Teil des Himmels.

Auflösung

Die Auflösung eines Teleskops hängt vorwiegend von seiner Öffnung ab: ein 75 mm-Refraktor sollte Sterne auflösen können, die 1,5″ auseinander liegen; ein 150-mm-Spiegelteleskop sollte Objekte auseinanderhalten, die 0,8″ voneinander entfernt sind (was bei guten Bedingungen Details von 2 km Größe auf dem Mond entspricht).

Zubehör

Dem Beobachter steht eine riesige Auswahl an Zubehör zur Verfügung; einige Dinge sind nützlicher als andere – z. B. beeinträchtigen Taschenlampen mit roter Abdeckung die Nachtsicht am wenigsten.

Bei der Suche nach schwach sichtbaren Objekten helfen Sternkarten, die mit dem Fernglas erkennbare Objekte enthalten. Man findet diese, indem man von Stern zu Stern springt: Von einem hellen Stern ausgehend, folgt man bestimmten Mustern schwächerer Sterne, bis das Ziel gefunden ist.

Astrophotographie

Photos mit langer Belichtungszeit erfordern eine Spiegelreflexkamera – besser mechanisch als batteriebetrieben. Die für die meisten Kameras passenden 50-mm-Objektive sind für Weitwinkelaufnahmen sehr nützlich; ebenso Objektive mit 28-mm-Brennweite.

Um ein bestimmtes Sternbild im Blickfeld zu behalten, wird die Kamera so eingestellt, daß sie die Drehung der Erde ausgleicht. Man kann die Kamera an der Außenseite des Teleskoptubus (siehe oben links) befestigen und den Sternen mit Hilfe des Teleskopmotors folgen. Auch kleine, unabhängige Kameramotoren sind eine Lösung. Eine andere Möglichkeit sind Aufnahmen durchs Teleskop (siehe oben rechts), das wie ein großes Objektiv wirkt. Dazu sind spezielle Adapter erhältlich, die in den Okularstutzen passen.

CCD-Kameras

CCDs haben die Amateur-Astrophotographie revolutioniert. Viele Beobachter bevorzugen CCD-Chip, ein karoförmiges System winziger, hochempfindlicher Lichtverstärker für Langzeitaufnahmen.

Computerprogramme

Die „CCD-Revolution“ in der Amateur-Astrophotographie hängt vor allem mit der Entwicklung im PC-Bereich zusammen. Viele Beobachter verarbeiten CCD-Bilder mit Standard-Computerprogrammen.

Die Auswahl an astronomischer Software ist enorm; es gibt viele Planetariumsprogramme, die den Himmel in beliebiger Größe anzeigen. Einige sind an große Datenbanken mit astronomischen Informationen und Bildern gekoppelt – gute Lernhilfen, die in bedeckten Nächten Raum für Entdeckungen bieten.

Einige Computerprogramme können Teleskope nachführen. Computergesteuerte Rekt./Dekl.-Achsen motorgesteuerter Montierungen erlauben das automatische Auffinden von Objekten. Auch das Internet birgt eine Fülle zusätzlicher Daten.

High-Tech-Beobachtung

In unserer Galaxis war seit über 300 Jahren keine Supernova zu sehen; daher suchen viele Beobachter in anderen Galaxien nach Sternkatastrophen. Oft sind es Amateure, die als erste eine Supernova entdecken. Einige automatische Amateur-Supernovasuchsysteme arbeiten mit computergesteuerter Teleskopausrichtung und fangen mit Hilfe von CCDs lichtschwache Objekte ein. Bilder können innerhalb von Minuten analysiert werden, von einem warmen, bequemen Ort aus.

Zwar erfordert das Zeit und die nötigen Mittel; der wissenschaftliche Lohn ist jedoch enorm: Frühe Meldungen von neuen Supernovae geben professionellen Astronomen wichtige Informationen darüber, wie massereiche Sterne ihr Dasein beenden.

Katadioptrische Fernrohre sind kompakte, tragbare Instrumente, die aus einer Kombination aus Spiegeln und Linsen bestehen.

STERNBILDER

Schon seit Jahrhunderten sind die Menschen von den Sternbildern fasziniert, und man hat immer wieder versucht, sie auf vielfältige Weise zu interpretieren.

Viele alte Sternatlanten sind wunderbare Kunstwerke und stellen die mythologischen Figuren der Sternbilder dar.

Es gibt verschiedene Arten, Sternbilder zu interpretieren und Sterne zu katalogisieren. Zudem bestimmen die Astronomen nach einer speziellen Skala die Sternhelligkeit.

Aufzeichnen von Sternbildern

Die Namen Orion, Kepheus, Herkules und Andromeda stammen aus der griechischen Mythologie und haben ihre eigene Geschichte – häufig in verschiedenen Versionen –, oft verknüpft mit den Geschichten um andere Sternbilder.

Ein Teil des südlichen Himmels war den Griechen, Babyloniern und Ägyptern unbekannt und ohne Sternbilder, bis im 16. Jahrhundert Seefahrer, die südlichen Weltmeere erforschen. Im Norden erfanden Zeichner von Sternkarten oft ihre eigenen Sternbilder zwischen den klassischen Konstellationen.

Mitte des 18. Jahrhunderts ergänzte der französische Astronom de Lacaille den südlichen Himmel um moderne Sternbilder. Heute findet man in Sternkarten daher auch Pendeluhr, Teleskop und Mikroskop.

1922 einigte man sich international auf 88 „offizielle" Sternbilder, und seit den 30er Jahren verwendet die Internationale Astronomische Union die von dem belgischen Astronomen Delporte gesetzten Grenzen.

Katalogisieren von Sternen

Viele Sterne haben alltägliche Namen; einige davon sind griechischen oder römischen Ursprungs, sehr viele Hebräisch. Unsere bezeichnen Sternkarten Sterne mit einer Größe von mehr als $+1{,}5^m$ sowie schwächere Sterne wie Algol, Mira und Denebola.

Andere Bezeichnungen sind griechische oder römische Buchstaben und Zahlen. Das erste System stammt aus dem 1603 erschienenen Atlas *Uranometria* von Johann Bayer. Normalerweise ordnete er dem hellsten Stern eines Sternbildes alpha (α) zu, dem zweithellsten beta (β), dem nächsten gamma (γ) etc. Manchmal hielt Bayer diese Regel nicht ein: Im Schützen z. B. sind α und β recht schwache Sterne im südlichen Teil des Sternbildes.

Das griechische Alphabet hat 24 Buchstaben. Da das nicht immer für alle Sterne eines Sternbildes ausreicht, benutzte Bayer manchmal einen Buchstaben für eine Gruppe von Sternen und numerierte die einzelnen Sterne in dieser Gruppe. So heißen die Sterne in Orions Schild z. B. π^1, π^2, π^3 etc.

Dem griechischen Buchstaben folgt meist der Genitiv des lateinischen Sternbildnamens bzw. sein Kürzel. Rigel im Orion heißt daher auch β Orionis oder β Ori. Sternzahlen sind als „Flamsteed-Zahlen" bekannt, nach dem 1780 erschienenen französischen Verzeichnis des englischen Astronomen John Flamsteed. Viele von Bayer katalogisierte Sterne haben auch „Flamsteed"-Zahlen – Rigel ist z. B. 19 Orionis oder 19 Ori. Später nannten Astronomen auch schwächere Sterne und benutzten kleine und große römische Buchstaben.

Veränderliche Sterne haben ein eigenes Zahlensystem. Im 19. Jahrhundert nutzte der deutsche Astronom Friedrich Argelander die Großbuchstaben R bis Z, gefolgt vom Namen des Sternbildes. Als diese aufgebraucht waren, nahm er doppelte Großbuchstaben (eine Serie von 334 Buchstaben bzw. Doppelbuchstaben). Danach geht es V335, V336 etc. weiter.

Größenklassen

In der Antike gaben die Astronomen dem hellsten Stern Größe 1, weniger hellen Größe 2, bis hin zur gerade noch mit bloßem Auge erkennbaren Größe +6. Je schwächer ein Stern, desto höher die Größenklasse. Später definierte man präziser: Jede Größe ist 2,512mal schwächer als die nächst kleinere. Fünf Größen entsprechen dem Helligkeitsfaktor 100.

Einige helle Objekte haben Größenklasse kurz: ‚mag' oder 'm') mit negativem Vorzeichen. Sirius, der hellste Stern, hat die Größe $-1{,}5^m$, der Vollmond -12^m und die Sonne -27^m. erreicht. Venus ist mit ca. -4^m der hellste Planet; Jupiter hat eine Größe von -2^m.

Die Helligkeitsunterschiede hängen von der tatsächlichen Leuchtkraft und der Entfernung der Sterne

◄ 100 Die Leuchtkraft der Sterne
◄ 106–109 Veränderliche Sterne

DIE 88 STERNBILDER

Lateinischer Name	Abk.	Deutsche Bezeichnung
ANDROMEDA	And	Andromeda
ANTLIA	Ant	Luftpumpe
APUS	Aps	Paradiesvogel
AQUARIUS	Aqr	Wassermann
AQUILA	Aql	Adler
ARA	Ara	Altar
ARIES	Ari	Widder
AURIGA	Aur	Fuhrmann
BOOTES	Boo	Bärenhüter
CAELUM	Cae	Grabstichel
CAMELOPARDALIS	Cam	Giraffe
CANCER	Cnc	Krebs
CANES VENATICI	CVn	Jagdhunde
CANIS MAIOR	CMa	Großer Hund
CANIS MINOR	CMi	Kleiner Hund
CAPRICORNUS	Cap	Steinbock
CARINA	Car	Schiffskiel
CASSIOPEIA	Cas	Kassiopeia
CENTAURUS	Cen	Zentaur
CEPHEUS	Cep	Kepheus
CETUS	Cet	Walfisch
CHAMAELEON	Cha	Chamäleon
CIRCINUS	Cir	Zirkel
COLUMBA	Col	Taube
COMA BERENICES	Com	Haar der Berenike
CORONA AUSTRALIS	CrA	Südliche Krone
CORONA BOREALIS	CrB	Nördliche Krone
CORVUS	Crv	Rabe
CRATER	Crt	Becher
CRUX	Cru	Kreuz des Südens
CYGNUS	Cyg	Schwan
DELPHINUS	Del	Delphin
DORADO	Dor	Goldfisch
DRACO	Dra	Drache
EQUULEUS	Equ	Kleines Pferd
ERIDANUS	Eri	Eridanus
FORNAX	For	Chemischer Ofen
GEMINI	Gem	Zwillinge
GRUS	Gru	Kranich
HERCULES	Her	Herkules
HOROLOGIUM	Hor	Pendeluhr
HYDRA	Hya	Wasserschlange
HYDRUS	Hyi	Südliche Wasserschlange
INDUS	Ind	Inder

Lateinischer Name	Abk.	Deutsche Bezeichnung
LACERTA	Lac	Eidechse
LEO	Leo	Löwe
LEO MINOR	LMi	Kleiner Löwe
LEPUS	Lep	Hase
LIBRA	Lib	Waage
LUPUS	Lup	Wolf
LYNX	Lyn	Luchs
LYRA	Lyr	Leier
MENSA	Men	Tafelberg
MICROSCOPIUM	Mic	Mikroskop
MONOCEROS	Mon	Einhorn
MUSCA	Mus	Fliege
NORMA	Nor	Winkelmaß
OCTANS	Oct	Oktant
OPHIUCHUS	Oph	Schlangenträger
ORION	Ori	Orion
PAVO	Pav	Pfau
PEGASUS	Peg	Pegasus
PERSEUS	Per	Perseus
PHOENIX	Phe	Phönix
PICTOR	Pic	Maler
PISCES	Psc	Fische
PISCIS AUSTRINUS	PsA	Südlicher Fisch
PUPPIS	Pup	Hinterdeck des Schiffes
PYXIS	Pyx	Schiffskompaß
RETICULUM	Ret	Netz
SAGITTA	Sge	Pfeil
SAGITTARIUS	Sgr	Schütze
SCORPIUS	Sco	Skorpion
SCULPTOR	Scl	Bildhauer
SCUTUM	Sct	Schild
SERPENS CAPUT/CAUDA	Ser	Schlange (Kopf/Schwanz)
SEXTANS	Sex	Sextant
TAURUS	Tau	Stier
TELESCOPIUM	Tel	Teleskop
TRIANGULUM	Tri	Dreieck
TRIANGULUM AUSTRALE	TrA	Südliches Dreieck
TUCANA	Tuc	Tukan
URSA MAIOR	UMa	Großer Bär
URSA MINOR	UMi	Kleiner Bär
VELA	Vel	Schiffssegel
VIRGO	Vir	Jungfrau
VOLANS	Vol	Fliegender Fisch
VULPECULA	Vul	Füchschen

ab. Die scheinbare Helligkeit eines Sterns ist nicht die absolute. Ein sehr heller, weit entfernter Stern kann weniger hell erscheinen als ein näher gelegener schwacher.

Die Entfernung eines Sterns ergibt die absolute Helligkeit: die scheinbare Helligkeit bei einer Entfernung von 32,6 Lichtjahren (10 parsec). Rigels absolute Größe beträgt -7^M, seine scheinbare Größe 0; die absolute Größe unserer Sonne ist $+5^M$.

α **alpha**	ι **iota**	ρ **rho**
β **beta**	κ **kappa**	σ **sigma**
γ **gamma**	λ **lambda**	τ **tau**
δ **delta**	μ **mü**	υ **ypsilon**
ε **epsilon**	ν **nü**	φ **phi**
ζ **zeta**	ξ **xi**	χ **chi**
η **eta**	o **omikron**	ψ **psi**
ϑ **theta**	π **pi**	ω **omega**

Orion 168–169 ▶

Stern- und Mondkarten 170–183 ▶

ORION

Orion ist eines der bekanntesten und schönsten Sternbilder und eines der wenigen, das sowohl am Nord- als auch am Südhimmel zu sehen ist.

Bei dunklem Himmel und langer Belichtungszeit können Fotos viele Details zeigen, wie die rote Farbe von Beteigeuze oder den Orionnebel im „Schwert“.

◀ 16 Ein Stern wird geboren
◀ 101 Die Geburt eines Riesen
◀ 102–103 Supernovae
◀ 104–109 Doppelsterne und Veränderliche
◀ 106 Mira-Veränderliche
◀ 137 Interferometrie und das Keck-Teleskop
◀ 140–141 Elektromagnetisches Spektrum
◀ 155 Rekt. und Dekl.
◀ 164–5 Ausrüstung
◀ 165 Astrophotographie
◀ 165 CCDs
◀ 166–167 Größenklassen

Orion, der Himmelsjäger, ist an den drei hellen Gürtelsternen leicht zu erkennen. An seinem Gürtel hängt das „Schwert“, in dem der Orionnebel liegt.

Der Mythos um Orion

In der griechischen Mythologie ist Orion der Sohn des Meeresgottes Poseidon und der Nymphe Euryale. Er war ein großer Jäger, aber ohne Mitleid mit seinen Opfern und brüstete sich, der größte Jäger der Erde zu sein und alle Tiere töten zu können. Als die Erdgöttin Gaea das hörte, sandte sie einen Skorpion, um Orion zu stechen. In einigen Geschichten stirbt er nach dem Stich, in anderen wird er von Ophiuchus, dem Schlangenträger, gerettet, der ihm ein Gegengift gibt und den Skorpion tot tritt. Am Himmel kämpft Orion mit dem Stier; der Große und der Kleine Hund folgen ihm. Ophiuchus steht mit einem Fuß auf dem Skorpion.

Wo ist Orion zu sehen?

Der charakteristische Gürtel, die Mitte des Jägers, liegt nahe dem Himmelsäquator, d. h. Orion ist in allen Teilen der Welt sichtbar. Von der Nordhalbkugel aus sieht man Orion in Winternächten am südlichen Horizont. Beobachter auf der Südhalbkugel sehen ihn am besten im Sommer am nördlichen Horizont.

Sieht man von der Erde auf Orion, schaut man nach außen, weg vom galaktischen Zentrum der Milchstraße, hin zum nächsten Spiralarm der Galaxis. Orion ist das einzige Sternbild, bei dem die Mehrzahl der Sterne heller als $+2^{m}$.

Im Orion findet sich eine Menge von Gasnebeln, aus denen sich Sterne bilden. Das Gebiet ist voller interessanter Objekte, die fast alle mit Amateurausrüstung zu beobachten sind.

Beteigeuze (α Orionis) ist der hellste mit bloßem Auge sichtbare Rote Überriese. Der Name bedeutet im Arabischen „Achselhöhle des Riesen“. Beteigeuze ist 430 Lichtjahre von der Erde entfernt und hat etwa die 20fache Masse der Sonne. Sein Wasserstoffbrennen ist vorüber; er nähert sich dem Ende seines Lebens. Man erwartet seine Explosion als Supernova in einigen Millionen Jahren.

Beteigeuze ist nicht nur massereich, sondern ein echter Riese mit dem 1600fachen Durchmesser unserer Sonne. Er ist einer der wenigen Sterne, die von irdischen Teleskopen als winzige Scheibe zu sehen sind. Mit Hilfe der Interferometrie kann man heiße und kalte Gebiete auf seiner Oberfläche erkennen. Die durchschnittliche Oberflächentemperatur beträgt 3100 K – ziemlich kühl für einen Stern.

Der Mittelteil des Sternbildes Orion zeigt die Positionen der gegenüber dargestellten Details. 1 ist M42, der Orionnebel, 2 ist M 43 – eine andere Region hellen Nebels, 3, neben Orions Gürtel, ist der Pferdekopfnebel, und 4 ist der rote Überriesenstern Beteigeuze.

Beteigeuze ist ein veränderlicher Stern mit einer Helligkeit zwischen $+0{,}4^{m}$ und $+1{,}2^{m}$. Die Periode ist unregelmäßig, beträgt aber etwa sechs Jahre. Die absolute Helligkeit von Beteigeuze ist -6^{M}. Koordinaten: Rekt. 05h 55,2 m und Dekl. +0,7° 24,5′.

Rigel (β Orionis) ist ein blauer Überriese, der siebthellste Stern am Himmel, leicht mit dem bloßen Auge zu erkennen. Im Arabischen heißt Rigel „linkes Bein des Riesen“. Etwa 770 Lichtjahre von der Erde entfernt, beträgt seine Oberflächentemperatur 12 000K. Mit einer Masse 50mal größer als bei unserer Sonne, verbraucht Rigel seinen nuklearen Brennstoff extrem schnell. Man erwartet seinen Tod in einer Supernova in einigen Millionen Jahren, nach einer Phase als roter Überriese. Seine scheinbare Helligkeit beträgt $+0{,}1^{m}$, die absolute Helligkeit $-7{,}1^{M}$. Koordinaten Rekt. 05h 14,5m, Dekl. –08° 12′.

Der **Orionnebel** (M 42, NGC 1976), ein ca. 1600 Lichtjahre entfernter heller Emissionsnebel (Helligkeit $+5^{m}$), liegt im „Schwert“. In dieser Region aus Staub und Gas liegen die heißen jungen Sterne des Trapezes. Die ultraviolette Strahlung dieser Sterne ionisiert den Wasserstoff und erzeugt eine Strahlung spezieller Wellenlängen. Photographien des Orionnebels zeigen eine rötliche Emission mit einer Wellenlänge von 656 nm (bekannt als Ha); dem Beobachter erscheint er im Fernrohr grünlich aufgrund seiner ionisierten Sauerstoffemission. Seine Koordinaten lauten Rekt. 05h 35, Dekl. –05° 30′.

M 42 (Durchmesser ca. sechs Lichtjahre), ein Teil des Orionnebels, ist die auffälligste Region des riesigen Nebelkomplexes, der den größten Teil von Orions Schwert bedeckt. In klaren, mondlosen Nächten ist er mit bloßem Auge als diffuses Objekt sichtbar. Durchs Fernglas ist der Fleck, doppelt so groß wie der Mond, gut sichtbar. Das Fernrohr zeigt feine Gasfäden und andere Details. Der dunkle Nebel im Süden über der hellen Emission von M 42 ist das „Fischmaul". Der helle Nebel M 43 (NGC 1982) im Norden hat die Koordinaten: Rekt. 05h 35m, Dekl. –05° 30'.

Pferdekopfnebel und IC 434 (B 33 im Verzeichnis dunkler Nebel des amerikanischen Astronomen E. E. Barnard). Der Pferdekopfnebel kontrastiert zum hellen Emissionsnebel IC 434 nahe ζ Orionis am östlichen Ende von Orions Gürtel. Obwohl auf Fotos mit langer Belichtungszeit und CCD-Bildern deutlich sichtbar, ist der Pferdekopf für den Beobachter selbst mit großen Fernrohren schwer sichtbar. IC 434 ist ein Teil des 1600 Lichtjahre entfernten Nebelkomplexes; der Pferdekopf ist der auffälligste Teil eines dunklen Nebels, 1200 Lichtjahre entfernt zwischen IC 434 und unserem Sonnensystem. Sein Durchmesser wird auf 11,4 Lichtjahre geschätzt. Koordinaten: Rekt. 5h 41m, Dekl. –02° 35'.

M 78 (NGC 2067/2068) ist ein 1600 Lichtjahre entfernter Reflexionsnebel. Für Ferngläser eine Herausforderung, ist er aber mit einem kleinen Fernrohr erkennbar. M 78 hat einen Durchmesser von ca. zwei bis drei Lichtjahren und wird von zwei Sternen der scheinbaren Größe $+10^m$ beleuchtet. Beide sind blaue Überriesen mit der absoluten Größe von $-1{,}5^M$. Koordinaten: Rekt. beträgt 05h 47m, Dekl. +00° 03'.

NGC 2022 ist einer von zwei Planetarischen Nebeln im Orion, 7200 Lichtjahre entfernt, gut sichtbar durch ein Fernrohr ab 200 mm Öffnung. Er erscheint leicht oval, mit einem Durchmesser von 28" an seiner Hauptachse. Wie andere Planetarische Nebel leuchtet er mit $+12{,}3^m$ im grünen Licht ionisierten Sauerstoffs mit der Wellenlänge 500,7 nm. Er besteht aus Materie der äußeren Atmosphäre des Zentralsterns aus einer früheren Phase als Roter Riese. Befreit von seinen Außenschichten, wude er zum Weißen Zwerg. Koordinaten: Rekt. 06h 08,5m, Dekl. +13° 55'.

NGC 2169, ein offener Sternhaufen, besteht aus etwa 20 Sternen auf einer Fläche von ca. 8' und ist mit einem kleinen Fernrohr zu sehen. Diese Sterne von etwa $+8^m$ werden durch dunkle Materie abgeschwächt, die zwischen uns und dem Sternhaufen liegt. Koordinaten: Rekt. 06h 08,5m, Dekl. +13° 55'.

Der offene Sternhaufen **NGC 1981** besteht aus etwa 20 schwachen, verstreut liegenden Sternen; einige erreichen $+7^m$. NGC 1981 ist mit dem Fernglas erkennbar und liegt genau nördlich des Orionnebels (M 42). Koordinaten: Rekt. 05h 35m, Dekl. –04° 26'.

Das **Trapez** (theta Orionis) ist ein Mehrfachsternsystem, das erst vor kurzem (innerhalb der letzten 300 000 Jahre) aus dem Orionnebel entstand. Die vier auffälligen Sterne im Abstand von 25" sind durchs Fernrohr zu erkennen. Fotos mit langer Belichtung zeigen die Sterne des Trapezes markanteste eines kleinen Sternhaufens. Ihre ultraviolette Strahlung beleuchtet den Mittelteil des Orionnebels und brennt ein Loch in den Staub, durch das sie sichtbar sind. Koordinaten: Rekt. 05h 35,3m, Dekl. –05° 23'.

Z Orionis ist ein Doppelstern, dessen Bestandteile mit einer Größe von $+1{,}9^m$ und $+4{,}0^m$ weniger als 2" auseinanderliegen Beide Sterne haben eine Umlaufzeit von 1500 Jahren und sind mit einem kleinen Teleskop erkennbar. Koordinaten: Rekt. 05h 40,8m und Dekl. –01° 57'.

U Orionis ist ein veränderlicher Stern vom Typ Mira (langperiodisch) mit extremen Helligkeitsschwankungen zwischen $+4{,}8^m$ und $+13{,}0^m$. Diese Schwankungen treten in Intervallen von 368 Tagen auf – typisch für pulsierende Rote Riesen dieser Art. Selbst bei maximaler Helligkeit, wenn U Orionis rot erscheint, ist er nur selten mit bloßem Auge zu sehen, wohl aber mit Hilfe eines Fernglases. Koordinaten: Rekt. 05h 55,8m, Dekl. +20° 10'.

M 43 ist eine helles Gebiet aus Gas und Staub, etwas abseits des Hauptteils des Orionnebels M 42.

Der Orionnebel, M 42, ist ein Gebiet aus Staub und Gas. Die Hitze der in ihm liegenden neugeborenen Sterne läßt ihn leuchten.

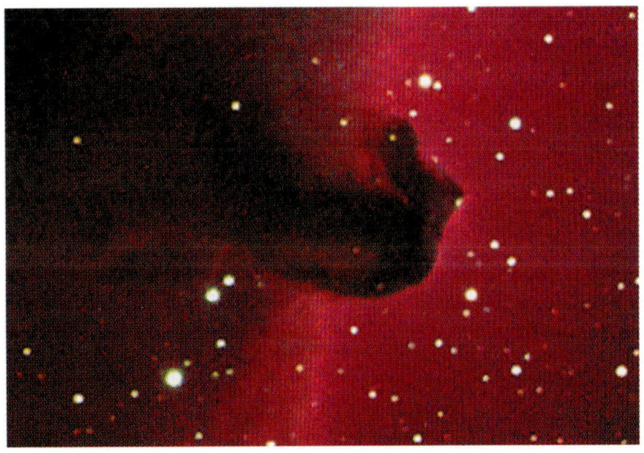

Der Pferdekopfnebel ist eine Wolke aus Staub und Gas; die Silhouette bildet ein dahinterliegender hellerer Emissionsnebel. Der Pferdekopf erscheint dunkel, da keine nahegelegenen Sterne ihn erhellen.

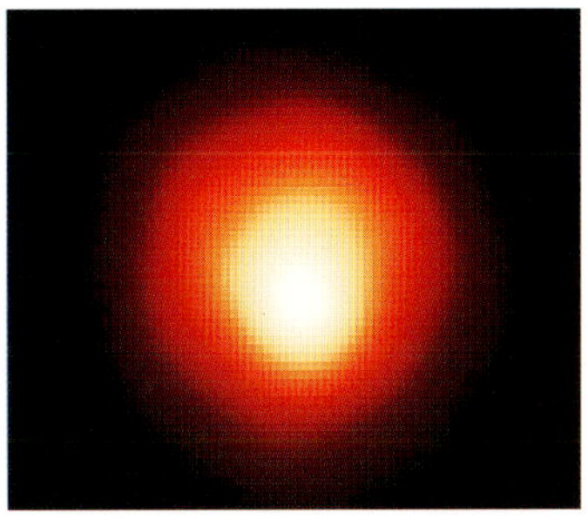

Beteigeuze ist ein roter Überriese und der erste Stern, abgesehen von der Sonne, der als Scheibe aufgelöst wurde.

Stern- und Mondkarten 170–183 ▶

STERN- UND MONDKARTEN

Sternkarten erleichtern Ihnen die Orientierung am Himmel und versetzen Sie in die Lage, Myriaden faszinierender Objekte zu entdecken.

Halten Sie beim ersten Blick zum Himmel nach einem hellen Stern Ausschau, den Sie auf der Karte wiederfinden. Dann gehen Sie zu anspruchsvolleren Sternbildern über.

Die Sternkarten

Die Sternkarten auf den folgenden Seiten sind speziell für dieses Buch entworfen worden und zeigen den gesamten Himmel in fünf Karten. Karte 1 zeigt den nördlichen Himmel mit dem Himmelsnordpol im Zentrum, Karte 5 zeigt die Südpolarregion des Himmels. Die drei anderen Karten zeigen das Gebiet um den Himmelsäquator mit Deklinationen von +50° bis –50°. Sie überlappen sich so großzügig, daß man leicht den Anschluß findet (rechts).

Eine Sternkarte auswählen

Zunächst muß man die eigene geographische Breite herausfinden, um den jeweils sichtbaren Teil des Himmels zu bestimmen. Die Kreise in den Karten 1 und 5 und die horizontalen Linien in den Karten 2, 3 und 4 sind Linien gleicher Deklination. Die Monatsangaben an den unteren Rändern der Äquatorkarten gelten für Beobachter auf der Nordhalbkugel, die am oberen Rand für die Südhalbkugel. Der jeweilige Himmelspol steht in der Höhe über dem Horizont, die der geographischen Breite entspricht. Bei 30° N steht der Himmelsnordpol also 30° über dem nördlichen Horizont. Ebenso steht bei 30° S der Himmelssüdpol 30° über dem südlichen Horizont.

Der Punkt genau über dem Beobachter, der Zenit, ist 90° vom Horizont entfernt. Bei 30° N ist daher der Zenit äquivalent zur Deklination +30°, bei 30° S entspricht der Zenit –30° Deklination. Befindet man sich am Äquator, steht der Himmelsäquator im Zenit, an

Die Plejaden, ein junger Sternhaufen, sind mit dem bloßem Auge sichtbar. Die Sterne sind in einen schwachen blauen Reflexionsnebel eingebettet. Ein Teleskop zeigt viele Einzelsterne.

◀ 95 Atomspektren
◀ 104–109 Doppelsterne und Veränderliche
◀ 114 Nebelflecken von Herschel, Messier
◀ 154–155 Orientierung am Himmel
◀ 155 Rektaszension und Deklination
◀ 156 Die Ekliptik
◀ 163 Deep-Sky-Beobachtung
◀ 164–165 Ausrüstung
◀ 166 Die Kartierung des Himmels
◀ 166 Katalogisierung der Sterne
◀ 166–167 Sternhelligkeiten

den Polen steht der jeweilige Himmelspol im Zenit. Wegen der Bewegung der Erde um die Sonne ändert sich der von einem Ort aus sichtbare Himmelsausschnitt im Lauf des Jahres. Um den gerade sichtbaren Himmelsausschnitt herauszufinden, suchen Sie die Deklinationslinie, die mit Ihrer geographischen Breite übereinstimmt sowie den richtigen Monat. Der Kartenausschnitt zeigt dann die Zenitregion um ca. 22 Uhr Ortszeit (dabei ist die Sommerzeit nicht berücksichtigt). Zum Beispiel steht in Köln (51° N) Ende Oktober / Anfang November um 22 Uhr Ortszeit das Sternbild Kassiopeia im Zenit, in Sydney zur gleichen Zeit das schwache Sternbild Bildhauer.

Der Lauf der Sterne

Ist die richtige Karte ermittelt, muß noch die Position der Sterne zur Beobachtungszeit gefunden werden. Wegen der Rotation der Erde um ihre Achse wandern die Sternbilder im Lauf der Nacht ähnlich wie die Sonne am Tag: Sie gehen im Osten auf, durchlaufen ihren höchsten Punkt und gehen im Westen unter. Auf den äquatorialen Karten bewegen sich die Sterne von links nach rechts.

ERLÄUTERUNGEN ZU DEN STERNKARTEN

- **Alle Sterne heller als +6,0ᵐ sind eingezeichnet. Ihre Helligkeiten sind in Schritten von einer halben Größenklasse angegeben (rechts). Je größer der Kreis, desto heller der Stern.**
- **Alle Sterne mit Ausnahme der schwächsten sind in ihren Spektralfarben eingezeichnet.**
- **Doppelsterne und Veränderliche werden gezeigt, ebenso Sternhaufen, Nebel und Galaxien.**
- **Die Grenzen der Sternbilder sind als gestrichelte blaue Linien eingezeichnet.**
- **Rektaszension und Deklination sind als blaues Gitter dargestellt, der Himmelsäquator ist eine dickere blaue Linie.**
- **Die Ekliptik ist rot eingezeichnet.**
- **Die Namen und Nummern der Sterne sind aus den Katalogen von Bayer, Flamsteed und Argelander.**
- **Objekte aus dem Messier-Katalog sind mit der Nummer und dem Buchstaben M davor bezeichnet (z. B. M 42), Objekte aus dem New General Catalogue (NGC) von Dreyer lediglich mit der Nummer. Objekte aus dem Index Catalogue (IC) sind mit I und der Nummer bezeichnet.**
- **Einige der interessantesten Objekte aus jeder Karte werden im Text erwähnt.**

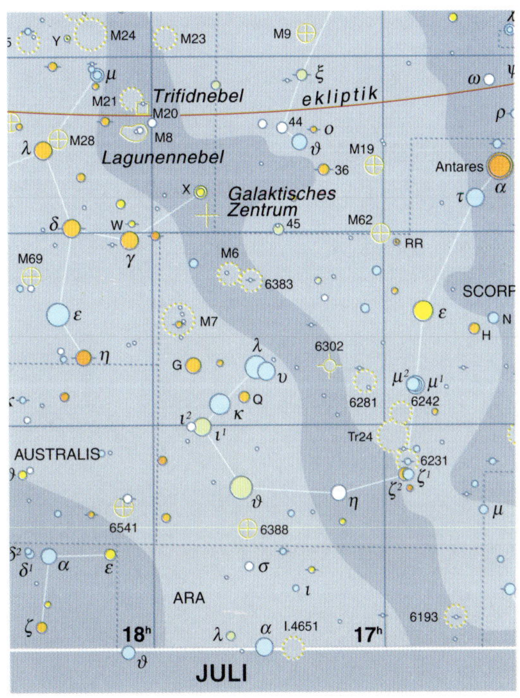

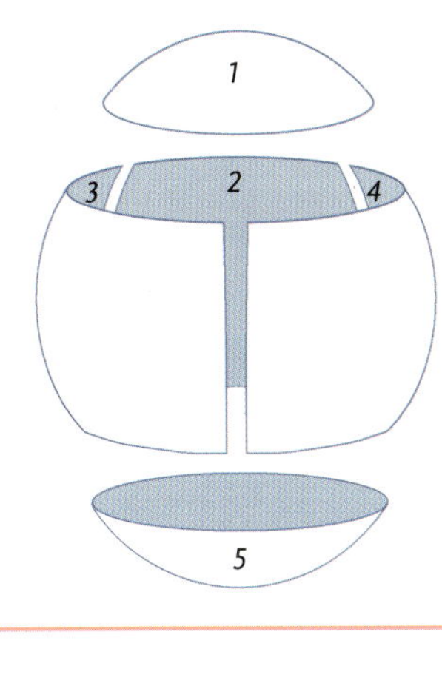

Rechts: Die Sternkarten auf den folgenden Doppelseiten passen wie hier gezeigt zusammen. Karte 1 ist die nördliche, Karte 5 die südliche Zirkumpolarregion. Die Karten 2, 3 und 4 zeigen die Zone parallel zum Äquator zwischen –50° und 50° Deklination.

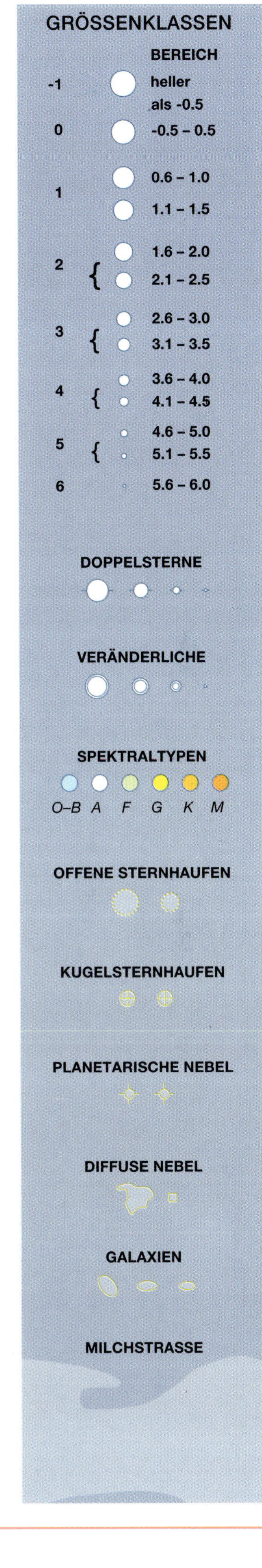

KARTE 1

Nördliche Zirkumpolarregion
Der hier gezeigte Himmelsausschnitt befindet sich immer in nördlicher Richtung. Der Himmelsnordpol liegt im Zentrum und ist für Menschen, die südlich des Äquators leben, nicht sichtbar. Wegen der Erddrehung scheint sich der Himmel gegen den Uhrzeigersinn um diesen Punkt zu drehen.

Verglichen mit dem Südhimmel sieht die Nordpolarregion etwas leer aus; es lohnt sich aber, mit einem guten Fernglas die Milchstraße zwischen Perseus und Schwan zu beobachten. Sie finden dort viele offene Sternhaufen; der am leichtesten beobachtbare ist der Doppelsternhaufen im Perseus (NGC 869 und 884). Diese beiden eng benachbarten Haufen bieten besonders in einem kleinen Teleskop einen prachtvollen Anblick.

Auch die drei hellen Sternhaufen M 38, M 36 und M 37 im Fuhrmann sind einen Blick wert.

Der interessante veränderliche Stern δ Cephei ändert seine Helligkeit von $+3{,}6^m$ auf $+4{,}3^m$ und zurück in etwas über 5 Tagen. Nach ihm ist die Veränderlichenklasse der Cepheiden benannt. Nicht weit entfernt findet man den Veränderlichen μ Cephei, einen halbregelmäßigen Veränderlichen, der seine Helligkeit zwischen $+3{,}6^m$ und $+5{,}1^m$ ändert. Im Fernglas zeigt er eine auffallend rote Färbung. William Herschel nannte ihn Granatstern.

(Fortsetzung gegenüber)

◄ 104–109 Doppelsterne und Veränderliche
◄ 106 Cepheiden
◄ 112–115 Die Milchstraße
◄ 154–155 Orientierung am Himmel
◄ 162–163 Die Beobachtung der Sterne
◄ 163 Deep-Sky-Beobachtung
◄ 166–167 Sternhelligkeiten

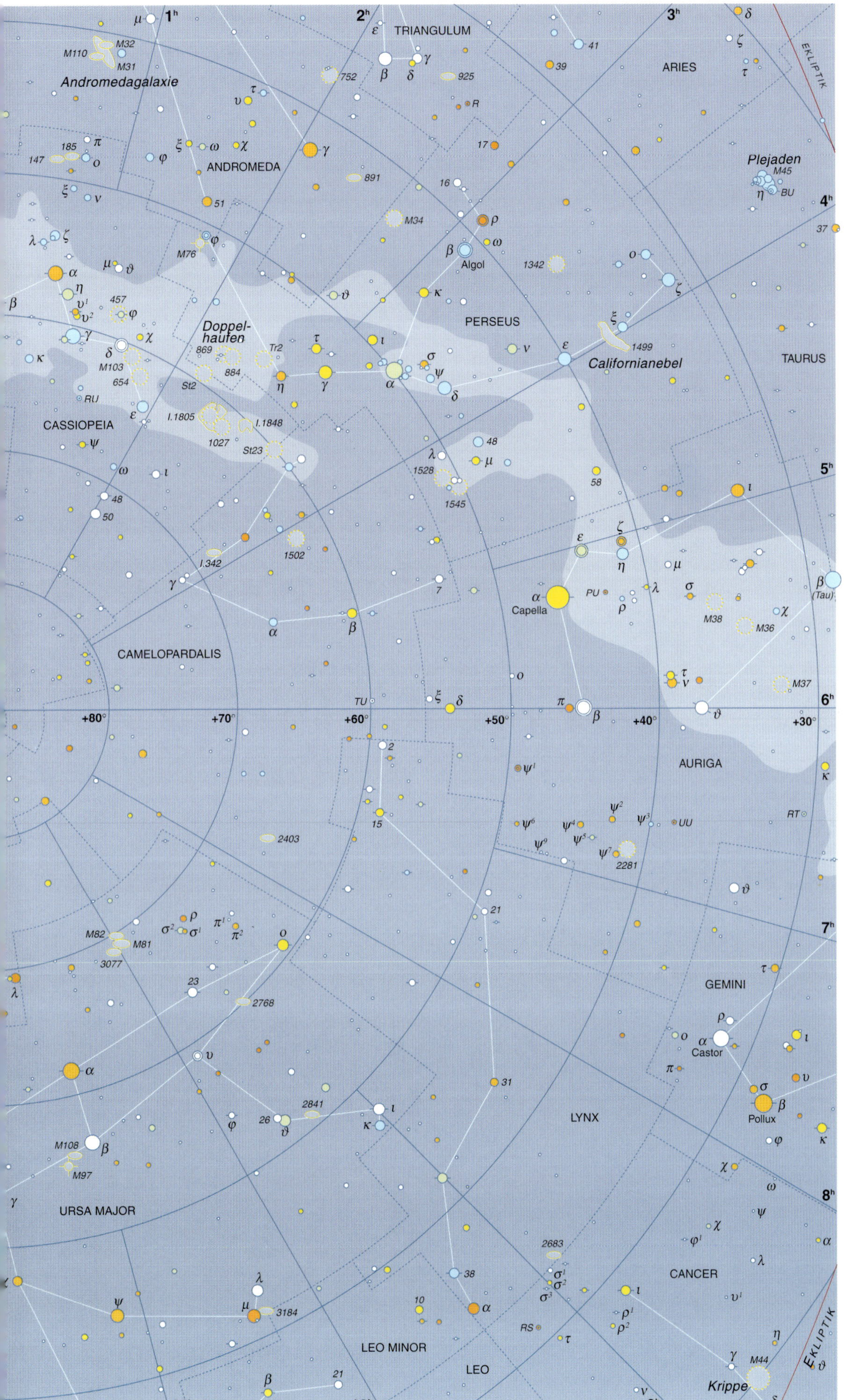

Schauen wir auf β Cygni oder Albireo im Kopf des Schwans. Er ist ein Doppelstern, dessen Komponenten einen schönen Farbkontrast zeigen. Die hellere ist goldgelb, die schwächere blau. Sie können in einem guten Fernglas leicht getrennt werden, wirken in einem kleinen Teleskop aber noch eindrucksvoller.

Einer der bekanntesten Doppelsterne ist das Paar Mizar (ζ) und Alkor (80) im Großen Bären. Man kann sie mit bloßem Auge trennen, da sie weit voneinander entfernt sind. Es handelt sich jedoch nicht um einen echten Doppelstern, sondern beide liegen von der Erde aus gesehen zufällig in fast derselben Richtung. Ein kleines Teleskop zeigt, daß Mizar selbst ein Doppelstern ist. Er hat einen Begleiter 4. Größe in 14,4″ Entfernung.

Im Kopf des Drachen findet man einen interessanten Doppelstern, n Draconis, auch Kuma genannt. Beide Komponenten sind $4{,}6^m$ hell und sind selbst mit einem Fernglas leicht zu trennen.

Nahe dem oberen Rand der Karte findet man die hellste Galaxie am Himmel, die Andromedagalaxie M 31 und ihre schwächeren Begleiter M 32 und M 110. Unter sehr guten Bedingungen kann man die Andromedagalaxie mit bloßem Auge sehen, leichter ist es jedoch mit einem Fernglas.

Eine größere Herausforderung sind die Galaxien im Großen Bären nahe dem unteren Rand der Karte. Interessante Ziele für kleine Teleskope sind das Paar M 81/M 82 (oberer rechter Teil des Sternbildes), M 101 (links, nahe der Grenze zu Bootes) und M 51, direkt unter der Grenze zu den Jagdhunden.

KARTE 2

Vom Einhorn zur Andromeda

Die Andromedagalaxie (vgl. Karte 1) steht von der Nordhalbkugel aus gesehen am herbstlichen Himmel hoch im Süden. Etwas tiefer und östlicher liegt eine weitere Galaxie, M 33 im Sternbild Dreieck. Sie ist lichtschwächer als M 31 und erfordert ein mittelgroßes Amateurteleskop.

In dieser Himmelsregion findet man zwei bekannte veränderliche Sterne: Mira (ο Ceti) und Algol (β Persei). Jeder von ihnen ist der Prototyp für eine Klasse von Veränderlichen: Mira für die langperiodischen Veränderlichen vom Mira-Typ und Algol für die Bedeckungsveränderlichen vom Algol-Typ. Die meiste Zeit ist Mira so schwach, daß sie mit dem bloßen Auge nicht sichtbar ist. Man benötigt ein kleines Teleskop und einen Sternatlas zum Auffinden.

Etwas weiter östlich, in der oberen westlichen Ecke des Sternbildes Stier, liegt einer der eindrucksvollsten Sternhaufen: die Plejaden, M 45, auch Siebengestirn genannt.

Nicht weit von ihnen liegt ein noch größerer Haufen, die Hyaden. Der orangefarbene helle Stern Aldebaran (α Tauri), das Auge des Stiers, ist kein Mitglied dieses Haufens, sondern liegt zufällig auf der Sichtlinie.

Nahe bei Aldebaran findet man die mit bloßem Auge trennbaren Doppelsterne, nämlich σ Tauri und ϑ Tauri.

(Fortsetzung gegenüber)

◄ 100–103 Der Lebenszyklus eines Sterns
◄ 101–102 Die Geburt eines Riesen
◄ 104–109 Doppelsterne und Veränderliche
◄ 112–115 Die Milchstraße
◄ 154–155 Orientierung am Himmel
◄ 162–163 Die Beobachtung der Sterne
◄ 163 Deep-Sky-Beobachtung
◄ 166–167 Sternhelligkeiten

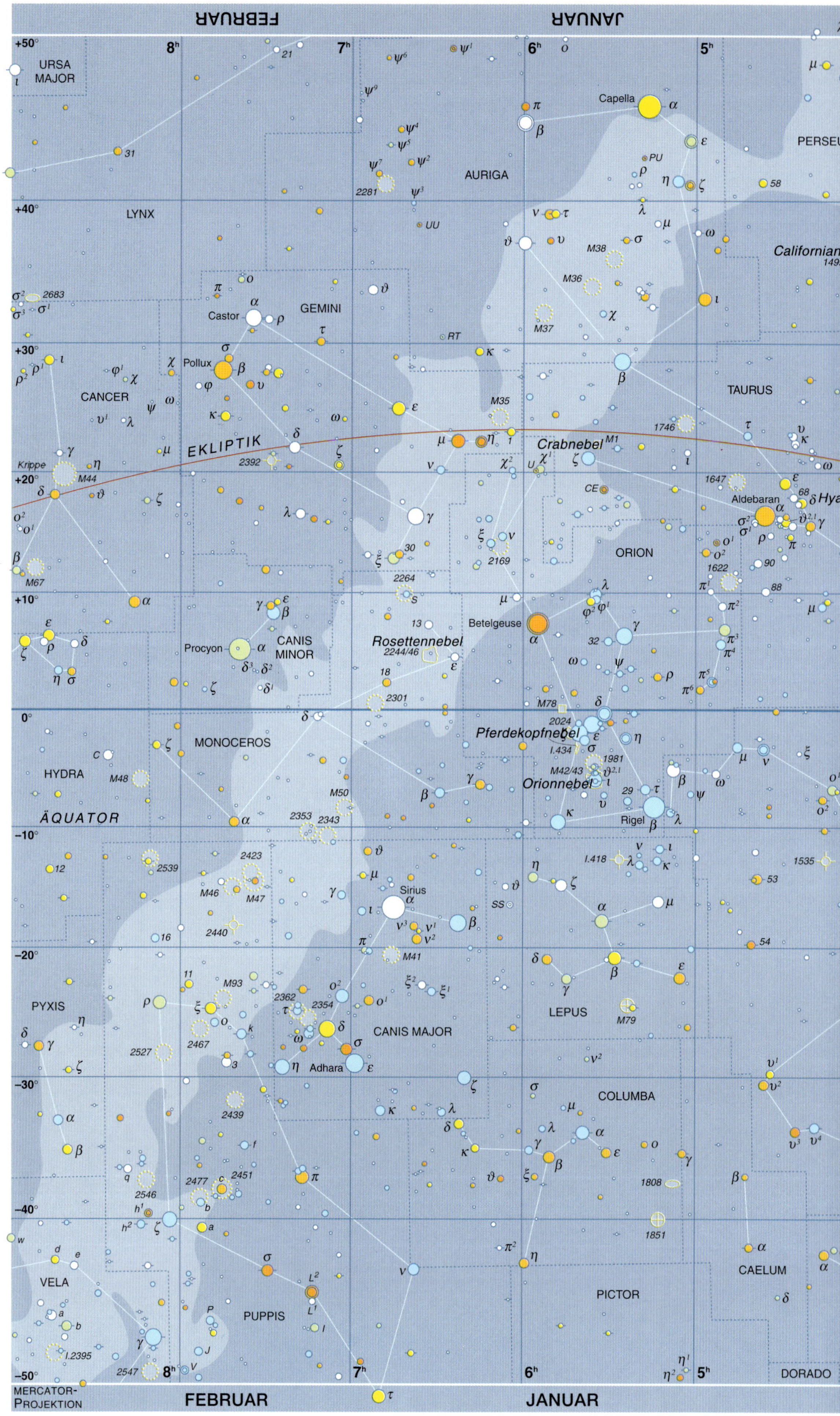

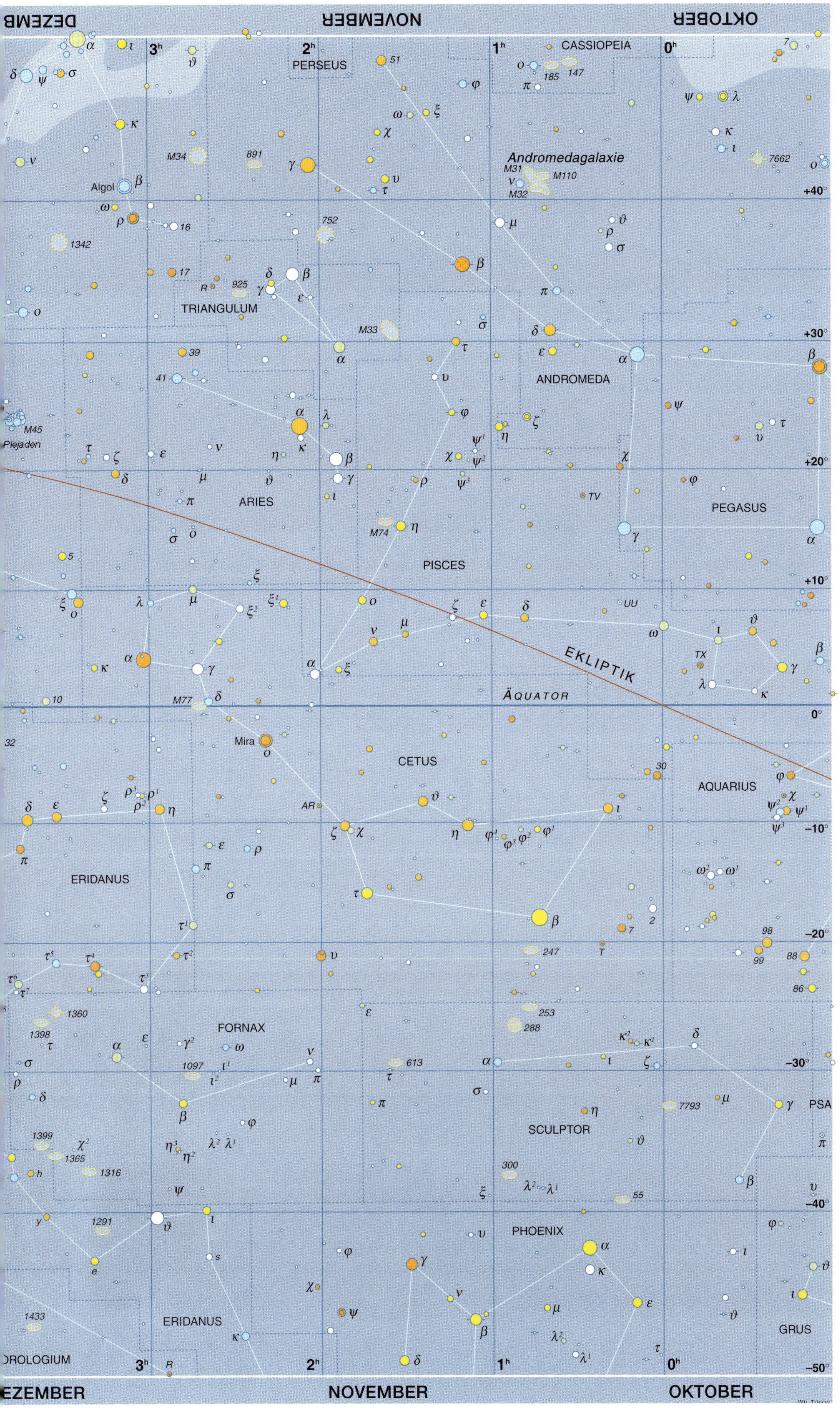

Viele nicht so stark auffallende offene Sternhaufen liegen im Band der Milchstraße zwischen Fuhrmann und dem Hinterdeck des Schiffes.

In den Zwillingen, nahe bei η Gemini, liegt M 35. Viel weiter südlich, nur wenige Grad unterhalb von Sirius, liegt M 41. Obwohl diese Sternhaufen theoretisch bei dunklem Himmel mit bloßem Auge sichtbar sein sollten, braucht man meist ein Fernglas, um sie zu finden.

Sirius (α Canis Majoris), gelegentlich Hundsstern genannt, ist der Hauptstern im Großen Hund, der dem Orion auf den Fersen folgt. Er ist mit einer scheinbaren Helligkeit von $-1{,}5^m$ der hellste Stern am Himmel. Der zweithellste, Canopus (α Carinae) im Sternbild Kiel des Schiffes liegt 35° südlich von Sirius (s. Karte 5).

Eines der schönsten Himmelsobjekte ist der Orionnebel M 42. Bei günstigen Bedingungen kann man ihn leicht mit bloßem Auge unterhalb der drei Gürtelsterne des Orion sehen. Seine ganze Pracht zeigt er aber erst im Fernglas oder einem kleinen Teleskop. Es handelt sich um eine Gaswolke, die teilweise von hellen Sternen angestrahlt wird und deren Licht reflektiert (Reflexionsnebel). Der größte Teil aber leuchtet selbst, angeregt durch nahe heiße Sterne (Emissionsnebel).

Der Rosettennebel NGC 2237 ist ebenfalls ein Emissionsnebel, der den Sternhaufen NGC 2244 im Einhorn (östlich des Orion) umgibt. Er ist in einem kleinen Teleskop zu sehen.

Im Orion ist es interessant, die Farben der hellen Sterne Beteigeuze und Rigel (α und β Orionis) zu vergleichen. Beteigeuze ist ein roter Überriese, Rigel ein heißer blauer Überriese.

KARTE 3

Von der Nördlichen Krone bis zum Einhorn

Februar und März sind die besten Monate, um M 44 oder Praesepe (Krippe) zu beobachten, einen offenen Sternhaufen im Krebs etwa auf halbem Weg zwischen den beiden zentralen Sternen dieses Sternbildes. Diese Sterne sind γ Cancri (oder Asellus Borealis) und δ Cancri (Asellus Australis). Unter guten Bedingungen kann man Praesepe mit bloßem Auge sehen. Etwa 9° südlich, nahe bei α Cancri (Acubens), findet man den kleineren offenen Haufen M 67.

Südlich vom Kopf der Wasserschlange, nahe der Grenze zum Einhorn, liegt der Haufen M 48. Südwestlich davon, im Hinterdeck des Schiffes finden sich M 46 und M 47.

In den Sternbildern Haar der Berenike und Jungfrau gibt es einen sehr großen Galaxienhaufen. Es gibt dort Hunderte von Galaxien, nur die hellsten sind auf der Karte eingezeichnet. Im kleinen Teleskop wird man normalerweise nicht mehr als schwache elliptische oder runde Lichtflecken sehen. Im Zentrum des Haufens, nahe der Grenze der beiden Sternbilder, sieht man zwei helle Galaxien, M 84 und M 86.

(Fortsetzung gegenüber)

◀ 114 Der Aufbau unserer Galaxis
◀ 120 Dunkle Staubstreifen
◀ 123 Galaxienhaufen
◀ 154–155 Orientierung am Himmel
◀ 162–163 Die Beobachtung der Sterne
◀ 163 Deep-Sky-Beobachtung
◀ 166–167 Sternhelligkeiten

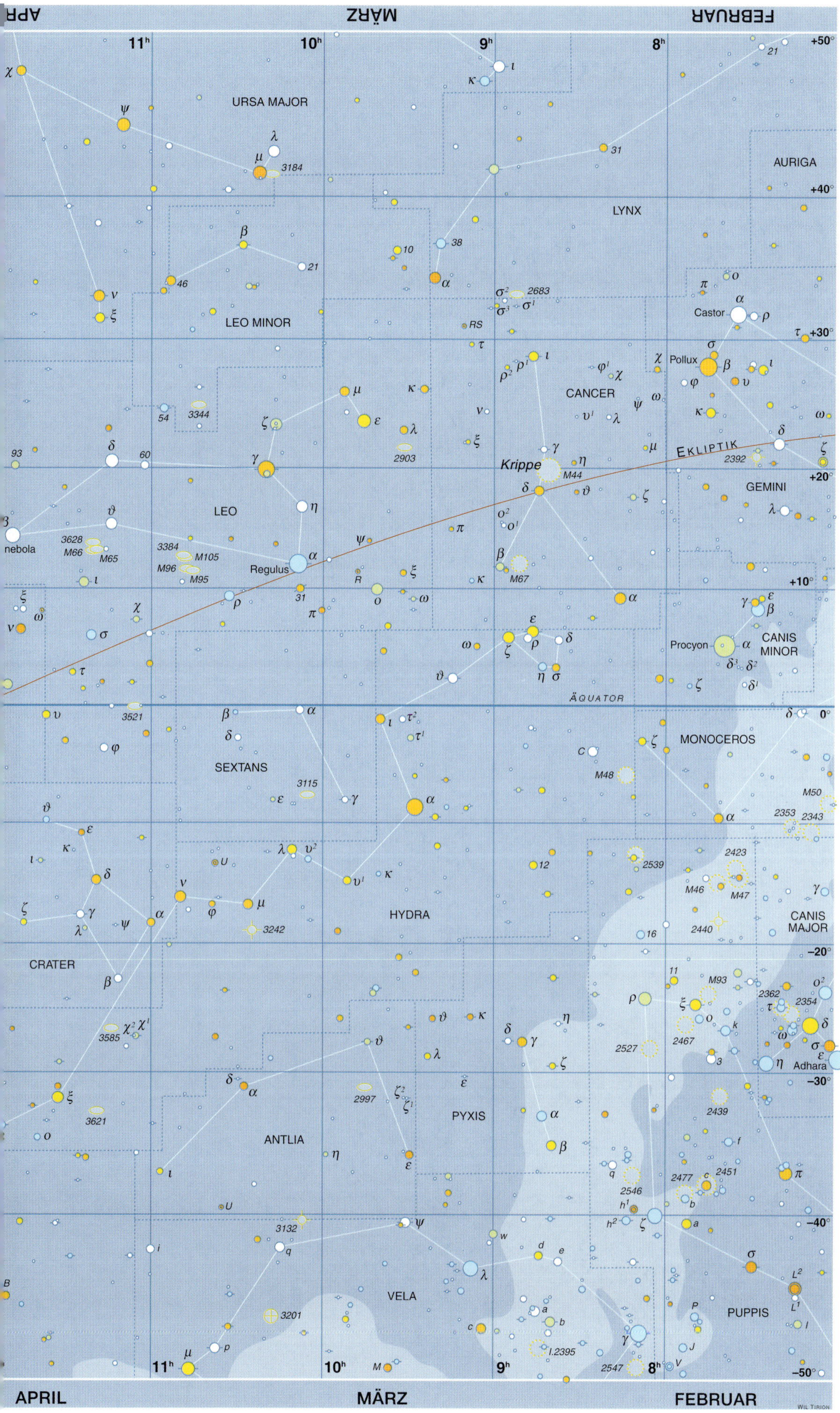

Weiter südlich an der Grenze zwischen Jungfrau und Rabe liegt die interessante Sombrero-Galaxie M 104. Im kleinen Teleskop erkennt man einen verschwommenen Fleck mit einem dunklen Streifen davor. Photographien enthüllen die Schönheit dieser Galaxie. Wir sehen sie fast von der Kante, der dunkle Streifen ist Staub in der Ebene der Galaxie.

Nahe bei α Comae Berenices liegt der Kugelsternhaufen M 53. Kugelsternhaufen bilden einen Halo um die zentrale Verdickung unserer Galaxis, und die meisten von ihnen finden sich in dieser Himmelsregion. Der schönste Kugelhaufen ist ω Centauri, hier nahe dem unteren Rand der Karte. Schon im kleinen Teleskop kann er in Tausende von Sternen aufgelöst werden.

Einige weitere Kugelhaufen dieser Himmelsregion sind M 5 in der Schlange, M 68 in der Wasserschlange (direkt unterhalb des Raben), M 80 im Kopf des Skorpions und nicht zuletzt M 4. Dieser schöne Kugelhaufen liegt nahe dem hellen orangefarbenen Stern Antares und in der Nähe vieler Nebel, die jedoch nur auf Photographien ihre volle Schönheit zeigen.

Westlich des Skorpions liegt das Sternbild Waage. Der Doppelstern a Librae ist ein guter Augentester: Man sollte ihn mit bloßem Auge trennen können.

Nördlich der Waage liegt der Kopf der Schlange. Die Schlange ist das einzige Sternbild, das in zwei Teile geteilt ist; diese sind durch den Schlangenträger getrennt. Der Schwanz der Schlange ist auf Karte 4 gezeigt.

KARTE 4

Von Andromeda bis zur Nördlichen Krone

Das Zentrum der Milchstraße liegt im Sternbild Schütze. Es ist umgeben von zahlreichen hellen Objekten: Nebel, offene und kugelförmige Haufen. Viele sind mit bloßem Auge sichtbar.

Von der Nordhalbkugel aus bietet die Milchstraße vom kleinen Sternbild Schild bis zum Schwanz des Skorpions einen großartigen Anblick, insbesondere im Fernglas. Man stößt auf helle offene Sternhaufen wie M 11 im Schild und M 24 im Skorpion. Nördlich des Doppelsterns ζ Scorpii liegt der sternreiche offene Haufen NGC 6231.

Es gibt auch mehrere helle Nebel in diesem Gebiet, so etwa den Adlernebel M 16 (Schwanz der Schlange) und den Omeganebel M 17 (nördlicher Teil des Schützen). Beide sind Emissionsnebel. Näher am galaktischen Zentrum liegen zwei weitere schöne Emissionsnebel, der Trifidnebel M 20 und der Lagunennebel M 8.

Im Zentrum des Schützen findet man den schönen Kugelhaufen M 22.

(Fortsetzung gegenüber)

◄ 102–103 Supernovae
◄ 104–106 Doppelsterne
◄ 105–106 Bedeckungsveränderliche
◄ 112–115 Die Milchstraße
◄ 115 Das galaktische Zentrum
◄ 154–155 Orientierung am Himmel
◄ 162–163 Die Beobachtung der Sterne
◄ 163 Deep-Sky-Beobachtung
◄ 165 Astrophotographie
◄ 166–167 Sternhelligkeiten

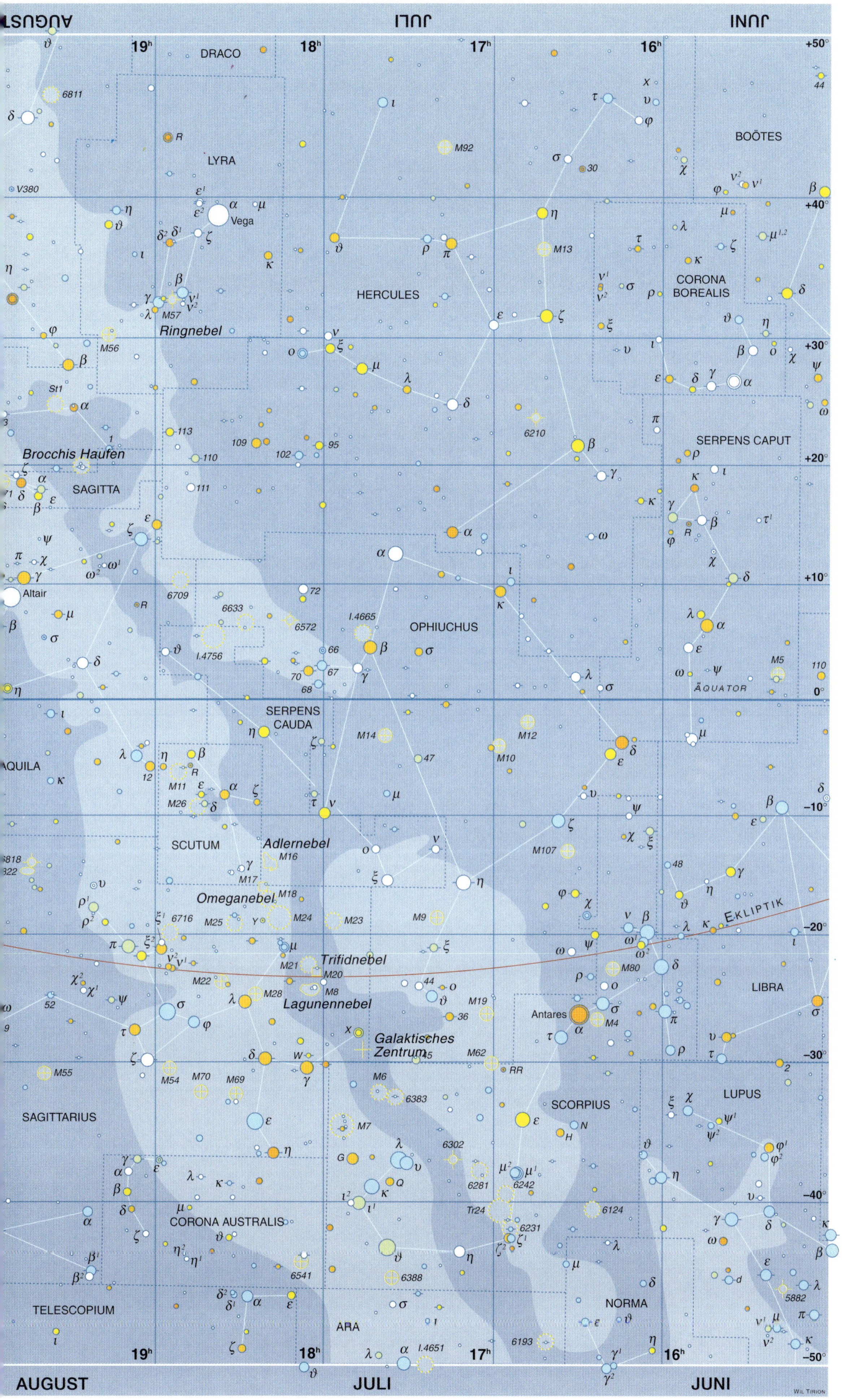

Er ist leicht zu finden, da er von mehreren hellen Sternen umgeben ist. Etwas schwieriger aufzufinden ist M 55. Auf der Jagd nach Kugelhaufen sollte man M 15 im Pegasus, M 71 im Pfeil und M 2 im Wassermann nicht vergessen.

Höher am Himmel steht der helle Stern Wega (α Lyrae), nahebei der Doppelstern ε Lyrae. Einige Menschen mit sehr guten Augen werden die Komponenten ohne Hilfsmittel sehen können, die meisten werden jedoch ein Fernglas benötigen. Beide sind fast gleich hell. Größere Teleskope zeigen, daß beide jeweils doppelt sind.

Etwas weiter südlich steht β Lyrae, ein enger Doppelstern. Die Helligkeitsschwankungen von β-Lyrae-Veränderlichen beruhen auf Verfinsterungen eines Sterns durch den anderen.

Auf halbem Weg zwischen β und γ Lyrae liegt eine Struktur, die wie ein „unscharfer“ Stern aussieht. Man benötigt zumindest ein kleines Teleskop zur Beobachtung; höhere Vergrößerungen zeigen, daß es sich um einen Ring handelt. Es ist der Ringnebel M 57, einer der bekanntesten Planetarischen Nebel. Der schwache Zentralstern (14^m) ist nur mit großen Teleskopen sichtbar.

Weitere Planetarische Nebel sind der berühmte Hantelnebel M 27 im Sternbild Füchschen und der Helixnebel NGC 7293 im südlichen Teil des Wassermanns.

Der Zirrusnebel im Schwan ist ein Supernovaüberrest. Er ist recht groß, aber sehr schwach, so daß er in kleinen Teleskopen kaum zu sehen ist. Er kann jedoch auch von Amateuren sehr schön photographiert werden.

KARTE 5

Südliche Zirkumpolarregion
Der hier gezeigte Himmelsausschnitt findet sich immer in südlicher Richtung. Der Himmelssüdpol liegt im Zentrum und ist für Menschen, die nördlich des Äquators leben, nicht sichtbar. Wegen der Erddrehung scheint sich der Himmel im Uhrzeigersinn um diesen Punkt zu drehen.

Zwei auffällige Objekte in dieser Himmelsregion sind die Große und Kleine Magellansche Wolke (GMW und KMW), benannt nach dem portugiesischen Entdecker, der sie im 15. Jahrhundert zuerst beobachtete. Es handelt sich um irreguläre Begleitgalaxien unserer Milchstraße.

Die GMW enthält einen der hellsten Emissionsnebel am Himmel, den Tarantelnebel, auch als 30 Doradus bekannt. Stünde er in der gleichen Entfernung wie der Orionnebel, hätte er 30° Durchmesser am Himmel.

Nahe der KMW liegen die beiden Kugelhaufen NGC 362 und NGC 104 (auch als 47 Tucanae bekannt).

Ein sehr helles Gebiet der Milchstraße findet man in den Sternbildern Kiel des Schiffes und Kreuz des Südens. Um den Stern ϑ Carinae liegt ein schöner heller Sternhaufen, der manchmal „Südliche Plejaden“ genannt wird.

(Fortsetzung gegenüber)

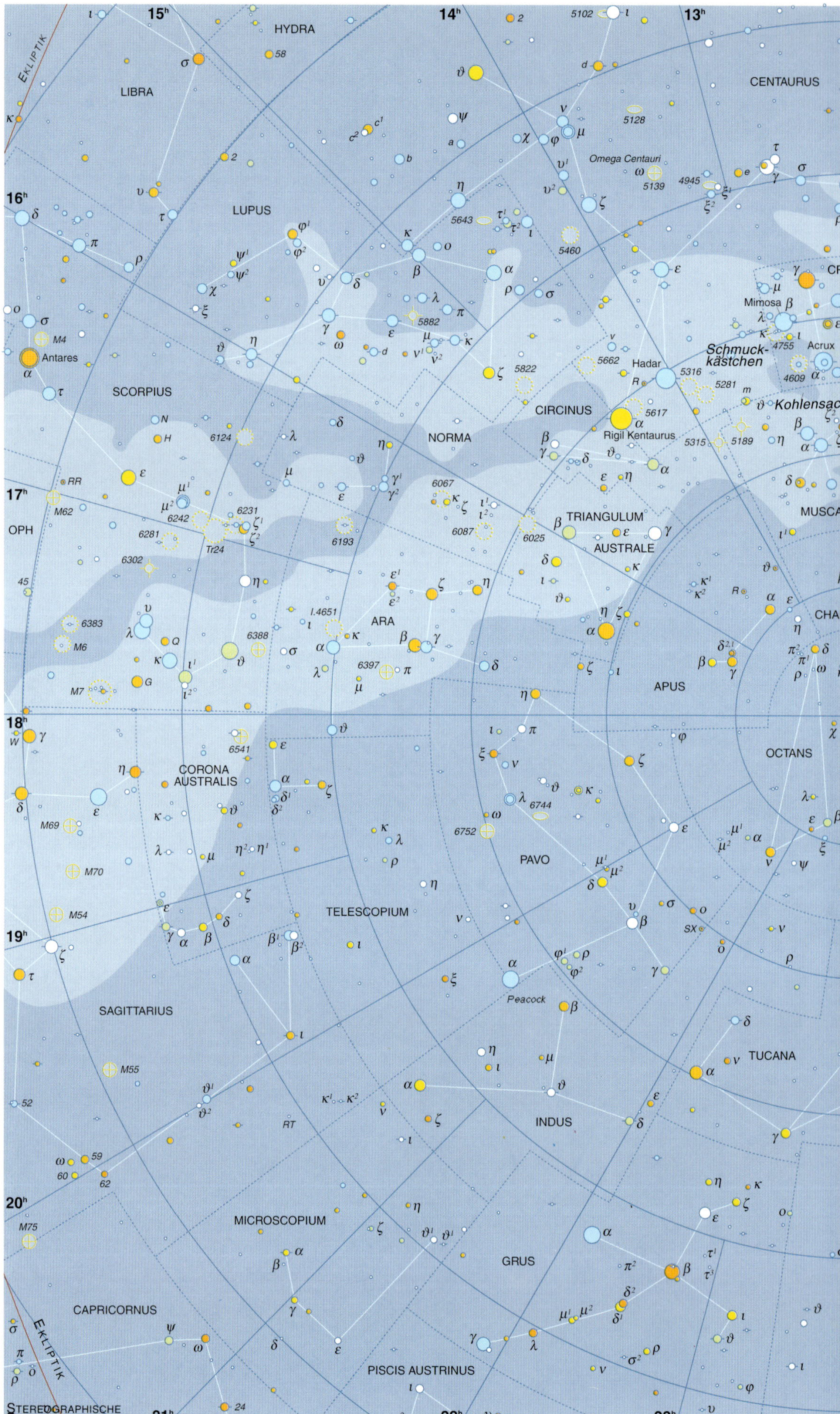

◀ 104–107 Veränderliche Sterne
◀ 112–115 Die Milchstraße
◀ 114 Das interstellare Medium: Staub
◀ 116 Die Lokale Gruppe
◀ 120 Irreguläre Galaxien
◀ 154–155 Orientierung am Himmel
◀ 162–163 Die Beobachtung der Sterne
◀ 163 Deep-Sky-Beobachtung
◀ 166–167 Sternhelligkeiten

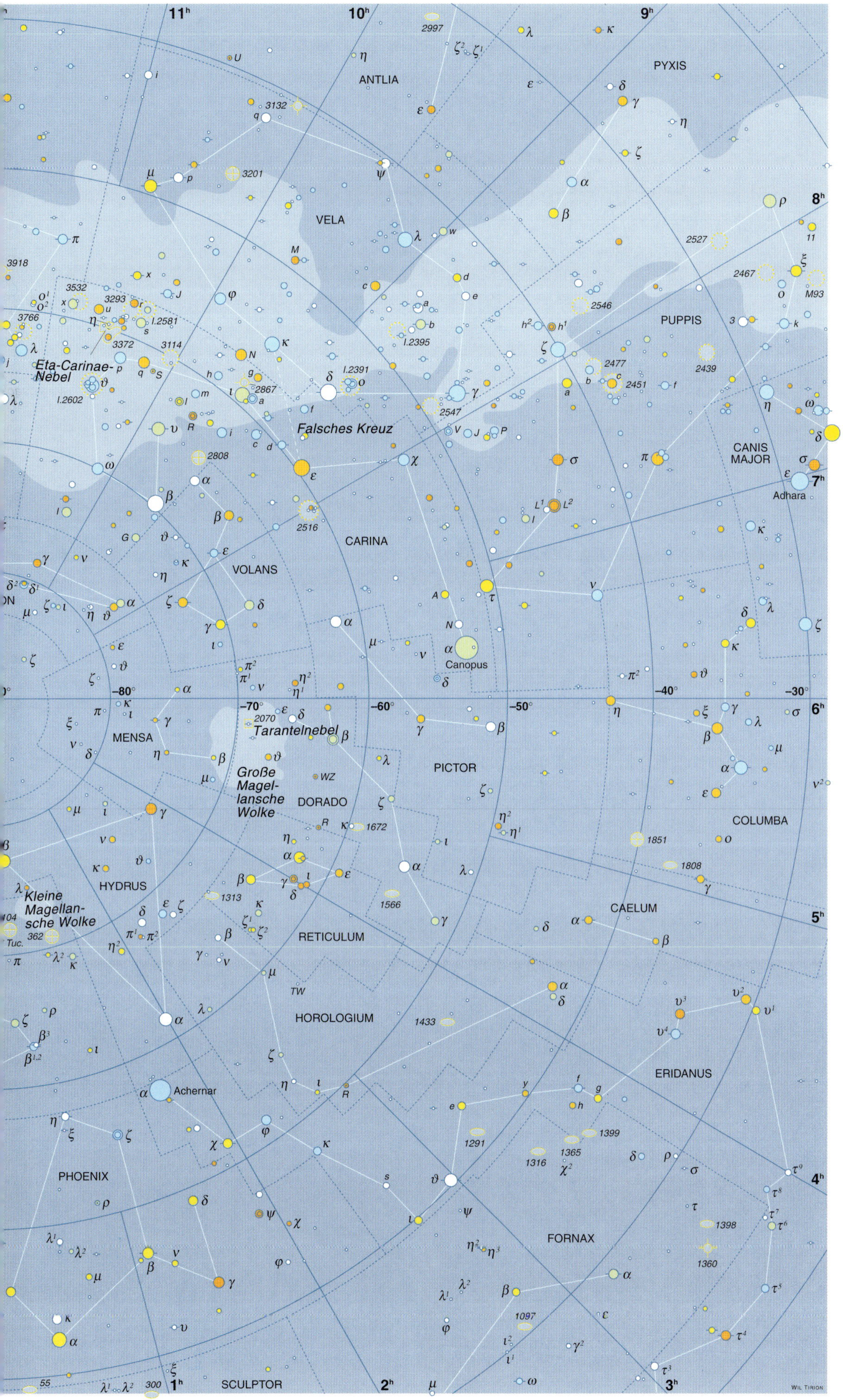

Einige Grad nördlich findet sich der mit bloßem Auge sichtbare Eta-Carinae-Nebel. Er enthält den eigenartigen veränderlichen Stern η (eta) Carinae, der zuerst 1730 von Edmond Halley als Stern 4. Größe gesehen wurde. Seine Helligkeit schwankte unregelmäßig und erreichte 1843 sogar $-0{,}8^m$, dann wurde er für das bloße Auge unsichtbar.

Nahe dem Eta-Carinae-Nebel liegen einige offene Sternhaufen. NGC 3532 etwa ist einer der prächtigsten Haufen der Milchstraße mit einer seltsam länglichen Form.

Das Kreuz des Südens ist zweifellos das bekannteste Sternbild am Südhimmel, das trotz seiner geringen Ausdehnung einige interessante Objekte enthält. Nahe Mimosa (β Crucis) liegt der schöne Haufen NGC 4775, auch Schmuckkästchen genannt.

Südlich des Schmuckkästchens findet man den Kohlensack, eine dunkle Staubwolke in 500 Lichtjahren Entfernung, die das Licht hinter ihr liegender Sterne verdunkelt.

Der hellste Stern im Sternbild Kentaur ist α Centauri (Rigil Kentaurus), ein Dreifachstern in 4,3 Lichtjahren Entfernung. Proxima Centauri, eine der Komponenten, ist der Stern, der unserem Sonnensystem am nächsten steht. Um ihn zu sehen, benötigt man ein Teleskop.

Ebenfalls interessant ist der Mehrfachstern γ Velorum. Er besteht aus zwei hellen Komponenten ($+1{,}9^m$ und $+4{,}2^m$), die sich leicht im Feldstecher trennen lassen, und zwei schwächeren ($+8{,}2^m$ und $+9{,}1^m$), für die man ein kleines Teleskop benötigt.

Die hellste der vier Komponenten ist der hellste bekannte Wolf-Rayet-Stern, eine seltene Klasse von Veränderlichen mit sehr hohen Oberflächentemperaturen, die Gas ausschleudern.

DER MOND: VORDERSEITE

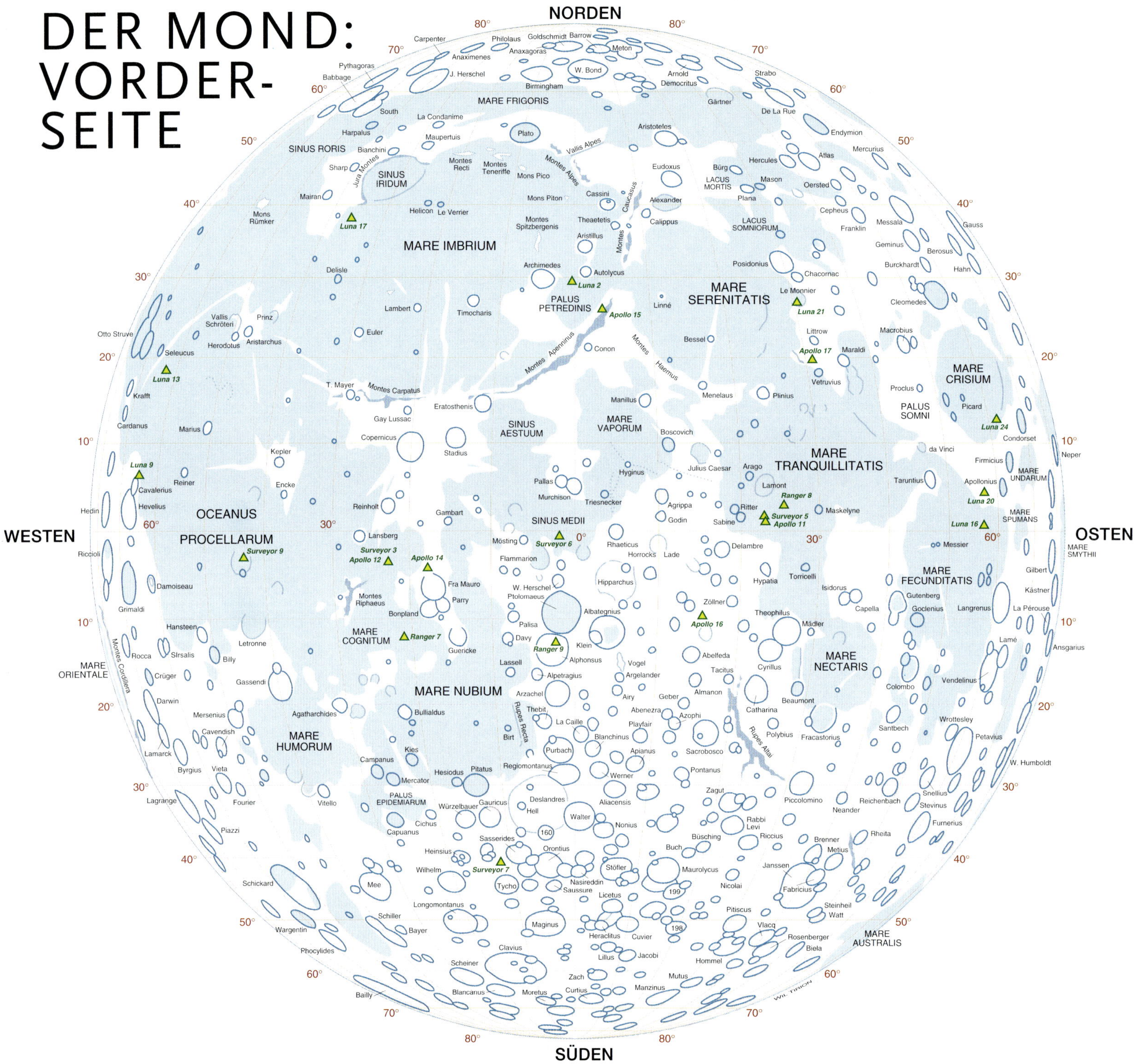

Wegen seiner gebundenen Rotation wendet uns der Mond immer dieselbe Seite zu. Die Libration läßt sich leicht mit dem Fernglas beobachten, und zwar so: Das dunkle Mare Crisium erscheint manchmal sehr nahe dem Ostrand der Mondscheibe und manchmal etwas weiter weg.

Die abgewandte Seite

Im Oktober 1959 konnten wir mit Luna 3 den ersten Blick auf die abgewandte Seite des Mondes werfen. Sie unterscheidet sich stark von der Vorderseite: sie zeigt keine dunklen Maria, sondern ist von Kratern beherrscht.

Der wandernde Terminator

Die Strukturen auf der Karte der erdzugewandten Seite können mit Amateurinstrumenten beobachtet werden. Krater sieht man, wenn sie nahe der Tag-Nacht-Linie, Terminator, liegen. Es ist faszinierend, dessen Wanderung über die Mondscheibe von Neumond bis Vollmond zu verfolgen und dieselben Strukturen bei abnehmendem Mond zu betrachten, wenn das Sonnenlicht von der anderen Seite einfällt. Beim Mondalter, 4 bis 5 Tage, liegt der Terminator über Theophilus, Cyrillus und Catharina westlich vom Mare Nectaris. Der Kontrast zwischen der Lavaebene des Mare Serenitatis und dem zerklüfteten Süden ist offensichtlich.

◀ 40–41 Mondphasen
◀ 41 Die kraterbedeckte Oberfläche des Mondes
◀ 42–43 Die Mondbahn
◀ 160 Mondbeobachtung

DER MOND: RÜCKSEITE

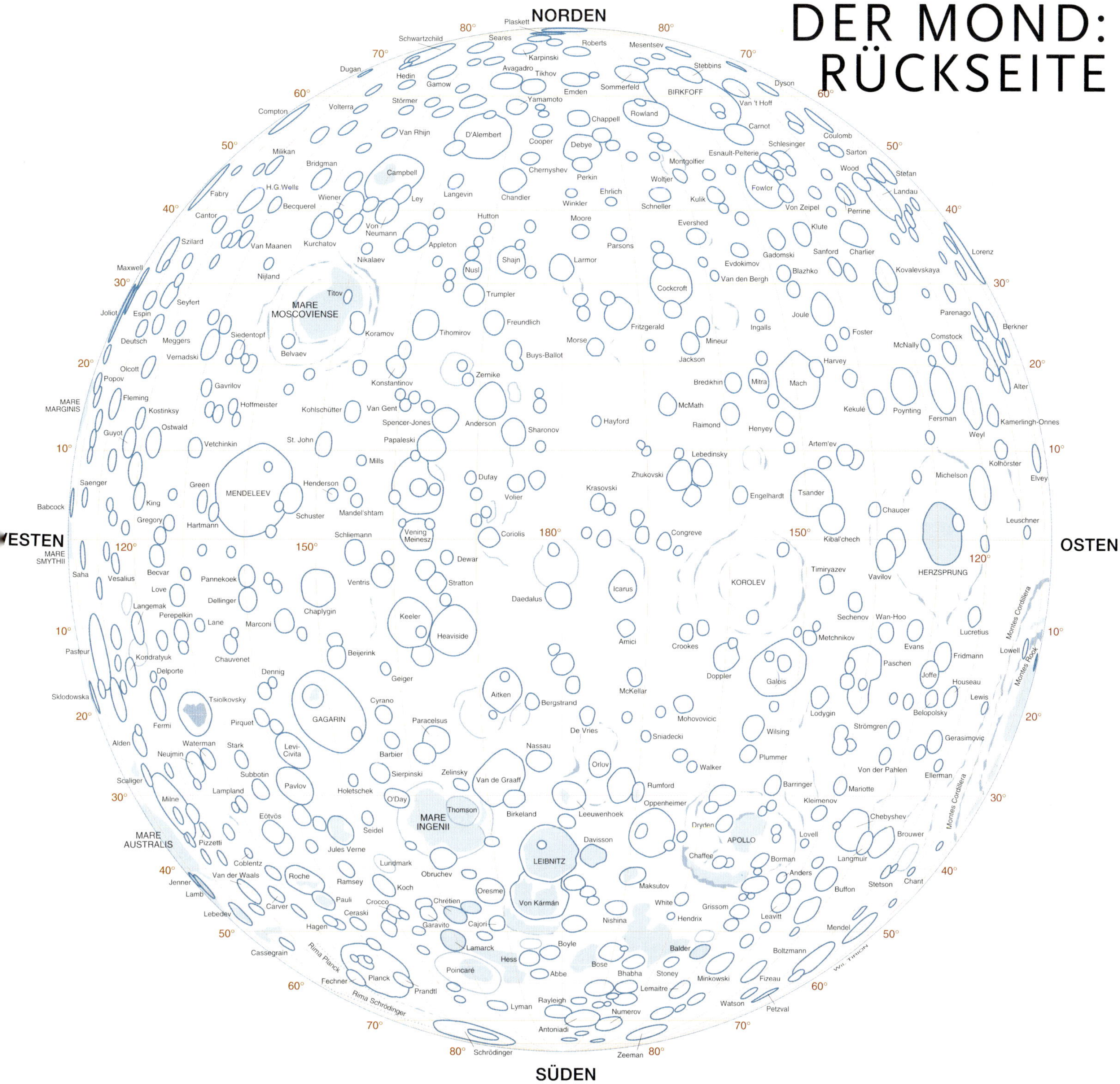

Halbmond

Bei Halbmond (Mondalter 7 Tage) liegt der Terminator über Ptolemäus, Alphonsus und Arzachel nahe dem Zentrum der sichtbaren Mondseite. Diese breiten, flachen Krater sind von Wällen umgeben, die bei Sonnenaufgang lange Schatten werfen. Einen Tag später liegt der riesige Krater Clavius im Blickfeld.

Nach 9 Tagen erreicht der Terminator Copernicus, auf dessen Boden Bergspitzen stehen und der deshalb bei steigender Sonne stündlich sein Erscheinungsbild ändert. Auch der dunkle, lavagefüllte Plato nördlich des Mare Imbrium liegt im Sonnenlicht. Nach 10 Tagen scheint der Sinus Iridum bei Sonnenaufgang im Westen des Mare Imbrium über den Terminator hinauszuragen.

Der helle Aristarch

Einen Tag später rückt mit Aristarch die hellste Struktur des Mondes ins Blickfeld. Bei Vollmond (14 Tage) wirft er keine Schatten, der Kontrast zwischen den hellen Hochlandregionen und den dunklen Maria ist am größten; die günstigste Zeit, um die hellen Strahlen zu sehen, die von vergleichsweise jungen Kratern wie Tycho und Copernicus ausgehen.

GLOSSAR

Verweise in Kursivschrift beziehen sich auf andere Einträge im Glossar. Verweise in Großbuchstaben beziehen sich auf das Kapitel Astronomische Begriffe.

Abplattung Die Abweichung eines Körpers von der Kugelform. Beispielsweise ist die Erde: Ihr Durchmesser ist am Äquator größer als an den Polen.

Absolute Helligkeit Zu Vergleichszwecken definiert man die absolute Helligkeit als die *scheinbare Helligkeit*, die ein Stern hätte, wenn er in einer Standardentfernung von 10 PARSEC stünde.

Absorptionsspektrum Ein *Spektrum* mit dunklen Linien vor einem hellen Kontinuum als Hintergrund. Bei Sternen absorbieren die Atome der *Atmosphäre* PHOTONEN mit charakteristischer Wellenlänge.

Akkretionsscheibe Eine Scheibe von Material, die ein *Schwarzes Loch* oder eine Komponente eines engen *Doppelsterns* umgibt. Das Material strömt spiralförmig auf das Objekt zu.

Albedo Das Rückstrahlvermögen eines nicht selbst leuchtenden Körpers (z. B. Planeten), gemessen als relativer Anteil auf einer Skala zwischen 0 und 1: 0 = völlig schwarz (keine Reflexion), 1 = komplette Reflexion.

Altazimutale Montierung Eine Montierung mit horizontaler und vertikaler Drehachse, um die das Telskop unabhängig bewegt werden kann.

Ångström Einheit, in der die Wellenlänge von Licht und anderer *elektromagnetischer Strahlung* gemessen wird. 1 Å ist der zehnmillionste Teil eines Millimeters.

Antenne Ein elektrischer Leiter oder ein System von Leitern, die *Radiowellen* aussenden oder empfangen können. In der Radioastronomie spricht man von Radioteleskopen.

Apertur Die freie Öffnung eines Teleskops.

Äquator Eine imäginäre Linie auf einem Himmelskörper, die alle Punkte umfaßt, die gleich weit von Nord- und Südpol entfernt sind.

Äquatoriale Montierung Eine Montierung, deren eine Achse parallel zur Erdachse ausgerichtet wird. Das hat den Vorteil, daß man nur in REKTASZENSION nachführen muß, um ein Objekt im Blickfeld zu halten.

Äquinoktien Tag- und Nachtgleichen; die Zeitpunkte, an denen die *Sonne* den HIMMELSÄQUATOR überschreitet und Tag und Nacht gleich lang sind.

Aphel Der Punkt auf der *Bahn* eines Himmelskörpers, der der Sonne am fernsten ist.

Aschgraues Mondlicht Das Leuchten der Nachtseite des Mondes, hervorgerufen durch von der Erde reflektiertes Sonnenlicht.

Atmosphäre Die Gashülle um Planeten oder andere Himmelskörper.

Bahn Der Weg eines Himmelskörpers um einen anderen.

Balkenspirale Eine Galaxie, deren Spiralarme aus den Enden einer balkenförmigen Struktur in der galaktischen Ebene hervorgehen.

Bar Einheit des Drucks. 1 bar entspricht dem Druck der Erdatmosphäre auf Meereshöhe.

Basalt Eine Art von *Schmelzgestein*.

Bedeckung Bewegt sich ein Himmelskörper vor einem anderen her, so bedeckt er ihn. So kann der Mond vor Sternen und Planeten vorbeiziehen und sie bedecken.

Beschleunigung Die zeitliche Änderung der *Geschwindigkeit*.

Blazar Ein Quasar mit besonders extremen Eigenschaften.

Brauner Zwerg Ein Protostern, in dessen Innern Druck und Temperatur nicht so hoch werden, daß die Kernfusion einsetzt.

Brennweite Die Entfernung zwischen Hauptlinse oder -spiegel und dem Bild, das ein unendlich weit entfernter Gegenstand wirft.

Cassegrain-Reflektor Ein *Reflektor*, bei dem das Licht vom Hauptspiegel zu einem konvexen Sekundärspiegel und von dort durch ein Loch im Hauptspiegel zum Okular reflektiert wird.

Cepheiden Regelmäßige Veränderliche mit Perioden von wenigen Tagen bis Wochen. Die Periode hängt mit der *Leuchtkraft* zusammen: je länger die Periode, desto leuchtkräftiger der Stern. Aus der Periode kann man daher die Leuchtkraft und damit auch die Entfernung bestimmen.

Chromosphäre Der Teil der Sonnenatmosphäre zwischen *Photosphäre* und *Korona*. Sie wird während einer totalen *Sonnenfinsternis* für das bloße Auge sichtbar.

Dichte Die Masse einer Substanz pro Volumen. Setzt man die Dichte des Wassers gleich 1, so beträgt die mittlere Dichte der Erde 5,5.

Dobson-Montierung Eine einfache stabile Montierung, bei der das Teleskop um eine horizontale und eine vertikale Achse drehbar ist.

Doppelstern Zwei am Himmel dicht beieinander stehende Sterne. Es gibt optische Doppelsterne, deren Komponenten nur scheinbar eng beieinander stehen. Andere sind physikalisch verbunden oder *physische Doppelsterne*.

Doppler-Effekt Die Veränderung der Wellenlänge elektromagnetischer Strahlung durch die relative Bewegung zwischen der Quelle und dem Beobachter.

Drehimpuls Die Art von *Impuls* eines Körpers, die durch seine kreisförmige Bewegung um eine *Rotationsachse* bedingt ist.

Durchgang Das Vorüberziehen eines Körpers zwischen Erde und Sonne, so daß er die Sonnenscheibe überquert.
Der Vorübergang eines Mondes vor seinem Mutterplaneten.
Das Überqueren des MERIDIANS eines Beobachters durch einen Himmelskörper.

Eigenbewegung Die individuelle Bewegung eines Sterns auf der *Himmelskugel*.

Elektromagnetische Strahlung Energieausbreitung in Form elektromagnetischer Wellen.

Elektromagnetisches Spektrum Der gesamte Bereich der *elektromagnetischen Strahlung*: *Gamma-* und *Röntgenstrahlung*, *Ultraviolett*, *sichtbares Licht*, *Infrarot* und *Radiowellen*. Das sichtbare Licht macht nur einen sehr geringen Teil des elektromagnetischen Spektrums aus.

Elektronenvolt (eV) Ein Elektronenvolt ist die Energie, die ein Elektron beim Durchlaufen einer Spannungsdifferenz von 1 Volt gewinnt.

Ellipse Die Figur, die entsteht, wenn ein Kegel von einer Ebene geschnitten wird, die nicht die Basis des Kegels schneidet. Die meisten Körper im Sonnensystem haben elliptische anstelle von kreisförmigen *Bahnen*.

Elliptische Galaxie Eine Galaxie ohne zentrale Verdickung oder Spiralarme, deren Form kreisförmig bis länglich sein kann.

Elongation Die Winkeldistanz eines Planeten von der Sonne oder eines Mondes von seinem Mutterplaneten.

Emissionsspektrum Ein Spektrum mit hellen Linien oder Bändern, das durch das Aussenden von PHOTONEN entsteht.

Exzentrizität Ein Maß dafür, wie stark die *Bahn* eines Körpers von der Kreisform abweicht.

Fackeln Helle Flecken, die vorübergehend auf der Sonne auftauchen und gewöhnlich (nicht immer) mit *Sonnenflecken* zusammenhängen.

Farbindex Die Differenz zwischen den *scheinbaren Helligkeiten* eines Sterns bei verschiedenen Standardwellenlängen. Sie ist ein Maß für die Farbe und damit für die Oberflächentemperatur.

Finsternisse Siehe *Sonnenfinsternis*, *Mondfinsternis*

Flares Explosionsartige Energieausbrüche auf der Sonne, oft in aktiven Regionen. Dabei werden geladene Teilchen frei, die zur Erde gelangen und magnetische Stürme und Polarlichter verursachen können.

Fraunhoferlinien Die dunklen Absorptionslinien im Sonnenspektrum, siehe *Sternspektrum*.

Frühlingspunkt Die Position der Sonne zur Tagundnachtgleiche im Frühjahr und gleichzeitig Nullpunkt der REKTASZENSION.

Gammastrahlung Extrem kurzwellige *elektromagnetische Strahlung*.

Gasriesen Die großen äußeren Planeten des Sonnensystems: Jupiter, Saturn, Uranus und Neptun.

Gegenschein Ein sehr schwierig zu beobachtendes schwaches Leuchten am Himmel genau entgegengesetzt der Sonne.

Geschwindigkeit Die in einer bestimmten Richtung zurückgelegte Strecke pro Zeiteinheit.

Gewicht Die Kraft, die ein Körper durch die Wirkung der Schwerkraft auf seine Masse erfährt.

Gezeiten Die Verformung eines Planeten oder eines Sterns durch die Schwerkraft eines anderen Objekts.
Das durch die Anziehungskraft von Sonne und Mond verursachte regelmäßige Steigen und Fallen der irdischen Ozeane

Gravitation Auch Schwerkraft. Die Anziehungskraft zwischen allen materiellen Körpern im Weltall.

Gravitationslinse Eine Galaxie oder ein anderes massives Objekt, dessen Schwerkraft den Lichtweg weiter entfernter Objekte krümmt und so ein vergrößertes Bild von ihnen entwirft.

Großkreis Ein Kreis auf einer Kugeloberfläche (wie Erde oder *Himmelskugel*), dessen Ebene das Zentrum der Kugel schneidet.

Haufen Siehe *Kugelsternhaufen, offene Sternhaufen*

Hauptreihe Der Bereich im *Hertzsprung-Russell-Diagramm*, in dem die wasserstoffbrennenden Sterne liegen und die größte Zeit ihres Lebens verbringen.

Hertzsprung-Russell-Diagramm Ein Diagramm, in dem die *Leuchtkraft* der Sterne gegen den *Spektraltyp* (oder die effektive Temperatur) aufgetragen wird. Siehe auch *Sternspektrum*.

H I-Region Wolken neutralen Wasserstoffs, die nicht direkt sichtbar sind, sondern mit Radioteleskopen untersucht werden.

H II-Region Wolken aus Wasserstoff, der durch heiße Sterne ionisiert wird. Die Rekombination von Ionen und Elektronen führt zur Emission von Licht, so daß H II-Regionen sichtbar sind.

Hubble-Konstante Die Rate, mit der sich die Expansionsgeschwindigkeit des Universums mit der Entfernung ändert.

Impuls Das Produkt aus der Masse eines Körpers und seiner *Geschwindigkeit*.

Infrarotstrahlung *Elektromagnetische Strahlung*, deren Wellenlänge größer als die des *sichtbaren Lichtes* ist. Sie ist nicht sichtbar, kann aber als Wärme gespürt werden.

Interstellare Extinktion Die Abschwächung von Licht durch Absorption und Streuung im *interstellaren Medium*.

Interstellares Medium Bezeichnung für Gas und Staub zwischen den Sternen.

Index Catalogue Zwei Ergänzungen zum *New General Catalogue* wurden 1895 und 1908 veröffentlicht. Die Objekte darin werden mit IC und einer Nummer bezeichnet.

Jahreszeiten Die durch die Neigung der Rotationsachse eines Planeten verursachten Klimaeffekte.

Kiloelektronenvolt (keV) 1 keV = 1000 eV.

Kleinplanet Andere Bezeichnung für ASTEROID.

Knoten Die Punkte, an denen die Bahn eines Objekts eine Bezugsebene schneidet. Diese ist normalerweise die EKLIPTIK oder der HIMMELSÄQUATOR.

Koma Die helle Wolke aus Gas und Staub, die den Kern eines KOMETEN bei dessen Annäherung an die Sonne umgibt.

Kometenkern Das aus Gestein und aus Eis bestehende Innere eines Kometen.

Konjunktion Eine scheinbare enge Annäherung eines Planeten an einen Stern oder einen anderen Planeten durch Projektion am Himmel. Siehe *untere Konjunktion, obere Konjunktion*.

Korona Der äußerste Teil der Sonnen*atmosphäre*. Sie wird während einer totalen *Sonnenfinsternis* für das bloße Auge sichtbar.

Kosmische Strahlung Ein Strom hochenergetischer Teilchen, die sich mit annähernd Lichtgeschwindigkeit durch den Raum bewegen und auch in die Erd*atmosphäre* eindringen.

Kosmologie Die Erforschung des Universums als Ganzes.

Kugelsternhaufen Etwa kugelförmige Ansammlungen von mehreren zehntausend Sternen. Sie sind meist weit entfernt und bilden einen Halo um die zentrale Verdickung der Milchstraße und anderer Galaxien.

Kulmination Der Durchgang eines Gestirns durch den MERIDIAN des Beobachtungsortes und damit durch den höchsten Punkt seiner Bahn.

Leuchtende Nachtwolken Wolken in der Ionosphäre in einer Höhe von 80 km, die Sonnenlicht reflektieren und daher nachts leuchten.

Leuchtkraft Die totale intrinsische Helligkeit eines Objekts.

Libration Trotz der gebundenen Rotation des Mondes können wir ca. 59 % der Mondoberfläche sehen. Dieser Effekt heißt Libration. Man unterscheidet die Libration in Länge (da die Bahngeschwindigkeit des Mondes nicht konstant ist), in Breite (weil der Mondäquator um 6° gegen seine Bahnebene geneigt ist) und die tägliche Libration (wegen der Rotation der Erde).

Lokale Gruppe Die Gruppe von Galaxien, zu der unsere Milchstraße gehört.

Magma Geschmolzenes Gestein.

Magnetfeld Das Kraftfeld um einen Magneten. Der aus flüssigem Metall bestehende äußere Erdkern wirkt als Magnet, daher hat die Erde ein Magnetfeld. Auch Sterne haben Magnetfelder durch Bewegungen geladener Teilchen in ihrem Innern.

Magnetosphäre Das Raumgebiet um einen Magneten, innerhalb dessen das *Magnetfeld* wirkt. Das Erdmagnetfeld erstreckt sich bis zu 10 Erdradien weit in den Raum.

Magnitude Siehe *absolute Helligkeit, scheinbare Helligkeit*.

Mare Gleichmäßiges dunkles Gebiet auf der Oberfläche von Mond und Planeten.

Masse Ein Maß für die Materiemenge, die ein Körper enthält.

Messier-Nummern Nummern, mit denen der französische Astronom Charles Messier nebelhafte Objekte bezeichnet hat, um Verwechslungen mit Kometen vorzubeugen. Sie werden heute noch benutzt.

Mikrowellenstrahlung Elektromagnetische Strahlung mit Wellenlängen zwischen 1 mm und 30 cm.

Milchstraße Das am Himmel sichtbare Band von Sternen, Gas und Staub, das die Ebene unserer Galaxis bildet. Im weiteren Sinn Bezeichnung für unsere Galaxis als Ganzes.

Millibar (mbar) 1 mbar = 1/1 000 bar.

Mond Der natürliche Satellit der Erde.

Mondfinsternis Tritt ein, wenn die Erde genau zwischen *Sonne* und *Mond* liegt und ihren Schatten auf den Mond wirft.

Nadir Der Punkt auf der HIMMELSKUGEL direkt unter dem Beobachter.

Neutronenstern Das ungeheuer dichte Endstadium im Leben eines Riesensterns. Die Kraft zwischen den Neutronen verhindert einen weiteren Kollaps.

New General Catalogue (NGC) Ein von J. L. E. Dreyer zusammengestellter Katalog von Nebeln und Sternhaufen. Diese Objekte werden mit ihrer NGC-Nummer bezeichnet.

Newton-Reflektor Ein Reflektor, in dem das Licht von einem gekrümmten Hauptspiegel gesammelt und zu einem kleinen ebenen Sekundärspiegel reflektiert wird, der geneigt ist und das Licht seitlich aus dem Rohr wirft, wo es fokussiert wird.

Nova Ein Stern, der einen plötzlichen Ausbruch erleidet und in kurzer Zeit seine Leuchtkraft um ein Vielfaches steigert, die dann langsam wieder abnimmt.

Obere Konjunktion Die Position eines Planeten, der auf der der Erde entgegengesetzten Seite der *Sonne* steht.

Oberer Planet Ein Planet, der weiter von der Sonne entfernt ist als die Erde.

Objektiv Die lichtsammelnde Linse oder der Hauptspiegel in einem Teleskop.

Offene Sternhaufen Eine lockere Ansammlung von bis zu einigen tausend Sternen, z. B. Plejaden und Hyaden.

Okular Das Linsensystem eines Teleskops, durch das der Beobachter blickt. Durch Wechseln des Okulars kann die Vergrößerung verändert werden.

Opposition Steht ein Planet von der Erde aus gesehen der Sonne genau gegenüber, so spricht man von Opposition.

Parallaxe Die scheinbare Verschiebung eines Körpers gegen einen fernen Hintergrund bei Beobachtung von zwei verschiedenen Positionen aus. Mit Hilfe der Verschiebung durch die Bahnbewegung der Erde kann man die Parallaxen und damit die Entfernungen näherer Sterne bestimmen.

Penumbra Die äußeren helleren Teile eines *Sonnenflecks*.
Der Teilschatten außerhalb des Hauptschattens, den ein Objekt wirft.

Perihel Der sonnennächste Punkt der *Bahn* eines Planeten oder Kometen.

Photosphäre Die helle „sichtbare Oberfläche" der Sonne.

Physischer Doppelstern Ein System aus zwei Sternen, die um ihren gemeinsamen Schwerpunkt kreisen.

Planetarischer Nebel Eine sich ausdehnende Gaswolke, die ein Stern in einem späten Stadium seines Lebens ausschleudert.

Polarlichter Treten in Höhen von 80–100 km auf. Durch Wechselwirkung von Teilchen aus dem Sonnenwind und dem Van-Allen-Gürtel mit der Erdatmosphäre wird diese ionisiert und zum Leuchten angeregt. Polarlicher sind auch auf Jupiter und Saturn gesehen worden.

Population Eine von zwei Hauptklassen von Sternen, siehe *Population I* und *Population II*.

Population I Junge metallreiche und leuchtkräftige Sterne in den Spiralarmen, wo auch Gas und Staub zu finden sind.

Population II Alte rötliche Sterne in gas- und staubarmen Gebieten wie z. B. in *elliptischen Galaxien*.

Positionswinkel Die scheinbare Richtung eines Objekts in bezug auf ein weiteres Objekt, gemessen vom Norden des Hauptobjekts aus in Richtung Osten, Süden, Westen.

Präzession Die langsame Bewegung der Himmelspole mit einer Periode von 25 800 Jahren.

Prisma Ein Glasblock mit glatten gegeneinander geneigten Oberflächen. Hindurchgehendes Licht wird in ein Spektrum aufgespalten, da die einzelnen Farben verschieden stark gebrochen werden. Siehe *sichtbares Spektrum*.

Protostern Ein entstehender Stern, in dessen Innern die Kernfusion noch nicht eingesetzt hat.

Protuberanz Gasmassen, die über die *Photosphäre* der Sonne aufsteigen.

Pulsar *Neutronensterne*, die *Radiowellen* in sehr schnellen regelmäßigen Pulsen abgeben.

Quasar Quasistellares Objekt. Ein sehr helles weit entferntes Objekt, das sternähnlich aussieht. Man glaubt, daß es sich um extrem aktive Galaxienzentren handelt.

Radiogalaxie Eine Galaxie, die starke *Radiowellen* aussendet.

Radioteleskop Siehe *Antenne*.

Radiowellen Bereich des *elektromagnetischen Spektrums* mit großen Wellenlängen.

Reflektor Ein Teleskop, in dem das Licht durch einen Spiegel gesammelt wird.

Refraktor Ein Teleskop, in dem das Licht durch eine Linse gesammelt wird.

Retrograde Bewegung Die scheinbare Bewegung eines Objekts von Osten nach Westen von der Erde aus gesehen. *Obere Planeten* bewegen sich retrograd, wenn die Erde sie auf ihrer Bahn innen überholt. Im allgemeinen bewegen sich Himmelsobjekte von West nach Ost.

Roche-Grenze Die Entfernung vom Mittelpunkt eines Sterns oder Planeten, unterhalb derer ein anderer Körper durch Gezeitenkräfte zerstört würde.

Röntgenstrahlung *Elektromagnetische Strahlung* mit sehr kurzen Wellenlängen.

Rotationsachse Eine imaginäre Linie, um die ein Himmelskörper rotiert.

Roter Riese Ein großer rötlicher Stern in einer Spätphase seiner Entwicklung. Er ist recht kühl und hat sich bis auf das 100 fache seiner ursprünglichen Größe ausgedehnt.

Roter Zwerg Ein *Hauptreihen*stern, der kühler und kleiner ist als die Sonne.

Rotverschiebung Die Verschiebung der Spektrallinien in der Strahlung eines Objekts zum roten Ende des Spektrums hin als Folge einer vom Beobachter weg gerichteten Bewegung. Siehe *Dopplereffekt*.

Scheinbare Helligkeit Die Helligkeit eines Objekts, wie es von der Erde aus erscheint.

Schmelzgestein Aus Magma oder Lava erstarrtes Gestein.

Schwarzes Loch Ein Objekt mit so hoher Masse, dem nicht einmal Strahlung entweichen kann.

Sedimentgestein Gestein, das sich aus Material gebildet hat, das von Wasser, Eis oder Wind abgelagert wurde und dann komprimiert wurde.

Seeing Die Qualität der Beobachtungsbedingungen. Die Ruhe und Klarheit des Bildes eines Objekts hängt von der Turbulenz in der Erd*atmosphäre* ab.

Sichtbares Licht Der Anteil des *elektromagnetischen Spektrums*, für den unsere Augen empfindlich sind.

Sichtbares Spektrum Die *elektromagnetische Strahlung*, die wir als Licht sehen und in Farben aufspalten können. Ein schönes Beispiel ist ein Regenbogen.

Siderische Periode Die Zeit, die ein Planet oder ein anderer Körper benötigt, um einen Umlauf um die Sonne in bezug auf die Fixsterne zu vollenden.

Singularität Ein mathematischer Punkt, an dem Zeit und Raum unendlich stark verzerrt sind. Man glaubt, daß ein *Schwarzes Loch* solch eine Singularität enthält.

Sonne Der Stern, um den die Erde kreist.

Sonnenfinsternis Wenn der Mond genau zwischen *Sonne* und Erde steht, wirft er seinen Schatten auf die Erde. Ein Beobachter innerhalb des Schattens sieht, wie die *Photosphäre* durch den *Mond* verdeckt und die äußere *Atmosphäre* der Sonne sichtbar wird.

Sonnenflecken Dunkle Flecken auf der Sonnen*photosphäre*, die ca. 2000 K kühler sind als die Umgebung. Große Sonnenflecken haben eine zentrale *Umbra* und eine hellere äußere *Penumbra*. Es handelt sich um Gebiete mit starken *Magnetfeldern*, die in einem 11jährigen Rhythmus auftreten.

Sonnensystem Die Gruppe von Objekten einschließlich der Sonne und jedes von ihrer Schwerkraft angezogenen Körpers. Dazu gehören die Planeten und ihre Monde ebenso wie Asteroiden, Kometen, Meteore und interplanetarer Staub und Gas.

Sonnenwenden Die Tage, an denen die Sonne ihre nördlichste (21. Juni) und südlichste (21. Dezember) Deklination erreicht.

Sonnenwind Ein Fluß hochenergetischer geladener Teilchen, der von der Sonne abströmt. Er hat im Gebiet der Erde eine *Geschwindigkeit* von über 950 km/s.

Spektralklasse Klassen, in die man Sterne nach charakteristischen Linien in ihren Spektren einteilt. Siehe *Sternspektrum*.

Spektrohelioskop Ein Instrument zur Betrachtung der Sonne bei einer bestimmten Wellenlänge.

Spektroskop Ein Instrument zur Untersuchung des Spektrums eines Sterns oder anderer leuchtender Objekte.

Spektroskopischer Doppelstern Ein *physischer Doppelstern*, dessen Komponenten zu eng beieinander stehen, um getrennt sichtbar zu sein, deren relative Bewegung aber im *Spektroskop* nachweisbare *Doppler*verschiebungen erzeugt.

Spektrum, elektromagnetisches Siehe *elektromagnetisches Spektrum*.

Spiralgalaxie Eine Galaxie mit wohldefinierten Spiralarmen um den zentralen Kern.

Sternbild Eine Gruppe von Sternen, die nach einem Tier, einem Objekt oder einer Sagengestalt benannt ist. Die Sterne eines Sternbildes haben sehr verschiedene Entfernungen und sind nicht physisch miteinander verbunden, sondern liegen zufällig in derselben Himmelsgegend.

Sternspektrum Das Spektrum eines Sterns zeigt charakteristische *Absorptions-* und *Emissions*linien, die viele Informationen über den Stern enthalten.

Sternzeit Die lokale Zeit in bezug auf die scheinbare Rotation der HIMMELSKUGEL. Es ist 0 h Sternzeit, wenn der *Frühlingspunkt* den MERIDIAN des Beobachters kreuzt.

Strahlung Siehe *elektromagnetische Strahlung*.

Stundenkreis Ein Großkreis auf der HIMMELSKUGEL, der durch beide HIMMELSPOLE läuft.

Stundenwinkel Der Winkelabstand des Längenkreises durch ein Objekt vom MERIDIAN. Er wird im Zeitmaß angegeben.

Sucher Ein sehr kleines Teleskop, das an einem größeren befestigt und parallel zu diesem ausgerichtet ist. Durch sein größeres Gesichtsfeld ist es zum Aufsuchen von Objekten nützlich.

Supernova Ein Stern, der eine verheerende Explosion erleidet, bei der der größte Teil seines Materials in den Raum geschleudert wird. Man unterscheidet zwei Arten: die eine erreicht eine Maximalhelligkeit von 100 Millionen Sonnenleuchtkräften, die andere 10 Millionen Sonnenleuchtkräfte. Supernovaüberreste sind starke Radioquellen.

Tag Die Zeit, in der ein Planet einmal um seine Achse rotiert.

Terminator Die Tag-Nachtlinie auf einem Planeten oder Mond.

Terrestrische Planeten Die vier inneren Planeten unseres Sonnensystems.

Tierkreis Die Zone am Himmel, innerhalb derer *Sonne*, *Mond* und Planeten sich bewegen. Der Tierkreis erstreckt sich bis 9° nach jeder Seite der *Ekliptik* rund um den Himmel.

Überriesen Die größten und leuchtkräftigsten Sterne.

Ultraviolettstrahlung *Elektromagnetische Strahlung* mit Wellenlängen direkt unterhalb derer des *sichtbaren Lichtes*.

Umbra Der dunkle innere Teil eines *Sonnenflecks*.
Der von einem Objekt geworfene Hauptschatten.

Untere Konjunktion Bei Merkur und Venus die Position, bei der der Planet zwischen Erde und *Sonne* mit diesen in einer Linie steht

Unterer Planet Ein Planet, der der *Sonne* näher ist als der Beobachter, für uns also Merkur und Venus.

Urknall Der Anfang des Universums (Big Bang).

Van-Allen-Gürtel Zonen um die Erde, in denen elektrisch geladene Teilchen eingefangen und durch das *Magnetfeld* der Erde beschleunigt werden.

Veränderliche Sterne Sterne, deren Helligkeit sich in relativ kurzen Perioden ändert.

Visueller Doppelstern Ein Doppelstern, dessen Komponenten weit genug voneinander entfernt sind, um getrennt sichtbar zu sein.

Weißer Zwerg Die Überreste von Sternen geringerer Masse, in denen keine Kernfusion mehr stattfindet. Die Kraft zwischen den Elektronen verhindert einen weiteren Kollaps des Sterns.

Winkelgeschwindigkeit Die *Geschwindigkeit* eines Körpers, der um einen festen Punkt rotiert.

Zeitgleichung Da die Erd*bahn* nicht kreisförmig ist, bewegt sich die Sonne nicht gleichförmig über den Himmel. Die Zeitgleichung ist die Differenz zwischen der wahren und der mittleren Sonnenzeit. Sie ist im Februar und im November am größten.

Zirkumpolare Sterne Sterne, die für einen bestimmten Beobachter nie untergehen, sondern beim Umkreisen des HIMMELSPOLS über dem Horizont bleiben.

Zodiakallicht Eine kegelförmige Lichterscheinung über dem Horizont entlang der *Ekliptik*, die nur sichtbar ist, wenn die Sonne nicht zu tief unter dem Horizont steht. Es handelt sich um von winzigen Staubteilchen im inneren Sonnensystem gestreutes Sonnenlicht.

REGISTER

Alle **fettgedruckten** Seitenzahlen verweisen auf Fotos, Grafiken, Sternkarten und/oder auf Informationskästen.
Einträge, die mit einer Zahl beginnen, sind so aufgeführt, als würde man sie aussprechen: 51 Pegasi steht unter E; das gilt auch für griechische Buchstaben: Gamma Leonis unter G.

BILDNACHWEIS, DANKSAGUNG

Danksagung des Verlages

Der Verlag möchte allen Autoren des Buches danken sowie allen Personen und Institutionen, die Bildmaterial und Informationen zur Verfügung gestellt haben.

Bildnachweis

Abkürzungen: NASA HQ = NASA Headquarter; SPL = Science Photo Library; AAO = Anglo-Australian Observatory; BAS = Bridgend Astronomical Society; GSPL = Genesis Space Photo Library; NOAO = National Optical Astronomy Observatories; ROE = Royal Observatory, Edinburgh

Vorsatzblätter NASA HQ; 1 NASA HQ; 2 Corbis UK Ltd/Roger Ressmeyer; 3 NASA HQ; 4–5 ROE/AAO nach UK Schmidt-Platten von David Malin; 6–7 SPL/Frank Zullo; 8 NASA HQ; 9 links Lowell Observatory; 9 ganz oben rechts NASA HQ; 9 Mitte rechts NASA HQ; 9 unten rechts Corbis UK Ltd/Betmann; 12 unten SPL/NOAO; 12–13 oben SPL/Dr. Rudolph Schild; 13 oben SPL/Luke Dodd; 13 Mitte SPL/ David A. Hardy; 13 unten NASA HQ; 20 SPL/NOAO; 21 SPL/European Space Agency; 22 oben National Solar Observatory/Sacramento Peak; 22 unten SPL/NOAO; 23 NASA HQ; 24 NASA HQ; 25 NASA HQ; 27 NASA HQ; 28 Corbis UK LTd/NASA-JPL; 29 SPL/Pekka Parviane; 32 Jan Curtis/Geophysical Institute, University of Alaska Fairbanks; 33 Centre Spatial de Toulouse/Dr. Massonnet; 34 NASA HQ; 35 NASA HQ; 37 NASA HQ; 38 Dr. Martin Wooster/Department of Geography, King's College London; 38–39 unten Corbis UK Ltd/Bob Crist; 40 oben links Martin Griffiths/BAS; 40 oben rechts Martin Griffiths/BAS; 41 oben ganz links Martin Griffiths/BAS; 41 oben Mitte links Martin Griffiths/BAS; 41 oben Mitte Martin Griffiths/BAS; 41 oben Mitte rechts Martin Griffiths/BAS; 41 oben ganz rechts Martin Griffiths/BAS; 41 unten NASA HQ; 42 NASA HQ; 43 NASA HQ; 44 oben Corbis UK Ltd/Dennis di Cicco; 44 unten SPL/Dr. Fred Estenak; 45 SPL/Re Ronald Royer; 47 oben NASA HQ; 47 unten NASA HQ; 48 links private Sammlung; 48 oben NASA HQ; 49 oben NASA HQ; 49 unten NASA HQ; 50 links NASA HQ; 50 rechts NASA HQ; 50 oben Finley-Holiday Films Stock Photos/JPL; 51 oben Finley-Holiday Films Stock Photos/JPL; 51 unten Finley-Holiday Films Stock Photos/JPL; 52 NASA HQ; 52–53 unten Natural History Museum; 55 NASA HQ; 56 NASA HQ; 57 NASA HQ; 58 oben links NASA HQ; 58 oben rechts NASA HQ; 58 unten links NASA HQ; 59 oben rechts AKG, London/Erich Lessing, Museo delle Scienze – Florence; 59 unten links NASA HQ; 60 oben NASA HQ; 60 unten NASA HQ; 61 links NASA HQ; 61 rechts NASA HQ; 62 NASA HQ; 63 NASA HQ; 64 links private Sammlung; 64 rechts NASA HQ; 65 oben NASA HQ; 65 unten links NASA HQ; 65 unten rechts NASA HQ; 66 oben NASA HQ; 66 unten links NASA HQ; 66 unten rechts NASA HQ; 67 oben NASA HQ; 67 unten links NASA HQ; 67 unten rechts NASA HQ; 69 oben NASA HQ; 69 unten NASA HQ; 70 oben links NASA HQ; 70 oben rechts NASA HQ; 70 unten AKG, London; 71 oben links NASA HQ; 71 oben rechts NASA HQ; 71 unten NASA HQ; 72 NASA HQ; 73 NASA HQ; 74 oben NASA HQ; 74 unten NASA HQ; 75 oben Hulton Getty Picture Collection; 75 unten Finley-Holiday Films Stock Photos/NASA; 76 Lowell Observatory; 77 oben NASA HQ; 77 Mitte NASA HQ; 77 unten Corbis/Betmann; 78 links NASA HQ; 78 rechts NASA HQ; 79 SPL/Pekka Parviainen; 80 oben NASA HQ; 80 unten NASA HQ; 81 oben NASA HQ; 81 Mitte NASA HQ; 81 unten NASA HQ; 82 oben links Hulton Getty Picture Collection; 82 oben rechts NASA HQ; 82 unten SPL/Gordon Garradd; 84 oben Galaxy Picture Library/Michael Stecker; 84 unten NASA HQ; 85 Queen's University of Belfast/A. Fitzsimmons; 86 oben Natural History Museum; 86 unten Royal Astronomical Society/Kitt Peak; 87 oben SPL/Francois Gohier; 87 unten N. & S. Szymanek; 88 oben NASA HQ; 88–89 unten NASA HQ; 90 private Sammlung; 91 NASA HQ; 93 NASA HQ; 94 Corbis UK Ltd; 95 National Solar Observatory/Sacramento Peak; 96 oben Seth Shostak; 96–97 unten Seth Shostak; 100 NASA HQ; 101 AAO/David Malin; 102 oben NASA HQ; 102 unten NASA HQ; 103 oben links AAO/David Malin; 103 oben rechts AAO/David Malin; 103 unten NASA HQ; 104 oben Royal Astronomical Society; 104 unten links SPL/NOAO; 104 unten rechts SPL/John Sanford; 105 SPL/Pekka Parviainen; 106 oben Neil Bone; 106 unten Neil Bone; 107 NASA HQ; 108 SPL/John Sanford; 109 oben links NASA HQ; 109 oben rechts private Sammlung; 109 unten NASA HQ; 112 oben Observatorium Lund, Schweden; 112 unten William Herschel; 113 oben Isaac Roberts; 113 unten AAO/David Malin; 114 oben AAO/freundlicherweise zur Verfügung gestellt von Sky Publishing Corp.; 114 unten links AAO/David Malin; 114 unten rechts AAO/David Malin; 115 oben AAO/David Malin; 115 unten AAO/David Malin; 116 AAO/David Malin; 117 oben AAO/David Malin; 117 unten AAO/Kitt Peak Observatory; 118 oben AAO/David Malin; 118 unten AAO/David Malin; 119 oben AAO/David Malin; 119 unten AAO/IAC Photo nach einer mit dem Isaac-Newton-Teleskop aufgenommenen Platte – Photo von David Malin; 120 oben AAO/David Malin; 120 unten links AAO/Royal Observatory, Edinburgh nach UK Schmidt-Platten von David Malin; 120 unten rechts AAO/David Malin; 121 oben links AAO/ROE nach UK Schmidt-Platten von David Malin; 121 oben rechts AAO/David Malin; 121 unten NASA HQ; 122 oben links SPL/Dr. Ian Robson; 122 Mitte links NASA HQ; 122 unten AAO/Hubble Space Telescope; 126 California Institute of Technology und Carnegie Institution of Washington; 127 Isaac Newton Group of Telescopes/William Herschel Telescopes/PPARC, Großbritannien/NWO, Niederlande; 128 oben Corbis UK Ltd/Michael Yamashita; unten Corbis UK Ltd/Roger Ressmeyer; 129 NASA HQ; 130 NASA HQ; 131 NASA HQ; 132 oben SPL; 132-133 unten California Institute of Technology und Carnegie Institution of Washington; 134-135 NASA HQ; 136 oben AAO/David Malin; 136 unten AAO/David Malin; 137 oben Europäische Südsternwarte; 137 unten Corbis UK Ltd/Roger Ressmeyer; 138 oben NOAO/International Dark Sky Association; 138 unten NOAO/International Dark Sky Association; 139 Europäische Südsternwarte/J. M. Braun, Sternwarte Bonn; 140 links Seth Shostak/SETI Inst.; 140 rechts Seth Shostak; 140 Mitte GSPL/ESA; 141 rechts GSPL; 141 oben links NASA HQ; 141 oben Mitte links GSPL; 141 oben Mitte rechts GSPL; 141 unten Corbis UK Ltd/Roger Ressmeyer; 142-143 oben Seth Shostak; 144 rechts NASA HQ; 144-145 unten NASA HQ; 146 oben Hulton Getty Picture Collection; 146 unten links NASA HQ; 146 unten rechts GSPL; 147 oben NASA HQ; 147 unten Rex Features/Sipa Press; 148 links SPL/Ton Kinsbergen; 148 rechts NASA HQ; 149 oben Mitte rechts NASA HQ; 149 oben rechts NASA HQ; 149 unten links Max-Planck-Institut für Radioastronomie, Bonn; 149 unten rechts NASA HQ; 150 oben Seth Shostak; 150-151 unten Seth Shostak; 152-153 Jim Kaler; 154 AAO/David Malin; 155 links Galaxy Picture Library; 155 rechts Tim Hicks; 157 Pam Spence; 158 oben SPL/NASA/GSFC; 158-159 unten Hansen Planetarium Publications; 160 SPL/Chris Madeley; 161 SPL/Richard J. Wainscoat, Peter Arnold Inc.; 162 SPL/David Nunjk; 163 Jan Curtis; 164 Astronomy Now; 165 oben links N. & S. Szymanek; 165 oben rechts Astronomy Now; 165 unten Astronomy Now; 166 AKG, London; 168 rechts NASA HQ; 168 links Nik Szymanek/Ian King; 169 oben links Nik Szymanek/Ian King; 169 Mitte links Nik Szymanek/Ian King; 169 unten links Nik Szymanek/Ian King; 169 unten rechts NASA HQ; 170-171 California Institute of Technology und Carnegie Institution of Washington.

Künstlerische Mitarbeit

14–15 alle von Susanna Addario/Thomas Trojer; 16–17 Mark McLellan; 19 Mark McLellan; 20 Hardlines; 21 Susanna Addario/Thomas Trojer; 23 Susanna Addario/Thomas Trojer; 24 links Hardlines; 24 oben Susanna Addario/Thomas Trojer; 26 links Hardlines; 26 oben Susanna Addario/Thomas Trojer; 29 Chris Forsey; 30 links Hardlines; 30–31 unten Chris Forsey; 31 oben Susanna Addario/Thomas Trojer; 32 Chris Forsey; 33 Chris Forsey; 36 Susanna Addario/Thomas Trojer; 37 Chris Forsey; 40 links Hardlines; 40 oben Susanna Addario/Thomas Trojer; 42 Hardlines; 44 Susanna Addario/Thomas Trojer; 45 Susanna Addario/Thomas Trojer; 46 oben Susanna Addario/Thomas Trojer; 54 links Hardlines; 54 oben Susanna Addario/Thomas Trojer; 62 links Hardlines; 62 oben Susanna Addario/Thomas Trojer; 68 links Hardlines; 68 oben Susanna Addario/Thomas Trojer; 72 links Hardlines; 72 oben Susanna Addario/Thomas Trojer; 76 links Hardlines; 76 oben Susanna Addario/Thomas Trojer; 78–79 Chris Forsey; 83 alle Chris Forsey; 90 unten rechts Chris Forsey; 91 Raymond Turvey; 92 oben Chris Forsey; 92 unten Raymond Turvey; 94 oben Raymond Turvey; 94 unten Raymond Turvey; 95 Raymond Turvey; 98–99 Mark McLellan ; 101 Mark McLellan; 104 Raymond Turvey; 106 Raymond Turvey; 110 Susanna Addario/Thomas Trojer; 110–111 Susanna Addario/Thomas Trojer; 115 Mark McLellan; 122 Mark McLellan; 123 Mark McLellan; 124–125 Chris Forsey; 127 Chris Forsey; 130 Raymond Turvey; 131 Raymond Turvey; 140–141 Chris Forsey; 155 Raymond Turvey; 156 oben rechts Raymond Turvey; 156 unten links Raymond Turvey; 163 Raymond Turvey; 164 Hardlines; 171 unten Raymond Turvey; 172–173 Wil Tirion; 174–175 Wil Tirion; 176–177 Wil Tirion; 178–179 Wil Tirion; 180–181 Wil Tirion; 182–183 Wil Tirion.

Danksagung des Herausgebers

Ich möchte allen danken, die zu diesem Buch beigetragen haben. Es war eine äußerst interessante und angenehme Aufgabe, das ganze Universum in einem Buch zusammenzufassen.